Tidal Flat Environment and Historical Eco-Geography
of the Jiangsu-Shanghai Coastal Region

潮滩环境与苏沪沿海历史生态地理

鲍俊林——著

·上海·

内容提要

气候变化背景下,潮滩环境事关全球海岸生态安全,是全球环境变化研究的重要热点。本书聚焦近千年苏沪潮滩环境演变,在海岸生态史、人类开发史研究基础上,采取定量与定性分析相结合的方法,从历史生态地理研究视角探讨潮滩生态格局发展过程及机制。研究中主要通过复原历史潮滩分布变化、人类开发潮滩进程及潮滩景观格局转化,阐明海平面与土地利用对潮滩生态格局的差异化影响,总结潮滩历史生态格局的演变规律。该研究有助于深入理解中低纬度典型低地海岸历史人地系统的复杂适应机制,为探索现代人与自然和谐相处的滨海生态关系提供历史参考。

图书在版编目(CIP)数据

潮滩环境与苏沪沿海历史生态地理 / 鲍俊林著.
上海:同济大学出版社,2025.4. -- ISBN 978-7-5765-1508-4
I. P737.12;K928.6;Q15
中国国家版本馆 CIP 数据核字第 20256J0U20 号

潮滩环境与苏沪沿海历史生态地理
鲍俊林　著

责任编辑　尚来彬　　**责任校对**　徐逢乔　　**封面设计**　王　翔

出版发行	同济大学出版社　www.tongjipress.com.cn	
	(地址:上海市四平路1239号　邮编:200092　电话:021-65985622)	
经　　销	全国各地新华书店	
印　　刷	江阴市机关印刷服务有限公司	
开　　本	710mm×1000mm　1/16	
印　　张	25	
字　　数	374 000	
版　　次	2025年4月第1版	
印　　次	2025年4月第1次印刷	
书　　号	ISBN 978-7-5765-1508-4	
地图审图号	GS(2025)0600号	
定　　价	128.00元	

本书若有印装质量问题,请向本社发行部调换　　　　版权所有　侵权必究

国家社会科学基金项目资助成果（18BZS156）

序

　　自从德国生物学家恩斯特·海克尔（Ernst Haeckel）于1866年提出"生态学（Ecology）"的概念以来，人们对生态学的基本共识就是研究有机体与其周围环境（包括非生物环境和生物环境）相互关系及作用机理的科学。

　　地理学（Geography）是研究地球表层空间地理要素或者地理综合体空间分布规律、时间演变过程和区域特征的一门学科，它的主要研究对象是地球表层。

　　生态学与地理学之间是什么关系呢？

　　地球表层是生物特别是人类赖以生存的环境，即地理环境，包括自然地理环境和人文地理环境（有的还分列出社会地理环境）。生态学要研究的生态，即非生物环境和生物环境，都包括在内。但显然生态不等于地理环境，因为生态的主体是指有机体，即生物，其中最主要的是人类。基本上不存在有机体或有机体的活动微乎其微的地球表层就不属于生态。存在有机体的地球表层属于生态，而存在人类和人类活动的地球表层无疑属生态的主体和最重要的部分。其中关系到生物和人类生存的主要因素，如土地、粮食作物、空气、光照、水分、热量、无机盐类等，直接影响到人口、资源、环境等人文地理和自然地理要素，是生态学关注和研究的主体和重点。

　　基于这样的认识，生态地理学应该是地理学的分支，它所要研究的，就是生态要素的空间分布规律、时间演变过程和区域特征。而历史生态地理学应该是历史地理学的分支，它所要研究的，就是在历史时期的生态要素及其互动关系的空间分布规律、时间演变过程和区域特征。尽管现代地理学及其分支生态地理学也研究"时间演变过程",但只是相对较短的一段时间,如几年、几十年;但历史生态地理要研究的是"历史时期"——一般认为是从有文字记载以来直到当代之前,在中国就是从3800年前有甲骨文开始至20世纪前期。

历史生态地理学与生态地理学的学科特征、科学原理、研究方法并无二致,所不同的是获得资料和数据的途径。后者主要通过实地的观测、考察和调查,特别是借助先进的自动遥感、遥测手段,使大量精确的数据可以即时或同步获取。而前者一般只能依靠文献记载,往往只有粗略的描述和间接的记录,缺乏定性定量的分析,更没有精确的数据,需要研究者充分运用生态学、地理学、历史学和相关学科的科学原理和研究手段去复原或重构。

在完全没有历史文献的条件下,就无法进行历史生态地理学的研究。因为生态的主体是人类及人类活动,是在特定时间、空间范围内的特定人类群体与他们的生活、生产、生存对周围环境的影响和关系。而人类活动的能动性、主观性、多样性就决定了它们无法通过对环境本身的研究来复原或重构。要是没有人类和人类活动这个主体,这样的研究就完全成了历史自然地理或环境史。正因为如此,在可以预见的未来,并非所有的空间或时间都可以进行历史生态地理的研究。一般只能选择历史文献比较丰富、人地关系比较明显、生态反应比较敏感的地域或时段。

当年竺可桢研究历史气候时也遇到这一难题,通过科学仪器观测气候并取得精确数据的时间(器测年代)只有一百多年,此前完全没有这些数据。他根据资料来源分了三个阶段:第一阶段是考古时期,主要依靠考古发掘获得的资料;第二阶段是物候时期,主要依靠历史文献中零星的物候资料;第三阶段是方志时期,主要依靠明清以来留下的数千种地方志中丰富的资料。这些资料都是相当粗略的、非量化的、间接的,必须运用气象学、地理学、历史学的原理充分研究,才能复原或重构出历史时期的气候现象和可能的数值范围,为气候变迁的轨迹、幅度、范围、时点提供最低限度的坐标。

这为历史生态地理研究提供了可行的途径和手段。

序

鲍俊林的《潮滩环境与苏沪沿海历史生态地理》选择的苏沪沿海，是一个海潮与滩涂互动关系密切、海陆变迁明显而频繁、人口密集、人类活动强烈的生存敏感区域，同时也是传世历史文献丰富、覆盖范围广、基本延续的区域。就历史生态地理而言，既具有学科特征的典型性，也具有研究途径和手段的可行性。这也是鲍俊林第一部历史生态地理专著，我希望这是中国历史地理学这一分支产生的第一步。

葛剑雄

于乙巳春节

前　言

　　沿海地区是当前人类最重要的生存环境之一，自然资源丰富、生态环境脆弱、人类活动频繁。全球变化背景下沿海人类活动及其生态效应受到国内外学者的高度关注，特别是广泛分布在全球中低纬度海岸边缘的潮滩带，是国际学界探讨全球变化与人类活动影响的关键对象之一。当前沿海开发造成潮滩带的广泛退化，是全球沿海环境及生态安全的重要挑战，中国东部沿海、西北欧沿海、美国南部沿海等成为全球环境变化研究的热点地区。苏沪海岸位于中国东部，岸线长达1153千米，属《禹贡》古扬州"涂泥"地带，历史上黄河、淮河与长江泥沙长期堆积形成全球最大规模的沿海低地及潮滩平原。从长时段视角研究苏沪潮滩环境演变有助于深化对滨海生态史、环境史的理解，为构建人与自然和谐相处的滨海生态关系、提高人类的气候变化适应能力提供历史参考。

　　本书聚焦近千年苏沪潮滩环境演变研究，以"环境演变—人类适应—景观格局"为基本线索，在海岸生态史、人类开发史研究基础上，基于景观格局变化刻画人类活动变化，并尝试从历史生态地理研究视角探讨潮滩生态关系及景观格局变化。研究主要运用历史文献分析与学科交叉的方法，并采取定量与定性分析、统计分析与空间分析相结合的方法，通过复原历史潮滩类型与分布范围变迁、人类适应过程及对潮滩生态的影响、潮滩景观格局转化，比较海平面与土地利用对潮滩生态格局的影响差异，揭示潮滩生态格局的变化规律；重点围绕崇明、南汇与东台地区，比较分析不同岸段的潮滩生产系统、防灾系统的环境适应特征与景观动态，以及对潮滩平面形态等生态特征的影响。

潮滩环境与苏沪沿海历史生态地理
Tidal Flat Environment and Historical Eco-Geography of the Jiangsu-Shanghai Coastal Region

研究表明，近千年苏沪潮滩在海退背景下以长期淤涨扩张为主要地貌过程，生态景观经历了原野化、盐作化、农作化的不同阶段。明中叶之前以原野潮滩景观为主，明中叶到清中叶苏沪潮滩盐作化达到历史高峰。人类活动加快了潮滩从高盐环境向低盐环境的转变，农业化成为淤涨潮滩生态格局演变的基本趋势。伴随潮滩向海扩张与围垦开发，历史潮滩分布表现出从平原状、条带状，再到线条状的平面形态变化。12世纪初的海岸线是近千年苏沪沿岸历史潮滩分布最大的陆界，12—20世纪苏沪潮滩累计总面积约1.5万平方千米，到20世纪后期73%的面积转为农业用地。历史潮滩土地利用与生产活动呈现低滩制盐、高滩围垦的基本格局，盐场与圩田这两类既迥异又紧密联系的生产系统，在分布的时空范围、密度，以及迁移方向与速率上，均受到潮位、盐度、植被等环境因子的复杂制约，并在应对潮灾中各自形成了不同的适应策略。在此过程中，历史潮滩的生态景观格局具有比较明显的阶段性、演替性以及区域差异性，是对潮滩自然演替规律及土地利用政策的综合响应。

近千年苏沪潮滩人地互动的景观格局变化代表了淤涨状态下潮滩平原人类活动的传统模式。伴随未来海平面不断上升，潮滩普遍淤涨转为不断侵蚀，支撑过去淤涨状态下潮滩景观格局演变的地理条件将不复存在。历史时期淤涨状态下的潮滩生态景观格局演替序列可能随之逆转，滨海人类面临更大的环境适应压力。深入观察典型潮滩环境的长期演变，探讨生态格局的历史变迁，对探索沿海地区可持续适应的理论与方法、构建具有韧性的气候变化适应模式具有重要意义。

目 录

序 葛剑雄

前言

第一章 导 论　1
　第一节　选题价值与已有研究　1
　第二节　研究内容与关键问题　14
　第三节　方法、资料与创新　17

第二章 现代潮滩生态与海岸环境　24
　第一节　气候、地质及泥质海岸　24
　第二节　潮滩的界定与沉积特征　37
　第三节　现代苏沪潮滩分布概况　45

第三章 历史潮滩生态与原野景观　55
　第一节　历史潮滩范围与陆界分布　55
　第二节　历史潮滩的扩张与植被演替　69
　第三节　历史潮滩水土环境的咸淡变化　76

第四章 低滩制盐与盐田系统　99
　第一节　泰州分司与淮南制盐　99
　第二节　松江分司与长江口制盐　111
　第三节　淤涨型潮滩的盐作化与分布特征　121

第五章　高滩围垦与圩田系统　148

　　第一节　淮南盐区的荡地私垦　148

　　第二节　长江口沿岸与沙洲围垦　160

　　第三节　淤涨型潮滩的农业化与分布特征　172

第六章　潮滩防潮与防灾系统　185

　　第一节　淤涨型潮滩的灾害敏感性　185

　　第二节　苏北沿岸的防潮工程　198

　　第三节　长江口沿岸的防潮工程　210

　　第四节　淤涨型潮滩防灾体系的空间分布差异　223

第七章　潮滩土地兼并与地权关系演变　234

　　第一节　淤涨型潮滩的复杂田制　234

　　第二节　荡地兼并与长江口争沙　249

第八章　人类活动对潮滩生态的差异化影响　261

　　第一节　淤涨型潮滩盐作水系的发展　261

　　第二节　盐作水系向农作水系的转变　283

　　第三节　植被分布与土壤性质变化　306

讨论与总结：全球环境变化与潮滩历史生态格局　320

参考文献　327

后记　377

图　目

图 1-1　苏沪沿海范围示意图　11

图 2-1　全新世中国东部海平面相对变化　30
图 2-2　全新世苏沪岸线演变示意图　31
图 2-3　苏沪沿岸古沙堤分布示意图　32
图 2-4　上海东部与苏北沿岸平均淤涨速率变化比较　33
图 2-5　上海与苏北沿海平原地貌演变比较示意图　37
图 2-6　典型淤涨潮滩剖面与沉积岸段示意图　40
图 2-7　盐城大丰区滩涂与堤外潮滩卫星影像图（2016）　45
图 2-8　现代苏沪海岸堤外 0 米以上自然潮滩分布　51
图 2-9　长江口沿岸滩涂与围垦分布　52
图 2-10　南汇边滩卫星影像图（2023）　53

图 3-1　史料中滨海荡地各段名称与现代分段　56
图 3-2　淤涨潮滩分布范围变化剖面示意图　59
图 3-3　明以后上海大陆东部潮滩分布变化示意图　64
图 3-4　明清东台沿岸潮滩分布变化示意图　67
图 3-5　现代苏沪沿岸夏季近岸表层海水盐度分布示意图　81
图 3-6　20 世纪 80 年代实测长江口夏季（表层、中层）盐度分布　85
图 3-7　明代后期崇明岛与长江口形势　87
图 3-8　康熙《重修崇明县志》"崇明县江海辨图"（局部）　88
图 3-9　道光《通州江海舆图》与长江口形势（局部）　91
图 3-10　光绪《川沙厅志》"海洋图"　92
图 3-11　嘉庆《重修两浙盐法志》"下砂二三场图"　96

图 4-1　明清苏沪沿岸盐场分布示意图　100

图 4-2　苏北沿岸明清时期盐场分布示意图　105

图 4-3　上海与长江口历史盐场分布变化示意图　113

图 4-4　明清时期崇明岛灶地迁移与海堤变化示意图　121

图 4-5　乾隆《两淮盐法志》"丁溪场图""新兴场图"　126

图 4-6　嘉靖《两淮盐法志》"安丰场图""刘庄场图"　126

图 4-7　雍正年间"南汇县下砂场聚灶图"（局部）　129

图 4-8　淤涨型潮滩典型剖面与盐作亭场分布综合示意图　130

图 4-9　明清时期苏北中部沿岸盐作亭场分布示意图　132

图 4-10　光绪《重修两淮盐法志》"安丰场图"　138

图 4-11　明清时期苏沪沿岸成盐岸线盈缩示意图　139

图 4-12　淤涨型潮滩盐作要素分布变化示意图　145

图 5-1　明清时期东台各场田地与荡地　155

图 5-2　嘉庆《重修两浙盐法志》"下砂头场图""下砂二三场图"　162

图 5-3　清代下沙各团荡则比较　166

图 5-4　1730—1910年间崇明"三年一丈"涨坍荡地变化　167

图 5-5　明清崇明岛扩张与土地利用变迁综合示意图　170

图 5-6　现代苏沪沿岸土质分布示意图　181

图 5-7　明清苏沪沿岸植棉带与盐作带分布变化示意图　182

图 6-1　明清时期苏沪沿岸潮灾月份分布　192

图 6-2　明清时期苏沪沿岸潮灾频次分布（20年累积）　193

图 6-3　明末苏北沿岸范堤分布示意图　201

图 6-4　嘉靖《两淮盐法志》"丁溪场图"　203

图 6-5　明清南汇与川沙沿岸海塘变迁示意图　216

图 6-6　明清崇明岛岸线、海堤与潮墩变化综合示意图　221

图 6-7　清末苏沪海堤的分布　229

图 6-8　苏沪岸线变化、古贝壳沙堤与历史海堤分布变化综合示意图　232

图 7-1　清代下沙各场则荡改折银比较　248

图 8-1　嘉靖年间东台场及水系　264

图 8-2　康熙《两淮盐法志》"安丰场图"　266

图 8-3　雍正年间南汇县水系分布图　271

图 8-4　嘉庆《重修两浙盐法志》"下砂头场图"及潮沟水系　273

图 8-5　明清南汇与东台潮滩水系结构概念图　277

图 8-6　嘉庆年间东台场水系图　279

图 8-7　淤涨潮滩的潮沟水系示意图　282

图 8-8　清代前期南汇县水系　294

图 8-9　筑堤与堤外潮滩淤涨示意图　299

图 8-10　20世纪末苏沪沿岸土壤盐含量分布示意图　309

图 8-11　上海东部沿岸现代土壤与历史海塘分布综合示意图　316

图 8-12　东台市现代土壤分布与历史岸线综合示意图　317

表 目

表 2-1　淤涨型潮滩生态特征　43
表 2-2　蚀退型潮滩生态特征　43

表 3-1　苏北中部沿岸成陆面积与速度　71
表 3-2　清末苏沪沿岸朔望日潮位　78

表 4-1　19世纪前期淮南各场盐产额（千吨）　101
表 4-2　明清淮南盐区各盐场亭场数量（个）　107
表 4-3　清代中后期淮南各场灶丁（丁）　109
表 4-4　明清泰州分司东台县各场荡地面积（亩）　110
表 4-5　清代泰州分司各场原额、历次新淤荡地面积（亩）　111
表 4-6　明代中叶苏北中部各场亭场与灶丁密度　133
表 4-7　清初苏北中部各场亭场与灶丁密度　134
表 4-8　清末东台县各场亭场与灶丁密度　134
表 4-9　明清时期下沙各场灶丁、荡地变化　135
表 4-10　清代崇明县灶地迁移方向与距离　140
表 4-11　清代淮南中部各场的盐仓（仓垣）分布变化　146

表 5-1　15世纪末苏北中部各场田地与草荡（亩）　151
表 5-2　15世纪末苏北中部各场田赋类别及比例　151
表 5-3　16世纪中叶苏北中部各场田地与草荡（亩）　152
表 5-4　清代中叶东台县各场熟地与草荡（亩）　154
表 5-5　清乾隆年间下沙各场荡地情形（亩）　163
表 5-6　清光绪年间下沙各场荡地情形（亩）　164

表 6-1　明清苏北中部沿岸堤工变化　201

表 6-2　明代中叶泰属各场潮墩　203

表 6-3　光绪九年（1883）泰州分司各场增修墩台　209

表 6-4　南汇、崇明部分海塘高度（相对地面）　225

表 8-1　清末南汇县沿海洪洼　274

表 8-2　明清苏沪沿岸潮滩水系特征及转变　286

表 8-3　光绪十三年（1887）泰属各场范堤闸座及其引河情形　289

表 8-4　人类活动对潮滩植被与土壤环境的影响比较　309

第一章 导 论

第一节 选题价值与已有研究

一、潮滩湿地与全球环境变化

潮滩带位于海岸带前缘,直接受海洋的影响。从空中看,潮滩如同一道环绕海岸线的天然保护带与生态屏障,时刻维持着沿海地区的生态平衡。在海岸地貌学上,潮滩(Tidal Flats)指经常受到海洋潮汐影响的滨海泥滩、沙滩或生物滩等海涂地带,是滨海湿地主要类型,广泛分布于全球三角洲与滨海地区。[1] 受潮汐涨落、海陆交互作用影响,潮滩在潮汐作用下频繁进行能量与物质交换,形成地貌、生物与土壤相统一的生态环境。[2] 其中,潮滩在淤泥质海岸最为发育,多数情况下潮滩就是指淤泥质潮滩(Mudflat),包括高低潮位间的泥滩、盐沼与荒涂。

对沿海人类来说,潮滩非常重要,具有重要生态和经济意义。[3] 潮滩不仅

---

1. Healy, T., Wang, Y., Healy, J. *Muddy coasts of the world: processes, deposits, and function*, Elsevier Science, Amsterdam, 2002; Murray, N.J., Phinn, S.R., et al. The global distribution and trajectory of tidal flats. *Nature*, 2019, 565: 222-225.
2. Gao, S. Geomorphology and sedimentology of tidal flats. In: Perillo, G.M.E., Wolanski, E., Cahoon, D., et al.(eds), *Coastal wetlands: an ecosystem integrated approach* (2nd edition). Elsevier, Amsterdam, 2018, pp.359-381.
3. 高抒:《海洋与人类社会》,上海:上海科学技术出版社,2023年。

是动植物的重要栖息地、保障生物多样性的关键地带,还是关系到人类应对气候变化的关键区域[1],是保护海岸带的天然"海上长城"[2]。在调节气候、丰富碳储存以及构建生态海岸工程、防御风暴潮、保护海堤与岸线、减缓潮灾影响等方面,潮滩湿地都能发挥重要的生态价值。[3]

然而潮滩也是全球最脆弱的生态系统之一。气候变化、生物多样性丧失以及环境污染是当前全球环境的三大挑战[4],这些在沿海的潮滩带都交织存在。全球潮滩正日益受到海平面上升和土地利用变化的威胁,包括海岸侵蚀以及人类活动干扰等多方面的压力。[5] 20 世纪以来,全球潮滩的 25%～50% 的面积用于农业,特别是全球海岸人口不断增加,工业化、城市化的发展,导致潮滩面积急剧萎缩、生态系统广泛丧失、退化与碎片化。[6] 许多地区原有潮滩湿地面积已丧失 50% 以上,甚至达到 80%,且每年全球潮滩损失率为 0.7%～1.2%。[7] 2019 年英国《自然》杂志发布一份"全球潮滩地图":

---

1. Moomaw, W.R., Chmura, G.L., Davies, G.T., et al. Wetlands in a changing climate: Science, policy and management. *Wetlands*, 2018, 38(2): 183-205.
2. Ma, Z., Melville, D. S., Liu, J., et al. Rethinking China's new great wall. *Science*, 2014, 346(6212): 912-914.
3. Temmerman, S., Meire, P., Bouma, T. J., et al. Ecosystem-based coastal defence in the face of global change. *Nature*, 2013, 504: 79-83; Schuerch, M., Spencer, T., Temmerman, S., et al. Future response of global coastal wetlands to sea-level rise. *Nature*, 2018, 561: 231-234.
4. United Nations Environment Programme. Making peace with nature: a scientific blueprint to tackle the climate, biodiversity and pollution emergencies, 2021 (https://wedocs.unep.org/xmlui/bitstream/handle/20.500.11822/34948/MPN.pdf).
5. Lotze, H. K., Lenihan, H. S., Bourque, B. J., et al. Depletion, degradation, and recovery potential of estuaries and coastal seas. *Science*, 2006, 312:1806-1809; Kirwan, M. L., Megonigal, J. P. Tidal wetland stability in the face of human impacts and sea-level rise. *Nature*, 2013, 504: 53-60; Murray, N.J., Worthington, T.A., Bunting, P., et al. High-resolution mapping of losses and gains of Earth's tidal wetlands. *Science*, 2022, 6594: 744-749.
6. Deegan, L. A., Jonson D.S., Warren R.S., et al. Coastal eutrophication as a driver of salt marsh loss. *Nature*, 2012, 490: 388-392; Kirwan, M. L., Megonigal, J. P. Tidal wetland stability in the face of human impacts and sea-level rise. *Nature*, 2013, 504: 53-60.
7. Davidson, N. C. How much wetland has the world lost? Long-term and recent trends in global wetland area. *Marine and Freshwater Research*, 2014, 65: 934.

第一章

全球潮滩约12.8万平方千米，约44%潮滩分布在亚洲；1984—2016年全球潮滩减少约16%，即自1984年以来全球潮滩面积损失可能超过2万平方千米。[1]

未来在气候变化与海平面上升的影响下，对环境压力高度敏感的潮滩湿地能否继续生存，很大程度上取决于人类活动的影响如何与海平面迅速上升相互作用[2]，并且仍然需要我们主动保护潮滩湿地以应对未来气候变化。[3] 在2018年发布的《全球湿地展望报告》中，潮滩湿地在应对气候变化、促进沿海地区可持续发展方面的重要性受到进一步关注[4]，特别是沿海城市周围的潮滩湿地更加脆弱。[5] 因此，全球变化背景下潮滩环境演变与沿海地区气候变化应对战略紧密相关[6]，受到了联合国政府间气候变化专门委员会（Intergovernmental Panel on Climate Change, IPCC）、"未来地球"（Future Earth）等国际研究组织、大科学计划的高度关注。[7]

中国是全球淤泥质潮滩最发育、分布最为广泛的国家之一，滨海湿地资源丰富、类型多样，主要分布在沿海低地及河口海岸地区。[8] 根据2021年发布的

---

1. Murray, N.J., Phinn, S.R., DeWitt, M., et al. The global distribution and trajectory of tidal flats. *Nature*, 2019, 565: 222-225.
2. Kirwan, M. L. Megonigal, J. P. Tidal wetland stability in the face of human impacts and sea-level rise. *Nature*, 2013, 504: 53-60.
3. Woodruff, J. D. The future of tidal wetlands is in our hands. *Nature*, 2018, 561（7722）: 183-185.
4. Ramsar Convention on Wetlands. *Global Wetland Outlook: State of the World's Wetlands and their Services to People*. Gland, Switzerland: Ramsar Convention Secretariat, 2018.
5. Hallegatte, S., Green, C., Nicholls, R. J., et al. Future flood losses in major coastal cities. *Nature Climate Change*, 2013, 3: 802-806；Sterzel, T., Lüdeke, M. K. B., Walther, C., et al. Typology of coastal urban vulnerability under rapid urbanization. *PLOS ONE*, 2020, 15（1）: e0220936.
6. Blankespoor, B., Dasgupta, S., Laplante, B. Sea-level rise and coastal wetlands. *Ambio*, 2014, 43: 996-1005；Schuerch, M., Spencer, T., Temmerman, S., et al. Future response of global coastal wetlands to sea-level rise. *Nature*, 2018, 561: 231-234.
7. 秦大河：《气候变化科学与人类可持续发展》，《地理科学进展》2014年第7期；徐冠华、葛全胜、宫鹏、等：《全球变化和人类可持续发展：挑战与对策》，《科学通报》2013年第21期；曲建升、肖仙桃、曾静静：《国际气候变化科学百年研究态势分析》，《地球科学进展》2018年第11期。
8. 陈吉余、杨世伦、张勇、等：《中国海滨沼泽的初步研究——纪念竺可桢师诞辰一百周年》，《地理科学》1990年第1期；王颖、朱大奎：《中国的潮滩》，《第四纪研究》1990年第4期。

《第三次全国国土调查主要数据公报》,截至2019年,全国沿海滩涂总面积约1.5万平方千米。[1]在辽东湾、渤海湾、莱州湾、江苏沿岸、长江口、杭州湾、珠江口等地区,淤泥质潮滩岸线约占全国岸线总长的四分之一。[2]其中苏沪沿海是中国淤泥质潮滩集中分布地带,占全国潮滩总面积的80%以上。[3]

中国滨海潮滩湿地是全球最为脆弱的湿地分布区之一,对气候变暖与全球海面上升十分敏感,中国东部沿海未来被淹没的威胁可能远高于预期。[4]过去50年中国东部沿海相对海面以每年1~6毫米的速度上升,相比21世纪初,预计到21世纪末还将上升0.6~1.3米。[5]到2050年,中国东部沿海可能有64.1×10^3平方千米土地受到洪水威胁。[6]同时,20世纪80年代以来,中国沿海经历了人口、经济和城市化的大幅增长,沿海潮滩正在迅速消失,成为世界上滨海湿地消失最为突出的国家之一。[7] 1989年全国滨海滩涂湿地总面积为13 653.7平方千米,到2020年减少为8 100.8平方千米;2020年相比于1989年滨海滩涂湿地面积退化了40.7%。[8]沿海湿地的消耗以长三角、珠三角和渤海湾最为

---

1. 国务院第三次全国国土调查领导小组办公室,自然资源部,国家统计局:《第三次全国国土调查主要数据公报》,2021年(https://www.gov.cn/xinwen/2021-08/26/content_5633490.htm)
2. 李荣冠、王建军、林和山主编:《中国典型滨海湿地》,北京:科学出版社,2015年。
3. 关道明主编:《中国滨海湿地》,北京:海洋出版社,2012年;Jia, M., Wang, Z., Mao, D., et al. Rapid, robust, and automated mapping of tidal flats in China using time series Sentinel-2 images and Google Earth Engine. *Remote Sensing of Environment*, 2021, 255: 112285.
4. Hauer, M.E., Fussell, E., Mueller, V., et al. Sea-level rise and human migration. *Nature Reviews Earth & Environment*, 2020, (1): 28-39.
5. Chen, L., Ren, C., Zhang, B., et al. Spatiotemporal dynamics of coastal wetlands and reclamation in the Yangtze Estuary during the past 50 years (1960s-2015). *Chinese Geographical Science*, 2018, 28 (3): 386-399.
6. Zuo, J., Yang, Y., Zhang, J., et al. Prediction of China's submerged coastal areas by sea level rise due to climate change. *Journal of Ocean University of China*, 2013, 12 (3): 327-334.
7. 关道明主编:《中国滨海湿地》,北京:海洋出版社,2012年;Larson, C. China's vanishing coastal wetlands are nearing critical red line. *Science*, 2015, 350 (6260): 489;Sun, Z.G., Sun, W.G., Tong, C., et al. China's coastal wetlands: conservation history, implementation efforts, existing issues and strategies for future improvement. *Environment International*, 2015, 79: 25-41.
8. 胡忠文、徐月、尹玉蒙,等:《18°N以北中国滨海滩涂湿地分布数据集(1989—2020)》,《全球变化数据学报》2022年第1期。

明显[1]，如长江口地区在过去30年里因土地围垦导致潮滩总面积减少了36%。[2]

快速消失的滨海潮滩湿地逼近用地红线，引起了中国政府的高度重视。近十年，随着滨海湿地保护与修复力度的加大、人为干扰逐渐减少，现存潮滩分布总体下降的趋势有所缓解。[3] 为了进一步保护海岸线与滨海湿地，中国政府出台了一系列规划与政策。2017年，国家海洋局、自然资源部发布《海岸线保护与利用管理办法》，明确要求自然岸线占比不低于35%。[4] 2018年，国务院发布严格管控围填海的通知，禁止新增围填海造地项目。[5] 2022年，国家林业和草原局、自然资源部联合印发《全国湿地保护规划（2022—2030年）》，将全面保护自然岸线和沿海滩涂、推进滨海湿地生态系统结构恢复和服务功能提升作为重要任务。[6] 在此背景下，滨海湿地成为关系到沿海地区适应未来气候变化、可持续发展及海岸带生态安全的关键空间。2022年，生态环境部、国家发展和改革委员会等17部门联合发布《国家适应气候变化战略2035》报告，强调了保护沿海生态系统对应对气候变化的重要性，是中国实现2035年

---

1. Chen, W., Wang, D., Huang, Y., et al. Monitoring and analysis of coastal reclamation from 1995-2015 in Tianjin Binhai New Area, China. *Scientific Reports*, 2017, 7: 3850; Lin, Q., Yu, S. Losses of natural coastal wetlands by land conversion and ecological degradation in the urbanizing Chinese coast. *Scientific Reports*, 2018, 8: 15046; Wang, X., Xiao, X., Zhang, X., et al. Rapid and large changes in coastal wetland structure in China's four major river deltas. *Global Change Biology*, 2023, 29（8）：2286-2300.
2. Chen, Y., Dong, J., Xiao, X. et al. Land claim and loss of tidal flats in the Yangtze Estuary. *Scientific Reports*, 2016, 6: 24018.
3. Larson, C. China's vanishing coastal wetlands are nearing critical red line. *Science*, 2015, 350（6260）：489; Wang, X., Xiao, X., Xu, X. et al. Rebound in China's coastal wetlands following conservation and restoration. *Nature Sustainability*, 2021, 4: 1076-1083.
4. 国家海洋局，自然资源部：《海岸线保护与利用管理办法》，2017年（http://gc.mnr.gov.cn/201806/t20180614_1795724.html）。
5. 国务院：《关于加强滨海湿地保护严格管控围填海的通知》，2018年（http://www.gov.cn/zhengce/content/2018-07/25/content_5309058.htm）。
6. 国家林业和草原局，自然资源部：《关于印发〈全国湿地保护规划（2022—2030年）〉的通知》，2023年（https://www.forestry.gov.cn/main/4461/20230104/171605982976673.html）。

基本建成气候适应型社会的重要环节之一。[1]

中国沿海传统开发已存在上千年，经历了从传统到现代的长期过程，持续的传统开发将自然潮滩环境改造为人类环境。其中，苏沪潮滩历史开发悠久、史料记载丰富，是深入研究潮滩环境演变的理想区域。从人类积极适应环境变迁的角度，去探索潮滩环境演变及人类历史开发的环境适应机制，有助于深化对滨海生态史、环境史的理解，为观察沿海环境变迁与人地关系提供新视角，为构建现代人与自然和谐相处的滨海生态关系提供历史的参考。同时在全球变化背景下，深入揭示历史潮滩环境演变及其生态格局变化，为探索现代可持续的沿海环境适应模式提供基础研究积累。

二、国内外现有研究综述

在沿海环境演变研究领域，中低纬度海岸低地与潮滩带是重要研究对象之一，国际上相关研究多见于西北欧沿岸、湄公河三角洲、恒河三角洲、美国南部沿岸，以及中国东部沿岸等，这些都是全球沿海低地与潮滩环境研究的典型区域。[2] 其中，从历史视角分析沿海环境演变，一般都会围绕人类与自然环境的互动关系进行研究。例如 Hallam（郝拉姆）对英国沿海地区的盐业、海堤与海涂开发的变迁进行了综合研究[3]，Phillips（菲利普）讨论了罗马帝国时期滨海沼泽环境及其盐业生产[4]，英国历史地理学家 Darby（达比）对英国沿海沼泽带

---

1. 生态环境部、国家发展和改革委员会、科学技术部等：《关于印发〈国家适应气候变化战略 2035〉的通知》，2022 年（https://www.gov.cn/zhengce/zhengceku/2022-06/14/content_5695555.htm）。
2. Gao, S. Geomorphology and sedimentology of tidal flats. In: Perillo, G.M.E., Wolanski, E., Cahoon, D., et al.（eds），*Coastal wetlands: an ecosystem integrated approach*（2nd edition）. Elsevier, Amsterdam, 2018, pp.359-381.
3. Hallam, H.E. The new lands of Elloe, *Geography*, 1955，40（4）：292.
4. Phillips, C.W. *The Fenland in Roman times*. The Royal Geographical Society, London, 1970.

的防潮工程及人地互动进行了长时段研究。[1] 同时，沿海环境与海堤系统的演变也是常见主题，如德国下萨克森州的北海沿岸历史开发及海堤演变[2]、加拿大芬迪湾的历史海堤演变[3]、荷兰滨海湿地历史开发与海岸风险防御变化对生态系统的影响[4]，欧洲沿海低地的海堤设施及不同地区灾害防御责任。[5] 此外，近年来综合沿海环境演变与人类活动关系的长时段研究也引人关注，例如讨论沿海人群与海平面历史变化、文化景观历史演变的关系[6]，历史时期盐沼湿地对防御风暴潮的作用等。[7] 这些工作运用历史资料、定量与定性分析相结合，展现了全球潮滩环境变化与历史人类景观的多样性，为探讨潮滩人类活动历史模式提供了重要参照。

伴随全球变化与人类适应研究的发展，从"环境演变—人类适应"的框架去探讨过去人类活动变迁及其环境适应性，日益成为环境演变领域重要研究对象。历史时期人类社会经济系统、生产生活方式的环境适应性对当前应对气候变化的影响具有重要价值，而长时段的研究能够更深入地理解过去人类活动及

---

1. Darby, H.C. *The changing Fenland*. Cambridge University Press, New York, 1983.
2. Behre, K. E. Coastal development, sea-level change and settlement history during the later Holocene in the Clay District of Lower Saxony（Niedersachsen）, northern Germany. *Quaternary International*, 2004, 112: 37-53.
3. Graf, M. T., Chmura, G. L. Reinterpretation of past sea-level variation of the Bay of Fundy. *Holocene*, 2010, 20（1）: 7-11.
4. van Eerden, M. R., Lenselink, G., Zijlstra, M. Long-term changes in wetland area and composition in The Netherlands affecting the carrying capacity for wintering waterbirds. *Ardea*, 2010, 98（3）:265-282；Vos, P. C., Knol, E. Holocene landscape reconstruction of the Wadden Sea area between Marsdiep and Weser. *Netherlands Journal of Geosciences-Geologie en Mijnbouw*, 2015, 94（2）:157-183.
5. van Tielhof, M. Forced solidarity: maintenance of coastal defences along the North Sea coast in the early modern period. *Environment and History*, 2015, 21: 319-350.
6. Barnett, R.L., Charman, D.J., Johns, C., et al. Nonlinear landscape and cultural response to sea-level rise. *Science Advance*, 2020, 6（45）: eabb6376.
7. Zhu, Z., Vuik, V., Visser, P.J., et al. Historic storms and the hidden value of coastal wetlands for nature-based flood defence. *Nature Sustainability*, 2020, 3: 853-862 .

其环境适应特征。[1] 环境适应性（Environmental Adaptation）是关于系统与环境关系的重要概念，是对生物学概念的借用，常用于生物学、工程等学科。一般多指系统周围的环境存在动态变化，对系统的生存与发展产生压力与挑战，系统面对这些压力与挑战存在一定的脆弱性。系统需要通过内部与外部的协调、结构与功能的改变产生适应性，以获得可持续发展，也叫对环境压力的适应。[2] 系统不能脱离环境而独立存在，它是处于与环境的密切联系之中，既要通过环境的输入受到环境的约束，又要通过对环境的输出而对环境施加影响。一般而言，系统与环境之间的关系相对稳定时，便表现为系统对于环境的适应性；相反，系统处于质变阶段，系统与环境之间的关系急剧调整，表现为系统对于环境的适应方式的调整。环境适应这一概念常用在分析传统生产生活方式与环境变化的关系之中，例如传统的适应环境变化的生态知识。[3]

区域环境演变也是国内相关学科的热点研究问题，特别是在历史地理学研究领域。与自然科学领域的相关研究不同[4]，关注人类活动是历史地理学开展沿

---

1. 韩茂莉：《2000 年来我国人类活动与环境适应以及科学启示》，《地理研究》2000 年第 3 期；Colten, C. E. Adaptive transitions: the long-term perspective on humans in changing coastal settings. *Geographical Review*, 2019, 109 (3)：416-435.
2. 季林丹，徐进，张亚平：《人类群体环境适应性进化研究进展》，《科学通报》2012 年第 Z1 期。
3. Gomez-Baggethun, E., Reyes-Garcia, V., Olsson, P., et al. Traditional ecological knowledge and community resilience to environmental extremes: a case study in Doñana, SW Spain. *Global Environmental Change*, 2012, 22: 640-650; Lebel, L. Local knowledge and adaptation to climate change in natural resource-based societies of the Asia-Pacific. *Mitigation and Adaptation Strategies for Global Change*, 2013, (18)：1057-1076；Manrique, D. R., Corral, S., Pereira, A. G. Climate-related displacements of coastal communities in the Arctic: engaging traditional knowledge in adaptation strategies and policies. *Environmental Science & Policy*, 2018, 85（SI）：90-100.
4. 赵希涛：《中国沿海环境变迁》，北京：海洋出版社，1994 年；王英辉，李平阳，熊建华，等：《广西北部湾海岸带环境演变过程与历史研究》，桂林：广西师范大学出版社，2013 年。

海环境演变研究的重要特色。[1] 目前大部分相关研究是基于环境史或社会经济史视角分析沿海环境及其人类开发史。例如中国沿海地区在明清时期进入历史上最为活跃的开发阶段，不少研究即以明清时期沿海历史开发作为研究对象，包括沿海开发过程、灾害应对、水利变迁等方面成为主要研究内容。[2] 相关研究以定性分析为主，缺乏结合海岸环境相关性与特殊性的交叉分析。海洋是沿海地区人类与环境的关键控制因素，讨论沿海环境演变如果缺乏对海洋影响的关注是不全面的。

具体到苏沪沿海，这里复杂的海岸环境变化及其影响一直受到不同学科学者的关注，大部分研究是讨论单要素变化过程，例如海岸线变迁[3]、海面波动[4]、感潮范围变化[5]、潮灾变化[6]，以及海堤（海塘）史考证及技术变

---

1. 李玉尚：《海有丰歉——黄渤海的鱼类与环境变迁 1368—1958》，上海：上海交通大学出版社，2011年；吴宏岐：《明清珠江三角洲城镇发展与生态环境演变互动研究》，武汉：长江出版社，2014年；崔凤：《海洋发展与沿海社会变迁》，北京：社会科学文献出版社，2015年；惠夕平：《鲁东南沿海地区聚落选址与聚落变迁研究》，北京：科学出版社，2016年；苏惠苹：《众力向洋》，厦门：厦门大学出版社，2018年；王守春：《历史时期中国生态环境演变史纲》，深圳：深圳报业集团出版社，2024年。
2. 刘淼：《明清沿海荡地开发研究》，汕头：汕头大学出版社，1996年；杨国桢：《东溟水土——东南中国的海洋环境与经济开发》，南昌：江西高校出版社，2003年；王赛时：《山东沿海开发史》，济南：齐鲁书社，2005年；吴振南：《海岸带资源开发与乡民社会变迁》，北京：中国社会科学出版社，2014年；康武刚：《温州沿海平原的变迁与水利建设》，北京：人民出版社，2018年。
3. 张忍顺：《苏北黄河三角洲及滨海平原的成陆过程》，《地理学报》1984年第2期；陈金渊：《南通地区成陆过程的探索》，《历史地理》，上海：上海人民出版社，1983年；张修桂：《上海浦东地区成陆过程辨析》，《地理学报》1998年第3期。
4. 王文、谢志仁：《中国历史时期海面变化（Ⅰ）——塘工兴废与海面波动》，《河海大学学报（自然科学版）》1999年第4期。
5. ［日］北田英人：《中国江南三角洲における感潮地域の变迁》，《东洋学报》1982年第3、4号；孙景超：《清代江南感潮区范围与影响》，《清史研究》2005年第4期。
6. 潘凤英：《历史时期江浙沿海特大风暴潮研究》，《南京师范大学学报》1995年第1期；张向萍，叶瑜，方修琦：《公元1644—1949年长江三角洲地区历史台风频次序列重建》，《古地理学报》2013年第2期；邓辉，王洪波：《1368—1911年苏沪浙地区风暴潮分布的时空特征》，《地理研究》2015年第12期；王洪波：《明清苏浙沿海台风风暴潮灾害序列重建与特征分析》，《长江流域资源与环境》2016年第2期；张旸，陈沈良，谷国传：《历史时期苏北平原潮灾的时空分布格局》，《海洋通报》2016年第1期。

迁[1]，滨海荡地历史开发[2]。同时，综合分析人类活动变迁与海岸环境变化的研究也受到学术界的持续关注，如上海地貌环境变迁与沿海开发的关系[3]、海岸变迁对滩涂开发的影响[4]、江南环境与人类历史开发变化[5]、水利应对与捍海堰变迁[6]，以及上海东部平原开发与环境的关系[7]。尽管这些研究并非专门讨论潮滩环境及与人类开发的关系，但为研究历史潮滩环境演变、揭示自然潮滩向人为环境的转变机制提供了重要基础。

总之，潮滩是观察全球海岸环境变化的关键对象，科学、系统地分析潮滩环境演变与人类活动的影响，对深化全球环境变化研究具有重要意义。现有研究缺乏对潮滩环境长期演变的充分探讨，特别是围绕人地互动过程讨论历史潮滩生态格局动态演变特征方面的研究。一方面这需要更为充分的多源资料与调查数据支撑，另一方面也需要多学科方法以及量化分析相结合。为此，在全球环境变化研究视野下，本书聚焦近千年苏沪潮滩环境演变研究，探讨苏沪历史潮滩环境演变过程，分析潮滩历史生态格局的时空演变特征与机制。

---

1. 朱偰：《江浙海塘建筑史》，北京：学习生活出版社，1955年；汪家伦：《古代海塘工程》，北京：水利电力出版社，1988年；凌申：《历史时期江苏古海塘的修筑及演变》，《中国历史地理论丛》2002年第4期；张崇旺：《明清时期江淮地区水利治灾工程述论》，《北大史学》2007年。
2. 刘淼：《明清沿海荡地开发研究》，汕头：汕头大学出版社，1996；吴滔：《海外之变体：明清时期崇明盐场兴废与区域发展》，《学术研究》2012年第5期；吴滔：《明代浦东荡地归属与盐场管理之争》，《经济社会史评论》2016年第4期。
3. 谭其骧：《上海市大陆部分的海陆变迁和开发过程》，《考古》1973年第1期；张修桂：《上海地貌环境变迁与先民生产文明创建》，见张修桂：《龚江集》，上海：上海人民出版社，2014年，第250-271页。
4. 方明，宗良纲：《论江苏海岸变迁及其对滩涂开发的影响》，《中国农史》1989年第2期。
5. 王建革：《河流和圩田体系的生态变迁与长三角近代文明的成长》，《近代史研究》2022年第2期；王建革，许思佳：《引清控浊：太湖东部溢流水利体系与潮水动态（10—15世纪）》，《复旦学报（社会科学版）》2023年第3期；王建革《来自水域的视角：江南水生态与灾害治理的历史动态考察》，《史学集刊》2025年第1期。
6. 王大学：《明清"江南海塘"的建设与环境》，上海：上海人民出版社，2008年。孙景超：《宋代以来江南的水利、环境与社会》，济南：齐鲁书社，2020年。
7. 何泉达：《吴中水利与滨海盐利——兼论明清两代上海盐业衰颓的原因》，《史林》1991年第3期；吴俊范：《水乡聚落：太湖以东家园生态史研究》，上海：上海古籍出版社，2016年；吴俊范：《明初以来长江口南岸地理环境的变化与人类活动响应》，《学术月刊》2022年第5期。

三、研究区概况

苏沪沿海地区位于中国东部，属长江三角洲沿海地区，主要包括平原海岸与河口海岸两大部分（图1-1）。苏沪沿岸是历史时期潮滩演变、淤涨扩张不

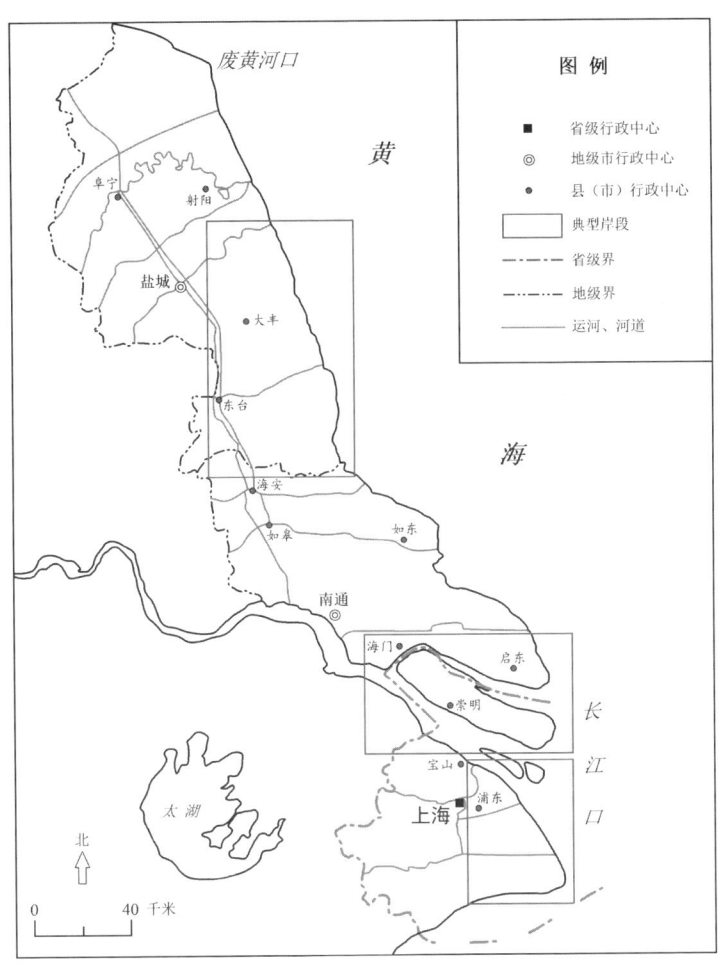

图 1-1　苏沪沿海范围示意图

说明：根据江苏省基础地理信息中心编制《江苏省政区图》（2024年）、上海市基础地理信息中心编制《上海市政区图》（2024年）改绘，包括上海市、南通市与盐城市。

断积累的结果，明清时期苏沪潮滩绝大部分都在现代苏沪沿海范围之内。从江苏赣榆绣针河口到上海金山—浙江嘉善分界，苏沪岸线总长1153千米，其中江苏省约940千米，上海市约213千米。

整体上，苏沪沿岸属于典型开敞式淤泥质潮滩环境，属于淤进型潮滩。其中，江苏沿海有全国面积最大的淤泥质潮滩。根据2021年发布的《江苏省第三次国土调查主要数据公报》，江苏省沿海滩涂面积约3839平方千米，主要分布在江苏中部沿海。[1] 上海市滩涂湿地总面积为326.5平方千米，主要分布在长江口各沙洲、南汇边滩与崇明岛沿岸。[2]

苏沪沿海是全国沿海人口密度最高的地区之一。[3] 2019年年末，江苏沿海三市面积3.5万平方千米，常住总人口1904万人，包括南通市731.8万人、盐城市720.89万人、连云港市451.1万人；[4] 平均人口密度为544人/平方千米。2019年年末，上海市域总面积0.6万平方千米，总人口2428.14万人，平均人口密度是3830人/平方千米，其中上海东部沿海两区人口总量与密度分别为：浦东新区556.70万人、4599人/平方千米，崇明区68.36万人、577人/平方千米。[5]

苏沪沿海包括废黄河口三角洲、长江口三角洲以及苏北中部滨海平原三个部分，呈现两河口、一平原的沿海平原地貌格局，也是我国面积最大、连片的沿海低地平原，面积约4万平方千米，平均海拔3~4米，人口约4500万人。

---

1. 江苏省第三次国土调查领导小组办公室、江苏省自然资源厅、江苏省统计局：《江苏省第三次国土调查主要数据公报》，《新华日报》，2021年12月31日。
2. 黄沈发、苏敬华、阮俊杰，等：《上海滩涂湿地生态调查与评估》，北京：中国环境出版集团，2019年，第198-199页。
3. 杜培培、侯西勇：《基于多源数据的中国海岸带地区人口空间化模拟》，《地球信息科学学报》2020年第2期。
4. 江苏省统计局：《江苏省统计年鉴（2020）》（http://tj.jiangsu.gov.cn/2020/nj03/nj0306.htm）。
5. 上海市统计局：《上海市统计年鉴（2020）》（http://tjj.sh.gov.cn/tjnj/nj20.htm?d1=2020tjnj/C0202.htm）。

第一章

其中，江苏沿海高程大部分为海拔 2~4 米，地形差异小、微起伏不足 1 米[1]，对海平面上升及其引发的灾害风险十分敏感。到 2050 年，江苏沿海的海平面相对 2000 年将上升约 0.4~0.5 米，超过全国平均水平。[2] 上海市大部分属于滨海平原，少部分为湖荡平原，整体上位于太湖碟形洼地东侧的长江口冲积平原上，地势自东向西略微呈倾斜状，平均海拔 3~4 米，相对而言其东南部是较新的土地。

苏沪沿海属古扬州涂泥地带，是典型低产区，《禹贡》有扬州"厥土惟涂泥，厥田惟下下"[3]的记载。唐宋以后苏沪海岸逐渐获得初步开发[4]，经过明清时期的深入开发，在"穷海"荒涂的盐碱地上逐渐形成中国古代海盐生产中心以及重要粮棉产区；同时也形成多个重要县级政区，包括江苏省扬州府盐城、兴化、东台等县[5]，松江府的上海县[6]、南汇县[7]、川沙厅（县）[8]，以及太仓州的崇明县[9]。

潮滩是苏沪沿海最具特色的土地类型，资源丰富、生态价值巨大，是推进

---

1. 江苏省地方志编辑委员会：《江苏省志·地理志》，南京：江苏古籍出版社，1999 年，第 137 页。
2. Zuo J, Yang Y, Zhang J, et al. Prediction of China's submerged coastal areas by sea level rise due to climate change. *Journal of Ocean University of China*, 2013, 12（3）: 327-334.
3. 《尚书》卷 3《禹贡第一·夏书》。
4. 近年盐城市考古发现唐宋至明清时期多种制盐遗迹，如东台市缪航遗址、大丰区后北团遗址等。
5. 清乾隆三十三年（1768）析泰州东北九场、四乡设置东台县，属扬州府，县治设在东台镇。无特别说明本书中东台县指清代东台县境。
6. 元至元二十八年（1291）析华亭县东北境的长人、高昌、北亭、新江、海隅五乡地置上海县，隶松江府，县治设在上海镇。无特别说明本书中上海县指清代上海县境。
7. 清雍正四年（1726）析上海县长人乡与下沙盐场设立南汇县，县治设在原守御所南汇嘴。2009 年撤销南汇区，并入浦东新区。无特别说明本书中南汇县指清代南汇县境。
8. 清嘉庆十年（1805）析上海县高昌乡滨海地和南汇县长人乡北部暨下沙场八、九团地，置川沙抚民厅，隶属松江府。宣统三年（1911），改厅为县，仍属松江府。1993 年设浦东新区，撤销川沙县。无特别说明本书中川沙（厅）县指清末川沙厅境。
9. 元至元十四年（1277）崇明镇升为州，隶属扬州路，明洪武二年（1369）崇明降州为县，隶扬州路；洪武八年（1375）改隶苏州府，弘治十年（1497）崇明县兼隶于太仓州。无特别说明本书中崇明县指清代崇明县境。

长江三角洲生态一体化发展战略的重要支撑。这里已有多个国际重要湿地、国家级自然保护区和世界自然遗产地。1992年，在盐城市滨海建立了中国沿海最大的湿地自然保护区，后被列入联合国教育、科学及文化组织（下文简称"联合国教科文组织"）"人与生物圈计划"保护区和《拉姆萨尔公约（2020）》国际重要湿地名录。[1] 2002—2005年，上海崇明东滩湿地与九段沙湿地先后设为国家级自然保护区，崇明东滩被列入国际重要湿地名录。[2] 2019年，以盐城、东台沿岸潮滩为核心区域的黄海湿地成为中国首个滨海湿地类世界自然遗产。[3] 2024年第46届联合国教科文组织世界遗产委员会会议上，中国黄（渤）海候鸟栖息地（第二期）顺利通过评审，上海崇明东滩也被列为世界自然遗产地。[4]

第二节　研究内容与关键问题

一、主要内容、目标及关键问题

本书主要分析近千年苏沪潮滩环境演变过程及传统开发的环境适应特征，并以崇明、南汇与东台为典型区域，比较分析潮滩景观原野化、盐作化、农业化的动态过程及原因。在此基础上，探讨历史潮滩生态格局的时空演变特征与机制。

---

1. Ramsar Convention. The list of wetlands of international importance. 2020（https://www.ramsar.org/sites/default/files/documents/library/sitelist.pdf）.
2. 陈家宽主编：《上海九段沙湿地自然保护区科学考察集》，北京：科学出版社，2003年；徐宏发、赵云龙主编：《上海市崇明东滩鸟类自然保护区科学考察集》，北京：中国林业出版社，2005年。
3. 丁瑶瑶：《盐城黄海湿地跻身"世遗"》，《环境经济》2019年第14期。
4. 参见上海市崇明区人民政府网站（https://www.shcm.gov.cn/xwzx/002008/20240729/70d1ec78-a097-4d7a-8b44-222182d62f90.html）。

关键问题包括：(1) 历史潮滩的类型、分布范围与平面形态变化；(2) 历史潮滩植被、土壤与盐度演变特征；(3) 传统制盐、围垦活动的时空分布变化与适应特征；(4) 人类活动对历史潮滩生态的影响及差异；(5) 历史潮滩生态景观格局的时空演变特征与转变机制。

本书旨在从历史生态地理角度探讨近千年苏沪沿海的潮滩人地生态系统演变史，对苏沪潮滩生态格局历史演变规律的认识。具体研究目标包括：复原历史潮滩范围与陆界分布、揭示历史潮滩的平面形态变化；揭示不同阶段历史潮滩植被、土壤与地貌的生态特征；阐明潮滩盐作化、农业化的环境适应机制；明确制盐与围垦对潮滩植被、水文与土壤演变的影响及差异；阐明潮滩盐作水系分布、结构与功能变化，以及向农作水系转变的过程与机制；比较海平面与土地利用对潮滩生态格局的差异化影响；总结历史时期潮滩生态格局的差异化过程与机制。

二、研究范围与主要对象

1. 空间范围

本书以今苏沪沿海平原为研究范围，主要包括现代长江口三角洲、废黄河三角洲以及苏北中部滨海平原三部分，即两河口、一平原，在行政范围上主要属于上海市浦东新区与崇明区、江苏省盐城市与连云港市范围（图1-1）。该区域在明清时期包括江苏省扬州府兴化县与东台县，松江府上海县、南汇县、川沙厅，太仓州崇明县，淮安府盐城县与阜宁县，以及海州地区。

2. 时间范围

本书涉及的时间范围整体上包括近千年的时段，同时以明清时期为主。明清时期苏沪沿海传统开发进入快速发展阶段，相关史料丰富、种类多样。

3. 研究对象

本书研究对象主要包括潮滩自然要素（地貌、植被、水土环境）与人文要素（人类开发活动与土地利用方式），便于系统地揭示历史潮滩地貌形态、生态类型变化、人类活动与潮滩环境演变的相互关系，以及对潮滩生态的影响。

4. 典型区域

本书选择崇明、东台、南汇（含川沙）三地作为比较研究的典型区域（图1-1）。东台沿岸是苏北沿岸潮滩环境与传统开发演变最为典型且分布集中的岸段，南汇、崇明岛分别是长江口大陆沿岸与沙洲演变岸段。这些区域相关的史料比较全面，反映历史潮滩环境与开发过程的研究数据具有较好的连续性，有利于整理时序数据进行量化分析、统计分析与空间分析。

三、章节结构与主要内容

第一章，介绍选题的研究价值、国内外现有研究程度，介绍本书主要研究内容与关键科学问题、总体研究设计以及资料体系。

第二章，基于现有研究，明确本书关于潮滩及其类型的基本定义、介绍不同沉积岸段的潮滩环境特征，讨论全新世海平面变化对潮滩演变的影响；利用现代调查资料，介绍苏沪潮滩现状、现代沉积特征与生态环境概况。

第三章，确定近千年的历史潮滩范围与边界的变化、平面分布特征、潮滩扩张与植被分布变化、盐度与水土环境特征，复原苏沪历史潮滩的原野化景观及其生态特征。

第四章，复原低滩制盐活动及环境适应特征，探讨淤涨潮滩原野化景观到盐作化景观的转变过程及机制，揭示低滩盐作生态系统的形成、盐田生产系统的发展与迁移；比较崇明、南汇以及东台潮滩盐作化的景观动态差异。

第五章，复原高滩围垦活动及环境适应特征，探讨淤涨潮滩盐作化景观向农业化景观的转变过程与机制，揭示高滩农作生态系统的形成、圩田生产系统的发展与迁移；比较崇明、南汇、东台盐场荡地转垦的发展过程、农业化进程的差异化，识别潮滩盐垦分界线以揭示圩田化景观动态差异。

第六章，重建历史潮滩防潮工程的分布演变及环境适应特征，揭示潮滩防灾系统的形成过程与空间分布差异，探讨低滩与高滩防潮策略的差异、原因及地理背景。

第七章，探讨潮滩土地兼并与地权关系演变过程，以及对潮滩土地利用变化的影响，比较崇明、南汇、东台荡地管理方式的变迁过程及影响差异。

第八章，探讨人类活动对潮滩生态环境演变的影响及差异，比较分析潮滩水系、植被与土壤在不同开发阶段及区域的演变差异。

第三节　方法、资料与创新

一、概念、理论框架与研究思路

人类活动（或人文过程）与地理环境交互作用一般会形成一定的生态关系及景观格局。在自然潮滩，人类的介入可能会形成人为化的生态关系以及景观，并出现景观格局的迁移或演替现象。伴随历史时期潮滩环境的不断变化，要清晰揭示人地互动的复杂过程、刻画潮滩环境演变过程中所蕴含的生态格局或生态关系的演变规律具有很大的挑战。这需要在生态环境变迁研究的基础上，进一步从地理维度揭示人地互动所形成的生态关系、景观格局变化，也需要较好的量化分析，包括统计分析与空间分析，才能具体刻画时空演变特征与机制。在沿海生态史或环境史研究的基础上，结合国内外多学科研究理论与方法，本书尝试运用历史生态地理研究视角，基于地理学的格局、过程与机制的思路，从地理维度探讨历史潮滩人地互动所引发的生态关系变化，以及景观格局动态与机制。

潮滩环境与苏沪沿海历史生态地理
Tidal Flat Environment and Historical Eco-Geography of the Jiangsu-Shanghai Coastal Region

  环境（Environment）是相对的概念，不同学科中环境的含义存在差异，但在广义上是指所有生物（包括人类）生存和发展的外部条件总和，包含自然要素和人文要素。狭义上的环境是指自然界的物理、化学和生物条件（或过程），是相对于人类这个主体之外的客体。[1]生态或生态学（Ecology）则是指研究生物（包括人类）与其环境之间相互作用关系的科学。[2]本书中"环境"主要是指狭义上的概念，"生态"是指人类活动与自然环境之间的相互作用关系。20世纪后期以来，探讨环境演变、揭示人类活动与地理环境之间的关系（即人地关系）及其演变过程与规律，是地理学、环境科学、生态学等学科共同关注的重要课题。[3]特别是围绕人地互动的生态环境变迁，在历史地理学等相关研究领域受到长期关注。[4]

  揭示人地复杂性、研究人地关系变迁规律离不开学科交叉以及人文与自然要素的结合分析，需要更系统地揭示人地互动复杂过程及其生态关系变化，避免过于强调人文过程或偏重自然过程。比较而言，在自然科学领域，生态地理研究多强调自然生态系统要素之间的组分与关系，或种群与环境的相互作用的规律。[5]生态学研究也有一些基本模型用于解释人地关系演变的复杂性，如种群动态模型、空间生态模型或气候变化生态模型等。同时，作为人类活动与自然环境相互作用的复杂开放系统，区域人地系统本质上是一种耗散结构[6]，受自然和人为因素的持续影响（如气候变化和人类活动），内部各要素（如人口、

---

1. 黄润华，贾振邦编著：《环境学基础教程》，北京：高等教育出版社，1997年，第1-2页。
2. （美）尤金·P.奥德姆（Eugene P. Odum），（美）盖瑞·W.巴雷特（Gary W. Barrett）著，陆健健等译：《生态学基础》北京：高等教育出版社，2022年，第2页。
3. 王利华：《徘徊在人与自然之间——中国生态环境史探索》，天津：天津古籍出版社，2012年；王建革：《江南环境史研究》，北京：科学出版社，2016年。
4. 王建革：《小农与环境——以生态系统的观点透视传统农业生产的历史过程》，《中国农史》1995年第183期；夏明方主编：《历史的生态学解释》，北京：中华书局，2012年；
5. 王建林：《生态地理学》，北京：科学出版社，2019年，第229-236页；秦养民：《生态地理学》，武汉：中国地质大学出版社，2023年，第26-30页。
6. 沈小峰，胡岗，姜璐编著：《耗散结构论》，上海：上海人民出版社，1987年，第143-147页。

资源、环境等）之间也存在复杂的非线性关系，易受自然灾害或政策变化引发的系统重组、可能导致系统状态的突变。

此外，人地系统也是复杂适应系统，具有复杂多要素相互作用或互馈机制，如在人类合理干预下，可以推动生态要素之间的协同演变，有助于维护要素之间可持续的生态关系。为此，本书结合系统观、动态观开展具体分析。系统是相互作用的诸要素的复合体，系统观认为一切有机体都是一个整体（系统），是由部分有机结合而成，目的是揭示其中的有机性。动态观认为一切有机体本身都处于积极的运动状态，目的是揭示其中的动态性。潮滩人地系统的性质取决于内部诸要素相互作用的关系及其动态性，这不仅要揭示组成要素的具体性质，还应明确彼此之间的相互关系与运动特征，才能更深入地揭示潮滩人地互动构成的生态关系、塑造的生态景观格局及动态变化。

总之，本书以"环境演变—人类适应—景观格局"为基本线索，拟对潮滩环境的自然要素、人文要素相互作用与演化过程进行系统性、动态性分析，建立关键自然要素与人文要素演变的定量关系；通过统计分析与空间分析，揭示苏沪潮滩环境演变与传统开发变迁的互动关系；通过选择崇明、南汇与东台三地作为样本区域开展比较研究，揭示历史潮滩环境演变与人类适应过程的共性与差异，以及景观格局的动态过程。在此基础上，总结历史潮滩生态格局的时空演变规律。

具体研究步骤包括：（1）收集历史文献，提取历史资料、数据集或研究成果中的相关数据；（2）利用史料考证获取必要研究数据、确定关键要素的时间与空间属性及其定量关系、分类建立关键要素的基本数据库、形成关键要素的数据序列；（3）复原历史潮滩范围、陆界变化、平面形态特征变化，揭示历史潮滩的原野化景观的生态特征；（4）比较分析各岸段历史潮滩的盐作化与农业化的发展过程、环境适应特征，明确景观格局转化机制；（5）比较分析各岸段人类活动对历史潮滩植被、水文与土壤演变的影响差异；（6）总结苏沪潮滩历史生态格局的时空演变规律。

二、研究方法

本书采用学科交叉方法，基于景观格局变化刻画人类活动变化，综合运用史料考证、量化分析、统计分析与空间分析，旨在揭示县域与景观尺度的潮滩环境演变及人类动态适应过程、生态景观格局变化，阐明演变机制。

1. 学科交叉研究

综合运用历史地理学、海岸生态学、自然地理学及其他相关学科理论方法开展交叉分析。例如综合运用史料、结合现代潮滩沉积环境的相关知识理论，海岸地貌学、水文学以及生态环境史等理论进行跨学科研究。

2. 定量分析与定性分析相结合

在现有研究基础上推进历史潮滩环境演变研究，需要加强定量分析，重视建立人文与自然要素之间的定量关系，采取定量/半定量与定性分析、统计分析与空间分析相结合的方法，才能提高研究质量、解决科学问题。

3. 历史文献与现代调查结合、古今对比研究

通过历史文献分析获取历史潮滩环境及传统生产活动的定量与定性数据，通过现代调查资料以及田野调查收集沿海潮滩生态环境、盐沼地貌、潮沟水文及其他相关的环境特征数据，据此运用古今比较的方法，揭示古今潮滩环境演变的联系与区别，并对典型岸滩开展实地调查与验证，包括东台岸滩、崇明东滩、南汇边滩及启海岸滩。

4. 区域比较与集成研究

苏沪沿岸在地貌上主要包括滨海平原海岸与河口海岸。根据海陆相对位置、地质地貌与地理环境特征的差异，本书将苏沪沿岸划分为三个分区（岸段），包括苏北中部滨海平原（东台沿岸）、长江口（崇明沿岸）与上海大陆沿岸平原（南汇、川沙沿岸）。对不同分区的关键自然与人文要素的演变过程进行分区比较与集成研究，以考察不同岸段环境适应的差异化特征及相互关

系，以及苏沪潮滩演变与传统开发的相互联系机制的整体特征。将明清时期苏沪潮滩开发活动变化与潮滩环境演变过程进行多要素对比分析，以揭示潮滩传统开发活动适应环境变迁的关键控制因素与机制。

5. 理论与实证分析相结合

运用人地关系理论，通过多因子综合研究，对历史时期苏沪潮滩关键的自然与人文要素进行分解、组合，对其变化特征进行比较、归纳，明确不同因子的驱动差异，并综合分析、把握其规律性；识别关键现象、分析内在机理，以明确关键因子的影响机制。

6. 共时分析与历时分析相结合

科学、系统地展示历史生态格局与文化景观演变的时空特征，需要结合共时分析与历时分析。共时分析旨在揭示不同研究对象在同一个时间断面下的演变特征，在相同的资料背景与时代背景下进行；历时分析旨在揭示同一个研究对象在不同发展阶段的演变特征。

三、研究特色与创新点

1. 研究问题

潮滩是观察全球环境变化的关键地带，国内现有研究缺乏以历史潮滩环境演变为主题的研究工作。本书聚焦近千年苏沪潮滩环境演变研究、从历史生态地理视角探讨历史潮滩生态关系及景观格局演变过程与机理，填补了相关研究领域的空白。

2. 研究方法

主要运用学科交叉方法，基于多源资料分析，采取定量与定性分析、统计分析与空间分析相结合的方法，充分结合现代潮滩地貌学理论与知识、海岸调查资料，以及历史文献记载进行综合实证研究；基于景观格局转化，分析历史潮滩人地系统的有机性、阶段性与动态性，明确历史潮滩环境演变过程与机制。

3. 研究思路

基于景观格局转化刻画人类活动变化。通过对高滩与低滩生态及相应人类活动变化的比较分析，探讨历史潮滩生态景观格局的时空演变特征、转化机制；通过对典型岸段进行多个时间剖面的比较分析，揭示潮滩环境与传统开发过程的动态性、有机性，探讨潮滩历史人地互动形成的生态关系变化。

四、主要研究资料

本书综合运用多源资料揭示苏沪潮滩环境演变，主要包括古代方志、盐志、水利志、舆图、遥感影像资料及田野调查等相关资料。其中，历代各府（州）县方志、盐志、水利志、部分辑录资料是本书的基本资料，主要以中国基本古籍库、方志库（爱如生）所藏在线影像版（刻本等）为准，其他均采用重印版资料（各类资料版本信息详见参考文献）。

1. 方志

明清与民国时期苏沪沿海相关的府县方志共计 60 余种，主要包括明清时期总志、府志、县志，如弘治《上海县志》，万历《淮安府志》，万历、嘉庆、同治《扬州府志》，嘉靖《惟扬志》，万历《通州志》，嘉庆《东台县志》，正德《松江府志》，嘉靖《太仓州志》，乾隆《南汇县志》，嘉庆《松江府志》，光绪《松江府续志》《南汇县志》《川沙厅志》以及明清多部《崇明县志》。

2. 盐志

盐业是古代潮滩传统产业，相关盐业文献是本书研究的基本资料，大部分盐业文献收录在 2009—2012 年出版的《稀见明清经济史料丛刊》（第 1-2 辑，国家图书馆出版社），共 20 余种，主要包括明清官府前后续修的各类《两淮盐法志》《两浙盐法志》，如弘治《两淮运司志》、嘉靖《两淮盐法志》、崇祯《重修两浙鹾志》，清代历次官修的《两淮盐法志》，以及嘉庆《重修两浙盐法志》；还包括明代朱廷立《盐政志》、清代丁日昌《淮鹾摘要》，以及清末民初《盐法通志》《清盐法志》《中国盐政实录》等官私盐务文献。

3. 水利志、舆图/古旧地图等

古代水利志、海堤图、沿海舆图等是获取潮滩环境与人类开发活动变化的重要资料，约20种。相关水利志主要包括《重浚江南水利全书》《江苏水利全书》《东南水利略》《淮南水利考》《淮扬水利图说》《续纂江苏水利全案》《江苏全省地图》《江苏通志水工志稿》等。沿海舆图包括收藏于美国国会图书馆、不列颠图书馆的古地图资料10余种，例如不列颠图书馆收藏的《阜宁县庙湾营界会勘图（1759年）》《盐城县斗龙港、新洋港间会勘图（1835—1840年）》《如皋县沿海口岸图（1843年）》等。

4. 公开出版物、辑录资料及其他研究数据集

主要包括今人辑录资料、公开出版物、现代沿海调查资料、在线数据集等资料约30种，如《上海市海岸带和海涂资源综合调查报告》（陈吉余主编，上海：上海科学技术出版社，1988年）、《江苏省海岸带和海涂资源综合调查报告》（任美锷主编，北京：海洋出版社，1986年）、《江苏省海岸带自然资源地图集》（中国科学院南京地理与湖泊研究所等主编，北京：科学出版社，1988年），以及江苏省近海综合调查与评估报告（"908"专项）。此外，还有一些专题调查研究资料，如《中国近海海洋图集——上海市海岛海岸带》（上海市海洋局编，北京：海洋出版社，2015年）、《上海市地质环境图集》（沈新国主编，北京：地质出版社，2002年）、《上海土壤》（侯传庆主编，上海：上海科学技术出版社，1992年）、《江苏土壤》（江苏省土壤普查办公室编，北京：中国农业出版社，1995年）以及苏沪沿海各县土壤志。

第二章　现代潮滩生态与海岸环境

第一节　气候、地质及泥质海岸

一、苏沪沿海气候特征

受海洋性、大陆性气候的双重影响，苏沪沿海是中国沿海地带从热带、亚热带向暖温带与温带气候过渡的重要中间地带，总体上属暖湿季风气候，气候温和、四季分明、雨量充沛。[1]

苏北沿岸，以灌溉总渠为界，南、北分别属于北亚热带与暖温带季风气候。其中，渠南沿岸光热资源总量上明显低于总渠以北、滨海多于内陆，渠南的降水、日照都少于北部岸段。[2] 苏北沿岸全年日照时数为2 101.6~2 642.1小时，其中，渠北达2 400~2 650小时，年日照率在55%以上；年平均气温自南向北递减，日平均气温≥0℃，积温在渠南约5 300℃，渠北为4 900℃~5 200℃；年平均降水量自陆向海、自南向北明显减少，渠南为1 000~1 080毫米、渠北为850~1 000毫米；降雨表现出季节分配的不均匀，

---

1. 全国海岸带办公室《中国海岸带气候调查报告》编写组：《中国海岸带和海涂资源综合调查专业报告集·中国海岸带气候》，北京：气象出版社，1991年，第107页。
2. 江苏省地方志编辑委员会：《江苏省志·地理志》，第155-157页。

第二章

台风在7—9月较多,导致夏季降水集中、冬季降水少。[1]总之,渠南沿岸与渠北沿岸相比,湿度更大、降水更多、台风袭击较多。

上海市沿岸地区,气温温和,年平均气温15.0℃~15.8℃,南部沿岸略高于北部;最冷月出现在1月,最热月多在7、8月(7、8月温差很小),气温年较差介于陆地与海岛之间,显示了典型的海陆过渡带气候特征。上海沿岸全年总日照2 000~2 200小时,年日照率为45%~50%;2月多阴雨天,月均日照一般在140小时以下,为全年最少月;8月一般少雨多晴,月均日照多在250小时以上,为全年最多月。沿岸大部分地区平均年降水量为900~1 050毫米,年际变化大;丰水年的年降水量在1 200毫米左右,枯水年的年降水量只有600~700毫米。降水空间分布呈现由陆向海减少,岛屿降水明显偏少的特征,沿岸全年降水集中在5—9月,占年降水总量的60%~70%,各月的平均雨量在100毫米以上。全年最多风向主要出现在西北和东南两个方位,受温带天气系统和副热带天气系统交替影响,天气变化较复杂,一年四季都可能遇到各种灾害性天气,影响较大的主要有台风、寒潮、暴雨、大风等多种灾害性天气。[2]

此外,长江口沙洲地带属典型的亚热带海洋性季风气候,湿润温和、四季分明、雨水丰沛、日照充足。该地区年平均气温为15℃~16℃,风向有明显的季节性变化,常年风向为北东北(NNE)和南东南(SSE),夏季盛行偏南向风,冬季以北向风为主,最大风速多发生在夏季的台风期,多年平均风速为3~4米/秒。降水充沛,最多可达1 400毫米以上。据横沙站最近20年资料统计,年均降水量1 030毫米。[3]气温的滞后性明显,最热月出现在8月,月平均气温26.8℃左右,较内陆地区低1℃左右;最冷月多出现在2月或1月

---

1. 全国海岸带办公室《中国海岸带气候调查报告》编写组:《中国海岸带和海涂资源综合调查专业报告·中国海岸带气候》,第107、110页。
2. 陈吉余主编:《上海市海岸带和海涂资源综合调查报告》,上海:上海科学技术出版社,1988年,第5-10页。
3. 韩震,恽才兴:《长江口近岸水域卫星遥感应用技术研究》,北京:海洋出版社,2011年,第4-5页。

(1、2月温差很小),平均气温在4.4℃~5.1℃,较长江口南北沿岸地区偏高1℃~2℃,总体上年较差偏小(22℃以下)。[1]

二、构造沉降与海岸地质

中国大陆东部及以东区域位于欧亚板块东南缘,渐新世末到上新世初的新构造运动阶段,在太平洋板块和菲律宾海板块沿日本—琉球海沟的俯冲下,这里形成了连续的岛弧链、弧后陆缘海和大陆边缘沉降带。同时在西南侧青藏高原隆起与东侧太平洋板块挤压下形成的大华北区北东向(NE)挤压、剪切应力或北西—南东(NW-SE)向引张应力作用下,中国陆域东部的华北新构造区出现一系列北东—南西(NE-SW)走向的大型沉降盆地,当时在现代长江河口以北的苏北—南黄海盆地就是这类大型盆地之一。[2]

在大地构造单元上,苏北沿岸在灌河口以南至长江口之间属于扬子准地台的下扬子古生代坳陷带。[3] 苏北中部沿岸地区在前震旦纪结晶基底的基础上,从震旦纪晚期至中、下三叠世发育了一套以海相碳酸盐岩和碎屑岩为主的地层。此后在印支—燕山褶皱基础上进一步发育了大型的晚白垩—新生代陆相沉积盆地,即著名的苏北—南黄海南部盆地,苏沪沿岸即主要处在这个盆地内。新构造运动以来,苏北中部海岸长期处于沉降、堆积过程,广泛分布第三系、第四系沉积物。其中,下第三系主要为泥岩与砂岩互层,属滨海湖相、河流三角洲相及河流湖沼相沉积,上第三系主要为砂砾岩及砂砾与黏土互层,为陆相河湖沉积。全新世以来苏北中部沿岸处于持续沉降状态,为全新世海侵提供了

---

1. 陈吉余主编:《上海市海岸带和海涂资源综合调查报告》,第5页。
2. 邱金波、李晓:《上海市第四纪元地层与沉积环境》,上海:上海科学技术出版社,2007年,第8页。
3. 江苏省地方志编辑委员会:《江苏省志·地理志》,第212页。

有利的构造条件,全新世海侵地层发育、分布广泛,厚达 10~40 米。[1]

受振荡性沉降作用,苏北—南黄海盆地在新构造运动期还接受了厚为1 000米左右的晚新生代沉积地层。上新世末至早更新世初,随着大陆东部沉降带的持续发展,苏北—南黄海盆地的范围向东南扩张,原处在勿南沙隆起之上的现代长江口南北地区也逐渐沦为沉降盆地。进入早更新世中晚期,新的一期新构造运动进一步加强了原有的地壳升降变化与地貌分异,现代长江三角洲地区转入全面沉降。[2]

长江口在地质构造上位于扬子地块与华南地块的结合带,整个区域自晚白垩世以来基本上属于相对隆起;上海处在华北新构造区的南缘,接近与华南新构造区的分界处。上海所在的新构造区的地质背景,决定了上海新构造运动的性质、特征及沉积盆地的形成过程。[3]上海市范围内沉积盆地构造总体呈东西分带、南北分块的盆地构造格局,分别以江苏太仓—上海莘庄—奉城一线、长江河口南侧河道为界,沉积盆地内出现由上海西南部陆域向东北河口区沉降幅度依次加大的三个梯级,至崇明岛一带沉降幅度最大,晚新生代沉积最大厚度约为500米,形成东西分带;同时在太仓—奉城一线以西区域,形成北东东(NEE)—近东西(EW)向延伸、凸起与凹陷相间分布的南北分块,其北部凹陷沉降幅度较大,这与东西分带显示的沉降趋势一致,显示了上海晚新生代沉积盆地在西南侧隆起并在东北方向陷落,即总体上向苏北—南黄海盆地中心沉降的特征。[4]

在太仓—奉城一线以东、嘉定—上海市区西北部—南汇区北部一带,上海

---

1. 凌申:《盐城市境内全新世以来的海陆变迁》,《东海海洋》1989年第3期。
2. 邱金波,李晓:《上海市第四纪元地层与沉积环境》,第8-10页;战庆、王张华、王昕,等:《长江口区晚新生代沉积物粒度特征和沉积地貌环境演变》,《沉积学报》2008年第1期。
3. 上海地质矿产局:《上海市区域地质志》,北京:地质出版社,1988年;邱金波、李晓:《上海市第四纪元地层与沉积环境》,第8页。
4. 邱金波,李晓:《上海市第四纪元地层与沉积环境》,第8-10页。

晚新生代沉积盆地构造出现由系列古潜山串连成的反 S 弧形凸起，即嘉定—大场—小闸镇—坦直凸起（"弧形凸起"），其南北分别出现南汇三墩、川沙和崇明三处凹陷。总体上在凸起部位只有第四纪地层发育，早—中更新世期间，通常表现为河间带泛滥平原—湖泊，其沉积物多以黏性土和粉性土为主，含水砂砾层不发育。但在凹陷处，除较厚的第四纪地层覆盖外，深部还有新近纪地层堆积。[1] 除上述凸起与凹陷外，还有早—中更新世期间区内主干古河道"浏（河）—南（汇）古河道"分布、晚更新世—全新世地层的发育在三个梯级分带上的差异，共同影响了全新世期间"冈身"地带的延伸、海岸线逐步东移以至长江河口的走向。[2]

此外，长江三角洲为冲积—海积平原，沉积物质主要来自长江输入。现今所见长江三角洲平原区，是约 7 000 年以来长江主泓在科氏力作用下逐步向东南迁移，加上其输入的大量泥沙在径流和潮流的共同作用下于河口沉降、淤积，最终将河口湾逐渐充填而形成。受地球科氏力作用，长江河口涨潮流偏北，落潮流偏南，北支涨潮流由上口倒灌入南支，形成逆时针环流，在南、北支之间往往出现一定的缓流区，导致泥沙易于沉积，并不断堆积，直至形成出露水面的河口沙洲。同时，长江径流主泓与落潮流在南支汇合，主要经由南支北港和南港的南、北槽外泄，二者混合水体内所挟泥沙又易于在涨、落潮分流的河口南翼端部、部分随涨潮流带入杭州湾沉积下来，从而在河口湾南翼滨海地带持续淤涨成陆。[3]

三、全新世海侵旋回与淤泥潮滩扩张

末次盛冰期结束以后，全球海面持续上升。进入全新世，气候变化引发

---

1. 邱金波，李晓：《上海市第四纪元地层与沉积环境》，第 9-11 页。
2. 邱金波，李晓：《上海市第四纪元地层与沉积环境》，第 9 页。
3. 邱金波，李晓：《上海市第四纪元地层与沉积环境》，第 11 页。

第二章

相对海面频繁升降运动[1]，受此影响，苏沪沿海地区发生多次海侵海退、海岸线多次往复变化。全新世海侵旋回成为苏沪岸线变化与潮滩发育的主要控制因素。[2]

在早全新世时期（距今 10 000～7 500 年），冰川后退、海面回升（图 2-1），末次盛冰期出露的黄海大陆架平原逐渐为海水侵漫。据长江口外大陆架内侧水下 50 米的台地及苏北岸外水下 20 米古长江及黄河复合三角洲，可推测该区域海面在上升过程中至少出现两次暂时的稳定期，不过总的趋势是海侵。[3] 至早全新世的末期（距今 8 000～7 500 年），伴随气温的逐步增高，海面上升速度进一步加快，东黄海大陆架、苏沪沿岸陆地逐渐被海水淹没，陆地环境开始向浅海环境转变。

在中全新世期间（距今 7 500～2 500 年），海侵规模不断增大。距今 7 000 年左右形成全新世最大海侵（图 2-2），海岸线向内陆后退的距离大约为 160 千米。[4] 此后海面以平均 4.6 毫米/年的速度在波动中继续上升，波动幅度明显减小，海面渐趋稳定（图 2-1），已接近现代高度。[5] 在苏沪沿岸，海面变

---

1. 赵希涛、耿秀山、张景文：《中国东部 20000 年来的海平面变化》，《海洋学报（中文版）》1979 年第 2 期；耿秀山：《中国东部晚更新世以来的海水进退》，《海洋学报（中文版）》1981 年第 1 期；杨怀仁、谢志仁：《气候变化与海面升降的过程和趋向》，《地理学报》1984 年第 1 期；杨怀仁、谢志仁：《中国东部近 20000 年来的气候波动与海面升降运动》，《海洋与湖沼》1984 年第 1 期。
2. 潘凤英：《试论全新世以来江苏平原地貌的变迁》，《南京师大学报（自然科学版）》1979 年第 1 期；耿秀山、万延森、李善为，等：《苏北海岸带的演变过程及苏北浅滩动态模式的初步探讨》，《海洋学报（中文版）》1983 年第 1 期；张景文、李桂英、赵希涛：《苏北地区全新世海陆变迁的年代学研究》，《海洋科学》1983 年第 6 期；鲍俊林：《河海交汇与江苏沿海环境的历史演变》，《江苏地方志》2025 年第 1 期。
3. 凌申：《盐城市境内全新世以来的海陆变迁》，《东海海洋》1989 年第 3 期。
4. 潘凤英：《试论全新世以来江苏平原地貌的变迁》，《南京师大学报（自然科学版）》1979 年第 1 期。
5. 杨怀仁、谢志仁：《中国东部近 20000 年来的气候波动与海面升降运动》，《海洋与湖沼》1984 年第 1 期。

潮滩环境与苏沪沿海历史生态地理
Tidal Flat Environment and Historical Eco-Geography of the Jiangsu-Shanghai Coastal Region

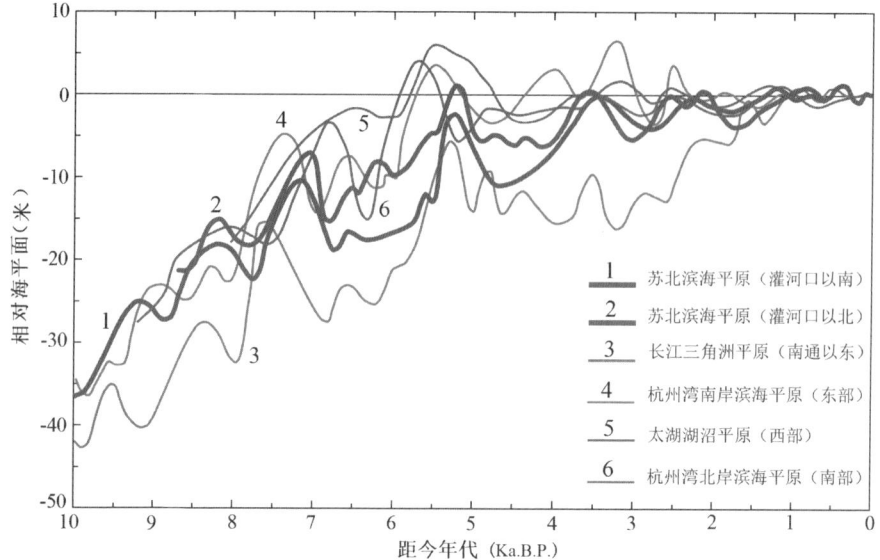

图 2-1　全新世中国东部海平面相对变化

说明：根据杨怀仁、谢志仁《中国东部近 20000 年来的气候波动与海面升降运动》（《海洋与湖沼》，1984 年第 1 期）改绘。

化大致可分为两个阶段，距今 6 000 年前海面上升较快、幅度较大，为浅水海湾环境；距今 6 000 年后海面趋稳定，长江、淮河等带来泥沙产生堆积，造陆作用突出，岸线渐向东移。随着气候进一步变暖，并于距今 6 000～5 000 年间达到"高温期"，海侵亦达最大范围。[1] 在苏北沿岸中部，西冈以东地区完全沦为海域，西冈以西里下河流域有广阔海湾、潟湖、并有部分淡水湖并存。此后伴随气候趋于稳定，海面上升停止或微小波动和泥沙来量的增加，海岸线呈现间歇性向海推进，苏沪沿岸逐渐发育多道贝壳（沙）堤或沙冈（图 2-3）。到中全新世后期（距今 5 000～2 500 年），苏北中部沿岸又形成了中冈与东冈两道贝壳沙堤（图 2-3）。[2]

---

1. 张景文，李桂英，赵希涛：《苏北地区全新世海陆变迁的年代学研究》，《海洋科学》1983 年第 6 期。
2. 顾家裕，严钦尚，虞志英：《苏北中部滨海平原贝壳砂堤》，《沉积学报》1983 年第 2 期。

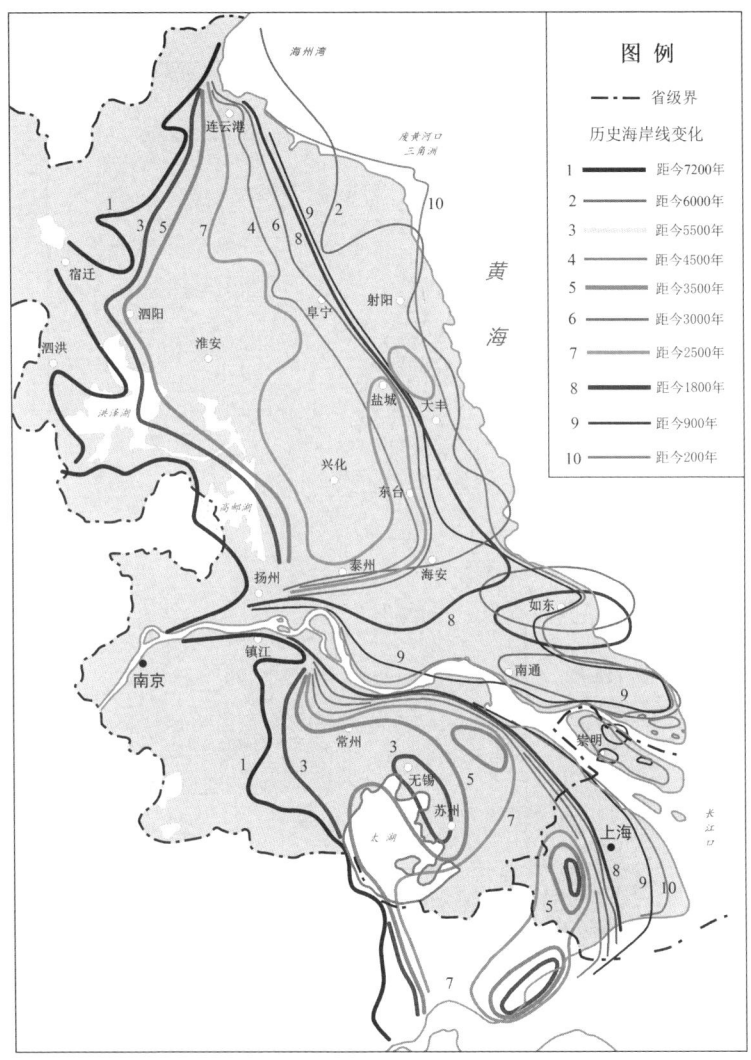

图 2-2 全新世苏沪岸线演变示意图

说明：根据杨怀仁、谢志仁《中国东部近20000年来的气候波动与海面升降运动》（《海洋与湖沼》1984年第1期）改绘。

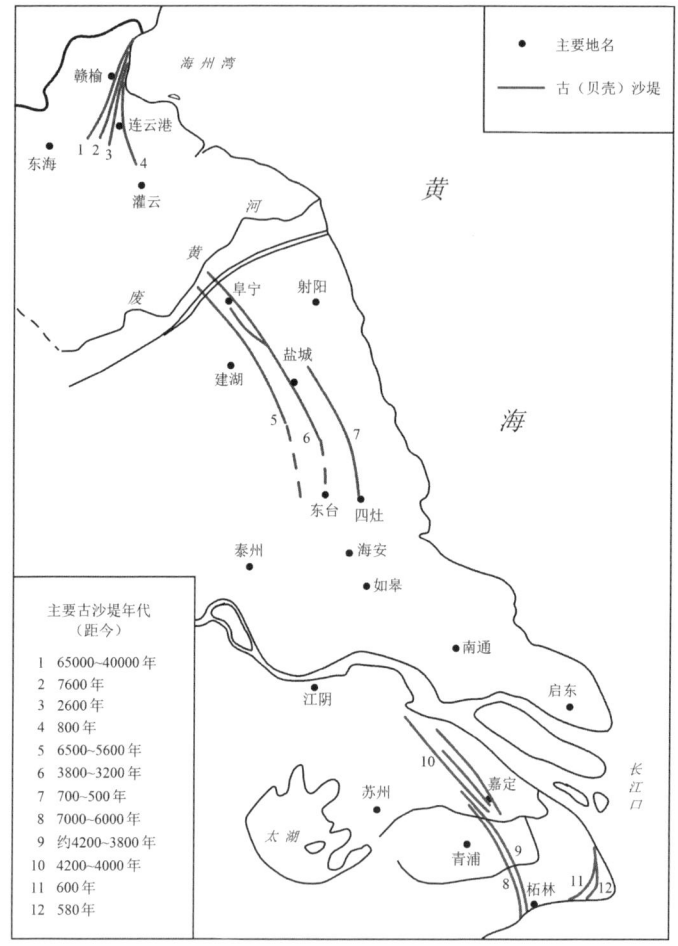

图 2-3 苏沪沿岸古沙堤分布示意图

说明：根据严钦尚等主编《长江三角洲现代沉积研究》（华东师范大学出版社 1987 年版，第 265 页）、朱诚等《长江三角洲及苏北沿海地区 7000 年以来海岸线演变规律分析》（《地理科学》1996 年第 3 期）改绘。

在晚全新世期间（距今 2 500 年），全球气候转凉偏干、海面逐渐降低。这段时期，中国东部气候及海面都有小幅波动变化，海面总的趋势是下降，岸线东迁，滨海平原不断扩张，沿岸湖泊沼泽淤平，逐渐形成开阔的滨海平原环境（图 2-3），人类活动也从沙冈逐渐向东侧的平原地带迁移。经过长期的海陆变迁与泥沙堆积,到公元 10 世纪前后,苏沪沿岸形成相对稳定的滨海平原与淤泥质海岸,为后来的逐步淤涨扩张、发育开敞潮滩平原提供了基础条件。苏北中部岸线在 12 世纪大致维持在东冈一带,1128 年黄河在苏北入海,伴随泥沙堆积,岸线不断外涨,1494 年黄河全流夺淮入海,此后到 1855 年间呈现较快的淤涨过程(图 2-4)。[1] 同时,上海东部沿岸也不断向海扩展(图 2-4),尤其南汇嘴一带位于长江口和杭州湾之间的滨海平原淤涨最为明显。[2]

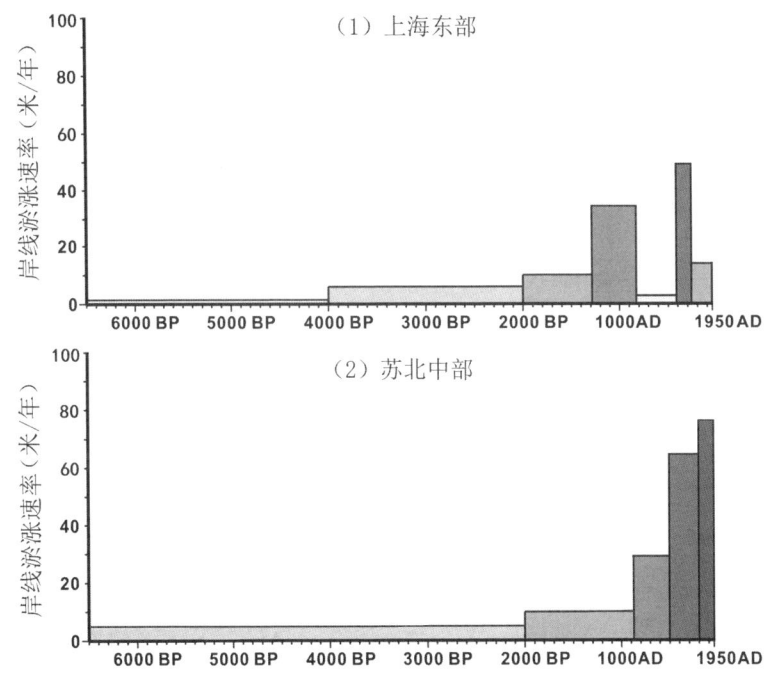

图 2-4 上海东部与苏北沿岸平均淤涨速率变化比较

说明:上海东部根据范代读等[3]改绘,苏北沿岸根据张忍顺《苏北黄河三角洲及滨海平原的成陆过程》(《地理学报》1984 年第 2 期)整理。

1. 张忍顺:《苏北黄河三角洲及滨海平原的成陆过程》,《地理学报》1984 年第 2 期。
2. 陈吉余主编:《上海市海岸带和海涂资源综合调查报告》,第 95-96 页。
3. Fan, D.D., Wu, Y.J., Zhang, Y., et al. South flank of the Yangtze delta: past, present, and future. *Marine Geology*, 2017 (392):78-93.

四、沙脊—淤泥交错的开敞型平原地貌

全新世以来中国东部大浅滩表现为多次大面积进退的旋回特征（图 2-2），特别是中全新世以来，受海面变化与泥沙沉积的影响，在地貌演变过程与特征上，苏北中部沿岸与上海东部沿岸均表现了一致性。在海岸线相对稳定时期往往形成多条沙脊或沙堤（贝壳堤、沙冈）分布，在较快淤涨阶段形成淤泥质湿地平原（图 2-3），经过淤泥质与沙质的反复交互沉积，构成了不均匀的沙脊—淤泥平原地貌（也称为滩脊—湿地平原）（图 2-5）。[1] 换言之，这种独特地貌的形成反映了苏沪海岸的复杂变化，一方面沙脊或滩脊是海岸蚀退阶段（或岸线停驻、淤涨缓慢的阶段）由波浪塑造的滨岸堤；另一方面湿地是海岸较快淤涨阶段由潮流建造的潮滩，滩脊与湿地的相间排列正显示了海岸前展与后退交互嬗替的演化过程。[2]

在苏北中部海岸，距今 6 000 年来总体上一直向东、向海推进，沙冈不断形成。同时在沙冈之间，又发育了多道淤泥质洼地，如此反复，逐渐形成了沙冈（沙质）与冈间低地（淤泥质）交替分布的海积平原。[3] 这些古沙堤群呈西北（NW）—东南（SE）走向，主要包括距今 7 000~5 000 年的西冈、距今约 4 600 年的中冈，以及距今 3 900~3 300 年的东冈，以西冈与东冈规模最大。沙堤中富含贝壳碎屑物，在大冈、龙冈、新兴、上冈等古沙堤沉积物中可

---

1. Fan, D. Open-coast tidal flats. In: Davis, Jr. R., Dalrymple R.（eds），*Principles of Tidal Sedimentology*. Springer, Dordrecht. 2012, pp.187-229.
2. 陈吉余主编：《上海市海岸带和海涂资源综合调查报告》，第 93-95 页；刘苍字，曹敏：《中国滨海平原的湿地滩脊与 7000 年来的海面变化》，见：陈吉余，王宝灿，虞志英等：《中国海岸发育过程和演变规律》，上海：上海科学技术出版社，1989 年，第 65-73 页。
3. 康彦彦，丁贤荣，程立刚，等：《基于匀光遥感的 6000 年来盐城海岸演变研究》，《地理学报》2010 年第 9 期。

见灰黑透明状贝壳碎屑胶结物。[1] 西冈的走向，从阜宁县往南，过喻口、沙冈、冈西、龙冈、大冈，由兴化东、东台西，再到海安青墩止，沙堤宽300~400米。东冈从废黄河南侧，过北沙、丰墩、上冈、新兴、盐城，南入东台、海安境内。西冈与东冈反映出距今6 000年以后的2 000余年中本区海面略有下降且处于海退过程之中，从两冈间距离可推算出海水东退速度每年在2~8米之间。[2] 此外，明代盐城还发育了新冈，分布在今天南洋—四灶一线（图2-3）。

上海地区也是如此，呈现多条冈身或沙带与淤泥带的交替特征。距今7 000~6 000年、5 700~5 300年、4 000和3 000年前在太湖平原前缘先后形成了4~5条湿地滩脊（沙冈、沙脊）（图2-3），由这些密集的滩脊构成宽4~8千米的冈身地带，自长江口的福山一直伸展到杭州湾畔，长达百余千米，形成历时长达4 000年之久。这些滩脊之间又有泥质平原，整体上构成多条带状沙脊与淤泥湿地相互交替的冲积平原。[3] 其中，吴淞江以北自西向东分布有浅冈、沙冈、外冈、青冈和东冈，吴淞江以南有沙冈、紫冈、竹冈和横泾冈。贝壳沙带呈北北西（NNW）—南南东（SSE）向延展。一般宽200~300米，沙层厚0.5~2.0米。构成冈身沙体的物质为贝壳与细砂，形成的时间介于距今7 000年与3 000年之间，分别代表不同时期的古海岸线。[4] 在此期间淤涨速率为1~2米/年，海岸线前展十分缓慢，促进了沙脊的发育。距今3 000年以来，海岸迅速前进，淤泥质平原快速发育、扩张。到距今1 200年前，岸线已推至钦公塘沿线，其间海岸淤涨速率达17米/年（图2-4）。这一阶段在滩脊平原（冈身地带）以东的滨海平原是由淤泥质潮滩逐渐成陆构成，属海积平原

---

1. 凌申：《盐城市境内全新世以来的海陆变迁》，《东海海洋》1989年第3期。
2. 康彦彦，丁贤荣，程立刚，等：《基于匀光遥感的6000年来盐城海岸演变研究》，《地理学报》2010年第9期。
3. 刘苍字：《长江三角洲南部古沙堤（冈身）的沉积特征、成因及年代》，《海洋科学》1985年第1期；刘苍字，吴立成，曹敏：《上海西部古海岸（冈身）的成因与年代》，《历史地理》第4辑，上海：上海人民出版社，1986年，第42-45页。
4. 陈吉余主编：《上海市海岸带和海涂资源综合调查报告》，第93-95页。

的湿地类型、地形坦荡，地表沉积物以黏土质粉砂为主。

在这一大片滨海湿地平原之上仍然分布有几条断续的滩脊，自西向东包括盛桥—月浦沙带、下沙沙带、黄路—大团—奉城沙带、滨二—六如—马厂沙带（西沙带）、白龙港—东海—泥城沙带（东沙带）（图 2-3）。各沙带宽 30～250 米不等，沙层厚 0.5～1.0 米，除循钦公塘分布的滩脊以贝壳为主外，大多由细砂组成。碳 -14 测年表明钦公塘沿线的滩脊距今 1 500～1 200 年，[1] 下沙沙带及其以西的成陆应该在唐代初期以前，[2] 西沙带距今 600±85 年，东沙带距今 580±90 年。[3] 下沙沙带大致成形于 4—7 世纪，里护塘、钦公塘沿线的新沙带约成形于 6～9 世纪，3 个世纪之内二者之间扩张了约 15～16 千米，年均淤涨速率为 40～60 米/年。距今 500 年前后海岸线在白龙港—东海—泥城一线（东沙带），以东滨海平原是近 500 年来成陆，以南汇嘴附近淤涨最快，主要是在 18 世纪中叶长江口主泓由南支水道入海后淤积的，最大淤涨速率可达 38 米/年。[4]

经过数千年海陆演变、潮滩淤涨，苏北中部沿岸与上海东部沿岸形成了具有共性的地貌特征。自西向东，在空间分布上都表现为西侧洼地、中间沙冈（沙堤）、东部海涂的总体分布格局（即湖荡低地—冈身—滨海低地）。沙堤是滩涂地貌发育阶段性的重要标志，沙堤、沙带之间又多为淤泥质洼地，经过不同阶段的潮滩淤涨过程，共同塑造了沙脊—淤泥交替的滨海平原地貌（图 2-5）。

---

1. 陈吉余主编：《上海市海岸带和海涂资源综合调查报告》，第 93-95 页。
2. 张修桂：《龚江集》，上海：上海人民出版社，2014 年，第 272 页。
3. 张修桂：《上海浦东地区成陆过程辨析》，《地理学报》1998 年第 3 期；张修桂：《上海地区成陆过程研究中的几个关键问题》，《历史地理》（第 14 辑），上海：上海人民出版社，1998 年，第 1-21 页；韩昭庆：《荒漠、水系、三角洲——中国环境史的区域研究》，上海：上海科学技术文献出版社，2010 年，第 296-298 页。
4. 陈吉余主编：《上海市海岸带和海涂资源综合调查报告》，第 93-95 页。

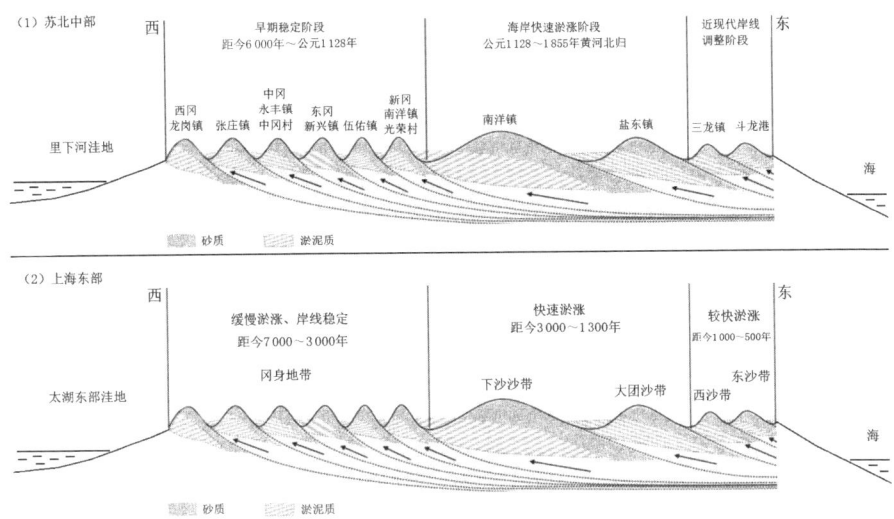

图 2-5　上海与苏北沿海平原地貌演变比较示意图
说明：根据康彦彦等[1]、范代读等[2]改绘。

第二节　潮滩的界定与沉积特征

一、潮滩的界定与分类

潮滩是潮汐作用控制的宽阔平坦的沉积体，在淤泥质海岸最为发育，也是其核心地貌单元。[3] 在高程上，潮滩包括年高潮线到 0 米的陆上潮滩以及 0 到

---

1. 康彦彦，丁贤荣，程立刚，等：《基于匀光遥感的 6000 年来盐城海岸演变研究》，《地理学报》2010 年第 9 期。
2. Fan, D.D., Wu, Y.J., Zhang, Y., et al. South flank of the Yangtze delta: Past, present, and future. *Marine Geology*, 2017（392）: 78-93.
3. 夏东兴，边淑华，丰爱平，等：《海岸带地貌学》，北京：海洋出版社，2014 年，第 50—51 页；Gao, S. Geomorphology and sedimentology of tidal flats. In: Perillo, G.M.E., Wolanski, E., Cahoon, D., et al.（eds）, *Coastal wetlands: an ecosystem integrated approach*（2nd edition）. Elsevier, Amsterdam, 2018, pp. 359-381.

水下 5 米深的浅滩，因此狭义潮滩指日潮淹没线以下的范围，即日间潮汐定期影响的海涂范围，广义潮滩包括年高潮线以下的海涂范围。此外，在筑堤岸段，海堤一般也等于年高潮线，潮滩即指堤外滩涂，或堤外低潮时能够出露的滩涂。

潮滩属于海岸带的一部分，但仅是海岸带中经常受潮汐影响的部分，海岸带的范围一般大于潮滩。狭义海岸带是指潮间带以及两侧一定范围的陆地和浅海地带，一般向海到 10～15 米等深线，向陆数百米至 1 千米左右。广义海岸带一般向海扩展到 200 海里（专属经济区的外界），向陆超过 10 千米，包括陆地、滩涂、沼泽、湿地、河口、岛屿及大片海域。[1]

潮滩、滩涂与滨海湿地这三个概念既有联系也有区别。一般情况下，潮滩可以称为海涂、滩涂，但严格来说，潮滩与滩涂在所指代的范围上有所不同，滩涂的范围要大于潮滩。滩涂是海滩（海涂）、河滩和湖滩的总称，沿海地带的滩涂即海涂多指大潮高潮位与低潮位之间的潮浸地带。滩涂一般包括自然滩涂与人工滩涂两部分，潮滩只是自然滩涂的部分，潮汐影响不到的区域也可以属于滩涂，例如堤内圩田。潮滩失去潮汐影响主要有两种方式，一种是人为干预导致失去潮汐影响（主要是围垦），另一种是潮滩自然扩张、淤高而导致滩面远离潮汐作用，这两种情况下都已超出潮滩范围，但仍属于滩涂范围。同样，沿海滩涂与滨海湿地范围基本相同，滨海湿地也包括自然湿地与人工湿地两部分，潮滩仅属于滨海湿地中的自然湿地，不包括经过人类开发形成的人工湿地，例如垦区圩田、滩涂养殖区等；滨海地区的人工湿地主要是自然潮滩经过开发而形成。

潮滩可以划分为盐沼与荒滩两大部分。滨海地带的盐沼属于潮滩的主要部分[2]，滨海盐沼地表水多呈碱性、土壤中盐分含量较高，表层积累有可溶性盐，

---

1. 陈国强，王颖：《海岸带综合管理的若干问题》，《海洋通报》2003 年第 3 期；贾建军，于谦，高抒：《海岸分类的回顾与展望》，《海洋通报》2023 年第 6 期。
2. 盐沼广泛分布于海滨、河口或气候干旱或半干旱的草原和荒漠带的盐湖边或低湿地上。

其上生长着盐生植物，是滨海盐沼湿地的基本特征。滨海盐沼湿地一般属于潮间带的中潮滩，属于潮滩的一部分，尚未生草的光滩地带即为荒滩。

虽然潮滩在世界上有着广泛的分布，但也并非随处可见，潮滩发育需要物质、动力和地形三个方面条件。潮滩形成的物质基础是丰富的泥沙来源，中国淤泥质潮滩的广泛发育得益于沿海大量的河流泥沙淤积。尽管近年来主要河流入海泥沙量呈下降趋势，但河流泥沙仍是潮滩形成的主要泥沙来源。显著的潮差是形成宽广潮间带的重要动力，潮流强劲使泥沙易于向潮间带输送，落潮较慢或波浪较弱易于泥沙堆积。此外，适宜的地形有利于潮滩发育，特别是潮汐通道和河口湾沿岸，地形较为隐蔽、波浪较弱。[1]

按照动态特征，潮滩一般可以分为稳定、侵蚀、堆积（淤涨）三类状态。苏沪沿岸绝大部分岸段都属于堆积（淤涨型）潮滩。例如，根据20世纪末的调查，在苏北中部沿岸，稳定的淤泥质潮滩宽度为2.5～5.5千米，坡度为1%～1.2%；侵蚀潮滩宽度较窄，为0.5～5千米，坡度为2.68%；堆积型潮滩，滩面宽阔，10～13千米，大丰、东台淤涨最快，年均数米到200米不等。[2]

按照形态特征，潮滩一般可以区分为开敞型、隐蔽型两类。中国沿海濒临宽广的陆架、多有大型入海河流与平原海岸，因此以开敞型潮滩最为常见，如华北平原、苏北平原海岸发育的开敞型潮滩，也是世界上淤泥质潮滩最为集中的地区之一。[3] 隐蔽型潮滩一般分布在山地丘陵海岸的半封闭海湾的湾顶，其规模远小于开敞型潮滩，沉积物一般较粗，常有砂质沉积参加潮滩建造。[4]

---

1. 杨世伦主编：《海岸环境和地貌过程导论》，北京：海洋出版社，2003年，第96页。
2. 江苏省土壤普查办公室编著：《江苏土壤》，北京：中国农业出版社，1995年，第560页。
3. 夏东兴、边淑华、丰爱平，等：《海岸带地貌学》，第52页；王永红：《海岸动力地貌学》，第135页。
4. 夏东兴、边淑华、丰爱平，等：《海岸带地貌学》，第53页；王永红：《海岸动力地貌学》，第135页。

总而言之，现代潮滩范围主要包括潮间带与潮下带两个部分，一般不含潮上带。海岸带、滨海湿地与滩涂（海涂）这几个概念的范围都大于潮滩，潮滩仅指其中定期稳定受到潮汐影响的海涂地带，经过人工改造的、潮汐影响作用明显减弱的，不属于潮滩范围。

二、潮滩沉积特征与生态演替

受泥沙供应、风浪、潮流及围垦的影响，淤涨型淤泥质潮滩的沉积特征和剖面发育呈现一定的规律性。[1] 根据潮位分布，潮滩可以划分多个沉积岸段（分带），主要包括潮间带与潮下带（图2-6）。潮间带即平均大潮高潮位与平均大潮低潮位之间的地带；[2] 按照潮位，可以分为高潮滩、中潮滩以及低潮滩，

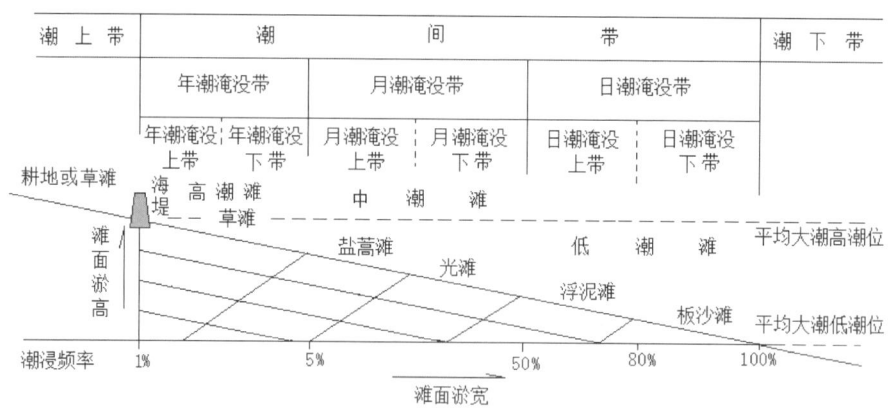

图 2-6　典型淤涨潮滩剖面与沉积岸段示意图

说明：据陈邦本等《江苏海岸带土壤》（南京：河海大学出版社，1988年，第14-17页）、柯贤坤《潮滩生态特征及开发利用模式——以江苏大丰潮滩研究为例》（《自然资源学报》1993年第2期）改绘。

---

1. 时钟：《河口海岸细颗粒泥沙物理过程》，上海：上海交通大学出版社，2013年，第303页。
2. 平均大潮高潮位即半日潮大潮期间高潮位的平均值。参见暴景阳，许军，关海波：《平均大潮高潮面的计算方法与比较》，《海洋测绘》2013年第4期。

高潮滩位于平均大潮高潮位和平均小潮高潮位之间、中潮滩位于平均小潮高潮位和平均小潮低潮位之间、低潮滩位于平均小潮低潮位和平均大潮低潮位之间。按照潮浸频率，三者也可分别对应为年潮淹没带、月潮淹没带以及日潮淹没带。而在平均大潮高潮位之上的属于潮上带，平均大潮低潮位以下属潮下带。[1] 尽管大潮或特大潮时潮水仍能淹没潮上带，但潮上带一般比较平坦，草滩分布密集，滩面阻力较大，漫滩潮水能量会较快衰减，导致难以携运大量贝壳与细砂等物质向陆输运、落淤。[2]

在剖面形态上，稳定淤涨的潮滩多呈现双凸形，上、下凸点所处的位置分别在平均高潮位线和平均低潮位线（偏上）附近，并且沉积量越大的潮滩这种特征越明显，这在苏北沿岸潮滩比较常见。第一个凸形为潮上带和潮间上带，潮上带坡度为 2‰~3‰；潮间上带坡度为 4‰ 左右，转折点（凸点）在平均高潮位线附近。[3] 由于围垦，潮上带宽为 500~8 000 米不等，近堤部分已有白茅、盐蒿等植被分布；潮间上带的泥滩淤泥深达 20 厘米左右，潮沟十分发育。[4] 下一个凸形由潮间下带和潮下带组成，潮间下带坡度为 3‰~4‰；潮下带坡度为 6‰~8‰，转折点在平均低潮位线附近（偏上），滩面平坦，组成物质为细粉砂、粗粉砂，因此也称粉砂滩。[5]

潮汐运动是潮滩沉积的支配动力，涨落潮历时变化影响了水沙运动与沉积。潮滩的沉积就是在潮汐周期不断作用下，水中泥沙在潮滩不断落淤的结果。[6] 潮滩上水流运动主要在潮沟，水流的涨潮流速往往大于落潮流速，除非有滩面径流作用，否则一般都是涨潮快、落潮慢，有助于泥沙向滩面内部搬

---

1. 杨世伦主编：《海岸环境和地貌过程导论》，北京：海洋出版社，2003 年，第 96 页。
2. 刘苍字，曹敏：《中国滨海平原的湿地滩脊与 7000 年来的海面变化》，见：陈吉余，王宝灿，虞志英，等：《中国海岸发育过程和演变规律》，上海：上海科学技术出版社，1989 年，第 65-73 页。
3. 陈才俊：《江苏淤长型淤泥质潮滩的剖面发育》，《海洋与湖沼》1991 年第 4 期。
4. 陈才俊：《江苏淤长型淤泥质潮滩的剖面发育》，《海洋与湖沼》1991 年第 4 期。
5. 陈才俊：《江苏淤长型淤泥质潮滩的剖面发育》，《海洋与湖沼》1991 年第 4 期。
6. 罗锋，蒋冰，董冰洁，等：《潮滩剖面形态特征及演变》，《科技导报》2018 年第 14 期。

运、堆积，加上落潮流速减慢，利于泥沙落淤。据苏北中部沿岸闸口潮位资料，淤涨潮滩平均高潮位线附近涨潮历时短于落潮历时达3小时，低潮位线附近也短达1小时左右，这就使涨潮流速大于落潮流速，涨潮含沙量大于落潮含沙量；涨落潮流速和含沙量的明显不对称性，驱使泥沙向岸运动，并在潮滩淤积，同时，当潮水漫上潮滩后，受摩擦阻力的影响，流速会迅速减小。[1]

淤泥质潮滩上，潮上带前缘（平均高潮线附近，或年潮淹没带上线）往往发育湿地滩脊（滨岸堤、天然沙堤、贝壳沙堤），是潮滩物质向岸输运、沉积的终点。[2]这些滩脊也就是沙带或贝壳沙堤，多发育在侵蚀潮滩海岸线之上的海岸贝壳沙。[3]滩脊反映了海岸线平均高潮线，是潮滩与内陆之间重要的天然分界线，或潮滩的陆上边界。

潮滩不同分带接受潮浸程度的差异，进一步影响了潮滩土壤盐分与植被分布，导致淤涨与蚀退潮滩的各个沉积岸段（分带）之间都存在着规律的生态演替现象，即包括土壤性状、植被群落等生态要素都呈现垂直海岸线的地带性分布与迭代演替。按照植被群落分布，自陆向海，潮滩又可以分为三个生态类型：草滩带、盐蒿滩带、光滩带。伴随潮滩逐渐淤高增宽，潮浸频率下降，各生态要素也随之呈现有规律的演替（表2-1），即板沙滩逐渐向浮泥滩、光滩带、盐蒿滩带直到草滩带演替。在自然状态下，各分带承前启后，不可超越。[4]草滩带是潮滩演替的最终阶段，潮滩演替的结果是草滩带越来越宽阔，但盐蒿滩、光滩宽度基本稳定，三者呈条带状平行向海迁移。潮滩坡度越小、平坦开阔，各分带的宽度也相应越宽阔。同时，蚀退型潮滩也存在演替规律，在生态

---

1. 陈才俊：《江苏淤长型淤泥质潮滩的剖面发育》，《海洋与湖沼》1991年第4期。
2. 刘苍宇，曹敏：《中国滨海平原的湿地滩脊与7000年来的海面变化》，见：陈吉余，王宝灿，虞志英，等：《中国海岸发育过程和演变规律》，第65-73页。
3. 夏东兴，边淑华，丰爱平，等：《海岸带地貌学》，第54页。
4. 陈邦本，方明：《江苏海岸带土壤》，南京：河海大学出版社，1988年，第16页；江苏省908专项办公室：《江苏近海海洋综合调查与评价总报告》，北京：科学出版社，2012年，第556-558页。

要素的分布特征上与淤进型潮滩的表现没有明显不同,但在整体上呈现为相反方向的演替过程。伴随滩地侵蚀,潮浸频率不断增加,年潮淹没带退化为月潮淹没带,直至日潮淹没带,同时植被群落也会随之逆向演替,浅层地下水矿化度上升、土壤盐分上升、草滩带盐渍化、盐蒿群落增加(表2-2)。

表2-1 淤涨型潮滩生态特征

生态特征	年潮淹没带	月潮淹没带	日潮淹没上带	日潮淹没下带
滩面宽度(km)	2~4	2~3	3~4	2~4
坡度	0.1%~0.2%	0.1%~0.2%	0.1%~0.3%	0.2%~0.4%
生态类型	草滩	盐蒿滩	光滩	浮泥滩	板沙滩
植被分布	白茅、獐毛	盐蒿	苔藓、藻类	藻类	藻类
土壤质地	砂壤、中壤	砂壤、中壤	紧砂、中壤	紧砂、砂壤	松砂、紧砂
表土有机质含量	> 1.0%	0.5%~1.0%	0.3%~0.5%	0.3%~0.5%	< 0.3%
表土厚度(cm)	8~18	3~8	3~5	< 3	< 3
土壤全盐度	0.1%~0.6%	0.6%~0.8%	> 1.0%	0.8%~1.0%	0.8%±
潜水埋深(m)	2.0~1.5	1.5~0.5	1.0~0.5	0.5~0	0
潜水矿化度(g/L)	< 12	12~25	25~35	25~35	28±
土壤类型	草甸滨海盐土	潮滩盐土	潮滩盐土	潮滩盐土	潮滩盐土

说明:根据陈邦本、方明《江苏海岸带土壤》(南京:河海大学出版社,1988年,第15页)整理。

表2-2 蚀退型潮滩生态特征

生态特征	年潮淹没带	月潮淹没带	日潮淹没上带
表土有机质含量	1.0%~0.5%	< 0.5%	< 0.3%
土壤全盐度	0.2%~0.6%	0.8%~1.0%	0.8%~1.0%
潜水矿化度(g/L)	10~20	20~35	25~30
植被	獐毛、盐蒿	盐蒿、藻类	藻类
生态类型	草滩、盐蒿滩	光滩、贝壳滩	板沙滩
土壤类型	草甸滨海盐土	潮滩盐土	潮滩盐土

说明:根据陈邦本、方明等《江苏海岸带土壤》(南京:河海大学出版社,1988年,第17页)整理。

潮滩环境与苏沪沿海历史生态地理
Tidal Flat Environment and Historical Eco-Geography of the Jiangsu-Shanghai Coastal Region

苏沪潮滩属于开敞式、淤涨型的淤泥质潮滩，在潮滩的生态要素演替规律上表现一致。以苏北中部沿岸为例，在典型淤涨型潮滩，草滩多位于大潮高潮位之上，组成物质一般以黏土和细粉砂为主，滩面平坦，植被生长茂密；在年潮淹没带，以白茅、獐毛等草甸植物分布为主，每年约被风暴潮淹没1～2次，已属于陆生环境，白茅、獐毛草高可达1～2米，群落覆盖度为70%～80%，多呈连片状分布，混杂有其他植被。其中，盐蒿滩带分布在平均高潮位和大潮高潮位之间，作为潮滩先锋植物，盐蒿草能够适应中潮滩的环境获得生长[1]；土壤盐分含量高的月潮淹没带只能生长一年生的盐蒿，盐蒿草植被较矮，一般为0.3～0.5米，且较为稀疏，群落覆盖度为30%～50%，分布形态上一般呈现簇、丛、斑状特征。[2] 光滩位于中潮位至大潮低潮位，无植被分布，低潮时地面出露。滩面生物较多，有泥螺、锥螺、青蛤、文蛤、四角蛤以及蟹类等。[3] 月潮淹没带下缘是海涂土壤的积盐地带，土壤盐分高达10‰以上，连盐蒿也难以生长，形成光滩。其他还有浮泥滩、板沙滩。浮泥滩位于日潮淹没上带，呈悬浮的泥浆状，大量泥螺与浮泥状滩面是其生态环境主要特征；板沙滩位于日潮淹没下带，土壤质地变粗，为紧砂土、松砂土，滩面板实。[4]

---

1. 陈吉余主编：《中国海岸带和海涂资源综合调查专业报告集·中国海岸带地貌》，北京：海洋出版社，1996年，第36-37页。
2. 鲍俊林：《15—20世纪江苏海岸盐作地理与人地关系变迁》，上海：复旦大学出版社，2016年，第55页。
3. 沈永明：《江苏沿海淤泥质滩涂景观生态特征及其演替》，《南京晓庄学院学报》2005年第5期；鲍俊林：《15—20世纪江苏海岸盐作地理与人地关系变迁》，第54页。
4. 陈邦本，方明：《江苏海岸带土壤》，第16页；沈永明：《江苏沿海淤泥质滩涂景观生态特征及其演替》，《南京晓庄学院学报》2005年第5期；鲍俊林：《15—20世纪江苏海岸盐作地理与人地关系变迁》，第55页。

第二章

第三节　现代苏沪潮滩分布概况

一、苏北沿岸潮滩

苏北沿海是我国乃至全球中纬度淤泥质潮滩连片分布面积最广的地区，具有重要的生态环境调节功能和经济价值。[1] 根据 2021 年发布的《第三次全国国土调查主要数据公报》，江苏省沿海滩涂面积约 3 839 平方千米。[2] 20 世纪中后期以来，随着主海堤成形、岸线的全部人工化，现代潮滩均分布在堤外（图 2-7）。20 世纪 80 年代以来，苏北沿海滩涂湿地总面积呈现减少趋势，1988—2018 年间沿海滩涂面积减少 498 平方千米。[3]

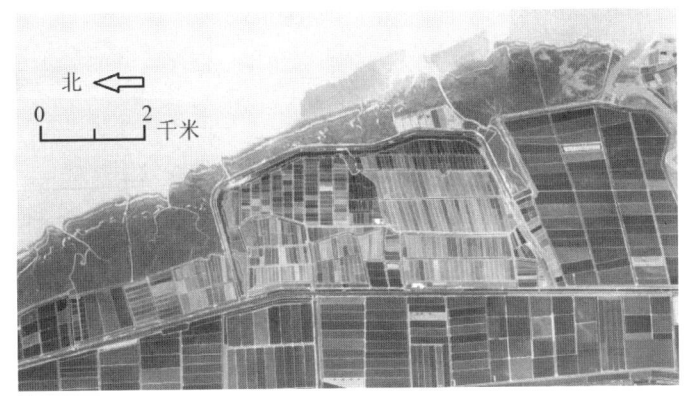

图 2-7　盐城大丰区滩涂与堤外潮滩卫星影像图（2016）
资料来源：选自天地图·江苏（http://jiangsu.tianditu.gov.cn/map/mapjs/mulitdate/index）。

---

1. 关道明主编：《中国滨海湿地》，北京：海洋出版社，2012 年；Jia, M., Wang, Z., Mao, D., et al. Rapid, robust, and automated mapping of tidal flats in China using time series Sentinel-2 images and Google Earth Engine. *Remote Sensing of Environment*, 2021, 255: 112285.
2. 江苏省第三次国土调查领导小组办公室，江苏省自然资源厅，江苏省统计局：《江苏省第三次国土调查主要数据公报》，《新华日报》，2021 年 12 月 31 日。
3. 俞岭柠、郭炯甫、王泽乾，等：《近三十年江苏沿海湿地变化特征及成因分析》，《现代测绘》2022 年第 5 期。

潮滩环境与苏沪沿海历史生态地理
Tidal Flat Environment and Historical Eco-Geography of the Jiangsu-Shanghai Coastal Region

苏北沿岸潮滩包括快速淤涨与剧烈侵蚀两种岸段类型，但多数属于淤涨型潮滩，主要集中在中部沿岸，仍然淤涨较快。[1] 整体而言，射阳河口以北主要是侵蚀型潮滩，淤涨型潮滩主要分布在射阳河口到东灶港之间的岸段，以侵蚀为主的岸段分布在东灶港至圆陀角之间。[2] 其中，连云港烧香河口至射阳河口之间的蚀退型淤泥质海岸有140余千米，射阳河口至海门淤涨型淤泥质潮滩海岸有500余千米；东灶港至连兴港之间、绣针河口至兴庄河口为沙质海岸，共197千米。[3] 因此，按照岸线长度估算，在苏北近1000千米的海岸线上，淤涨型潮滩岸线占比约为53%、稳定型潮滩岸线占32%，蚀退型潮滩岸线占15%。

苏北沿岸的潮滩土质具有北黏南砂的分布特征，且以弶港为中心，往南偏砂、往北变黏。中部沿岸（梁垛闸到小洋口岸段）物理黏粒（< 0.01毫米）含量最低，为6.1%～19%[4]；淮北灌河口附近以及南通遥望港、东灶港为峰值区，灌河口附近黏粒含量超过30%，普遍分布平均粒径在0.005～0.008毫米的黄色黏土层，并且以黄河口为中心，往南北沿岸逐渐变薄、变粗。[5]

苏北沿岸潮间带沉积物由陆向海分布具有垂直岸线分带特征，总体上呈现从上部到下部由粗到细的特征，在平行岸线分布特征上又表现为北粗南细、中部最细的特征。[6] 土壤类型比较单一，海堤外主要是滨海盐土、堤内为潮土。[7] 整体上堤外潮上带主要分布有基本脱盐的草甸滨海盐土，常见多年生草本植

---

1. 王志明，李秉柏，严海兵，等：《近20年江苏省海岸线和滩涂面积变化的遥感监测》，《江苏农业科学》2011年第6期。
2. 陈吉余主编：《中国海岸带和海涂资源综合调查专业报告集·中国海岸带地貌》，第36页。
3. 江苏省地方志编辑委员会：《江苏省志·地理志》，南京：江苏古籍出版社，1999年，第213-216页。
4. 陈邦本，方明：《江苏海岸带土壤》，第38页。
5. 王宝灿，恽才兴，虞志英：《连云港地区（临洪河口—灌河口）海岸地貌》，见：陈吉余，王宝灿，虞志英，等：《中国海洋发育过程和演变规律》，第242页。
6. 江苏省908专项办公室编：《江苏近海海洋综合调查与评价总报告》，第144页。
7. 陈邦本，方明：《江苏海岸带土壤》，第27页。

物，同时水质较淡的入海河口附近岸段往往分布有沼泽滨海盐土。另外，江苏海岸海堤或潮化盐土内侧常见分布潮土，均为灰潮土，主要是人为围垦滨海盐土后形成。[1]

苏北沿岸受径流量冬夏差异影响，夏季盐度明显低于冬季，离岸地区则不明显；近岸表层平均盐度在夏季为24‰~31‰。各月平均盐度在29.53‰~32.24‰之间；枯水期盐度稍高，为31.3‰~32.2‰；汛期稍低，为29.53‰~31.06‰。[2] 整体上，冬季盐度相对较高，并以连云港外海域与辐射沙脊群外缘的盐度较高，但弶港海域则形成了低盐中心。[3]

苏北沿岸潮位属于正规半日潮型，日变化表现为每日两高两低，月变化主要表现为天文潮汐特征，最高潮位在农历每月初一、十五大潮，最低潮位在初八、二十三小潮，此外，年内变化表现为夏高冬低。[4] 沿海主要受南黄海旋转潮波与东海前进潮波控制，两大潮波系统在弶港与洋口镇外海域辐聚和辐散，带来废黄河口和古长江口水下三角洲泥沙，反复沉积冲刷，形成了大规模辐射沙脊群。[5] 这些沙脊群属于苏北沿岸潮滩的重要组成部分，南北长约200千米，东西宽90千米，共有70多个沙洲，零米以上沙洲总面积达2 125.5平方千米。[6] 弶港到洋口镇外是苏北沿岸最大潮差的岸段，历史最大潮差可达9.62

---

1. 宋达泉：《中国海岸带和海涂资源综合调查专业报告集·中国海岸带土壤》，北京：海洋出版社，1996年，第214-215页。
2. 薛鸿超，谢金赞，胡方西，等：《中国海岸带和海涂资源综合调查专业报告集·中国海岸带水文》，北京：海洋出版社，1996年，第89-94页。
3. 江苏省908专项办公室编：《江苏近海海洋综合调查与评价总报告》，第36页。
4. 任美锷主编：《江苏省海岸带与海涂资源综合调查报告》，北京：海洋出版社，1986年，第25-27页。
5. 陈吉余主编：《中国海岸带和海涂资源综合调查专业报告集·中国海岸带地貌》，1996年，第194-195页；江苏地方志编辑委员会：《江苏省志·地理志》，第210页；江苏省908专项办公室编：《江苏近海海洋综合调查与评价总报告》，第23-24页。
6. 陈可锋，曾成杰，王乃瑞：《南黄海辐射沙脊群动力地貌过程研究》，南京：河海大学出版社，2019年。

米，并向南、北递减。[1]

苏北沿岸潮滩具有重要生态价值，特别是中部沿岸潮滩，分布有世界面积最大的连片滩涂、亚洲最大的潮间带湿地，是东亚—澳大利西亚候鸟迁徙路线上的关键越冬地和繁殖地，其生态价值不断受到国际关注。[2] 1992 年，盐城市沿岸潮滩建立了中国沿海最大的国家级自然保护区；2019 年 7 月，第 43 届世界遗产大会通过了江苏盐城"中国黄（渤）海候鸟栖息地（第一期）"项目修正案，联合国教科文组织世界遗产委员会正式将盐城黄海湿地列入《世界遗产公约》，成为中国第一块滨海湿地类世界自然遗产。[3]

二、长江口与上海沿岸潮滩

长江口与上海潮滩主要分布在河口沙洲与大陆沿岸边滩。据一项测算调查，目前长江口地区的潮滩面积共有 346.9 平方千米（高程 1.00～3.84 米）。[4] 其中，崇明东滩、九段沙与江心沙洲是上海潮滩湿地主要分布地，三者约占上海潮滩总面积的 80%。[5] 从具体高程来看，2 米以上的长江口潮滩面积为 266 平方千米，0 米以上潮滩面积为 896 平方千米，−2 米以上的潮滩面积为 1 513 平方千米，−5 米以上的潮滩面积有 2 699 平方千米，主要分布在崇明岛、长兴

---

1. 丁贤荣、康彦彦、茅志兵，等：《南黄海辐射沙脊群特大潮差分析》，《海洋学报（中文版）》2014 年第 11 期。
2. 王国祥：《盐城沿海湿地——江苏盐城湿地珍禽国家级自然保护区综合科学考察报告》，北京：科学出版社，2017 年。
3. 参见联合国教育、科学及文化组织（United Nations Educational, Scientific and Cultural Organization）官方网站：http://whc.unesco.org/en/list/。
4. 章敏、吴文挺、汪小钦，等：《基于潮汐动态淹没过程的长江口潮滩地形信息反演研究》，《地球信息科学学报》2022 年第 3 期。
5. 黄沈发、苏敬华、阮俊杰，等：《上海滩涂湿地生态调查与评估》，北京：中国环境出版集团，2019 年，第 198-199 页。

岛、横沙东滩与横沙浅滩、九段沙等,以及浦东新区(南汇)边滩。[1]

上海潮滩湿地总体上保持了向海淤涨扩大的趋势。自1988年以来,崇明东滩向东延伸5.1千米,南汇东滩1米等高线向东延伸4.3千米。近年来,长江中上游大型水利工程与水土保持工程,上游入海泥沙量仅为20世纪60年代的三分之一,滩涂扩张速度明显趋缓,部分岸段出现较为明显的侵蚀后退。[2]在潮滩开发与未来海面上升趋势下,上海海涂整体上淤蚀转变的趋势可能会进一步增强。[3]受围垦、海浪侵蚀以及沿岸港口、机场和现代工业园区开发建设的影响,长江口南北岸的许多岸段实际上已无高、中潮滩出露。[4]

上海—长江口属于中等型潮区、正规半日潮区,平均潮差2.7~3.5米,潮汐作用显著。具面向广海的低波能缓坡带。潮滩滩坡十分宽缓,南汇嘴潮滩宽达6~7千米,滩坡为0.7‰。崇明东滩宽达11千米,平均高潮位以上的滩坡0.2‰,平均高潮位以下的滩坡为0.6‰,和缓的滩坡为本区潮滩持续发育提供了重要条件。此外,上海沿岸除台风外,冬季西北风较强烈。东部潮滩岸线与西北风向平行,南部潮滩处在背风向,受风浪影响小。[5]

上海潮滩水域含沙量较高,南汇潮滩平均含沙量为1.45千克/立方米,平均涨潮含沙量为1.54千克/立方米,落潮为1.34千克/立方米。崇明东滩平均含沙量为1.16千克/立方米,平均涨潮含沙量1.55千克/立方米,落潮为0.78千克/立方米。上海潮滩具有明显的涨潮优势流的特点,由于涨速大于落速,

---

1. 韩震,恽才兴:《长江口近岸水域卫星遥感应用技术研究》,北京:海洋出版社,2011年,第72页。
2. 黄沈发,苏敬华,阮俊杰,等:《上海滩涂湿地生态调查与评估》,第198-199页。
3. 杨世伦,朱骏,李鹏:《长江口前沿潮滩对来沙锐减和海面上升的响应》,《海洋科学进展》2005年第2期;杜景龙,杨世伦,陈广平:《30多年来人类活动对长江三角洲前缘滩涂冲淤演变的影响》,《海洋通报》2013年第3期。
4. 韩震,恽才兴:《长江口近岸水域卫星遥感应用技术研究》,第4-5页。
5. 严钦尚,许世远主编:《长江三角洲现代沉积研究》,上海:华东师范大学出版社,1987年,第27-28页。

使得一部分泥沙借助潮汐作用而滞留在潮滩之上。[1] 此外，在上海与长江口沿岸，受江海互动的沉积影响，其形成的沉积母质的黏粒分布整体表现为以沙土、偏沙土为主的特征（粉砂平均占71%、黏粒占26%）。[2]

上海沿岸潮滩的盐渍化程度总体上较低，与长江口冲淡水环境相关。上海—长江口盐度分布表现为南、北高，中央低。低盐舌由长江口向东伸展，南部杭州湾盐度高于长江口。夏季长江口内南支水道各汊道的平均盐度一般在1‰以下，如从位于南槽水道的口门向西经川杨河口、高桥直至徐六泾的平均盐度依次为0.55‰、0.10‰、0.08‰、0.08‰，基本上为淡水稳定控制；北支水道盐度稍高，4‰等盐线大致沿启东吴仓港口至南汇芦潮港呈不对称弧形分布。[3]

上海沿岸潮滩自然地貌和沉积分带明显。自陆域向海域依次发育高、中、低潮滩；沉积物含泥量从高潮滩向低潮滩呈递减趋势，粒度从高潮滩向低潮滩逐渐增大；高潮滩沉积物以黑色、青灰色粉沙质黏土和黏土质粉沙为主，滩面上芦苇和海三棱藨草发育茂盛，呈连绵片状分布；中潮滩沉积物由青灰色黏土质粉沙和粉沙组成，滩地植被以斑状分布的海三棱藨草为主；低潮滩沉积物最粗，多为粉沙和细沙质粉沙，局部为细沙，滩面上无植被发育。[4]

上海市滨海潮滩受人类开发活动影响显著。根据一项调查，过去20年里中国的填海造地规模位居全球之首，上海最为明显，新增了约350平方千米

---

1. 陈吉余主编：《上海市海岸带和海涂资源综合调查报告》，第77-78页。
2. 侯传庆主编：《上海土壤》，上海：上海科学技术出版社，1992年，第47-52页。
3. 陈吉余主编：《上海市海岸带和海涂资源综合调查报告》，第30-31页。
4. 陈振楼、王东启，许世远，等：《长江口潮滩沉积物-水界面无机氮交换通量》，《地理学报》2005年第2期；孙玮玮：《长江口南岸滨岸带底泥中重金属的生物有效性及其再悬浮》，上海：华东师范大学，硕士学位论文，2009年；雷智鹍：《长江口湿地保护研究》，北京：中国水利水电出版社，2010年；韩震、恽才兴：《长江口近岸水域卫星遥感应用技术研究》，第4-5页。

的土地，占全球新增土地总面积的14%。[1] 现有的上海市大陆沿岸潮滩集中在南汇边滩，这里也是长江口受人类直接扰动最突出的潮滩，是长江口沿岸水流在涨落潮作用下形成的堆积地貌。通常以石皮泐为界，以北是南汇东滩，以南是南汇南滩。长期以来，南汇边滩是长江河口淤涨速率最快的岸滩之一，20世纪中叶以后经过多次人工促淤圈围，潮滩规模仍较大，5米水深以下潮滩面积为399.7平方千米。[2] 南汇东滩高于0米的中滩面积逐年增加，2002年为136.6平方千米，2016年增加至186.0平方千米，增加了36.2%；浅于−2米的面积略有增大，2002年为248.2平方千米，2016年为262.3平方千米，增加了25.1%；浅于−5米的面积则减小了16.8平方千米。[3] 因此，受围垦、筑堤影响，新海塘外的自然潮滩发育表现出不完整或破碎化、残缺化的特征（图2-8—图2-10）。

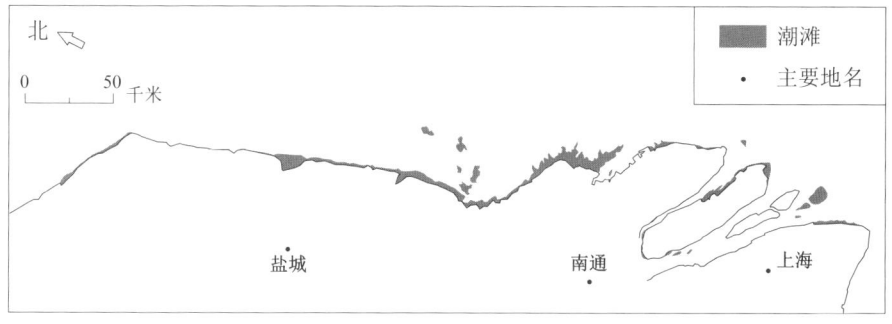

图2-8　现代苏沪海岸堤外0米以上自然潮滩分布

说明：根据Esri World Imagery（2022年）遥感影像编绘（https：//www.arcgis.com/home/webmap/viewer.html?webmap=50c23e4987a44de4ab163e1baeab4a46）。

---

1. Anonymous. Huge tracts of land clawed back from the sea. *Nature*, 2023, 614: 597.
2. 茅志昌，虞志英，徐海根：《上海潮滩研究》，上海：华东师范大学出版社，2014年，第138—143页。
3. 徐骏，刘羽婷，唐敏炯，等：《长江口滩涂变化及其原因分析》，《人民长江》2019年第12期。

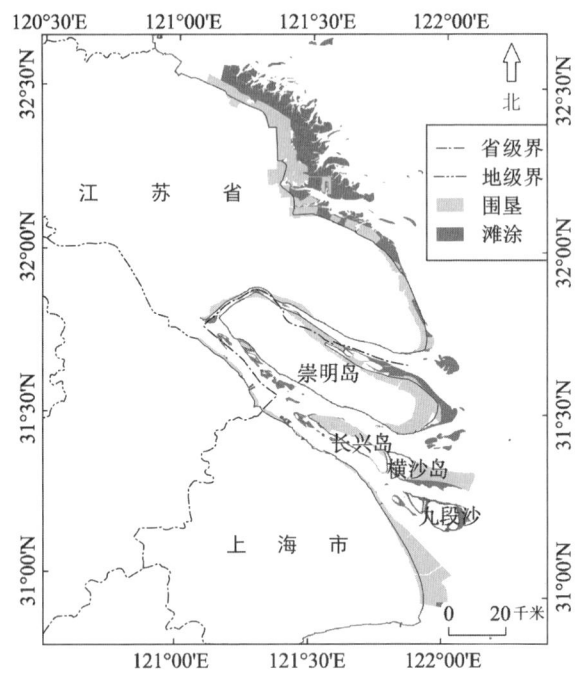

图 2-9 长江口沿岸滩涂与围垦分布

资料来源：选自仇传银、李行、刘淑安等《长江三角洲滩涂信息的遥感提取及时空变化》（《地球信息科学学报》2019 年第 2 期）。

此外，分布在长江口沙洲的潮滩主要集中在崇明东滩与九段沙。崇明东滩平均海拔 3.35 米，分布范围南起奚家港、北至北八滧，西以 1968 年大堤为界，东至吴淞标高 0 米线外侧 3 000 米水线为界，包括其中的水域、陆地与滩涂，总面积 326 平方千米。崇明东滩潮上带主要位于围堤以内，大部分被开垦为水产养殖塘、农田等人工湿地类型，已不具备潮上带特征。[1] 2002 年，崇明东滩被《湿地公约》秘书处列入国际重要湿地名录，也成为中国政府优先保护的 17 个生物多样性关键地区之一，2005 年建为国家级自然保护区。九段沙是在长江径

---

1. 徐宏发、赵云龙主编：《上海市崇明东滩鸟类自然保护区科学考察集》，北京：中国林业出版社，2005 年。

流和海洋潮流两大水体频繁互动下、由长江来沙淤积而成，整体上保留了完整的自然湿地状态，潮沟十分发育。受20世纪末长江口深水航道治理工程实施的影响，不但面积大幅扩大，滩面高程也快速增加。1997—2004年间，九段沙湿地面积变化剧烈，0米、–2米、–5米水深以下面积2004年比1997年分别增加了50.8平方千米、42.8平方千米、22.2平方千米；2004年以后九段沙湿地面积变化较小，2005年九段沙也建设为国家级自然保护区。[1]

图2-10　南汇边滩卫星影像图（2023）
资料来源：地球在线（https://www.earthol.com/）。

---

[1] 陈家宽主编：《上海九段沙湿地自然保护区科学考察集》，北京：科学出版社，2003年；徐骏，刘羽婷，唐敏炯，等：《长江口滩涂变化及其原因分析》，《人民长江》2019年第12期；茅志昌，虞志英，徐海根：《上海潮滩研究》，第165-174页。

潮滩环境与苏沪沿海历史生态地理
Tidal Flat Environment and Historical Eco-Geography of the Jiangsu-Shanghai Coastal Region

本章小结

全新世海侵旋回与构造沉降是塑造苏沪淤泥质海岸的主要动力，在淤泥质海岸基础上发育了大面积开敞型淤泥质潮滩。在气候与海面变化、潮汐作用下，黄河、淮河及长江入海泥沙的沉积，塑造了从海州湾到杭州湾的大规模浅滩与淤泥质潮滩环境。总体上，海进海退是全新世苏沪潮滩盈缩变化的关键因子。

潮滩是沿海稳定受海洋潮汐运动控制的宽阔低平的沉积体，主要是年高潮淹没带以下或海堤以外低潮时能够出露的区域，包括潮间带与潮下带两个部分。全新世以来多次海进海退以及潮滩扩张、停歇，形成了独特的沙脊—淤泥的滨海平原地貌。发育于湿地之上的滩脊（沙堤）是反映海岸平均高潮线的关键线，也是潮滩与内陆的天然分界线、潮滩的陆上边界。

生态演替作用是潮滩环境演变的关键。在生态演替作用下，潮滩演变出具有不同生态特征的沉积岸段、生态类型，表现为相互紧密联系的地带性特征。在自然状态下，草滩带是潮滩演替的最终阶段，潮滩演替的结果是草滩带越来越宽阔，盐蒿草滩、光滩的宽度基本稳定，整体上各分带均呈带状平行向海迁移。

苏沪沿岸是中国淤泥质海岸的主要分布区。开敞型、淤涨型潮滩是苏沪沿海最突出的地貌特征。目前苏沪沿岸现代潮滩主要分布在堤外，堤内是围垦区、人工湿地。苏北沿岸中部仍然留存了丰富的自然潮滩，上海东部沿岸因筑堤与围垦导致现有潮滩形态不完整、残缺，此外，崇明岛东南、东北沿岸以及九段沙的自然潮滩较多。

第三章 历史潮滩生态与原野景观

第一节 历史潮滩范围与陆界分布

一、潮滩与荡地：古今潮滩分带异同

作为滨海不断生长的特殊土地形态，潮滩或滩涂传统上一般多以"荡地"进行泛指，这一概念在明清文献中较多，如常见的草荡、沙荡、海荡、沙坦、涂等。特别是对于苏沪沿岸广泛分布的淤涨型潮滩，这一概念还衍生了多种形式，如在苏沪沿海相关的史料中常有"草荡""淤荡""沙荡""光沙""白涂""水影"等各种名词。尽管一般统称为"荡地"[1]，但古今潮滩各分带名称有一定差异，以往对这一概念及其衍生形式尚未作进一步区分，在研究运用中容易混淆。因此，结合现代潮滩环境特征，明确古今潮滩各分段或分带的指称对象及地理含义、厘清其生态环境的联系与区别是必要的，也是确定历史潮滩范围、揭示潮滩环境演变、分析潮滩开发变化的重要基础。

首先，按照是否生草，"荡地"可以细分为不同的植被类型分带，包括"草荡""草滩""沙荡"或"光沙"等。史料中往往多见"草荡"，"草滩"较

---

1. "荡地"有时也可以表示草荡与田地、熟地的合称，荡与地各有所指。"濒海斥卤之地，沮洳芦苇之场，总名曰荡，不在三壤之列。"见（清）叶梦珠《阅世编》卷1《田产二》（上海：上海古籍出版社，1981年版，第32页）。此外，荡涂即草荡与白涂的合称，一般指濒海未垦荒地，部分长草荒地已有科则，如芦课与草息。

为少见。"草荡"即该岸段已经生草，或茂密或稀疏的盐生植物分布。但史料中的"草荡"与"草滩"与现代"草滩"有一定差异，现代潮滩的"草滩"专指基本脱盐的白茅草滩、芦苇草滩等，是潮滩植被演替的顶级阶段。尽管现代潮滩的"盐蒿滩"也属于生草岸段，但现代潮滩的"草滩"概念并不包括"盐蒿滩"，后者在演替作用下转变为前者。换言之，史料中"草荡"与"草滩"的指称范围大于现代潮滩概念中的"草滩"，包括现代潮滩的"草滩"与"盐蒿滩"两个处于生草过程的分带，在潮位分布上分别位于年高潮淹没带与月高潮淹没上带（图3-1）。

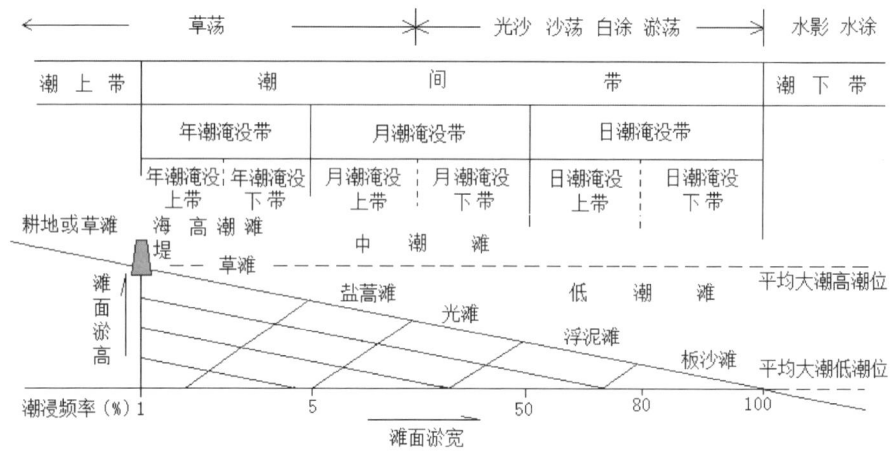

图 3-1 史料中滨海荡地各段名称与现代分段

说明：现代潮滩特征根据陈邦本等《江苏海岸带土壤》（南京：河海大学出版社，1988年，第14-17页）、柯贤坤《潮滩生态特征及开发利用模式——以江苏大丰潮滩研究为例》（《自然资源学报》1993年第2期），罗锋等《潮滩剖面形态特征及演变》（《科技导报》2018年第14期）改绘。

其次，史料中出现的"沙荡"主要指潮滩上植被稀疏或光沙无草地带。一般多由新近淤涨而成，尚未长草且仍处于强积盐过程的荡地，或刚开始出现盐蒿草。史料中"光沙""光沙无草""光沙不毛之地""白涂"等都属于"沙荡"的范围。与现代潮滩的沉积岸段比较，史料中"沙荡"一般包括现代潮滩的光滩及其以下滩面，属于尚未生草的阶段[1]，整体上包括了月潮淹没下带与日潮淹没带范围（图3-1）。在快速淤涨的苏北沿岸，"沙荡"主要指尚未长草或有部分盐蒿草的荡地。嘉庆《两淮盐法志》载："各场海滨涨地，潮落水退之后，泥淤沙积而成，曰新涨沙荡。"[2] 光绪《重修两淮盐法志》载："其滨海各场潮涨水落淤为沙滩，号曰沙荡。"[3] 在潮滩演替作用下，"草荡"又是"沙荡""光沙"的进一步发展。"淤荡"即淤涨中的"沙荡"，植被稀疏。[4] "沙荡"靠近海潮，潮浸频率高，卤性强，难以种植作物，主要用于蓄草供煎或设置新亭。[5] 因此，史料中提到的"沙荡""光沙""白涂""淤荡"在潮滩分带上均属于潮间带的光滩、浮泥滩、板沙滩范围（图3-1）。

再次，史料中"水影""水涂"对应的是平均低潮线以下的水下浅滩，位于潮下带（图3-1）。"水影""水涂"在史料中不常见，只有对滨海淤涨荡地争夺异常激烈的岸段，文献才会出现这些概念，主要是在崇明、川沙境。如川沙新涨沙洲"在八团外……（同治）十二年又丈见泥滩三千二百十亩，白涂四千一百十三亩，水影三千二百十五亩……"[6] 尽管江苏省滨江滨海皆名沙田，[7] 但一般从新涨沙洲到成熟沙田有一个过程：涨滩尚未出水之时，名曰水影；出水之后，滨江曰泥滩，滨海曰泥涂；经过相当时间，两者皆能生长水草，故名草滩或草涂。草滩、草涂再经相当时间，可以植芦，由植芦而围筑成田，种植

---

1. 鲍俊林：《明清两淮盐场"移亭就卤"与淮盐兴衰研究》，《中国经济史研究》2016年第1期。
2. 嘉庆《两淮盐法志》卷21《课程五·灶课上》。
3. 光绪《重修两淮盐法志》卷97《征榷门·灶课上》。
4. 鲍俊林：《明清两淮盐场"移亭就卤"与淮盐兴衰研究》，《中国经济史研究》2016年第1期。
5. 鲍俊林：《明清两淮盐场"移亭就卤"与淮盐兴衰研究》，《中国经济史研究》2016年第1期。
6. 光绪《松江府续志》卷6《山川志》。
7. 朱福成：《江苏沙田之研究》，《中文资料中心》1977年，第35917-36396页；萧铮主编：《中国地政研究所丛刊：民国二十年代中国大陆土地问题资料》（第69册），台北成文出版社，1977年影印本，第35930页。

谷类。[1]因此,"白涂""泥滩""沙荡""光沙""白涂""淤荡"均位于光滩及以下、平均大潮低潮位以上岸段,而尚未完全出露的"水影""水涂""浪底水涂"位于潮下带范围(图3-1)。

总之,沿海荡地是现代潮滩的传统叫法,也是古代对潮滩不同分带包括沙荡、草荡、淤荡、光沙、白涂等的统称。按照是否生草,古代沿海荡地可区分为草荡、沙荡两个主要分带,这些地带性分布的沉积岸段与现代潮滩分带有一定差异。文献中草滩、草荡包括现代分类的草滩、盐蒿草滩,而沙荡、淤荡、光沙、白涂属于光滩、浮泥滩与板沙滩,水影、水涂则位于潮下带。

二、淤涨型潮滩的陆界与历史潮滩形态

淤涨型潮滩的范围不断变化,历史时期苏沪沿海广泛分布潮滩,与现代潮滩在分布范围上存在差异,不同岸段在不同时期的宽度也有很大区别。整体上现代潮滩主要分布在海堤外侧海涂,海堤即潮滩的陆界,但历史潮滩上海堤与岸线有一定距离或缺少海堤,因此潮滩范围远比现代更为宽阔,陆上边界也更为深入。根据现代潮滩定义,在高程上,潮滩指年高潮线到 0 米的陆上潮滩以及 0 米到水下 5 米深的浅滩。因此,要确定历史时期潮滩范围,关键是确定其延伸到内陆的最大边界,这主要与平均高潮线、自然沙堤以及人工海堤有关。

年高潮淹没线或平均大潮高潮位是潮滩范围的天然陆上边界。该线可以通过沙脊(滩脊、沙堤等)确定。因为淤泥质潮滩在平均高潮线附近(或年潮淹没带上线)往往发育滩脊(滨岸堤、天然沙堤、贝壳沙堤),是潮滩物质向岸输运、沉积的终点。[2]这些沙脊代表了潮滩的平均高潮线,是潮滩与内陆重要

---

1. 鲍俊林,高抒:《沙岛浮生:明清崇明岛的传统开发与长江口水环境》,《史林》2020年第3期。
2. 刘苍宇,曹敏:《中国滨海平原的湿地滩脊与7000年来的海面变化》,见:陈吉余、王宝灿、虞志英,等:《中国海岸发育过程和演变规律》,上海:上海科学技术出版社,1989年,第65—73页。

的天然分界线（图3-2）。因为自然沙堤（或贝壳沙堤、冈身、沙带）本身就是在长期潮汐往复作用下形成的位于年高潮淹没带的堆积物、沉积体，也是潮滩的天然陆上边界。所以，在发育了沙脊（滩脊、沙堤、沙带、贝壳沙堤）的岸段，天然沙堤、沙带是确定历史潮滩范围的重要依据。苏沪沿岸丰富的贝壳沙堤、沙带就是这种情况，这些堆积的贝壳沙堤高于两侧约1米，是历史上年高潮淹没线，也是历史时期潮滩的陆上边界（图3-2）。

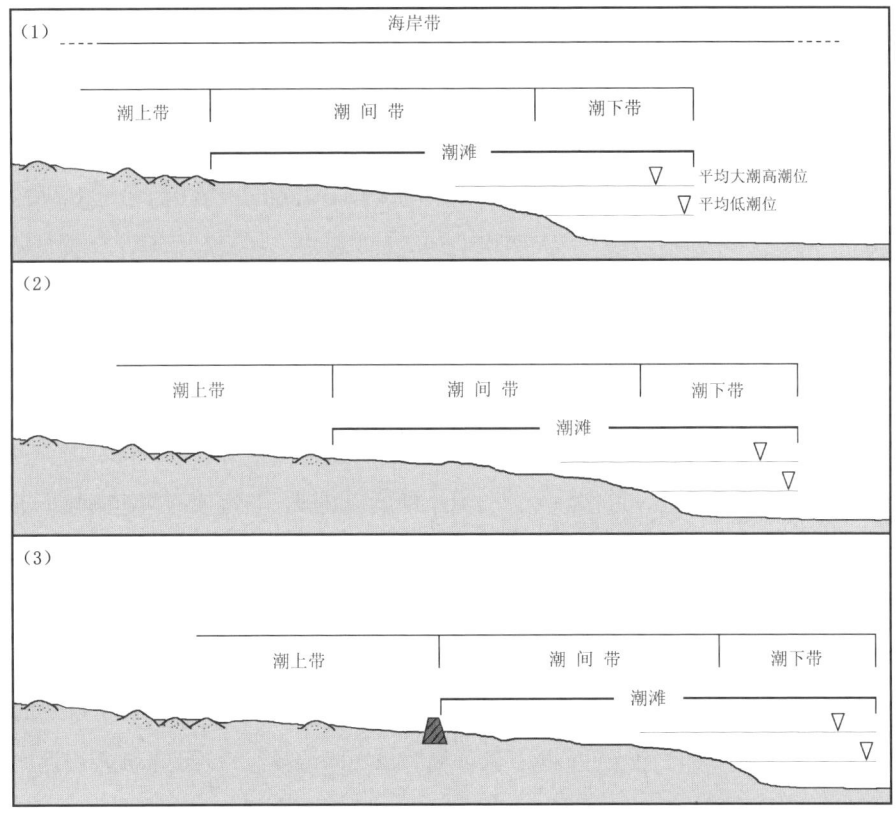

图3-2　淤涨潮滩分布范围变化剖面示意图

随着堤外潮滩的淤涨，潮滩上会逐渐形成新的年高潮淹没线并逐渐向海迁移，如果新海堤位于平均大潮高潮线以上，则潮滩陆上边界重新以年高潮淹没线为准。除自然沙堤外，如果兴筑了人工海堤且距海水不远，则人工海堤取代年高潮淹没线或沙堤，成为潮滩的陆上边界。如果海岸线在一定阶段较为稳定，则堤外滩面也可能会形成新的滩脊，潮滩陆界又转为滩脊。需要注意的是，潮滩上不一定必然发育沙堤、沙带，快速淤涨的岸段较少会有沙带发育。一般只有在岸线长期稳定于某地、或侵蚀后退时才会有沙带形成，但平均大潮高潮位在潮滩上始终存在。此外，沙带（滩脊）、沙堤本身就是传统筑堤的重要基础，例如范堤、里护塘等都是基于天然沙堤或沙带兴筑的海堤。

结合现代潮滩定义，历史潮滩主要是 0 米以上到年高潮线或人工海堤之间的区域，也包括水下浅滩，但不同岸段潮滩的宽度存在较大差异。历史潮滩陆上边界的判断依据按照相关性程度高低，依次为年高潮淹没带上线＞沙带（滩脊）＞民垦区下线＞海堤。换言之，判断潮滩陆上边界的关键指示物包括平均大潮高潮位（年潮淹没线）、天然沙堤以及人工海堤三种。但潮滩发育演变导致这三者不一定在同一个位置，因此，历史潮滩陆上边界实际上是以三者中距离海水最近者为准（图3-2）。

整体上，近千年苏北沿海的历史潮滩范围应以范公堤以东滩涂为主，上海沿岸则以明代里护塘以外的滩涂为主。苏北沿海潮滩坡度小，淤涨快，由于范公堤长期停留在原址，堤东绝大部分海涂都属于潮滩，其宽度往往达到数十千米。历史上苏北濒海除了远离海水的范公堤外，开阔滩涂上长期没有新海堤，因此历史潮滩范围远大于现代潮滩。随着海岸扩张，平均大潮高潮线向海迁移，潮滩的陆地边界也逐渐远离范公堤。虽然特大潮灾仍然能多次翻过范公堤，但能够定期受到潮汐影响、形成潮滩自然环境的，只能是平均大潮高潮线以东。同时长江口南部潮滩由于里护塘、钦公塘等依次向海新建，故而潮滩范围远比苏北狭窄，潮滩呈现南北狭长的月牙形态。

根据史料考证并结合分布面积测算，近千年苏沪潮滩增长绝大部分来自苏北沿岸（约占 87%），长江口南北沿岸及沙洲的潮滩增长较少（约占 13%）。以宋代苏北捍海堰（明代以后发展为范公堤）、里护塘为基线，东到 20 世纪

70年代的主海堤为界，12世纪初以来苏沪海岸历史潮滩范围的总面积共约1.5万平方千米，包括苏北沿岸灌云到海安以东（大致在G228到G204之间）的历史潮滩约1.3万平方千米、长江口南北沿岸的历史潮滩约0.2万平方千米（上海沿岸在宋代里护塘到两港公路，共818平方千米，崇明岛、启东等长江口沙洲共910平方千米）。同时，选择多个地点比较历史潮滩分布宽度，最宽的部分在阜宁到海安段，平均宽度39.4千米；上海大陆沿岸历史潮滩平均宽度为9.6千米；最窄为角斜到如东之间，平均宽度为4千米。[1]

总之，苏沪沿岸的历史潮滩是一个动态的范围，不同岸段存在较大差异。历史潮滩范围均位于苏沪沿岸平原的边缘地带，总体上呈现平原状与带状分布。其中苏北沿岸平原淤涨快，潮滩更为宽阔，一般宽十数千米到数十千米，表现为平原形态；上海沿岸淤涨较慢，潮滩狭窄，达数千米到十余千米，呈带状分布。

三、沙带与圩塘：上海大陆沿岸历史潮滩的陆界

上海大陆东部濒海地带形成了沙堤—淤泥交错分布的滨海平原地貌，同时历代海塘不断兴筑，形成了独特的夹塘地区（即重塘地区），这一区域是历史时期自然潮滩不断转变为人类垦区的关键地带。比较起来，从冈身地带到夹塘地区，尽管都属于沙堤—淤泥交错分布的平原地区，但冈身地带的沙堤分布密集，发育了4~5条天然沙堤，而夹塘地区从宋元到清末兴筑了多条大规模人工海塘，是在沙带—淤泥交错分布的湿地上形成的海塘群。

如前所述，自然沙堤（或贝壳沙堤、冈身、沙带）是长期潮汐往复作用下形成的位于年高潮淹没带的堆积物、沉积体，也是潮滩的天然陆上边界。上海

---

[1]. 利用中国历史地理信息平台测面工具（https://timespace-china.fudan.edu.cn/FDCHGIS/chgis）估算。

潮滩环境与苏沪沿海历史生态地理
Tidal Flat Environment and Historical Eco-Geography of the Jiangsu-Shanghai Coastal Region

市冈身地带形成于距今6 800~3 200年，宽度4~10千米，历时近4 000年。长江输出的大量泥沙，在漫长时间内为塑造冈身以东地区的浅海和潮坪提供了条件，为此后3 000年上海地区迅速成陆奠定基础。[1]这些贝壳沙带俗称"冈身"，南北长达百余千米，自福山伸展到杭州湾畔。自西向东，吴淞江以北有浅冈、沙冈、外冈、青冈和东冈，吴淞江以南是沙冈、紫冈、竹冈和横泾冈。因此，冈身地带是上海地区最早的一条天然的潮滩最大陆界线，分隔了东侧的潮滩与西侧平原，早期人类主要在冈身上以及西侧附近活动。

随着上海大陆东部海岸扩张，早期作为潮滩陆界的冈身，已经远离海潮影响。不过，除了冈身地带之外，在其东部平原上曾发育多条沙带。自西向东分别是盛桥—月浦沙带、下沙沙带、黄路—大团—奉城沙带、滨二—六如—马厂沙带（西沙带）、白龙港—东海—泥城沙带（东沙带），各沙带宽30~250米不等，沙层厚0.5~1.0米。[2]这些沙带均与历史海塘走向一致，是历代海塘兴筑的重要基础。直到清代后期，新筑圩塘仍以沙带为基础，例如嘉庆年间下沙[3]盐场中最外侧的民筑圩塘，旁边就有"高沙脊"。[4]

盛桥—月浦沙带与下沙沙带是晚至唐代上海大陆沿岸潮滩的陆界。下沙沙带在北蔡、周浦、下沙、航头一线，是一条北西北（NNW）向的断续沙带，与宝山境内的盛桥、月浦沙带共同构成一条平行于上海西部冈身的古代沙脊线。[5]下沙沙带是自然形成的滨岸沙脊，是潮坪泥沙在上冲流推动下，长期堆积于潮上带的一种地貌形态，反映了当时平均大潮高潮线的位置，海岸在此具有较长时间相对稳定的地质环境。[6]下沙沙带大致成形于4—7世纪，下沙沙带

---

1. 张修桂：《粪江集》，第272页。
2. 陈吉余主编：《上海市海岸带和海涂资源综合调查报告》，第94-95页。
3. "下沙"与"下砂"在历史文献中常见混用，为简便起见，除原图或引文外，相关盐场名、地名本书统一采用"下沙"的写法。
4. 嘉庆《重修两浙盐法志》卷2《图说·下沙头场》。
5. 张修桂：《上海浦东地区成陆过程辨析》，《地理学报》1998年第3期。
6. 张修桂：《上海浦东地区成陆过程辨析》，《地理学报》1998年第3期。

及其以西的成陆应该在唐代初期以前，下沙沙带的存在，表明3 000年来冈身以东地区的成陆过程，曾有较长一段时间稳定在下沙沙带一线上，从而形成了这条滨岸沙脊。[1]

黄路—大团—奉城沙带或里护塘是晚至明代中叶上海大陆沿岸的潮滩陆界（图3-3a）。碳-14测年表明钦公塘沿线的黄路—大团—奉城沙带为距今1 500～1 200年[2]，即约成形于6—9世纪，是里护塘、钦公塘的建筑基础。12世纪里护塘初创之后，塘外潮滩相对稳定，明代海岸线位置即在东沙带和西沙带沿线。[3] 自明万历十二年（1584）起，因滩地外涨，明清时期陆续筑有钦公塘、彭公塘（或王公塘）、李公塘等海塘、圩塘，自然潮滩均分布在塘外。据此估算，明中叶上海大陆沿岸的潮滩面积约为290平方千米（图3-3a）。

东西沙带或新筑圩塘是清代上海大陆沿岸潮滩的陆界（图3-3b）。东西沙带是一条南向分汊状沙带，西沙带北起浦东白龙港，向南经军民至马厂，碳-14测定距今600±85年；东沙带自白龙港向南经中港至泥城，碳-14测定距今580±90年。浦东白龙港至马厂一线以西地区，在距今600年前已基本成陆，此线东南的南汇嘴滨海地带则是近600年来成陆的。[4] 因此，东西沙带的东部、东南部的滩地形成了清代南汇潮滩的集中分布区。据此估算，清中叶上海大陆沿岸的潮滩面积约120平方千米（图3-3b）。

---

1. 张修桂：《上海浦东地区成陆过程辨析》，《地理学报》1998年第3期。
2. 陈吉余主编：《上海市海岸带和海涂资源综合调查报告》第94-95页。
3. 张修桂：《上海浦东地区成陆过程辨析》，《地理学报》1998年第3期；张修桂：《上海地区成陆过程研究中的几个关键问题》，《历史地理》（第14辑），1998年，第1-21页；韩昭庆：《荒漠、水系、三角洲——中国环境史的区域研究》，上海：上海科学技术文献出版社，2010年，第296-298页。
4. 张修桂：《上海浦东地区成陆过程辨析》，《地理学报》1998年第3期；张修桂：《上海地区成陆过程研究中的几个关键问题》，《历史地理》（第14辑），第1-21页。

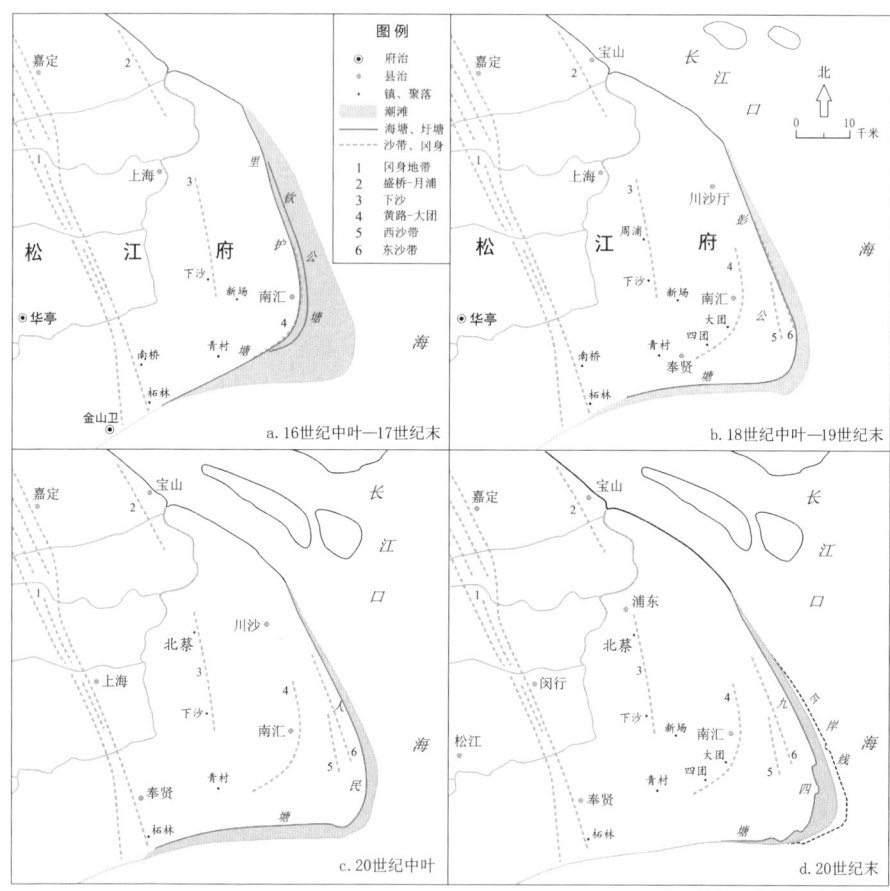

图 3-3 明以后上海大陆东部潮滩分布变化示意图

说明：沙带与岸线变迁根据严钦尚等主编《长江三角洲现代沉积研究》（上海：华东师范大学出版社，1987 年，第 265 页）、陈吉余主编《上海市海岸带和海涂资源综合调查报告》（上海：上海科学技术出版社，1988 年，第 94-95 页）、邹逸麟等主编《中国历史自然地理》（北京：科学出版社，2013 年，第 567-591 页）编绘。历史地图的底图根据谭其骧主编《中国历史地图集》（北京：中国地图出版社，1987 年，第七册，第 47-48 页；第八册，第 16-17 页）、周振鹤主编《上海市历史地图集》（上海：上海人民出版社，1999 年），基础地理信息根据上海市测绘院编制《上海市简图》（2021 年 8 月）编绘。

总之，综合考虑年高潮淹没线（或平均高潮线）、沙堤、海塘或民垦地等要素，历史时期上海大陆沿岸潮滩范围的最大陆上边界主要是人工海堤，即明代以里护塘为界、清代以钦公塘、彭公塘（王公塘）为界。

四、范堤与"马路"：苏北沿岸历史潮滩的陆界

历史时期苏北沿岸范堤以东大平原，开阔平坦，大潮一般能深入陆地数十千米，潮间带十分宽阔。明代前期苏北沿岸尚未明显淤涨，大致明代嘉靖年间，苏北沿岸范公堤以外仍为潮滩，即范堤为潮滩的最大陆上边界。明代苏北中部沿岸发育了新冈[1]，分布在今天南洋—四灶一线（图2-3），也是明代前期潮滩陆界的反映。明代中叶以后，特别是进入清代，在苏北沿岸大部分岸段，范堤以东滩涂淤涨明显，年高潮淹没线也随之向海迁移。因此到18世纪中叶，年高潮淹没线在部分岸段实际上已经越过范公堤，东侧形成了大面积草荡，一般的潮汐很难影响到堤身，除了特大潮灾之外。

在苏北沿岸中部的东台县岸段，明清时期总体上处于持续的淤涨状态，潮滩范围更为宽阔。由于堤东海涂低平开阔的地貌特征，导致年高潮淹没界线并未明显随之东移，而在范堤东侧附近，即大潮来袭时仍然能深入内陆，甚至冲决范堤。直到19世纪中期仍有被风暴潮海侵冲决的记录（1851年、1856年）。[2] 不过，整体上清代东台县境潮滩陆上边界长期稳定在沿海马路一线。

除范堤外，明清时期东台县境濒海还存在一条与岸线平行的"沿海马路"，是堤外潮滩陆上边界的一个关键地理标志，不仅是东台沿岸一条重要的

---

1. 朱诚，程鹏，卢春成，等：《长江三角洲及苏北沿海地区7000年以来海岸线演变规律分析》，《地理科学》1996年第3期。
2. 邓辉，王洪波：《1368—1911年苏沪浙地区风暴潮分布的时空特征》，《地理研究》2015年第12期。

生态类型分界线[1]，实际上也是清代东台县境潮滩的最大陆上边界。

明清时期东台县境的"沿海马路"可能源自宋代兴筑的人工挡潮矮堤。淳熙元年至二年（1174—1175）泰州修筑桑子河堰，北起富安，南抵李堡，同时在盐场附近修筑了堤岸，"盐场灶所，别为堤岸，以避潮汐，后称马路"。[2] 明代杜英曾建议，在梁垛场"筑马路堤以防潮水，因功大不果行，论者惜之"[3]，很可能是希望在"沿海马路"旧址（或沙带）上进行筑堤。在康熙《淮南中十场志》所载安丰、何垛、梁垛、丁溪等盐场图中，"马路"或"沿海马路"均有题绘[4]。根据《续行水金鉴》考订，沿海马路从角斜场向北延伸到古河止。"如皋县境角斜场起范堤之东，由北而西止于古河东岸，有土堤一道，注称马路。此即东台县志所谓其盐场灶所别为堤岸以避潮汐而防废坏，注称即今马路者也。"[5] 据嘉庆《东台县志》："古河口、即卤河口，在（东台）县治北范堤东六十八里，至海十八里，上泄丁溪闸之水。"[6]"沿海马路"南起角斜场，西北经富安、安丰，再北向过东台周洋、唐洋，大致与今黄海公路重合，经三仓、华甃、大丰潘甃，抵万盈墩附近，靠近七灶河后，与明代海岸线接近。[7] 另外，乾隆、嘉庆《两淮盐法志》东台场图中，"沿海马路"均在南腰舍、顾家甃、曹昌甃、姜家甃等地点东侧附近，可见整体上其路线与清乾隆时期的海岸线走向及今S226省道（原黄海公路）大体一致。[8]

据康熙《两淮盐法志》梁垛场图，范堤与"沿海马路"之间都是草荡，"马

---

1. 鲍俊林：《15—20世纪江苏海岸盐作地理与人地关系变迁》，第57页。
2. 崇祯《泰州志》卷8《艺文志》。
3. 嘉庆《东台县志》卷27《尚义》。
4. 康熙《淮南中十场志》卷1《图经》。
5. （清）黎世洪，潘世恩等：《续行水金鉴》卷71《运河水》。
6. 嘉庆《东台县志》卷10《考五·水利》。
7. 张忍顺：《历史时期江苏海岸带的变迁》，《中国第四纪海岸线学术会议论文集》，北京：海洋出版社，1987年，第136页；鲍俊林：《15—20世纪江苏海岸盐作地理与人地关系变迁》，第58页。
8. 鲍俊林：《15—20世纪江苏海岸盐作地理与人地关系变迁》，第58页。

路"之外是"淤荡""光沙",[1] 可见"马路"应当位于当时梁垛场草荡（包括草滩与盐蒿滩）与光滩的分界线，属于月高潮淹没带，大致等于平均小潮高潮线。梁垛场"沿海马路"约位于今三仓镇，今梁垛镇或串场河到三仓镇之间的直线距离约29千米。据此可知明末清初梁垛场的年高潮淹没带上线应当在范堤东侧15千米左右的南沈灶镇，即大致位于16世纪中叶海岸线（图3-4）。

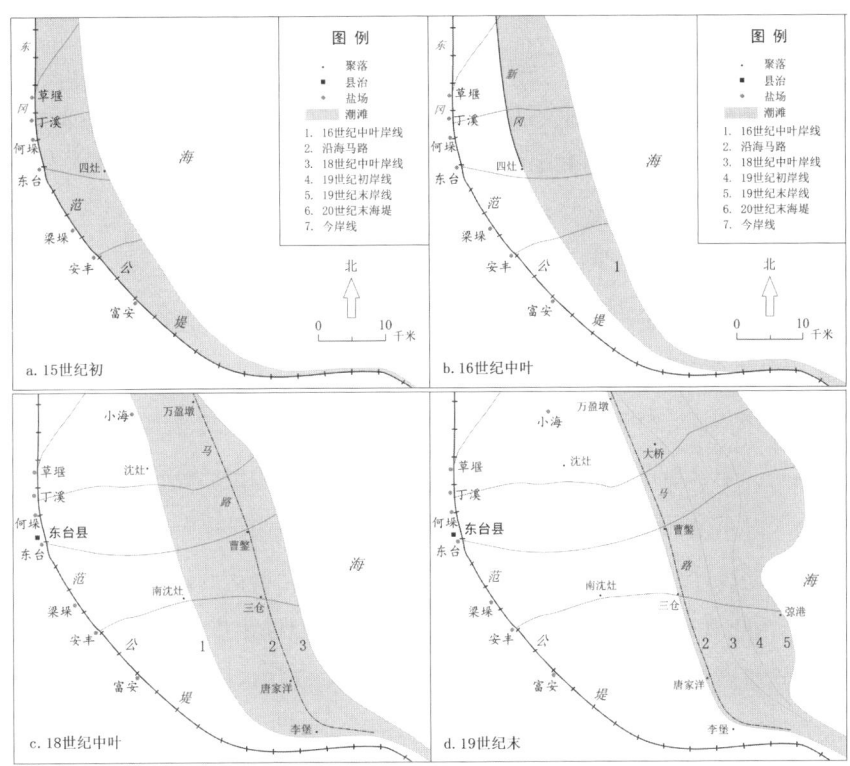

图3-4 明清东台沿岸潮滩分布变化示意图

说明：海岸线根据江苏省"908"专项办公室编《江苏近海海洋综合调查与评价图集》（北京：海洋出版社，2013年，第17页）、张忍顺《苏北黄河三角洲及滨海平原的成陆过程》（《地理学报》1984年第2期）改绘。图中潮滩范围，不含岸外沙洲。

---

1. 康熙《两淮盐法志》卷2《疆域》，吴相湘主编：《中国史学丛书》，台北：台湾学生书局，1966年，第102页。

潮滩环境与苏沪沿海历史生态地理
Tidal Flat Environment and Historical Eco-Geography of the Jiangsu-Shanghai Coastal Region

到乾隆中期,"沿海马路"以东虽然多有淤涨,但仍以光沙为主要景观,除草堰场外,没有亭灶分布。[1] 19世纪前期,据嘉庆《东台县志》载:"自(东台)县治东八十里至马路,马路之外光沙无草,又四十里到海,再东为大洋。"[2] 这些"光沙无草"即为光滩带,约有四十里之远。[3] 因此,海潮仍然能够影响"沿海马路"东侧滩涂,滩面类型以光滩为主。同治年间仍然如此:

> 安丰场……乾隆中年以来至道光初年,马路以东得古淤七八里,新淤十余里,续淤又十余里,地方广阔,出草既多,兼卤气极厚,又东至海边光沙六七里,人皆以捕鱼为业。[4]

可知同治年间安丰场"沿海马路"东侧滩面虽然已进入生草阶段,但依旧会受到潮汐影响,土壤盐分高。

到光绪年间,"沿海马路"东侧滩面开始有了新亭。东台场"沿海马路"西曹昌鉴、华家鉴附近的潮墩已远离海岸三四十里,周围已经长草茂盛[5],"沿海马路"以东也已经出现南新亭、北新亭;此时"沿海马路"西已为草滩带占据,月高潮线已经向"沿海马路"以东移动,盐蒿草群落开始出现,可以笼置新亭。[6] 由此可见,到光绪年间"沿海马路"以东滩地才基本脱离了潮汐影响。光绪《重修两淮盐法志》还对比了道光二十八年(1848)与光绪七年(1881)天文大潮的影响范围:

---

1. 鲍俊林:《15—20世纪江苏海岸盐作地理与人地关系变迁》,第61页。
2. 嘉庆《东台县志》卷8《疆域》。
3. 鲍俊林:《15—20世纪江苏海岸盐作地理与人地关系变迁》,第59页。
4. (清)丁日昌:《淮醾摘要》卷1,沈云龙编:《近代中国史料丛刊续编》(第77辑),台北:文海出版社,1980年,第1249页。
5. 光绪《重修两淮盐法志》卷37《场灶门·堤墩下》。
6. 鲍俊林:《15—20世纪江苏海岸盐作地理与人地关系变迁》,第61页。

> 安丰场……马路计长十七里半，东至海约三十余里，西至范堤约六十里。历来潮汛以道光二十八年为最大，漫过马路七八里，然并未损伤丁口，亦无人上墩避潮……光绪七年大汛，潮水仅及马路……新旧淤上亭场，其灶屋皆筑土盘为基，高多在三尺以外，平时小汛并无潮至，七年大汛，潮水经过处深浅不过一二尺，未及盘基，故禾草虽伤，而人牛无损。[1]

可见19世纪中叶潮滩的陆界已基本稳定在"马路"沿线，只有大潮、风暴潮才会越过。因此，到19世纪末年高潮也刚到安丰场"马路"，其东侧滩地已脱离海潮浸渍的影响，此时"马路"应当位于年高潮淹没线的下线、月高潮淹没线的上线之间。据此估算，明初到明中叶东台沿岸潮滩面积约为650平方千米，清代中叶约为720平方千米，清末约为980平方千米（图3-4）。

总之，综合考虑人工海堤、年高潮淹没线（或平均高潮线）等要素，苏北沿岸东台县境不同时期潮滩范围的最大陆上边界是：（1）明代长期以范公堤、新冈为界；（2）清代以年高潮淹没线（沈灶—南沈灶）、"沿海马路"为界。

第二节 历史潮滩的扩张与植被演替

一、历史潮滩扩张及时空差异

在黄河与长江泥沙沉积、沿岸潮汐的共同作用下，明清时期苏沪沿岸潮滩表现为长期向海淤涨的总特征——"海势东迁"，同时，不同岸段存在荡地淤涨

---

1. 光绪《重修两淮盐法志》卷37《场灶门·堤墩下》。

潮滩环境与苏沪沿海历史生态地理
Tidal Flat Environment and Historical Eco-Geography of the Jiangsu-Shanghai Coastal Region

速度、规模方面的差异。从明清时期潮滩的淤涨程度看，除废黄河三角洲以外，苏沪沿岸各岸段中，以长江口的崇明沙洲淤涨最为明显，其次是苏北中部沿岸，最后是南汇边滩。

在苏北中部沿岸，自黄河夺淮以后，进入淤涨扩张过程，特别是在明清时期进一步加速。[1] 南宋建炎二年（1128）到清咸丰五年（1855），黄河改道苏北入海，带来大量泥沙，逐渐沉积在古淮河口及南北沿岸，塑造了广袤的废黄河三角洲与滨海平原。同时，在不同时期不同岸段的淤涨程度存在差异，宋至明代中叶淤涨较慢、明代中叶到清代中叶快速淤涨。1855 年，黄河北归后岸线重新调整，南部淤涨、北部蚀退，特别是废黄河三角洲不断侵蚀后退。[2] 整体上，苏北中部沿岸快速扩张，荡地资源大幅增加，十分宽阔。范堤东部滩涂宽度少则数里，多则数十里甚至百里以上。[3] 明代中叶以后，东台沿岸快速淤进，每年约数十米到百米以上。[4] 例如安丰场"乾隆中年以来至道光初年，马路以东得古淤七八里，新淤十余里，续淤又十余里，地方广阔，出草既多，兼卤气极厚，又东至海边光沙六七里"[5]。以东台县境各盐场荡地淤涨为例，明代中叶富安到白驹九场各场共有 210.2 万亩，到清末各场荡地共有 275.5 万亩，增长 31.2%。[6]

中部沿岸平原的扩张主要表现为岸外沙洲并陆为主，以沙洲并陆后岸滩继续向海均匀淤涨为辅。[7] 黄河夺淮入海期间，范堤以东滩涂成陆面积

---

1. 邹逸麟、张修桂、王守春：《中国历史自然地理》，北京：科学出版社，2013 年，第 539 页。
2. 凌申：《黄河南徙与苏北海岸线的变迁》，《海洋科学》1988 年第 5 期；孟尔君：《历史时期黄河泛淮对江苏海岸线变迁的影响》，《中国历史地理论丛》2000 年第 4 期。
3. 鲍俊林：《明清两淮盐场"移亭就卤"与淮盐兴衰研究》，《中国经济史研究》2016 年第 1 期。
4. 张忍顺：《苏北黄河三角洲及滨海平原的成陆过程》，《地理学报》1984 年第 2 期。
5. （清）丁日昌：《淮醰摘要》卷 1，第 1249 页。
6. 据嘉靖《两淮盐法志》卷 3《地理志四》、嘉庆《两淮盐法志》卷 27《场灶一·草荡》与光绪《重修两淮盐法志》卷 26《场灶门·草荡》整理。
7. 张忍顺：《苏北黄河三角洲及滨海平原的成陆过程》，《地理学报》1984 年第 2 期。

共 0.5 万平方千米。[1] 其中，1494 年黄河全流入海以前该区域淤进速度缓慢。同时，中部沿岸的范堤以东滩涂淤涨速度约为 2.7 平方千米 / 年，16 世纪中叶之后淤涨速度明显加快，达到 8.3 平方千米 / 年，此后进一步加快成陆，在黄河北归前为 12.4 平方千米 / 年（表 3-1），达到最高值。此外，中部岸段淤涨并非匀速推进，特别是在 14—15 世纪相当稳定，并发育了新冈。[2] 1855 年，黄河改为北归至山东入海，中部沿岸外涨的河流来沙锐减，废黄河三角洲沉积物不断被侵蚀，为沿海潮流所携带、搬运、重新堆积到中部海岸，但速度趋降，到 1855—1895 年成陆速度降至 10.3 平方千米 / 年（表 3-1）。

表 3-1　苏北中部沿岸成陆面积与速度

年代	1027—1554	1554—1660	1660—1746	1746—1855	1855—1895	1895—1981
面积（平方千米）	1 400	880	870	1 350	410	740
速度（平方千米 / 年）	2.7	8.3	10.1	12.4	10.3	8.6

说明：根据张忍顺《苏北黄河三角洲及滨海平原的成陆过程》（《地理学报》1984 年第 2 期）整理。

在长江口北岸，明代前期海门沿江段多有坍塌，现代启东与海门平原主要是清代江沙重涨的产物。[3] 除三余湾及启东部分地区尚未成陆外，宋代海门沙坝已并岸，长江口北岸陆地面积迅速扩张。明中叶由于海潮反复侵袭，滩地不断坍塌，海门县治被迫多次西移，清康熙十一年（1672）裁县入通州，乾隆三十三年（1768）又置海门厅，治茅家镇。后陆续淤涨若干外沙，多属崇明

---

1. 张忍顺：《苏北黄河三角洲及滨海平原的成陆过程》，《地理学报》1984 年第 2 期。
2. 朱诚，程鹏，卢春成，等：《长江三角洲及苏北沿海地区 7000 年以来海岸线演变规律分析》，《地理科学》1996 年第 3 期。
3. 陈金渊：《南通地区成陆过程的探索》，《历史地理》（第 3 辑），上海：上海人民出版社，1983 年，第 36 页。

县。到光绪二十二年（1896），外沙与海门融合成陆，长江口北侧的启海平原最终大体形成。[1]

在长江口南岸，历史时期也表现为长期的淤涨过程，并在人工围垦影响下呈现不断促淤特征。但南汇沿岸的淤涨与人工筑堤圈围、促淤是分不开的，向海迁移筑堤的过程反映了潮滩不断扩张的趋势。从唐开元元年（713）古捍海塘至宋乾道八年（1172）里护塘的兴筑，其间相隔459年，陆地向外伸展16千米，年平均伸展34.9米。从里护塘的兴筑，至明万历十二年（1584）外捍海塘的兴筑，间隔412年，向东延伸南北平均为1.4千米，年平均延伸3.4米，伸展速度较缓。从外捍海塘的兴筑至清光绪十年（1884）彭公塘兴筑，间隔300年，再向东延伸约7.2千米，年平均伸展24.3米，延伸速度有所加快。自彭公塘兴筑后，先后又筑李公塘、袁公塘，直至1949年筑人民塘，其间岸滩又向东南延伸3.1千米，年均伸展48.3米，速度进一步加快。总之，长江口南部沿岸潮滩淤涨的总趋势表现为不断向东、东南伸展，自唐开元元年（713）重筑古捍海塘至1985年兴筑八五塘，滩涂已向东伸展约30千米，围垦面积共约90万亩。[2]

以崇明岛的形成为主，长江口冲积沙洲也经历复杂变迁过程。崇明县治与海门县治类似，历史上也被迫多次迁移。唐武德年间（618—626）长江口出露西沙、东沙，五代时在西沙设崇明镇，宋天圣二年（1024）在东、西沙的北面涨出姚刘沙，宋建中靖国元年（1101）又出露三沙。元至元十四年（1277）设崇明州于姚刘沙，明洪武二年（1369）改县。后因长江主泓摆动，东沙、西沙逐渐坍没，但在西沙北又涨出平洋沙、长沙及吴家沙等十余个沙洲。长江主泓从北支水道入海，姚刘沙和三沙等相继坍没、长沙逐渐扩展，至明万历初年（1573）与吴家沙、向沙等相连。受沙洲坍涨影响，万

---

1. 江苏省地方志编辑委员会：《江苏省志·地理志》，第212-214页。
2. 薛振东主编，上海市南汇县县志编纂委员会编：《南汇县志》，上海人民出版社，1992年，第241页。

历十一年（1583）崇明县治又迁至长沙，至此崇明主岛形成相对稳定的岛核。但直到康熙二十年（1681），现代崇明岛的整体轮廓才初步奠定。到18世纪中叶长江主泓南偏，崇明岛南岸日益遭受冲刷，光绪二十年（1894）加固堤防才制止了南坍。总体上，明洪武二十四年（1391）崇明县田荡涂共7 246亩，从雍正八年（1730）到宣统二年（1910），每三年一丈的新涨沙涂共计309.3万亩，坍除共204.8万亩，相抵存收104.5万亩，即增长144%，年均增加5 803亩。[1]

二、潮滩植被演替阶段与历时

如前所述，古今潮滩都会表现出规律的自然演替现象，是潮滩环境演变的关键地理动力。康熙《淮南中十场志》部分盐场图中将海滩自陆向海分为草荡、新淤沙荡以及海沙三带。[2] 这种分带与今天江苏淤进型岸段的主要分带（自陆向海为草滩、盐蒿滩、光滩）一致。[3] 自陆向海，淤涨型潮滩的草滩、盐蒿草滩、光滩等各植被分带往往表现出规律性的地带性分布，即沿岸线南北平行分布，并伴随潮滩淤涨不断向海平行迁移。

受潮滩生态演替作用影响，在地带性分布的特征上，与草滩带（盐度小于2‰～3‰）处于脱盐、生草过程不同，盐蒿滩、光滩，仍属于积盐过程，一般盐度在6‰～8‰。特别是光滩带，盐度多在10‰以上，为强积盐带，土壤盐度高，植被群落稀少；光滩以下包括浮泥滩与板沙滩以及水下浅滩。[4]

---

1. 光绪《崇明县志》卷6《赋役志·田制》，《上海府县旧志丛书：崇明县卷》（中），上海：上海古籍出版社，2011年，第1209-1212页。民国《崇明县志》卷6《经政志·田制》。
2. 康熙《淮南中十场志》卷1《图经》。
3. 鲍俊林：《试论明清苏北"海势东迁"与淮盐兴衰》，《清史研究》2016年第3期。
4. 陈邦本，方明：《江苏海岸带土壤》，1988年，第14-17页。

草滩带多草、土淡,植被覆盖度较高,且具有比较发达的根系。原来无序结构的土壤颗粒逐渐有序化,分散的土粒也转变为有结构的团粒、团块[1],一般土壤都比较疏松,渗水性强,土壤逐渐脱盐,有机质开始增多增厚,土壤中的孔隙较大,因此比较适宜垦作。相比而言,潮滩制盐对土壤的要求多为无结构性特征。[2]因此,草滩带的土壤已经基本脱盐,土壤性质不再适宜传统的煎盐生产,但适合垦种。"泰属各场荡地在范堤之东……每因淤沙外涨,腹内荡地土性渐淡,是以率多改荡为田。"[3]

值得注意的是,在淤涨型潮滩中,草滩带伴随潮滩外涨,会不断增大,是淤涨型潮滩在自然演替状态下发育的最终阶段。因此,伴随海涂淤涨,光滩、盐蒿滩、草滩带均会加快淤宽,但三者相比,在自然状态下,光滩、盐蒿滩的宽度相对稳定,而草滩带作为潮滩生态演替的最终阶段以及潮滩植被演替的顶级群落,必定越来越宽,受此影响,淤涨型潮滩演替的结果是适宜垦种的土地面积日益增多。

淤涨型潮滩的不同分带之间的演替历时存在一定差异。以明清时期苏北中部沿岸为例,从光滩演替到盐蒿滩大致需要15~20年,从盐蒿滩进一步演变为草滩则一般至少需要10年。[4]例如,民国时期南通大学农学院对部分岸段土壤含盐量的调查中,发现盐蒿滩的盐分在10年内从7.5‰降到4.7‰,[5]年均脱盐率为0.28‰。由于草滩土壤盐含量一般为2‰~3‰,因此从盐蒿滩演变为草滩群落一般至少需要10~15年。另外,在淤涨型潮滩的生态演替过程中,从光沙无草的光滩演变为开始生草的盐蒿滩,一般需要15~20年。例如长江

---

1. 宋达泉:《中国海岸带和海涂资源综合调查专业报告集·中国海岸带土壤》,第19页。
2. 河北塘沽盐业专科学校:《海盐生产工艺学》,北京:轻工业出版社,1960年,第78页。
3. 嘉庆《两淮盐法志》卷27《场灶一·草荡》。
4. 鲍俊林:《15—20世纪江苏海岸盐作地理与人地关系变迁》,第62-65页。
5. 贾敬业、邹迎曦、李乃栓:《从大丰县生态演替史看淤长型滩涂的开发与利用》,《自然资源学报》1991年第3期。

第 三 章

口九段沙在1843年开始出露水面，1858年开始有植被生长。[1]即长江口一带的潮滩，从光滩到开始生草约15年。不过长江口淡水径流量大，整体盐度偏低，有利于九段沙潮滩脱盐生草。由于苏北沿岸比长江口岸盐度明显要高[2]，据此估计苏北沿岸潮滩从光滩到盐蒿滩所需时间为15～20年。[3] 这在史料中也有反映，道光十八年（1838）两江总督陶澍奏称：

> 泰州分司所属伍佑、新兴二场前于道光二年新淤升科案内均有别除光滩、水洼、平路地亩。迄今已阅多年，经委员查勘伍佑一场前升原别光滩等地及续丈新淤，见在别除车路港洼外，实丈出长草应升地八百三十一顷十九亩九分……新兴一场，前升原别水洼等地及续涨新淤，见在别除水洼光滩外，实丈出长草应升地五百八十顷十六亩一分。[4]

道光二年（1822）丈量时未被计入的"不毛光滩"，在道光十八年已经长草，因此得以丈量升科，计入新淤荡地、由灶户领升。据此，该岸段不毛光滩到长草荡地历时16年。[5]

另外，同治八年（1869）吕四场沿岸也有一处新淤沙荡，可以观察荡地生草情形：

> 该荡在于堤外逼近海洋，潮汐相应，尽属斥卤，多系不毛，其中

---

1. 陈家宽主编：《上海九段沙湿地自然保护区科学考察集》，第15页。
2. 薛鸿超、谢金赞、胡方西，等：《中国海岸带和海涂资源综合调查专业报告集·中国海岸带水文》，1996年，第91页。
3. 鲍俊林：《明清两淮盐场"移亭就卤"与淮盐兴衰研究》，《中国经济史研究》2016年第1期。
4. 光绪《重修两淮盐法志》卷97《征榷门·灶课上》。
5. 鲍俊林：《15—20世纪江苏海岸盐作地理与人地关系变迁》，第64页。

75

> 间有长草，亦甚茸细，不成片段，无可樵采……查该荡新淤前于咸丰元年……勘丈共地二百三顷九十五亩零，内除不毛光沙、沟渠、道路五十七顷十亩零。[1]

该沙荡在新淤出露前，已于咸丰元年（1851）丈量过一次，之后逐渐淤积，到同治八年（1869）开始长草，但仍然稀疏。从咸丰元年到同治八年，历时18年。

此外，在南汇沿岸也是如此，"咸质一过汇角，而南水皆咸苦，地亦斥卤不毛。其围垦蓄淡，以届成熟之期，必迟至二十年以外"[2]。因此，这些岸段从光滩到盐蒿滩的演变情况，均与前述估计的历时 15～20 年相合。

第三节　历史潮滩水土环境的咸淡变化

一、历史潮位变化及时空差异

潮位高低、潮差大小对潮滩不同分带的潮浸程度产生直接影响，并进一步影响潮滩土壤盐分与植被分布。一般而言，在自然状态下，潮差大的岸段，潮滩宽度也相应变大；潮差小的岸段，海潮能够影响的滩面也更窄。历史时期，苏沪沿岸潮滩低平、开放、无所遮蔽，潮汐往复从不间断。这种低平的潮滩对潮位变化极为敏感，在没有筑堤的岸段，涨潮时往往淹没大部分滩面，在天文大潮时，甚至深入很远的距离，达到数十千米。

苏北沿岸现代潮差由北向南渐增，同时以弶港为中心，向南北降低，例如射阳河口一带多年平均潮差 2.5 米，王港则达 3.68 米。在长江口沿岸，多年平

---

1. 光绪《重修两淮盐法志》卷 30《场灶门·亭池》。
2. 民国《南汇县续志》卷 1《疆域志》。

均潮差为 2.67 米，属中等强度潮差[1]，由于地球科氏力影响，北部沿岸潮差一般大于南部沿岸。整体上苏北沿岸潮差要低于长江口。历史时期的潮位资料比较少见，但在一些相关的史料、古地图资料中，能够在一定程度上反映明清时期苏沪沿岸的潮位情形。

在苏北中部沿岸，根据清代乾隆至嘉庆年间汛营边界的调查资料，图中粘有一些红色题签，其中所记内容反映了清代中叶的苏沪沿岸潮位及河口地理信息。乾隆二十四年（1759）《阜宁县庙湾营界会勘图》载："黄河口……宽四五十丈长，潮口内水深八九尺，落潮水深四五尺；口外长潮二丈三四尺，潮落水深八九尺不等，口外有清沙、红沙、铁板沙，由北至南一百余里，迤拦黄射等口，接续五条沙。""双洋子港口约宽二三丈，潮大小舟可行，潮退淤沙则现，不能行舟，计通河宽不过三四丈，水深四五尺不等。""射阳湖口……长潮水势漫滩，约深八九尺及丈余不等，潮落口宽二三十丈，中泓水深四五尺及七八尺不等。"[2] 据此描述，18 世纪中叶黄河口、射阳河口潮差为 1~2 米。

1835—1840 年编绘的《盐城县斗龙港、新洋港间会勘图》题签也有记载："（斗龙港）海口潮长时海水漫滩、汪洋一片，试探水深一丈五六尺，潮落后口门约宽三十余丈，水深六七尺不等。直东有大沙一道，小沙四道，约离港口二百余里。"[3] 据此可知，19 世纪前期在斗龙港附近，潮差为 2~3 米。

至于通州沿岸，《通州江海图（1840 年）》题签载：

> 泗港口外有沙线二道，现量沙上水深一丈，东距深水大洋九十余里，若大汛潮长时加深二三丈不等。
>
> 长梢港口外有沙线三条，现量沙上水深一丈四五尺，东距深水大

---

1. 潮差也叫潮幅，即高低潮位之差。一般潮差小于 2 米为弱潮差，2~3.5 米为中型潮差，3.5 米以上为强潮差。
2. （清）佚名：《阜宁县庙湾营界会勘图（1759 年）》，不列颠图书馆。
3. （清）佚名：《盐城县斗龙港、新洋港间会勘图（1835—1840 年）》，不列颠图书馆。

> 洋八十余里，若大汐潮长时加深二三丈不等。
>
> 泼水港口外有沙滩一片，现量滩上水深一丈七八尺，东距深水大洋七十余里，若大汐潮长时加深二三丈不等。
>
> 新港口外有沙线三条，现量沙上水深一丈四五尺，东距深水大洋六十余里，若大汐潮长时加深二三丈不等。[1]

据此可知，19世纪中叶通州沿岸大潮时增水一般都在二三丈左右，即潮差能达到6米以上，属于典型强潮差岸段。又据1840—1842年编绘的《海门厅各港水势深浅全图》载："牛洪、许通、圩角、青龙、悦兴等五港潮退时水深三四尺，潮长时六七尺不等。"[2] 可见，长江口内侧的海门厅沿岸潮差较弱。

此外，根据光绪年间《江苏沿海图说》所载各岸段的潮位资料，清末苏沪沿岸各岸段平均大潮位是3.72米（表3-2）。但除上海、崇明、川沙各县记录了小潮位之外，其他各岸段都缺少小潮位资料。仅就大潮位而言，在长江口内的崇明、川沙、海门一带，平均大潮位为4~5米，在苏北沿岸的吕四、掘港、新洋港、射阳港一带，平均大潮位为3~4米（表3-2），因此，长江口一带平均大潮位略高于苏北沿岸1米左右。

表3-2 清末苏沪沿岸朔望日潮位

岸段	潮涨时	大潮（丈尺）	大潮（米）	小潮（丈尺）	小潮（米）	潮差（米）
上海	1：30	一丈一尺	3.53	七尺	2.24	1.29
崇明	12：11	一丈二尺半	4	九尺	2.88	1.12
川沙	11：45	一丈五尺	4.8	一丈	3.2	1.6
海门	1：15	一丈三尺	4.16	（缺）	—	—
吕四	12：15	一丈三尺	4.16	（缺）	—	—

---

1. （清）佚名：《通州江海图（1840年）》，不列颠图书馆。
2. （清）佚名：《海门厅各港水势深浅全图（1840—1842年）》，不列颠图书馆。

续表

岸段	潮涨时	大潮（丈尺）	大潮（米）	小潮（丈尺）	小潮（米）	潮差（米）
掘港	12：45	一丈	3.2	（缺）	—	—
新洋港口	3：15	一丈余	3.2	（缺）	—	—
射阳湖口	3：45	一丈余	3.2	（缺）	—	—
老黄河口	4：30	一丈余	3.2	（缺）	—	—
平均大潮位	—	—	3.72			

说明：根据（清）朱正元辑《江苏省沿海图说》（马宁主编《中国水利志丛刊》，第39册，扬州：广陵书社，2006年，第5-47页）整理，清制一尺合今制32厘米。

二、潮滩土壤与苏北海水盐度

盐分变化是潮滩水土环境的关键指标，在潮滩土壤与浅层地下水之中往往富含盐分，中潮滩、低潮滩为积盐过程，高潮滩为脱盐过程。除全新世海进海退导致苏北沿岸形成的地下古咸水之外[1]，历史时期潮滩土壤与浅层地下水的盐分均来自海水与潮汐作用的影响。

淤涨型潮滩上有不少通海河道，咸潮的往复运动稳定了潮滩土壤的积盐环境，延缓了土壤脱盐进程。但咸潮溯河而上，也容易引发卤潮倒灌与卤害，往往一遇卤潮，禾苗皆枯。如光绪年间，"庙湾场……本年春夏亢旱，荡草秋禾干枯殆尽，尚有卤潮涨灌，停留一百余日"[2]。濒海河道防止卤潮倒灌的主要办法就是在河口设立挡潮闸。挡潮闸与海堤相比，实际上前者主要是应对日潮影响，后者主要在于预防月高潮、年高潮甚至特大潮的冲击。到20世纪60年代，苏北中部沿岸的通海河道在建闸之前，河道内的盐度还是比较高的，接

---

1. 李静、张亚年、梁杏、等：《江苏滨海平原弱透水层封存的古咸水及其运移过程》，《地质科技通报》2022年第1期。
2. 光绪《重修两淮盐法志》卷142《优恤门》。

近 10‰。[1] 三仓河位于江苏东台南，西起安丰镇串场河，南流经过包家灶、沈灶、三仓等集镇，北达梁垛河，南经三仓河闸入黄海。该河全长 48 千米，宽 40~180 米，始凿于清康熙五年（1666），乾隆年间有过疏浚。[2]

潮滩地下水盐度是潮滩的重要生态特征之一。潮滩地区缺乏淡水资源，历史上淡水井少见，一般在基本脱盐带逐渐形成一定的浅层地下水，才会出现水井。因为滨海地区地下水位高，遇到干旱或海潮侵入，地下水便容易受到影响。如嘉庆《东台县志》载："（万历）三十五年夏旱，秋丁溪海潮泛入，河井水皆咸。"[3] 史料中也记载了一些水井资料，康熙《淮南中十场志》载："黄花井在南团北，泉味甘冽；蛤蚌井在东团东，大旱不竭，其泉甚浅，一人取之如是，百人取之亦如是，因其地多蛤蚌壳得名。"[4] 又如嘉庆《东台县志》载："常家井在安丰常家灶，斥卤之地，水味独甘，遇旱不枯。"[5] "便民泉在丁溪场中，即双凤井。"[6] "陈家井在何垛六荡前，去场六十里，水泉寒冽，千家取之，大旱不竭。"[7] 这些水井大致都分布在"沿海马路"以西、年高潮平均线以内。虽然类似的水井数据有限，但这些古代水井均分布在脱离潮汐浸渍的范围，即表层土壤已属脱盐的中潮滩以上。

潮滩土壤与浅层地下水盐分都来自海水，近岸海水盐度是影响潮滩环境特别是土壤盐渍程度的重要控制因素。海水是高度混合的均匀水体，整体上盐度比较稳定，不过，近岸表层海水盐度（5 米水深以上）往往还会受到来自陆地的地表

---

1. 据《东台市水利志》载，20 世纪 60 年代三仓河在建闸前，中下游河道盐含量接近 10‰。参见东台市水利志编辑委员会：《东台市水利志》，南京：河海大学出版社，1998 年，第 56 页。
2. 朱道清：《中国水系词典》，青岛：青岛出版社，2007 年，第 219 页。
3. 嘉庆《东台县志》卷 7《考二·星野》。
4. 康熙《淮南中十场志》卷 2《疆域》。
5. 嘉庆《东台县志》卷 34《录·古迹》。
6. 嘉庆《东台县志》卷 34《录·古迹》。
7. 嘉庆《东台县志》卷 34《录·古迹》。

径流淡水的影响，呈现较大的盐度分布差异。[1] 现代苏北沿岸近岸表层平均盐度在夏季为24‰～31‰（图3-5）。如前所述，各月平均盐度为29.53‰～32.24‰，枯水期盐度稍高，为31.3‰～32.2‰；汛期稍低，为29.53‰～31.06‰。[2] 但明清时期苏沪沿岸的海水盐度分布格局存在较大的历史变化，以1855年黄河北归为界，苏北沿岸海水盐度可以分为前低后高两个基本阶段。[3]

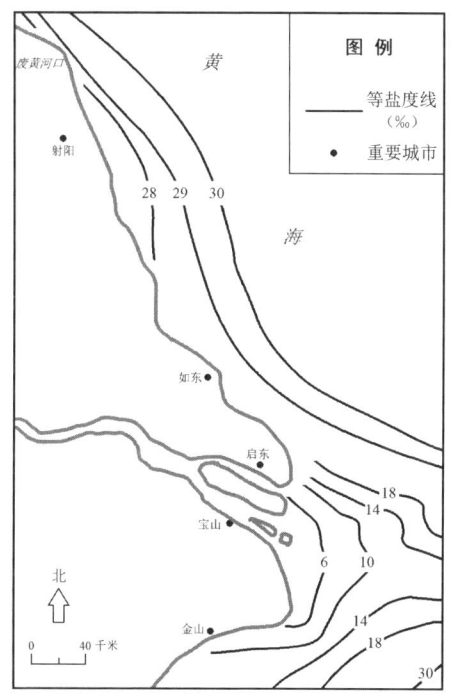

图3-5 现代苏沪沿岸夏季近岸表层海水盐度分布示意图

说明：根据薛鸿超、谢金赞、胡方西等主编《中国海岸带和海涂资源综合调查专业报告集·中国海岸带水文》（北京：海洋出版社，1996年，第91页）、陈吉余主编《上海市海岸带和海涂资源综合调查报告》（上海：上海科学技术出版社，1988年，第31页）改绘。

---

1. 陈邦本，方明：《江苏海岸带土壤》，1988年，第59页。
2. 薛鸿超，谢金赞，胡方西，等：《中国海岸带和海涂资源综合调查专业报告集·中国海岸带水文》，1996年，第89-94页。
3. 鲍俊林：《15—20世纪江苏海岸盐作地理与人地关系变迁》，第95-97页。

潮滩环境与苏沪沿海历史生态地理
Tidal Flat Environment and Historical Eco-Geography of the Jiangsu-Shanghai Coastal Region

  黄河在苏北入海带来大量淡水径流，导致明清苏北沿岸盐度较低。明弘治七年（1494）黄河全流夺淮后，黄河口淤积大大加快，经过万历年间潘季驯"束水攻沙"，此后三角洲快速延伸，黄淮入海淡水径流不断增加，近岸海水盐度不断下降。因此1494—1855年苏北沿岸海水长期维持在较低的盐度。以今黄河口、莱州湾以及珠江口作参考[1]，明清黄河口附近盐度应当为15‰~20‰。[2]

  河口海岸径流与咸潮互动频繁，淡水径流与海水咸潮往往反向变动，淡强则咸弱、淡弱则咸强。1855年黄河北归以后，苏北沿岸地表淡水径流明显减少，因此沿岸海水盐度增加。其盐度分布大致与今日江苏沿岸盐度分布近似，接近29‰。[3]因此，1194年以来，可以分为两个阶段，1855年之前平均盐度为15‰~20‰，之后为29‰左右。

  此外，可以将现代长江口沿岸的盐度作为对比。受现代长江大量淡水径流影响，长江口沿岸的盐度明显低于苏北沿海，形成了中国东部沿海近岸的典型低盐区之一（图3-5）。长江口—杭州湾平均盐度约为12‰，夏低冬高，低盐期盐度一般为7‰~10‰。[4]宋元至民国时期，长江口沿岸与杭州湾北岸有不少海盐场。"浙之西、华亭东百里实为下砂……直走东南皆斥卤之

---

1. 今黄河口附近表层盐度全年最高值为32.4‰，最低值为15‰，平均为23.7‰，参见薛鸿超、谢金赞、胡方西等主编《中国海岸带和海涂资源综合调查专业报告集·中国海岸带水文》（1996年，第48-50页）；珠江口全年平均表层盐度也为15‰~30‰之间，多年平均盐度为29.6‰（同书第137页）；长江口多年平均为12.8‰（同书第90页）；杭州湾多年平均为13.6‰（同书第90页）。
2. 鲍俊林：《15—20世纪江苏海岸盐作地理与人地关系变迁》，第95-97页。
3. 江苏沿岸盐度春季最低盐度出现在射阳河口，低于30‰；夏季全岸段为24‰~31‰，最低值有时在24‰以下，如据1980年实测量，灌河口附近为22.7‰，有一个低盐水舌（薛鸿超、谢金赞、胡方西，等：《中国海岸带和海涂资源综合调查专业报告集·中国海岸带水文》，第90-91页）。
4. 薛鸿超、谢金赞、胡方西，等：《中国海岸带和海涂资源综合调查专业报告集·中国海岸带水文》，北京：海洋出版社，1996年，第89-94页。另外，据《上海市海岸带和海涂资源综合调查报告》载，杭州湾春夏盐度在7‰~15‰之间（上海科学技术出版社，1988年，第31页）。

地,煮海作盐,其来尚矣。"[1]民国年间仍有两浦、袁浦、崇明以及青村四个盐场。[2]

整体来看,在近岸表层海水盐度分布格局上,1494—1855年苏沪沿岸存在黄河口与长江口两个低盐区,盐度在15‰以内;苏北中部沿岸的海水盐度高于该数值,约为20‰。这与目前的苏沪沿岸海水盐度分布格局不同。目前长江口门以内盐度低于6‰,苏北沿岸均高于20‰,但后者与前者不同,地处江海交汇的长江口,其盐度分布具有复杂的变化,是影响长江口南北沿岸潮滩环境的关键控制因素。实际上,从整个苏沪沿岸来看,长江口是最大的地表淡水径流来源,对苏沪沿岸海水咸淡程度具有重要影响。为此,有必要进一步结合古今资料,综合考察历史时期长江口盐度变化,有助于更好地理解苏沪沿海环境特征。

三、咸淡水运动与长江口盐度

长江口是丰水、多沙、中等潮汐强度的三角洲河口,江海交汇的特殊水环境使其成为苏沪沿岸潮滩演变最为特殊、复杂的岸段。其中,咸(盐)淡水混合是长江河口段的重要水文环境特征[3],它的分布变化是长江口南北沿岸潮滩的发育、盐土分布变化、潮滩开发进程的关键控制因素。

现代长江口呈现三级分汊、四口入海的形态,径流与潮流的互动是水环境变化的主要动力。明清时期,长江口南北分支呈现北支不断萎缩、南支不断扩张并进一步分支的发展趋势。特别是清代中叶长江口北侧涨沙不断浮出,并逐

---

1. (元)陈椿:《熬波图》,"序"。
2. 实业部国际贸易局:《中国实业志·江苏省》(第1册),1933年,香港:香港宗青图书公司1980年影印,第48页。
3. 陈吉余主编:《上海市海岸带和海涂资源综合调查报告》,第105-107页。

渐向北并岸，导致长江口北支通道加快束狭。[1] 因此，北支出口由河控通道逐渐向潮控通道转变，18世纪中叶南支通道成为长江主要出口，由潮控通道向河控通道转变。[2]

现代长江口潮区界到潮流界之间属近口段，以河流作用主导；潮流界与拦门沙滩顶之间属河口段，以河水、海水共同作用为主导，即为河海交汇区；此外，在拦门沙前缘以外属口外海滨段，是以海水作用为主导。河水、海水共同作用的过渡带即为咸淡水混合区，该区域径流与潮流的相互作用是影响、控制长江口及潮滩发育的主要动力。[3] 在河口段，咸淡水混合的冲淡水，是自内向外、盐度不断梯级上升的水体，往往形成独特的盐水楔运动现象。密度较低的淡水径流浮于咸淡水的上层，密度较高的咸潮水流成楔形在咸淡水下层、贴近海底并随涨潮力上切，侵入河口，二者多形成一定的咸淡水交界面。[4]

一般盐度小于2‰为淡水区域，大于等于2‰为咸水区。[5] 在出现拦门沙的区域，拦门沙滩顶以内为淡水区，滩顶之外为冲淡水，即拦门沙滩顶是咸淡水混合区的上界。现代长江口外的等盐度线形成一个冲向东南方向的淡水舌（图3-6）。在冬季枯水期，等盐度线基本上平行于滨海沿岸，离岸线不远的海域，盐度可达20‰。20世纪80年代，长江口南槽滩顶的盐度均值在1‰左

---

1. 邹德森：《长江河口北支的演变过程及今后趋势》，《泥沙研究》1987年第1期；陈吉余主编：《上海市海岸带和海涂资源综合调查报告》，第105—107页；张军宏、孟翊：《长江口北支的形成和变迁》，《人民长江》2009年第7期。
2. 鲍俊林、高抒：《沙岛浮生：明清崇明岛的传统开发与长江口水环境》，《史林》2020年第3期。
3. 严钦尚：《长江三角洲现代沉积研究》，上海：华东师范大学出版社，1987年，第275页；陈吉余主编：《上海市海岸带和海涂资源综合调查报告》，第31—34页。沈焕庭、茅志昌、朱建荣：《长江河口盐水入侵》，北京：海洋出版社，2003年，第2—4页。
4. 黄胜、卢启苗：《河口动力学》，北京：水利电力出版社，1995年，第148—149页。
5. 河海大学《水利大辞典》编辑修订委员会：《水利大辞典》，上海：上海辞书出版社，2015年，第444页。

右，丰水期 1‰ 等盐线一般在八滧、横沙和老港一线水域，枯水期内移到堡镇港、白龙港一线水域。[1]

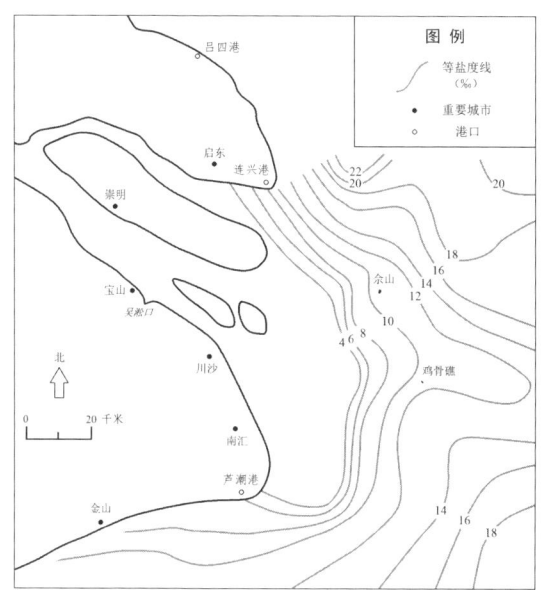

图 3-6　20 世纪 80 年代实测长江口夏季（表层、中层）盐度分布

说明：根据陈吉余主编《上海市海岸带和海涂资源综合调查报告》（上海：上海科学技术出版社，1988 年，第 31 页）改绘。

现代长江口咸淡水混合带上线一般维持在拦门沙滩顶一线，下线在长江口外约 12 米等深线的位置，即 1‰～30‰ 的等盐线之间为咸淡水混合区域，该区域已属河口段以外的口外海滨段（图 3-6）。历史时期长江口多汊河势以及径流与潮流的互动，引发咸淡水混合存在时空变化过程，与现代长江口咸淡水分布格局存在一定差异。

---

1. 侯传庆主编：《上海土壤》，第 143 页。

四、长江口咸淡水分布变化

16世纪后期,崇明岛开凿施翘河,可以作为明代中叶长江口南支通道咸淡水分界线的起点。隆庆三年(1569)至万历二年(1574),开挖施翘河等干河九、支河三十三[1],奠定了崇明岛基本河渠格局。崇明岛施翘河的开凿反映了该河北侧已属较为稳定的淡水环境,但南侧为县治与天赐场。施翘河的开凿是一个重要标志,能够指示河口段咸淡水分布特征。施翘河口能够稳定获得淡水输入,属于淡水河道。因此明代中叶的施翘河口以上为长江淡水,以下为咸淡水混合区。

万历年间崇明主岛逐渐成形,但长江口仍然是众多沙洲分布的拦门沙系统(图3-7),伴随长江口拦门沙坍涨游移、淤涨合并,崇明沙洲的不断扩张、成形,进一步导致长江口通道出现分汊,初步形成了现代长江口北支、南支出口的一级汊道,此后北支出口长期是长江主泓,直到18世纪初逐渐向南支转移。[2] 17世纪中叶到18世纪初,崇明主岛成形与江口分汊,是长江口河势变化的重大事件,引发长江河口段各分汊内部的径流与海潮互动关系出现新变化。[3] 整体上北支出口径流趋弱、海潮趋强,日渐成为潮控通道;而南支出口相反,逐渐成为河控通道。

---

1. 万历《新修崇明县志》卷1《舆地志·河港》,《上海府县旧志丛书·崇明县卷》(上),上海古籍出版社,2011年,第78页。
2. 陈吉余,恽才兴,徐海根,等:《两千年来长江河口发育的模式》,《海洋学报》1979年第1期;邹德森:《长江口北支的演变过程及今后趋势》,《泥沙研究》1987年第1期;陈吉余主编:《上海市海岸带和海涂资源综合调查报告》,第105—107页;张军宏,孟翊:《长江口北支的形成和变迁》,《人民长江》2009年第7期。
3. 鲍俊林,高抒:《沙岛浮生:明清崇明岛的传统开发与长江口水环境》,《史林》2020年第3期。

第三章

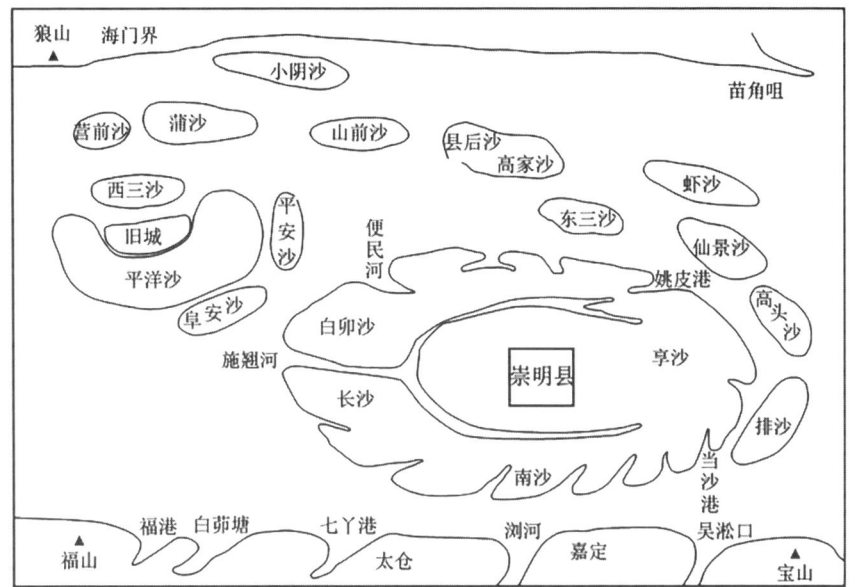

图 3-7　明代后期崇明岛与长江口形势

说明：据明万历《新修崇明县志》卷首舆地图描绘，《上海府县旧志丛书·崇明县卷》(上)，上海：上海古籍出版社，2011 年，第 69 页。

清康熙《重修崇明县志》载《崇明县江海辨图》(图 3-8)，以崇明岛为中心，对长江口咸淡水交汇的情形进行了考辨，并围绕论证崇明全境在江中而非海中，在《江海辨说》中提出了三个具有说服力的证据，较为准确地描述了 17 世纪末长江口咸淡水分布格局：

> 世传崇明为海外，不知实在江内，……崇则南自嘉定以东、北自海门以东，遥望高、廖二嘴，尚悬三百余里，南北两岸烟树隐然，斯内江之实证一。又海咸河淡，水味迥殊，盖海潮性卤，一沾禾黍，立成枯槁；江潮味甘，南北田亩，赖资灌溉，崇峙江心，东去三百余里出高廖口子，始接海潮，而味才咸，此水分咸淡，内江之实证二。……口内之水独高数尺，以江口隘也，口外之水恒低数尺，以海

面阔也,此水势高下,内江之实证三。前人江海之论不详,动以崇为外海,不知非外海,实内江也。[1]

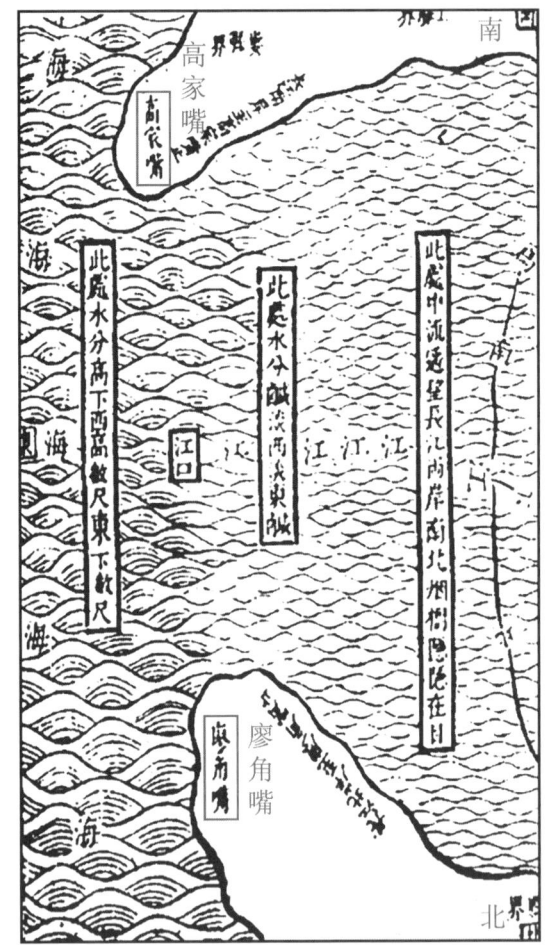

图 3-8 康熙《重修崇明县志》"崇明县江海辨图"(局部)
说明:选自康熙《重修崇明县志》卷 1《图说考》。

---

1. 康熙《重修崇明县志》卷 1《图说考》。

第三章

此外，雍正《崇明县志》载录《咸潮说》，也反映了 18 世纪前期崇明沿岸水环境的差异：

> 崇孤立江门，如平洋、平安、保定、保平诸沙则接扬子江、白茅塘诸水，联福、竺箔诸沙则接吴淞江、蔡陶浜诸水，南沙、长沙则接浏家河、七丫港诸水。……更赖高家、廖角二嘴，俾南北外海咸潮上下横截。每清明后，江水上发，咸潮下退，得资灌溉，民赖耕畦。是以崇沙之在南区者颇产五谷，以江流余派，其水淡也。如新灶、永宁、洪勋、永盛、太平、日升、永安诸沙，遥隔江面，经岁咸潮，是以崇沙之在北区者半属不毛，以海潮淹灌，其水咸也。至霜降后，序届严寒，江水上涸，咸潮下涌，十有三沙尽皆卤水。但此时禾谷已获，无需滋溉。民间预蓄淡水以资烹煎，争筑堤堰堵御咸潮，岁以为常，初无足异。所最患者，夏秋之交，禾黍方茁，一值亢旱，江流顿缩。或遇东南风，则高家嘴咸潮因而北涌；遇东北风，则廖角嘴咸潮因而南涌。一沾禾黍，立就枯焦，即在南区者，尽成榛芜。[1]

由此可知，18 世纪前期，在江水盛涨时，崇明南侧的长江南支通道已经是淡水控制。相反，在崇明岛北侧的北支通道转为咸潮控制。该阶段的咸淡水分布格局反映了 18 世纪前期长江口主出口以南支为主。

一般盐水团密度大于淡水团，口外盐水团上行并斜切入淡水团之下，对淡水团有一定顶托作用。《崇明县江海辨图》与《江海辨说》中提到"水分高下"，即淡水团在上，咸水团在下，导致西边淡水稍高、东侧咸水稍下，在视觉上能够区分，是咸淡水锋面的表层反映。这种咸淡交汇处视角上的感受，在

---

1. 雍正《崇明县志》卷 7《田制·官河考》，《上海府县旧志丛书·崇明县卷》（上），第 468 页。

明代已有记录:"料角嘴在(海门)县东,江海交会处,海咸江淡,二水不相混,江水视海较高数尺。"[1]

明末清初,崇明主岛外尚未有拦门沙发育成形,以水分高下的咸淡水交会处作为江海分界(图3-8),且在廖角嘴与高家嘴之外。因此,综合以上资料,到明末清初,长江口南支咸淡分界线应当位于崇明县治附近,大致在施翘河口—吴淞口一线。

不过,尽管18世纪前期长江口主出口逐渐转到南支,但直到清代中叶,北支仍然是重要的泄水、排沙出口,例如乾隆年间的《江南通志》描述了长江口的出水口格局:

> 大海在(太仓)州东北及嘉定之境,俱东际于海,而内地水道无不通潮汐者。崇明东沙之东所谓苏州洋也,其东北有淡水洋,即扬子江尾,味甘如惠泉;东南为咸水洋,大江在州境东北入海。[2]

这里所指即以崇明东南沿岸为中心,东南之外称为苏州洋,其东北是淡水洋,应该仍存在稳定的淡水环境,仍为河控通道;其东南为咸水洋,是稳定的咸水环境,即潮控通道;并指出大江在州境的东北方向入海,即北支出海为主。

到清代后期,崇明岛东侧形成的铜沙及其浅滩,是指示长江口咸淡水分界的另一个关键位置。在嘉庆《太仓直隶州志》中已指出铜沙与内外洋分界的关系:

> 铜沙在崇明县治东约二百里,沙南北袤百余里,东西广三之一,江水至此而弱,咸潮势强。自此而西为内洋,其东为外洋。内洋之在西者,直西抵长江口……按内洋为江流入海之道,崇明虽居海中,实

---

1. 万历《通州志》卷5《杂志》。
2. 乾隆《江南通志》卷14《舆地志》。

则环邑而流者，西受长江，南受震泽，其水皆色清而味淡，故可立城郭，种稻麦，至铜沙则皆咸潮矣。[1]

铜沙是清代后期长江口拦门沙系统的主要部分，作为拦门沙，铜沙的滩顶即咸淡水分界线。

道光年间，《通州江海舆图》以铜沙为界，区分了咸淡分界，并用不同颜色区分（图 3-9）。到光绪年间，在《川沙厅志》图中，仍然以铜沙作为咸淡水分界（图 3-10），"自铜沙以外为外洋咸水，自铜沙以内为内洋淡水"。[2] 另在光绪《松江府续志》中有补注："南汇志云铜沙在崇明东南，洋自铜沙以外为外洋，咸水自铜沙以内为内洋。……川沙志云明以前滨海水咸饶盐利，居民皆聚灶煎盐，后盐草荡悉升科垦种。"[3]

图 3-9 道光《通州江海舆图》与长江口形势（局部）
说明：《通州江海舆图》（局部，不列颠图书馆藏），转引自"数位方舆"网（https://digitalatlas.asdc.sinica.edu.tw/map.jsp?id=A104000054）。

---

1. 嘉庆《直隶太仓州志》卷 18《水利》。
2. 光绪《川沙厅志》凡例《海洋图》。
3. 光绪《松江府续志》卷 6《山川志》。

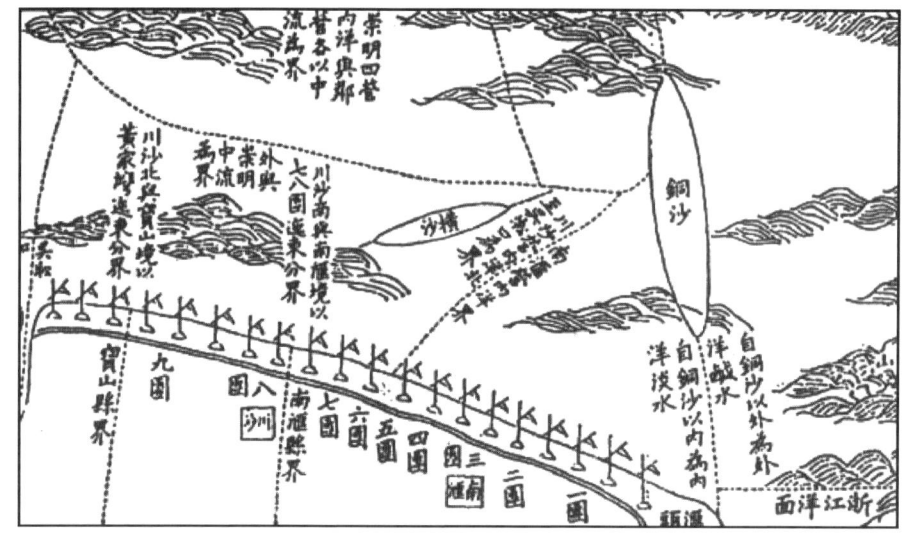

图 3-10 光绪《川沙厅志》"海洋图"
说明：选自光绪《川沙厅志》《凡例·海洋图》。

总之，明清时期长江口咸淡水分界大致经历了从明代隆庆至万历年间的施翘河口—吴淞口一线，再到清代道光年间的铜沙浅滩的迁移变化，南支通道由此从咸水控制转为淡水控制，咸淡水界线年均下移约 286 米。[1]

同时，长江口古代产盐地的分布变化也反映了明清时期咸淡水分界的迁移变化。明清时期长江口分布有崇明与下沙盐场，其灶地迁移变化与咸淡水分布格局变化存在紧密的联系。传统海盐生产对潮滩水土环境变化十分敏感，咸潮增强会导致沿岸土壤浅层地下水矿化度升高，土壤盐渍化加深。[2] 稳定的咸水环境是维持一定盐产活动的基础条件。但咸淡互动格局变化会引发沿岸潮滩土壤盐渍程度与成盐岸段发生迁移变化，促使产盐地不得不向土壤盐渍化高的岸段迁移。

---

1. 鲍俊林，高抒：《1569—1980 年长江口盐淡水混合区时空演变特征》，《地理学报》2025 年第 3 期。
2. 侯传庆主编：《上海土壤》，第 35-36 页。

第三章

明末清初，崇明盐场灶地主要分布在县治附近的吴家沙、享沙一带，"崇邑盐灶，向设县治西南"[1]。康熙三十七年（1698）设官灶安插于永宁、永盛等六沙之内，这是崇明灶地第一次大迁移，自县治附近迁至东北沿岸潮滩。[2] 但三十余年后，"永宁等六沙年深地高，土淡卤少，强半停煎"[3]，永宁等六沙灶地不再适合盐产。[4] 雍正四年（1726）再次搬迁灶地，"详准改迁七滧小阴等沙刮土煎盐，供本地民食，专办灰场税"[5]。这是崇明盐场灶地的第二次大迁移，从崇明岛东北沿岸潮滩搬迁到东南沿岸潮滩。"新迁灶地产盐既多。"[6] 此后剩余盐灶也陆续搬迁。道光六年（1826）先后将六沙盐灶尽迁于箔沙、陈陆状、利民、小阴等沙，道光十九年（1839）崇明岛灶地又开始迁到惠安沙（崇明外沙，今启东南岸），同治八年（1869）再迁四十灶于惠安沙，到19世纪末崇明岛已无灶地。[7] 清代崇明岛灶地从西南向东北、再向东南迁移，最终全部迁至外沙，正是对长江口咸淡水分布格局变化的响应。[8]

长江口南部沿岸也是如此，在吴淞口以北沿岸，明以前黄姚、江湾、南跄、清浦、大场，这几个盐场都在吴淞口以北。[9] 伴随这些盐场的消亡，到明代万历年间吴淞口以北的嘉定县沿岸已经是比较稳定的淡水环境。万历《嘉定

---

1. 雍正《崇明县志》卷8《备考·附灶地迁改详文稿》，《上海府县旧志丛书·崇明县卷》（上），第487页。
2. 鲍俊林，高抒：《沙岛浮生：明清崇明岛的传统开发与长江口水环境》，《史林》2020年第3期。
3. 雍正《崇明县志》卷9《物产·货之属》，《上海府县旧志丛书·崇明县卷》（上），第497页。
4. 鲍俊林，高抒：《沙岛浮生：明清崇明岛的传统开发与长江口水环境》，《史林》2020年第3期。
5. 嘉庆《直隶太仓州志》卷22《赋役·盐法》。
6. 民国《崇明县志》卷6《经政志·盐法》。
7. 鲍俊林，高抒：《沙岛浮生：明清崇明岛的传统开发与长江口水环境》，《史林》2020年第3期。
8. 鲍俊林，高抒：《沙岛浮生：明清崇明岛的传统开发与长江口水环境》，《史林》2020年第3期。
9. 吴仁安：《清代上海地区盐场述论》，《历史教学问题》1991年第6期。

县志》载，清浦场在高桥镇，属嘉定县，"嘉靖以后海潮内侵，墩荡坍洗，水不成盐，商引遂绝"[1]。"海在（嘉定）县东四十五里，北自黄姚港，南抵上海界，环县境凡八十余里，海水咸卤，而此地不异江湖，颇有灌溉之利。"[2] 明末清初，高桥人孙和鼎撰《修江东海塘义》："海水卤咸，而余乡南北一带不异江湖，盖南则吴淞江，北则刘家河，又北则大江注焉，半天下之水归并于数百里内，涤荡成卤，不得近岸，成淡水洋。"[3] 清浦场位于咸淡水混合带，该场到明代中叶仍然存在，乾隆《嘉定县志》载："黄姚、江湾、清浦，宋元以来，并设盐场，场废课除，独清浦于明中叶犹设官督课。"但自明嘉靖以后，"亦水不成盐，商引已绝"[4]。由此可知，晚至明代中叶，嘉定、宝山县沿岸应是稳定的淡水区域，盐度均值低于1‰。

在吴淞口到南汇嘴沿岸，明清上海县、南汇县沿里护塘一线分布有下沙三场、二场与头（一）场，每场三团，各团灶均在塘外荡地，从川沙北侧到南汇嘴附近，自北而南依次为九团到一团。明代护塘外"皆聚灶煎盐"，但"淡水渐南，地不产盐"[5]，明代隆庆、万历年间八九团已不产盐，至清道光年间六七团也停煎。[6] 明末崇祯《松江府志》载："（上海县）沿海皆浅滩，物产不逮闽浙百一，俗号'穷海'，独盐利为饶。自清水湾以南，较川沙以北，水咸宜盐，故旧置盐场。近有沙堤壅隔，其外水味浸淡，卤薄难就，而煮盐之利亦微矣。"[7]

明代以来，上海东部沿岸水环境整体上向淡水控制转变，是沿岸古盐场依次消亡的主要原因。白茆口到南汇、川沙之间的边滩，沿岸不少河汊的地表径

---

1. 万历《嘉定县志》卷6《田赋考中》。
2. 万历《嘉定县志》卷14《水利考》。
3. 光绪《江东志》卷9《议》，《上海乡镇旧志丛书》，上海：上海社会科学院出版社，2006年，第213页。
4. 乾隆《嘉定县志》卷3《赋役志》。
5. 光绪《川沙厅志》卷4《民赋志》。
6. 朱鸿伯：《上海市川沙县志》，上海：上海人民出版社，1990年，第118页。
7. 崇祯《松江府志》卷5《水》。

第三章

流入海，特别是明永乐年间实施"江浦合流"治水工程之后，吴淞江与黄浦江合流入海加大了沿岸地表淡水的影响，稳定了南支的淡水径流。因此，清代以后，吴淞口至南汇之间的边滩，伴随咸淡水分界的下移，南支河道日益形成稳定的淡水环境，传统濒海制盐活动难以为继，成盐岸线随之萎缩、南迁。

下沙三场"明季已不产盐"[1]，下沙二场在"康熙年间尚存灶舍十五处，雍正二年浙抚李巡盐噶全行裁毁"，下沙一场（头场）"康熙间额设盐灶二百二十二座，雍正三年移灶团聚，存一百四十九座……乾隆初二团灶皆废，惟一团存一百七座，后因沙涨泖淤，咸潮渐远，亦多停歇，至乾隆末仅报煎三十一灶"[2]。到嘉庆年间，下沙头场已难以产盐，"涨沙渐高，泖道淤，灶丁贪种花豆，产盐大减于前"，所属二十团一百零七灶中，仅二十二灶仍坚持生产，"余皆因水淡停煎"，至道光年间均停煎。[3] 此时下沙二三场已久不产盐，亦不产卤，不设团灶，"灶户逃亡，丁课已归地徵"[4]。

明清时期上海县、南汇县沿海荡地往往根据成熟度划分为上中下则以及白涂等不同类别，白涂即尚未脱盐、不适宜垦种的荡地。[5] 在嘉庆《重修两浙盐法志》所载下沙二三场图中，七团、八团塘外荡地已划为下则地，但六团及其以南的塘外荡地均为白涂，且塘内侧也存在白涂地（图3-11），这说明七团、八团塘外荡地脱盐程度高于六团及以下荡地。因此，19世纪初，南汇与川沙交界地带（六团、七团）应为咸淡水分界之处，到19世纪末，咸淡水分界下移到南汇嘴或一团沿岸。民国《南汇县续志》也描述了南汇嘴南北侧沿岸海水盐度与盐渍土分布情形：

---

1. 光绪《南汇县志》卷5《田赋志》。
2. 光绪《南汇县志》卷5《田赋志》。
3. 光绪《南汇县志》卷5《田赋志》。
4. 嘉庆《松江府志》卷29《田赋志·盐法》。
5. 乾隆《南汇县新志》卷1《疆域志》，《上海府县旧志丛书·南汇县卷》（上），上海：上海古籍出版社，2009年，第315—319页。

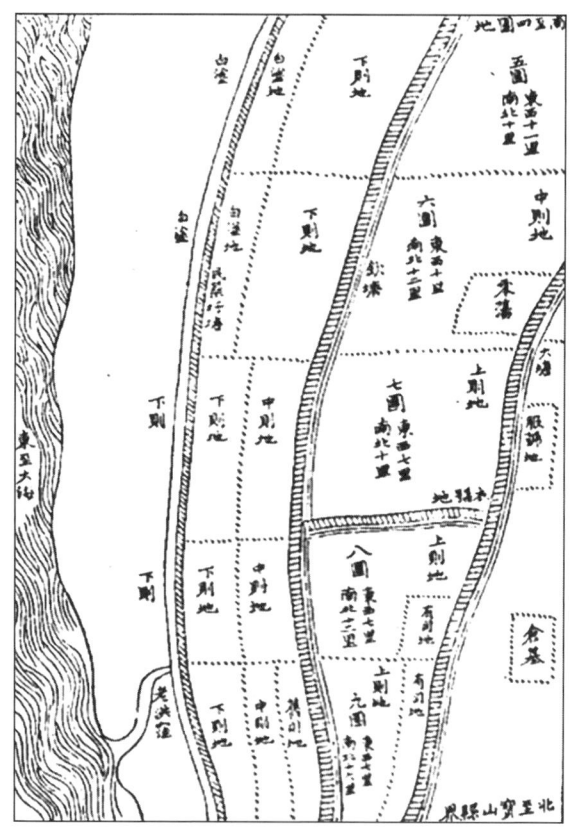

图 3-11 嘉庆《重修两浙盐法志》"下砂二三场图"

  江浙汇流为汇角，然江流浩瀚，远过浙流。虽小汛时江水犹直达羊戢诸列岛间，潮来时仍壅此淡水以入，故汇北海水皆淡，滩地亦少。咸质一过汇角，而南水皆咸苦，地亦斥卤不毛。其围垦蓄淡，以届成熟之期，必迟至二十年以外。惟港汊纷列，水皆南流。水潦之年，汇北重塘以内之水东流，为海口洪洼浅塞，江水涨流所遏不得入海者，每藉南流以旁泄，故南团区受灾较轻。[1]

---

1. 民国《南汇县续志》卷1《疆域志》。

据此可知，清末民初南汇嘴北侧沿岸已经稳定受淡水团控制，丧失成盐岸线，西南侧沿岸海水盐度较高，仍属成盐岸线，南支河道成为稳定的河控通道。

整体上，明清时期长江口咸淡水混合区不断下移，其上线在明代中叶大致位于施翘河口—吴淞口一线，到清末下移到铜沙浅滩，并且南北支不同岸段盐度存在时空分布差异。明代中叶咸淡水分界约位于吕四东南、崇明县治南侧、川沙北侧一线；清代中叶位于料角嘴（外沙）、崇明岛东南以及川沙南侧一线；到清末则位于料角嘴西侧、铜沙浅滩东侧、南汇南侧一线。[1]

总之，受咸淡水混合带迁移的影响，明清时期长江口沿岸先后形成咸水、半咸水到淡水控制的潮滩环境。伴随长江口主泓南迁，长江口北支咸淡水混合带经历了从外向内迁移的过程，北支从吕四—料角嘴迁移到五效河，南支经历了从吴淞口附近不断由内向外迁移，直到南汇嘴的变化过程。

本章小结

本章综合近现代长江口调查、现代河口海岸水文与地貌理论、明清方志记载及古地图等相关资料，较为系统地复原了历史时期苏沪沿岸潮滩的关键环境特征，包括历史潮滩范围界定、荡地扩张与生态演替现象的刻画、水土盐度与潮位变化，以及长江口盐度变化的复原。

原野化是潮滩生态演变的第一阶段。近千年以来苏沪潮滩长期以淤涨扩张为主要地貌过程，形成淤涨型潮滩生态景观。总体上，低平宽阔的淤涨潮滩是古代苏沪沿海普遍分布的地貌类型，明代中叶以前苏沪沿海的潮滩主要表现为原野化景观。

历史潮滩范围的陆地边界主要与平均高潮线、自然沙堤以及人工海堤这三

---

1. 鲍俊林，高抒：《1569—1980年长江口盐淡水混合区时空演变特征》，《地理学报》2025年第3期。

个关键指示物有关,这里以三者中距离海水最近者为准。基于历史潮滩范围的定义,苏沪历史自然潮滩在平面形态特征上经历了三个阶段的变化,即从宽阔开敞的平原状、到条带状,到最后狭窄的线条状,且整体上苏北沿岸潮滩形态宽阔,长江口沿岸潮滩形态狭窄。以年高潮淹没线(或沙脊、海堤)为历史潮滩的陆界,宋以来历代潮滩陆界不断向海移动。总体上,12世纪初的岸线是近千年苏沪沿岸历史潮滩最大陆界,12—20世纪苏沪潮滩累积总面积为1.5万平方千米。

自然状态下,生态演替作用是影响潮滩生态的关键地理动力,包括潮滩土壤性状、植被分布等要素的分布变化。潮滩的不同沉积岸段呈现了规律性的向海迁移、迭次演替的过程,从积盐到脱盐的水土环境变化是苏沪潮滩生态的基本特征。近岸海水盐度影响了潮滩土壤盐渍程度,明清时期苏北沿岸土壤、海水盐度高于长江口沿岸,黄河在苏北入海期间,苏沪沿岸存在黄河口与长江口两个低盐区(小于15‰),中部沿岸的海水盐度平均值在15‰~20‰之间;1855年以后长江口仍为低盐区,苏北沿岸平均盐度上升至29‰左右。

长江口作为苏沪沿岸的特殊地带,径潮流互动引发了长江口盐度分布、潮滩发育、河口水环境变化。明代中叶以后,伴随长江口不断延伸、束窄、分汊,咸淡水混合带随之不断下移,推动了南北沿岸逐渐从咸水、半咸水控制转为淡水控制的潮滩环境。清代中叶,长江口南支由于受淡水控制、淡水下移加快,沿岸潮滩加速淡化,同时北支咸水缓慢内移、沿岸潮滩盐渍加强。

第四章　低滩制盐与盐田系统

第一节　泰州分司与淮南制盐

一、淮南盐业的发展

苏北沿岸潮滩资源十分丰富，历史上这里长期是中国传统海盐主产区。以废黄河为界，苏北沿岸分为淮北、淮南两个盐区，统称为两淮盐区。淮南盐区包括苏北沿岸的中部与南部岸段，北至废黄河，南到长江口北岸，西到范公堤，东至海，下辖泰州、通州二分司，因此也被称为通泰地区（图4-1）。

淮盐历史悠久，"汉吴王濞立国广陵，招集亡命，煮海水为盐，盐所入，辄以善价与民，此两淮盐利见于载籍之始"[1]。西汉初期，古射阳县（在今宝应县东北射阳湖镇）东部滨海地带遍地皆为煮盐亭场、运盐河道，故在此设立盐渎县。[2] 东晋安帝义熙年间（405—418）盐渎县更名为盐城。[3] 唐宋以后淮盐快速发展，成为朝廷的主要盐课来源。宋代淮南包括海陵、利丰二监，管16盐场。[4] "绍兴末年以来，泰州……一州之数

---

1. 嘉靖《惟扬志》卷9《盐政志》。
2. （唐）杜佑：《通典》卷181《州郡十一》。
3. 万历《盐城县志》卷1《地理志·沿革》。
4. （宋）乐史撰，王文楚等校：《太平寰宇记》卷130，《淮南道八》，北京：中华书局，2007年，第2568—2570页。

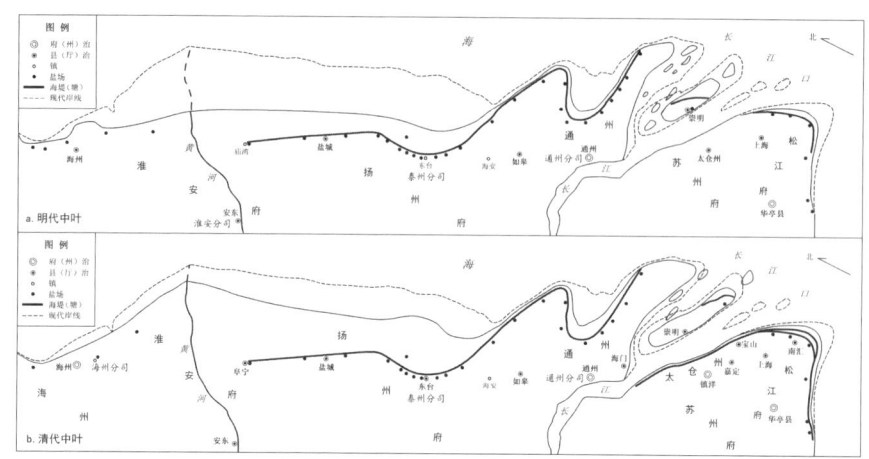

图 4-1　明清苏沪沿岸盐场分布示意图

说明：历史底图根据谭其骧主编《中国历史地图集》（北京：中国地图出版社，1987年，第七册，第47-48页；第八册，第16-17页）、周振鹤主编《上海市历史地图集》（上海：上海人民出版社，1999年），基础地理信息根据江苏省基础地理信息中心编制《江苏省政区图》（2024年）、上海市测绘院编制《上海市简图》（2024年）编绘。

过唐举天下之数矣。""淮南有楚州盐城监，岁鬻四十一万七千余石，通州丰利监四十八万九千余石，泰州海陵监如皋仓、小海场六十五万六千余石。"[1]宋代淮盐年产合计203.8万石，其中淮南156.1万石，占76.6%。[2]

明以后淮盐迎来黄金时代。明初两淮各盐场岁办大引额盐116.07万引，其中两淮为35.2万引，淮盐课入占全国近三分之一。[3]"两淮场之广，草之丰，卤之厚，皆甲于天下。"[4]"淮盐岁课七十万五千一百八十引，征银六十万两，可谓比他处独多矣。"[5]至此形成全国海盐重心在两淮、两淮重心在淮南的格局。[6]

1.《宋史》卷182《食货志·盐法》。
2. 江苏省地方志编纂委员会：《江苏省志·盐业志》，第93、96页。
3. 郭正忠：《中国盐业史》古代编，北京：人民出版社，1997年，第648页。
4.（清）包世臣：《包世臣全集》，合肥：黄山书社，1993年，第135页。
5.（明）王士性：《广志绎》卷2《两都》。
6. 鲍俊林、高抒：《13世纪以来中国海洋盐业动态演化及驱动因素》，《地理科学》2019年第4期。

第四章

清代淮盐重要性进一步增强,"淮盐课额,甲于天下……淮盐以一隅,抵数省之课。"[1]康熙三年(1664)两淮岁入177万两,嘉庆八年(1803)为230万两,淮盐课额约占全国盐课的49%。[2]清代乾嘉道时期淮盐达到极盛[3],"两淮为天下财赋之薮"[4],淮盐年产200万引左右,约占全国年盐产量33%、盐课的40%~60%[5],其中淮南盐产规模又占到两淮总数80%以上。[6]嘉庆六年(1801),淮南额产33.8万吨,占两淮84.5%(表4-1)。道光年间,淮南岁额139.6万引,淮北29.7万引[7],淮南占两淮82.5%,占全国海盐总产量28.9%、全国总课银的65.4%。

表4-1 19世纪前期淮南各场盐产额(千吨)

盐场	1801年	1826年	1858年
丰利	2.28	1.56	0.76
掘港	42.66	13.99	15.25
石港	0.39	0.22	5.49
马塘	—	—	—
金沙	2.29	0.38	0.53
西亭	—	—	—
吕四	10.54	5.04	9.23
余西	0.85	0.49	1.99

---

1. (清)陶澍:《陶文毅公全集》卷14,"复奏办理两淮盐务一时尚未得有把握折子"。
2. 陈锋:《清代盐政与盐税》,郑州:中州古籍出版社,1998年,第171页。
3. 徐泓:《清代两淮盐场的研究》,台北:嘉新水泥公司文化基金会,1972年,第104-105页。
4. (明)毕自严:《度支奏议》卷4。
5. 陈锋:《清代盐政与盐税》,郑州:中州古籍出版社,1988年,第171页;吴海波:《清代两淮盐业重要性之定性与定量分析》,《四川理工学院学报(社会科学版)》2013年第2期。
6. 鲍俊林:《15—20世纪江苏海岸盐作地理与人地关系变迁》,第72-76页。
7. 周庆云:《盐法通志》卷96《孙鼎臣论盐上》,于浩辑:《稀见明清经济史料丛刊》第2辑第25册,北京:国家图书馆出版社,2012年,第120页。

续表

盐场	1801 年	1826 年	1858 年
余中	—	—	—
余东	6.73	2.83	6.49
栟茶	19.78	8.46	0.24
角斜	14.70	5.96	0.41
通属合计	100.22	38.93	40.41
富安	11.70	3.88	4.23
安丰	42.54	16.68	18.19
梁垛	15.65	2.56	2.79
东台	14.22	3.56	3.88
何垛	28.68	8.24	8.98
丁溪	20.21	10.15	11.06
小海	—	—	—
草堰	17.95	10.06	10.97
白驹	—	—	—
刘庄	2.32	1.75	1.90
伍佑	52.59	19.27	13.90
新兴	30.15	11.21	14.41
庙湾	1.77	0.95	0.97
泰属合计	237.77	88.31	91.27
淮南合计	337.99	127.24	131.68

说明：据江苏省地方志编纂委员会《江苏省志·盐业志》（南京：江苏科学技术出版社，1997年，第94-98页）、郭正忠《中国盐业史》（北京：人民出版社，1997年，第732、736页）整理。每引按400斤换算。[1]

---

1. 清代每斤约今1.2斤，1担约今119.4斤，见吴承洛《中国度量衡史》（上海：上海书店，1937年；北京：商务印书馆，影印版，1984年，第73-74页）。

第四章

明至清初两淮盐区共有三十场，从南到北分别归通州、泰州以及淮安分司管辖（图4-1），包括通州分司上十场（丰利、马塘、掘港、石港、西亭、金沙、余西、余中、余东、吕四），泰州分司中十场（富安、安丰、梁垛、栟茶、角斜、东台、何垛、丁溪、草堰、小海），以及淮安分司下十场（白驹、刘庄、伍佑、新兴、庙湾、莞渎、板浦、徐渎、临洪、兴庄）。另明代天赐场于弘治十三年（1500）并入庙湾场（部分并入莞渎场）。清代两淮盐区经过省并，到乾隆三十四年（1769）共有23个盐场。其中，泰州分司共十一场：富安、安丰、梁垛、东台、何垛、丁溪、草堰、刘庄、伍佑、新兴、庙湾（角斜、栟茶归入通州分司，明代原属淮安分司的白驹、刘庄、伍佑、新兴、庙湾五场归入泰州分司）。[1]

明清时期淮南盐区占据全国最大的专销市场，包括湘、鄂、西、皖四岸，涵盖了湖南、湖北、江西以及安徽省大部分府县。[2] 咸丰年间，长江航运受阻，淮南失去鄂、湘销岸，产销受阻。咸丰八年（1858），盐产顿减，淮南盐场陷入困境。[3] 同治、光绪年间，淮南盐业经过恢复，盐产大约占到两淮的七成。[4] 清末，为保证两淮盐课，清廷又采取借淮北盐以接济淮南产销不足之困，淮北盐产规模快速上升。"北盐渐盛，南盐渐衰，盖在清末已见其端倪矣。"[5] 不过到宣统年间，淮南盐产规模仍占到两淮的六七成。

明代淮盐主要采取团灶生产，"每盐场有团有灶，每灶有户有丁，数皆额设，每团里有总催，即元百夫长，数亦有定。一团设总催十名，每名有甲首户丁，盐有缺行，有司金补除免杂徭役，又有水乡灶户，乃居远亭场，不谙晒，

---

1. 鲍俊林：《15—20世纪江苏海岸盐作地理与人地关系变迁》，第72-76页。
2. 鲍俊林，高抒：《13世纪以来中国海洋盐业动态演化及驱动因素》，《地理科学》2019年第4期。
3. 同治《淮南盐法纪略》卷10《杂案》。
4. 鲍俊林：《再议黄河夺淮与江苏两淮盐业兴衰——与凌申先生商榷》，《盐业史研究》2013年第3期。
5. 胡焕庸：《两淮盐垦水利实录》，北京：中央大学出版组发行部，1934年。

用价买办盐课者"[1]。因此团灶包含一定数量的亭场，是各场灶的基本生产单位。后因海涂扩张、场灶迁移，清代以后亭场逐渐分散，形成大量散灶。明代中叶两淮共 15 599 个煎盐亭场，到清代后期增加到 21 342 个煎盐亭场。[2]

二、泰州分司与东台县各场

泰州分司位于苏北沿岸的中部岸段（图 4-2），在淮盐三个分司之中规模最大、荡地面积、产量均占主导。据光绪《重修两淮盐法志》，清代泰州分司所辖疆域"南自富安与通州分司所属之栟茶场李家堡交界，北至庙湾场贺家沟即淮安府阜宁县界，东至大海，西至东台、兴化兼盐城县界，亘南北三百二十六里"[3]。

泰州分司各场主要集中在东台县境（图 4-2），是苏北沿海各县盐场最为密集的区域。"（泰州分司）统辖十一场，毗连四县境，富安、安丰、梁垛、东台、何垛、丁溪六场属东台县，草堰、刘庄二场属东台、兴化二县，伍佑、新兴二场属盐城县，庙湾一场属阜宁县。"[4]

随着淮南盐业的发展，东台场的重要性日益明显，经历了从场、镇到县治的发展转变，逐渐成为两淮盐区的重要枢纽之一。明洪武元年（1368）置西溪镇巡司，正德十五年（1520）设置泰州分司，驻东台场，到清雍正元年（1723），再置同知，驻东台场盐课司驻地东台镇，专辖下河水利。[5] "东台为南北要区，分司驻扎其地，以控制焉。"[6] 乾隆三十三年（1768）分泰州东北九场、四乡设置东台县，与泰州同属扬州府，治所即在东台镇。[7]

---

1. 嘉靖《惟扬志》卷 9《盐政志》。
2. 鲍俊林：《15—20 世纪江苏海岸盐作地理与人地关系变迁》，第 72-76 页。
3. 光绪《重修两淮盐法志》卷 17《图说门·泰属十一场图说》。
4. 光绪《重修两淮盐法志》卷 17《图说门·泰属十一场图说》。
5. 嘉庆《广陵事略》卷 1《沿革考》。
6. 光绪《重修两淮盐法志》卷 17《图说门·泰属十一场图说》。
7. 嘉庆《东台县志》卷 1《建置沿革表》。

清代泰州分司下辖十一场，其中九场在东台县境（富安至白驹各盐场全部或部分）（图 4-2）。嘉庆《东台县志》概括了县境各场情形：

图 4-2 苏北沿岸明清时期盐场分布示意图

说明：图中盐场为明代两淮三十场，清代部分盐场裁并；各分司、县治均为清代数据。底图根据谭其骧主编《中国历史地图集》（北京：中国地图出版社，1987 年，第七册，第 47-48 页；第八册，第 16-17 页）编绘，基础地理信息根据江苏省基础地理信息中心编制《江苏省政区图》（2024 年）、上海市测绘院编制《上海市简图》（2024 年）编绘。

> 环县境十场如玦形，距范公堤远近不等，中十场志云远者百里，近者七八十里，惟栟茶较迩，角斜则海在三里之外。今栟茶、角斜距海二三十里，丁溪、草堰距海百三四十里，盖潮汐挟沙来去，坍涨靡常，无定数也。据地势而言，其南自富安李家堡，迤东历栟茶、角斜之北，绕出如皋境，过丰利、马塘入掘港，从此转入通州界，过廖角嘴为江水入海之区。其北由安丰迤逦而下，历下十场之东，经盐城、阜宁，过射阳湖为河水入海之区。十场地有盈缩，故去海有远近，其滨海曲折环绕视为界限者曰马路，诸场俱有之。近年沙愈壅积，海潮日退，而东诸场之去海乃愈远矣。[1]

滩地外涨，但各场署长期位于范公堤沿线，位置不变，因此泰州分司各场多为东西向的长条状。据光绪《重修两淮盐法志》，东台县境各场疆域范围如下：

> 安丰场在东台县境，距分司二十一里，西至东台，北至梁垛，南至富安，东则大洋也，马路而外皆浮沙无土。
> 富安场隶东台县境，东北皆海，东与李家堡、南与泰州杨家庄、西与安丰场连界，东至唐家洋接李家堡界，折而西北经场市至安丰界，广一百十里。
> 东台场本属泰州境，今属东台县境，分司驻其地。南至梁垛场界，西至何垛场界，东至大海。近因海势东趋，以至沙滩愈形辽远，长落靡常，未敢拘以里数，沿海一带均有马路，与何垛场治相去不数里，西至县界。
> 何垛场在东台县辖境，近附县治，与分司驻扎之处仅隔三里。东连巨海，西至西溪，东西广一百二十里。南接东台场界，北至丁溪，

---

1. 嘉庆《东台县志》卷10《考五·水利》。

计长九里。

梁垛场隶东台县境,东至大海,西连民地,南至安丰场界,北至东台界,南北相距七里,东西计长九十八里。

草堰场隶东台兴化两县境,东至海,西至串场河兴化县界,南至丁溪之小海旧场,北至刘庄界。

刘庄场在兴东两邑之间,境归兴化兼辖……东至斗龙港即牛湾河,西至围止河,南至白驹,北至伍佑范堤……东不通洋,卤气日薄,各处港河潮汐既隔,亦渐淤垫。

丁溪场在东台境,西至兴化东台界,旧志西至草堰,误,今更正,南至河垛,东距海,北本小海境,小海归并后,遂与草堰接壤。[1]

在盐场规模上,泰州分司各场产量一般占到淮南总量的七成以上,例如,清嘉庆七年(1802)泰属产量23.8万吨,占淮南总量的70.4%,其中东台各场共15.1万吨,占泰州分司总量的64%(表4-1)。在亭场、灶丁规模上,也以东台县最突出,明代东台各场亭场共有7 641个,到清代中叶共有10 856个,清末为4 063个(表4-2),分别占淮南各场总数的49%、51%与41%;根据原额灶丁,东台县各场灶丁占到淮南盐区的47%(表4-3)。

表4-2 明清淮南盐区各盐场亭场数量(个)

盐场	16世纪末	19世纪初	19世纪末
丰利	310	256	127
掘港	880	1 416	894
石港	801	—	26
马塘	257	—	—
金沙	812	692	48

---

1. 光绪《重修两淮盐法志》卷17《图说门·泰属十一场图说》。

续表

盐场	16 世纪末	19 世纪初	19 世纪末
西亭	251	125	—
吕四	60	—	427
余西	537	68	54
余中	332	—	—
余东	865	474	280
栟茶	569	921	573
角斜	81	576	306
富安	3 116	1 209	350
安丰	850	2 702	1 124
梁垛	1 329	1 477	279
东台	560	1 368	381
何垛	323	1 699	661
丁溪	120	449	649
小海	55	861	—
草堰	480	1 091	619
白驹	808	（并入草堰）	—
刘庄	582	479	296
伍佑	523	3 513	1 660
新兴	274	1 884	1 062
庙湾	824	82	62
合计	15 599	21 342	9 878

说明：16 世纪末亭场据明嘉靖《两淮盐法志》卷 3《土产志第四》各场原设数与新增数合计，19 世纪初亭场据清嘉庆《两淮盐法志》卷 30《场灶五·亭池》各场"增后"或"今存""现置""现存"数整理，19 世纪末亭场据清光绪《重修两淮盐法志》卷 30《场灶门·亭池》所载光绪十七年（1891）各场实存数整理。

表 4-3　清代中后期淮南各场灶丁（丁）

盐场类别	18 世纪初原额（丁）	19 世纪末加编（户）	19 世纪末合计（丁）
吕四	364	3 949	16 760
余东	2 410	4 473	17 226
余西（余中并入）	2 727	7 001	20 653
金沙（西亭并入）	2 884	5 631	14 384
石港（马塘并入）	3 473	5 712	15 375
掘港	1 681	6 362	17 279
丰利	3 065	2 488	6 999
栟茶	4 752	2 667	7 541
角斜	309	2 639	7 232
富安	1 099	12 892	43 962
安丰	1 585	19 694	48 413
梁垛	3 385	7 225	20 474
东台	1 906	8 776	25 741
何垛	2 541	8 151	24 049
丁溪（小海并入）	1 518	19 521	48 480
草堰（白驹并入）	5 468	11 477	30 486
刘庄	10 664	9 803	23 741
伍佑	7 121	27 442	80 065
新兴	2 322	18 124	49 625
庙湾（天赐并入）	2 375	17 473	50 712
合计	61 649	201 500	569 197

说明：根据雍正《两淮盐法志》卷 4《场灶》（于浩辑：《稀见明清经济史料丛刊》第 1 辑第 1 册，北京：国家图书馆出版社，2009 年，第 435-645 页。）、光绪《重修两淮盐法志》卷 27《场灶门·灶丁》与《盐法通志》卷 42《场产十八·盐丁》整理（于浩辑：《稀见明清经济史料丛刊》第 2 辑第 19 册，北京：国家图书馆出版社，2012 年，第 437-494 页）。

在荡地规模上，泰州分司所在的中部沿岸扩张最为明显，泰属各场的荡地面积不断扩大，在两淮盐场三个分司中规模最大。淮南各场荡地总面积超过600万亩，其历次新淤荡地占原额草荡59.3%。[1]"考两淮今日产盐之区，在昔泰半没于海中，海势东趋，日渐淤积而成此地"[2]，"荡地则数倍于昔"[3]。而泰属各场草荡面积共约500万亩，占淮盐各场总数的76.6%[4]，其中东台各场历次新涨65.4万亩，占泰属31%（表4-4、表4-5）。咸丰五年（1855）黄河北归后泰属各场仍外涨，"煎亭灶皆在场治七八十里、百数十里以外，远且有逾二三百里者"[5]。

因此，整体上明清时期淮盐内部格局表现为两淮重心在淮南，淮南重心在泰州分司，泰州分司重心在东台县境。

表4-4 明清泰州分司东台县各场荡地面积（亩）

盐场	16世纪末原额荡地	17—19世纪新涨荡地	19世纪末荡地总额	增长
富安	378 608.5	56 189.8	434 798.3	14.8%
安丰	282 050	60 915.1	342 965.1	21.6%
梁垛	191 442.9	5 404.7	196 847.6	2.8%
东台（含何垛）	443 648.1	108 040.2	551 688.3	24.4%
丁溪（含小海）	464 751.5	219 862.1	684 610.6	47.3%
草堰（含白驹）	341 171.1	203 146.3	544 317.4	59.5%
合计	2 101 672.1	653 558.2	2 755 227.3	31.1%

说明：根据嘉靖《两淮盐法志》卷3《地理志四》、嘉庆《两淮盐法志》卷27《场灶一·草荡》与光绪《重修两淮盐法志》卷26《场灶门·草荡》整理。

1. 鲍俊林：《15—20世纪江苏海岸盐作地理与人地关系变迁》，第83页。
2. 赵如珩：《江苏省鉴》，台北：成文出版社，1983年，第272页。
3. 光绪《重修两淮盐法志》卷16《图说门·通属九场》。
4. 鲍俊林：《15—20世纪江苏海岸盐作地理与人地关系变迁》，第83页。
5. 光绪《重修两淮盐法志》卷37《场灶门·堤墩下》。

表4-5 清代泰州分司各场原额、历次新淤荡地面积（亩）

盐场	原额荡地	历次新淤荡地	新淤/原额
富安	378 608.5	56 189.8	14.8%
安丰	282 050	60 915.1	21.6%
梁垛	191 442.9	5 404.7	2.8%
东台	233 435.9	17 226.4	7.4%
何垛	210 212.2	90 813.8	43.2%
丁溪（小海并入）	464 748.5	219 862.1	47.3%
草堰（白驹并入）	341 171.1	203 146.3	59.5%
刘庄	229 287.5	80 861.7	35.3%
伍佑	234 300	321 836.7	137.4%
新兴	145 574	798 302.4	548.4%
庙湾（天赐并入）	182 546.3	274 364.5	150.3%
合计	2 893 376.9	2 128 923.5	97.1%

说明：据《盐法通志》卷27《场产三·物地三》（于浩辑：《稀见明清经济史料丛刊》第2辑第18册，北京：国家图书馆出版社，2012年，第205–248页）整理。

第二节 松江分司与长江口制盐

一、松江分司与松江盐业

与苏北沿岸一样，长江口沿岸也是中国古代重要的盐产区。东晋郭璞在《盐池赋》的序言中称，"吴郡沿海之滨有盐田，相望皆赤卤"[1]。宋至明清时期，松江府上海与南汇县沿岸多有港汊，通潮汐，便于煎盐生产。上海县"沿海皆浅滩，物产不逮闽浙百一，俗号'穷海'，独盐利为饶"[2]。南汇县"沿海皆浅

---

1. 光绪《重修两淮盐法志》卷11《沿革门》。
2. 崇祯《松江府志》卷5《水》。

沙，海艘不能泊，故商贾不通，向赖煮盐之利"[1]。

南宋建炎年间（1127—1130），下沙建盐场、设盐监，统辖下沙南场、下沙北场、大门场、杜浦场、南跄场、江湾场六处。据《建炎以来朝野杂记》载："淮、浙盐一场十灶……一灶之下无虑二十家。"[2] 据此估计，宋时上海地区约有灶户3 000～3 500家，其数近华亭县当时户籍总数的十五分之一。[3] 宋代松江各盐场额定盐产量共5 473.5万斤，元代松江的下沙、青村、袁部、浦东、横浦五个盐场，额定年产量下降为2 996.7万斤。[4] 至元十五年（1278）设立两浙转运司于杭州，统领两浙盐场34处，并于浙西设嘉兴、松江二分司。其中，松江分司包括华亭县境五个盐场。后随上海县的分立，下沙盐场归入上海县，盐务管理机构随之迁至下沙镇，元至正年间（1341—1368）和明正统年间（1436—1449），额定盐产量分别为6 680吨和8 450吨。

明洪武元年（1368）"立都转运盐使司于杭州，设松江分司于下沙，下沙场统领九团。正统五年分场为三，每场辖三团，各置大副使。"[5] 松江分司包括浦东、袁浦（即宋元时期的袁部盐场，在今奉贤区柘林镇）、青村、下沙头场、下沙二场、下沙三场6场，成化（1465—1487）年间总产量为3 079.2万斤。[6] 清初两浙松江分司仍管辖浦东、袁浦、青村、下沙头场、下沙二场以及下沙三场6场（图4-3），年认销盐6 035万引。

不过，受长江口淡水下移、咸潮后退影响，清中叶以后成盐岸线逐渐向南迁移萎缩。嘉庆《松江府志》："自宝山至九团，谓之穷海，水不成盐；自川沙至一团，水咸可煮，南汇沙嘴及四团尤饶。"[7] 可见，清中叶大致宝山以北水

---

1. 光绪《南汇县志》卷2《水利志》。
2. （南宋）李心传：《建炎以来朝野杂记》卷14《财赋一》。
3. 谯枢铭：《宋元两代上海地区的盐业》，唐振常、沈恒春主编：《上海史研究 二编》，上海：学林出版社，1988年，第296页。
4. 光绪《松江府续志》卷16《田赋志·盐法·商盐引用》。
5. 光绪《南汇县志》卷5《田赋志下》。
6. 光绪《松江府续志》卷16《田赋志·盐法·商盐引用》。
7. 嘉庆《松江府志》卷6《疆域志》。

域属淡水环境、吴淞口至川沙属半咸水环境,川沙以南至南汇嘴属咸水环境。道光以后,南汇各场"盐灶停煎,盐利净绝"[1]。"素饶熬波之利"的松郡地区,快速衰落,不复往日,"下沙场一带土脉渐淡,不能煎熬,故其利亦非犹曩日矣"[2]。到清末虽有盐场之名,但"下沙头场及二三场久不产盐"[3]。长江口门内沿岸盐场不断向南北口门外侧沿岸迁移(图4-3),到清末民初长江口门以内的旧盐场均已裁废,只剩金山一带还有盐业生产。

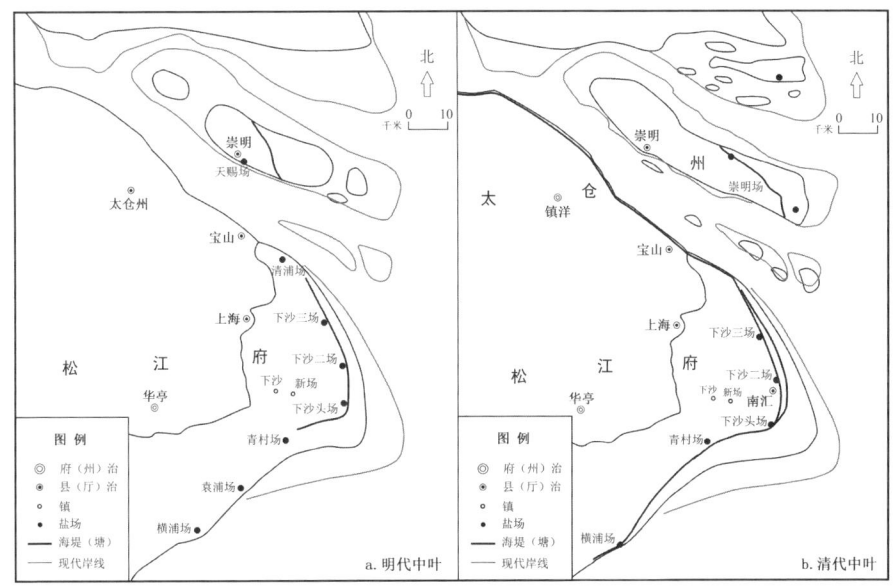

图 4-3 上海与长江口历史盐场分布变化示意图

说明:盐场分布变迁根据嘉庆《重修两浙盐法志》《华亭县志》《上海县志》以及唐仁粤主编《中国盐业史》(地方编)(北京:人民出版社,1997年,第252-255页)编绘。历史底图根据谭其骧主编《中国历史地图集》(北京:中国地图出版社,1987年,第七册,第47-48页;第八册,第16-17页)、周振鹤主编《上海市历史地图集》(上海:上海人民出版社,1999年)编绘,基础地理信息根据上海市测绘院编制《上海市简图》(2024年)编绘。

---

1. 民国《南汇县续志》卷22《杂志》。
2. 光绪《松江府续志》卷5《疆域志》。
3. 周庆云:《盐法通志》卷1《疆域》,《稀见明清经济史料丛刊》第2辑第16册,第101页。

潮滩环境与苏沪沿海历史生态地理
Tidal Flat Environment and Historical Eco-Geography of the Jiangsu-Shanghai Coastal Region

与苏北沿岸一样,上海东部沿岸也保留了大量因盐而留下的地名、河道名称。例如新场、六团、三灶、六灶、盐仓、下沙、四团、青村等乡镇,特别是南汇到川沙沿岸从南到北均匀分布有一团到九团等地名,以及四灶港、五灶港、六灶港、七灶港、八灶港等,是历史上沿海潮滩制盐的历史见证。[1]

二、下沙盐场的变迁

下沙盐场是历史上长江口与上海地区规模最大、最为知名的盐场。元至明代前期的百年中,下沙盐场迎来发展的黄金时期,地域广阔、灶户众多,元初迁盐场于新场镇,称为南下沙,"场赋为两浙最"[2]。明洪武元年于杭州设立都转运盐使司,并设松江分司于下沙。正统五年(1440)"分场为三,每场辖三团,各置大副使"[3]。此后下沙各场统领九团,自南向北,沿岸分列一团到九团。各场的生产区分布在海塘以外,盐场所属的田地位于海塘以内,场署也分布在老护塘以内。

明代下沙头场"正额盐一万四千八十三引三百七十八斤",下沙二场"正额盐三千四百六十引二百一十斛",下沙三场"正额盐一万四千八十一引一百五斤"[4]。万历二十六年(1598),下沙头场共有灶户3795户,灶丁4149丁,二场灶户有3676户、5252丁,三场有3380户、5253丁。下沙管灶户15762丁,水乡灶户6676丁。[5]但各场灶丁与产量及原额存在差异,下沙头场"煎盐灶丁七百九十八丁,每丁每日煎盐五十二斛,每季共产盐三百七十三万四千六百四十斛"[6],每年盐产量为"盐一千四百九十三万

---

1. 鲍俊林:《长江口盐业简史》,上海:复旦大学出版社,2024年,第217-230页。
2. 正德《松江府志》卷9《镇市》。
3. 光绪《南汇县志》卷5《田赋志下》。
4. (明)王圻:《重修两浙鹾志》卷6《岁办课额》。
5. 同治《上海县志札记》卷1。
6. (明)王圻:《重修两浙鹾志》卷4《各场煎办》。

第四章

八千五百六十斛"¹，下沙二场"煎灶八百零七丁……每年共产盐七百九十八万九千三百斛"，下沙三场"煎盐灶丁七百九十二丁……每年共产盐一百六十万三千八百斛"²。后因海岸淤涨，下沙盐场逐渐难以为继。

清代下沙场裁复多次，康熙四十一年（1702）裁三场，康熙四十三年裁松江分司归并嘉兴分司管辖后，又裁二场、三场大使归并一场。雍正二年（1724）裁二场，雍正七年（1729）浙江总督李卫请复设二场大使，将下沙三场原地酌量中分，其一、二、三、四团额课属一场，五、六、七、八、九团额课属二场，更定场征、县解之例。乾隆五年（1740）又复设三场，并为下沙二三场，其各团分属如故。雍正四年（1726）自上海县析置南汇县，下沙场地全属于南汇县，嘉庆十五年（1810）八、九两团分隶川沙厅。³

清代下沙头场在南汇县南二墩地方，所辖场地东至海，西至南汇县民田界，南至青村场界，北至下沙二三场五团界，计延袤一百里。⁴下沙二、三场在南汇县北，川沙堡十一墩地方，所辖场地东至海，西至黄浦界，南至四团头场界，北至宝山县界，计延袤一十二里。⁵

下沙各场团灶自北而南逐渐废弃。下沙三场明季已不产盐，下沙二场"康熙间尚存灶舍十五处，雍正二年浙抚李、巡盐噶全行裁毁"⁶，下沙头场"额设盐灶二百二十二座，雍正三年移灶团聚，存一百四十九座，一团一百三十二座，二团十七座"⁷。到清代中叶，下沙头场也难以为继。乾隆初二团灶皆废，唯一团尚存盐灶，"添建龙尖嘴、也仁村、小泖东、小泖西、新三泖、新三灶等聚，……共设灶一百七座，均列一团境内"⁸。后因沙涨泖淤、咸潮渐远、

---

1. （明）王圻：《重修两浙鹾志》卷4《各场煎办》。
2. （明）王圻：《重修两浙鹾志》卷4《各场煎办》。
3. 光绪《南汇县志》卷5《田赋志》。
4. 嘉庆《重修两浙盐法志》卷1《疆域·嘉松分司所辖产盐各地》。
5. 嘉庆《重修两浙盐法志》卷1《疆域·嘉松分司所辖产盐各地》。
6. 光绪《南汇县志》卷5《田赋志》。
7. 光绪《南汇县志》卷5《田赋志》。
8. 乾隆《南汇县新志》卷3《田赋志》，《上海府县旧志丛书·南汇县卷》（上），第340页。

亦多停歇，至乾隆末仅报煎三十一灶。"嗣因海沙外涨，沟洫壅塞，屡浚屡淤，咸潮渐远，遂致一百七灶之内又多停歇废去。"[1] 嘉庆间尚存二十二灶，但"因涨沙渐高，洫道淤塞，灶丁贪种花豆，产盐大减于前"[2]。至道光年间全部停煎。[3]

至此，尽管下沙各场灶丁总量较明代明显增加，但大部分不再事盐，只是保留灶丁的身份。嘉庆年间，下沙头场"灶丁一万四千四百丁"、下沙二三场"灶丁二万四千一百丁"[4]。另外，下沙头场旧聚团额"共十五团"[5]。清代中叶"共二十团、一百七灶，现煎二十二灶，余因土淡停煎"[6]。除下沙头场仍然产盐外，下沙二、三场在19世纪初已经不产盐，"不产卤，亦不煎盐"[7]。

三、崇明盐场的变迁

崇明岛是长江口潮滩盐业开发的另一个集中分布地，是苏沪沿岸潮滩盐作的重要组成部分。崇明盐场地处江海交汇地带、浮动沙洲之上，其灶地多次迁移变化，是长江口潮滩制盐的重要特征。

---

1. 乾隆《南汇县新志》卷3《田赋志》，《上海府县旧志丛书·南汇县卷》（上），第340-341页。
2. 嘉庆《重修两浙盐法志》卷6《场灶一》。
3. 鲍俊林：《长江口盐业史》，第149页。
4. 嘉庆《重修两浙盐法志》卷6《场灶一》。
5. 嘉庆《重修两浙盐法志》卷6《场灶一》。一团：沙涂庙南邵家宅团、水口桥团、沙涂庙北黄沙港团、大洪西团、大洪稍厂基团、川沙洪团；二团：黄家洼团、三灶港团、石皮洪南团、四灶港团、杨叶港团、严家路团、大洪当团、马桥团、小洼团。
6. 嘉庆《重修两浙盐法志》卷6《场灶一》。邵家宅团四灶、大洪西团四灶、大洪稍团七灶、川沙洪东团四灶、也仁村团二灶、黄沙港团六灶、小洪东团五灶、石皮洪团十四灶、杨叶港团四灶、老三灶团七灶、水洞桥团五灶、龙尖嘴团四灶、大洪当团八灶、川沙洪西团七灶、马桥团三灶、新哨洪团八灶、小洪西团四灶、石皮洪东团三灶、新三灶团二灶、四灶港团六灶。
7. 嘉庆《重修两浙盐法志》卷1《疆域·运盐到所》。

第四章

唐武德间海中涌出东沙、西沙，五代杨吴时期置崇明镇。北宋天圣三年（1025）续涨姚刘沙，南宋嘉定年间（1208—1224）置天赐盐场，是崇明盐场之始。[1] 元至元十四年（1277），崇明镇升为崇明州，治所设于姚刘沙，隶属扬州路。元代后期，东沙与姚刘沙相连，并不断南坍北涨。至正十二年（1352）旧城坍没，州城迁于原址北15里处。元末明初，东沙坍没大半。明洪武二年（1369），崇明降州为县，仍属通州。弘治间全沙沦没、隆庆间裁革大使。清乾隆四年（1739）复设天赐场，场署在沈安状堡。[2]

明代崇明灶地集中在县治南侧沿岸的享沙与吴家沙一带。[3] 崇明天赐场有"灶丁正二百五十六丁，三丁帮一，共计七百六十八丁"[4]。明成化十八年（1482）改置天赐沟场，设大使、副使一员，并与两浙盐区其他盐课司在制度上有一定差别，其他多采取"聚团公煎"[5]。崇明沙洲浮动的地理环境，灶地常有迁移，故该场"不分团，听民逐便煎煮，以其有涉海之险也"[6]。"崇地环海，坍涨靡常，城郭五迁，盐地屡废，盐灶时迁，所以听民就地移煎。"[7] 因此，特许灶民择地自由刮煎，主要供应本地，不设引商，自煎自卖，不设灶额、不发灶贴。[8]

---

1. 嘉庆《重修两浙盐法志》卷2《图说》。
2. 嘉庆《重修两浙盐法志》卷2《图说》。
3. 雍正《崇明县志》卷9《备考》，《上海府县旧志丛书·崇明县卷》（上），第487-489页。
4. 正德《崇明县志》卷4《天赐盐场》，《上海府县旧志丛书·崇明县卷》（上），上海：上海古籍出版社，2011年，第31页。
5. 刘淼：《明代盐业经济研究》，汕头：汕头大学出版社，1996年，第121-133页；鲍俊林，高抒：《沙岛浮生：明清崇明岛的传统开发与长江口水环境》，《史林》2020年第3期。
6. 正德《松江府志》卷11《官署上》。
7. 雍正《崇明县志》卷8《备考》，《上海府县旧志丛书·崇明县卷》（上），第487页。
8. 鲍俊林，高抒：《沙岛浮生：明清崇明岛的传统开发与长江口水环境》，《史林》2020年第3期。

明中叶以后崇明盐业开始陷入困境。弘治年间（1488—1505），"冯夷作难，（姚刘）全沙沦没，刮煎之众十亡八九，额课六百余两无从措办"，虽经官府招抚，但"止存旧灶四十六家，又单丁冷族，力不能支"[1]。嘉靖二十六年（1547），盐政鄢懋卿勘察崇明盐场时认为"佥民户以充灶，拨民荡以补场，庶几救焚拯溺"[2]，但灶荡坍没、灶丁不足的问题难以改变。隆庆元年（1567）裁革天赐场官，存在了300余年的天赐盐场被撤销，原来由天赐场负责缴纳的灶产荡课改由崇明县代征。[3]

入清后，在官府的扶持与投入下，崇明盐场得到恢复与发展，但为缉私需要，新灶被要求严禁自发迁移。康熙三十七年（1698），"设官灶八十六副，安插于永宁等处六沙之内，责办灰场税银，于是刮煎者遂为专业。六沙外，不敢擅迁"[4]。乾隆四年（1739），浙江总督嵇曾筠奏请复设盐场，名"崇明场"，并添设巡盐大使一员，负责管理巡缉收盐。[5]崇明场"在崇明县东花汛地方，距运司七百五十里。所辖场地东至大洋，西至海、接海门厅界，南至海、接宝山县界，北至海、接通州吕四场界，计延袤八十里"[6]。实际上，灶地都分布在海堤以外的潮滩上。不过，伴随坍涨变化，灶地越发面临土淡问题，不得不迁至新涨荡地。

清代强化了对灶地的管制，康熙三十七年（1698）设官灶，安插于永宁、永盛等六沙之内，这是崇明灶地第一次大规模迁移，自县治附近迁移至更靠近咸潮的东北沿岸，直线距离约为8~10千米。[7]但数十年之后，"永宁等六沙年

---

1. （明）王圻：《重修两浙鹾志》卷21《奏议下》。
2. （明）王圻：《重修两浙鹾志》卷21《奏议下》。
3. 鲍俊林、高抒：《沙岛浮生：明清崇明岛的传统开发与长江口水环境》，《史林》2020年第3期。
4. 雍正《崇明县志》卷8《备考》，《上海府县旧志丛书·崇明卷》（上），第487-489页。
5. 嘉庆《重修两浙盐法志》卷7《场灶二》。
6. 嘉庆《重修两浙盐法志》卷1《疆域》。
7. 鲍俊林、高抒：《沙岛浮生：明清崇明岛的传统开发与长江口水环境》，《史林》2020年第3期。

第四章

深地高,土淡卤少,强半停煎"[1],崇明东北部岸滩土淡导致永宁等六沙灶地也不适合煎盐生产,不得不再次启动搬迁。[2]雍正《崇明县志》载录的《附灶地迁改详文稿》记录了盐灶困境及灶民再次迁灶的迫切愿望:

> 沙涨海遥,潮汐难到,地势渐高,土味日淡,该地业户往往耕种木棉,以故灶地迫窄。现今各灶内,所处低下、潮仍灌及、煎供如旧者,不过一半,其余或经旬弥月方一举火,甚至竟有终年冷搁者,失业赔课,人不聊生,每遇本职巡视,群向呼号,乞为请命……求赐详迁于七滧小阴沙地面。[3]

雍正二年(1724),经官府勘察永宁等沙,这些沙地确实土淡乏卤,难以供煎,"地又成熟,布种花稻,潮汐不至,地无卤水,官灶半属冷搁"。[4]东南沿岸的七滧、小阴沙条件适宜,最适合移迁,"与现在灶地接壤,地最斥卤,不能播种,惟宜刮煎";缺点是距离县治太远,缉私不便,因此迁灶提议再被阻止。"七滧、小阴沙离城甚远,且系旷野之所,营汛辽远,难以稽查。其原创之永宁等沙,逼近城郭,又有营汛为邻,易以查拿私贩。该县立即谕令,不许移创煎烧。"[5]

雍正三年(1725)重申"宪禁不许私迁七滧等沙,以杜私煎枭贩,亦谓官灶既有定所而乃私迁他处,自必售私越贩,故尔严禁"[6]。官府严禁搬迁导致旧灶地陷入困境:"今原煎处所潮汐断绝,遍地栽种花稻,并无隙地可煎。至官

---

1. 雍正《崇明县志》卷9《物产》,《上海府县旧志丛书·崇明县卷》(上),第497页。
2. 鲍俊林,高抒:《沙岛浮生:明清崇明岛的传统开发与长江口水环境》,《史林》2020年第3期。
3. 雍正《崇明县志》卷8《备考》,《上海府县旧志丛书·崇明县卷》(上),第487-489页。
4. 雍正《崇明县志》卷8《备考》,《上海府县旧志丛书·崇明县卷》(上),第487-489页。
5. 雍正《崇明县志》卷8《备考》,《上海府县旧志丛书·崇明县卷》(上),第487-489页。
6. 雍正《崇明县志》卷8《备考》,《上海府县旧志丛书·崇明县卷》(上),第487-489页。

灶八十六副，已十有六七停歇，灶丁游食他方，粒盐如珠。小民既困于食淡，灶户又艰于得卤，彼此皇皇失所，如是者已三年矣。"[1] 后经官员勘察，"原煎永宁等沙实皆成熟之地，无卤可煎，小阴沙一带委系斥卤遍地，柴苇移灶，实系便民"。[2]

雍正四年（1726），盐粮县丞朱懋熹上文建议在新迁之地设立保甲，"灶十户为甲，互相保结，一户犯私，九户连坐"，并承诺会同西沙巡检司督率弓捕、营汛严密巡查，最终得到兼管盐政的浙江总督李卫的批准。在强化了管理组织后，清廷允许灶地搬迁，"详准改迁七滧小阴等沙刮土煎盐，供本地民食，专办灰场税"[3]。这是崇明灶地的第二次集中迁移，直线距离约8~12千米。[4]

灶地向东南濒海新淤地带迁移，促进了盐业恢复与发展。"新迁灶地产盐既多……查上年六月起至本年六月止，已陆续收买（余盐）五千包，计盐五十万斛。"[5] 此后剩余盐灶也陆续完成搬迁。道光六年（1826）先后将前述六沙盐灶尽迁于东南沿岸的箔沙、陈陆状、利民、小阴等沙（图4-4），道光十九年（1839）再迁二十三灶到惠安沙（今属启东），同治八年（1869）再迁四十灶于惠安沙，[6] 但"因续涨卤地圩小，仅置十八灶，其二十二灶未设，仍于小阴等沙，未议迁之，二十三灶同在旧址刮煎"。[7]

---

1. 雍正《崇明县志》卷8《备考》，《上海府县旧志丛书·崇明县卷》（上），第487-489页。
2. 雍正《崇明县志》卷8《备考》，《上海府县旧志丛书·崇明县卷》（上），第487-489页。
3. 嘉庆《直隶太仓州志》卷22《赋役志·盐法》。
4. 鲍俊林，高抒：《沙岛浮生：明清崇明岛的传统开发与长江口水环境》，《史林》2020年第3期。
5. 民国《崇明县志》卷6《经政志·盐法》。
6. 鲍俊林，高抒：《沙岛浮生：明清崇明岛的传统开发与长江口水环境》，《史林》2020年第3期。
7. 民国《崇明县志》卷6《经政志·盐法》。

第四章

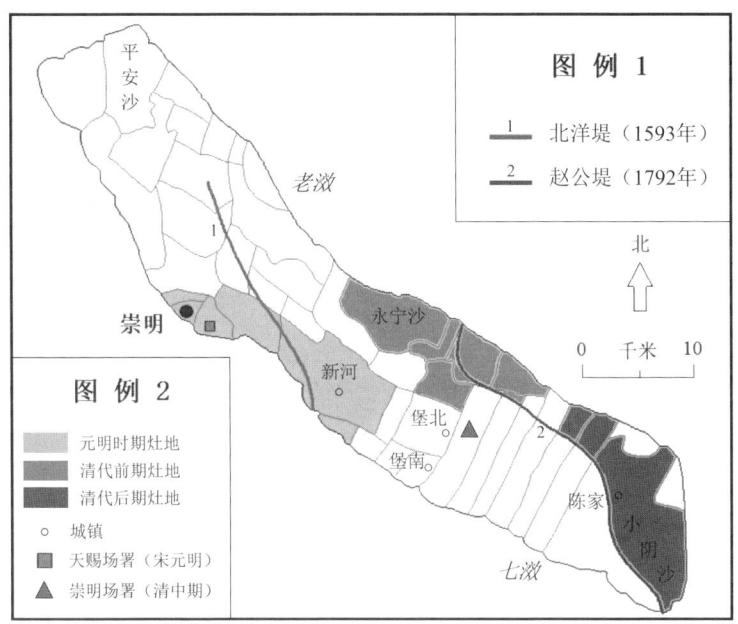

图 4-4 明清时期崇明岛灶地迁移与海堤变化示意图

说明：底图依据民国年间沙状图（《崇明县志》，上海：上海人民出版社，1989 年）编绘，灶地与海堤分布变化根据万历、康熙、雍正、乾隆年间《崇明县志》，以及嘉庆《直隶太仓州志》编绘。

第三节　淤涨型潮滩的盐作化与分布特征

一、淋卤煎盐技术与灰场

　　苏沪潮滩传统的海盐生产长期采用摊灰淋卤技术，晚至宋元时期摊灰淋卤法制盐技法在苏沪沿岸已经成熟定型。[1] 其中，淮南盐区制盐法完整记录在《太

---

1. 鲍俊林、高抒：《13 世纪以来中国海洋盐业动态演化及驱动因素》，《地理科学》2019 年第 4 期；鲍俊林：《中国古代海盐生产技术的发展阶段及地方差异》，《盐业史研究》2021 年第 3 期。

121

平寰宇记》中，松江下沙盐场的制盐方法则完整地记录在元代《熬波图》中。在长期使用过程中，这一方法对潮滩环境展示了很好的适应性。[1]

在淮南盐场，摊灰淋卤煎法生产在宋代已成熟定型，即"刺土成盐"法，其中主要制作工序包括开辟亭场、海潮浸灌、摊灰曝晒、淋灰取卤、煎卤成盐。这五个关键步骤，前面四个都属于制卤环节。《太平寰宇记》详细描述了淮南道滨海地带的"刺土成盐法"：

> 凡取卤煮盐，以雨晴为度，亭地干爽，先用人牛牵挟，刺刀取土，经宿铺草藉地，复牵爬车，聚所刺土于草上成溜。大者高二尺，方一丈以上。……食顷，则卤流入井，取石莲十枚，尝其厚薄，全浮者全收盐，半浮者半收盐。……于草场取采芦柴荻草之属，旋以石灰封盘角，散皂角，于盘内起火煮卤。……既成，人户疾着水屦上盘，冒热收取，稍迟则不及。收讫，接续添卤，一昼夜可成五盘，住火而别户继之。土溜已浇者，摊开□□，刺取如前法。若久不爬溜之地，必锄去蒿草，益人牛自新耕犁，然后刺取。[2]

在南汇下沙盐场，元代《熬波图》也详细记载了该场制盐方法，主要包括近海傍潮的卤旺滩地开辟亭场，引潮浸灌、晒取盐分，收土淋卤。[3]到清代中叶该方法仍为两浙大部分盐场沿用。[4]直到清末民初松江府各场仍然主要采用该法。[5]

---

1. 鲍俊林：《传统技术、生态知识及环境适应——以淮南盐作为例》，《历史地理研究》2020 年第 2 期。
2. (宋) 乐史撰，王文楚等校：《太平寰宇记》卷 130《淮南道八》，北京：中华书局，2007 年，第 2569 页。
3. (元) 陈椿：《熬波图》。
4. 嘉庆《重修两浙盐法志》卷 6《场灶一》。
5. 光绪《松江府续志》卷 5《疆域志》。

第四章

淋卤煎盐法决定了苏沪潮滩制盐必须依赖荡草与高盐分土壤这两种关键资源。"灶丁办盐，以丁力为主，以卤池为本，以草荡为资，以盘铁为器，以灶房为所，五者一有未备，则盐业有妨。"[1] 草滩主要提供了煎盐生产所用的燃料来源，高盐分的盐蒿滩与光滩带土壤，以及近海咸潮共同提供了土卤来源。[2] 例如东台各场的传统煎盐生产过程中需要的荡草，"有红有白，皆含咸味，白者力尤厚，红可外售，而白有禁斫"[3]。"白草"即白茅，分布在草滩带，"红草"或红茅为盐蒿草（即盐地碱蓬），分布在盐蒿滩，这两个分带的荡草共同成为淮盐生产燃料来源。[4] 为保障荡草供应，官府往往严格控制了潮滩荡地资源，实行官拨草荡，"沿海草荡分给灶户烧盐"[5]。"计丁授荡……每丁受草荡十八亩零"[6]，并且"禁止私垦，法至严也"[7]。

淋卤煎盐法的核心在于制卤，本质上，制盐过程就是从初级卤水到高级卤水逐步浓缩直至结晶成盐的过程。通过利用潮滩高盐分的土壤制取卤水，以便提高土壤盐度、制卤备煎，是该生产方法的技术核心。制卤的过程就是融合海水与海边含盐沙土，通过一定的制卤方法（淋卤、晒卤），可以获得接近饱和点的卤水。[8] 以淮南盐场为例，通过利用海潮与盐土制卤、获得接近饱和的

---

1. 嘉靖《两淮盐法志》卷3《法制志第六之二》。
2. 鲍俊林：《15—20世纪江苏海岸盐作地理与人地关系变迁》，第79页。
3. 周庆云：《盐法通志》卷33《盐产九·制法一》，《稀见明清经济史料丛刊》第2辑第18册，第560页。
4. 鲍俊林：《15—20世纪江苏海岸盐作地理与人地关系变迁》，第72-76页。
5. 光绪《重修两淮盐法志》卷97《征榷门》。
6. 光绪《南汇县志》卷5《田赋志下》。
7. 张茂炯：《清盐法志》卷101《场产门二·草荡》，于浩辑：《稀见明清经济史料丛刊》第2辑第5册，北京：国家图书馆出版社，2012年，第251页。
8. 鲍俊林：《中国古代海盐生产技术的发展阶段及地方差异》，《盐业史研究》2021年第3期。近岸海水平均盐度为 $2\sim3°\text{Bé}$（17‰~32‰）。一般而言，含盐度在 $10°\text{Bé}$ 以下的为初级卤水，$10\sim20°\text{Bé}$ 为中级卤水，$21\sim25°\text{Bé}$ 为高级卤水。海水浓缩到 $25.4\sim26°\text{Bé}$ 时，含 NaCl 达到饱和点，为制卤阶段；饱和卤水继续浓缩至 $30°\text{Bé}$，NaCl 从开始析出到基本析出，为结晶阶段。

卤水，再煎煮成盐。[1] 但制卤并不需要薪柴，主要工序包括利用潮水浸渍摊场，铺以草灰日晒，利用草灰、碎土的毛细管作用，充分吸附土壤盐分，收取卤土，用海水灌淋，便可以得到较高浓度的卤水（接近饱和卤），约为25°Bé（盐度274‰）。[2]

苏沪沿岸的制卤方法经历了从刮土淋卤到摊灰淋卤的转变。从唐宋时期的刮土淋卤，到元明清时期的摊灰淋卤，制卤经历了从简单到逐渐复杂的过程。宋代刮土淋卤法一般达到七分以上的卤水，才会用于煎煮结晶成盐，否则需要重新刮土再淋。[3]"淳熙初，亭户得尝试卤水之法，以石莲一十枚掷之卤水中，如五枚浮起为五分之卤，如七枚浮起为七分之卤，或不及七分，再用牛刺爬盐土，复将淡卤再淋，必待卤浓可用，然后煎之。"[4] 土壤盐分较低的地方，一般通过多次重复以上过程也能获取较高浓度的卤水。[5] 如明末徐光启所言："以海水灌土，晒干复灌，如是数次，淋漓出卤汁，比于海水，其咸十倍，然后入于锅鉴煎熬而成。"[6] 摊灰淋卤是对刮土淋卤的技术改进、发展完善，主要将煎盐剩余的草木灰铺入摊场，取代晒沙吸取土壤盐分。[7] 由于毛细管作用比泥土更强，吸附海水盐分的能力更优，因此往往成卤多、浓度高，且草灰也比泥沙轻便，大幅减小了劳动强度，整体制卤效率明显提高。[8]

摊灰淋卤对土壤、海水的盐度有一定的要求。"办盐全赖海潮"[9]，但近岸海水盐度较低，为提高制卤效率，一般等候潮汐运动带来高盐的外海咸潮，并非

---

1. 鲍俊林：《中国古代海盐生产技术的发展阶段及地方差异》，《盐业史研究》2021年第3期。
2. 鲍俊林：《15—20世纪江苏海岸盐作地理与人地关系变迁》，第98页。
3. 鲍俊林：《15—20世纪江苏海岸盐作地理与人地关系变迁》，第98页。
4. （清）徐松：《宋会要辑稿》卷28《食货·盐法》。
5. 鲍俊林：《15—20世纪江苏海岸盐作地理与人地关系变迁》，第98-99页。
6. （明）徐光启：《钦奉明旨条画屯田疏》，王重民辑校：《徐光启集》上册，上海：上海古籍出版社，1984年，第259页。
7. 鲍俊林：《15—20世纪江苏海岸盐作地理与人地关系变迁》，第99页。
8. 朱去非：《中国海盐科技史考略》，《盐业史研究》1994年第3期。
9. （元）陈椿：《熬波图》，"坝堰蓄水"。

第四章

直接利用近岸海水，因此，制卤过程中，不仅要利用潮滩土壤的盐分，还要利用潮汐带来的海水盐分。纳潮就是充分利用潮汐能获得外海高盐海水、借助潮汐推力将海水输送上达滩场。纳潮分为自然纳潮与人工纳潮。在近海的平坦开阔的潮滩，靠近海水的灰场多用自然纳潮，最为便捷，海潮沿着引潮沟自然浸满滩场，再铺入草灰，经过日晒，析出盐霜，再收取富含盐霜的卤土、灌淋海水得到浓度较高的卤水。[1]但随着海涂淤涨，一些逐渐远离海水的灰场往往难以通过潮汐作用接受潮水自然浸渍，这时候需要借助人工引潮沟渠进行纳潮，或因干旱等潮位下降，也需要人工扬戽或车入海水。[2]

制卤的关键在于灰场，"夫灰场者，产盐根本之地，与草荡皆灶丁之命脉也"[3]。"卤从土出，灶丁择卤旺之地，坚筑如砥，一年后土密卤起，遂成亭场。"[4]摊灰制卤的场地称为"亭""灰场""灰亭"等；煎卤结晶成盐的房舍多称为"灶房""灶舍""灶屋"等，因此一般将煎盐之地通称为亭场、亭灶、盐灶。亭场（亭灶）即潮滩制盐的基本单位，"煮盐之地曰亭场，民曰亭户，或谓之灶户，户有盐丁"[5]。亭场主要功能在于制卤，内部包括用于摊灰淋卤的灰场（灰亭、摊灰）、用于煎盐或居住的灶舍。一个亭场内一般包括一个灶舍与若干个灰场，共同构成一个基本生产单位，多位于海堤以外、靠近海水，主要受日潮淹没影响（图 4-5、图 4-6）。灰场或灰亭根据离海水的距离远近，由近及远一般可分为上亭（上场）、中亭（中场）与下亭（下场），即远离海岸、卤气淡薄为下亭，靠近海岸新淤地带为上亭或新亭，中间者为中亭。[6]涨潮时各场次第被海水浸漫，潮退后灰场土壤盐分增加，灶民再先高处、后低处依次

---

1. 鲍俊林：《15—20世纪江苏海岸盐作地理与人地关系变迁》，2016年，第101-102页。
2. （元）陈椿：《熬波图》，"车接潮水"。
3. 正德《松江府志》卷8《田赋下》。
4. 光绪《重修两淮盐法志》卷15《图说门·摊灰淋卤图说》。
5. 《宋史》卷181《食货志》。
6. 光绪《重修两淮盐法志》卷29《场灶门·盘鐅下》。

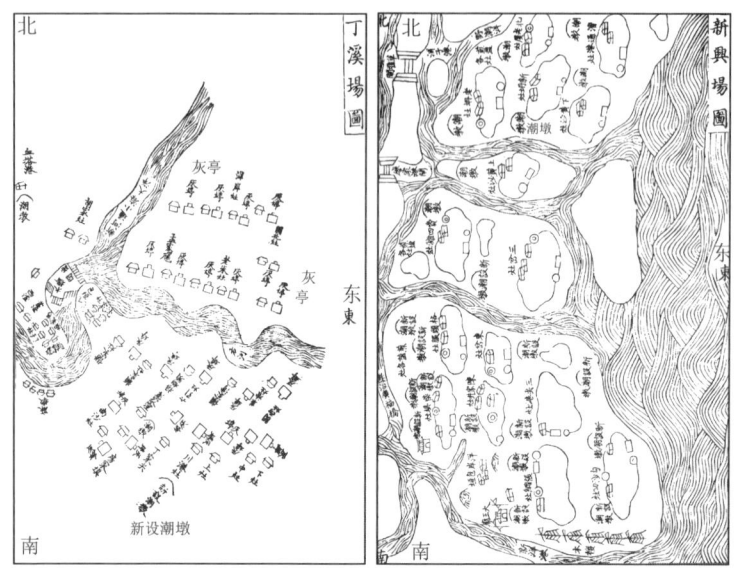

图 4-5　乾隆《两淮盐法志》"丁溪场图""新兴场图"

说明：选自乾隆《两淮盐法志》卷首《绘图》（于浩辑：《稀见明清经济史料丛刊》第 1 辑第 4 册，北京：国家图书馆出版社，2009 年，第 110，120 页）。

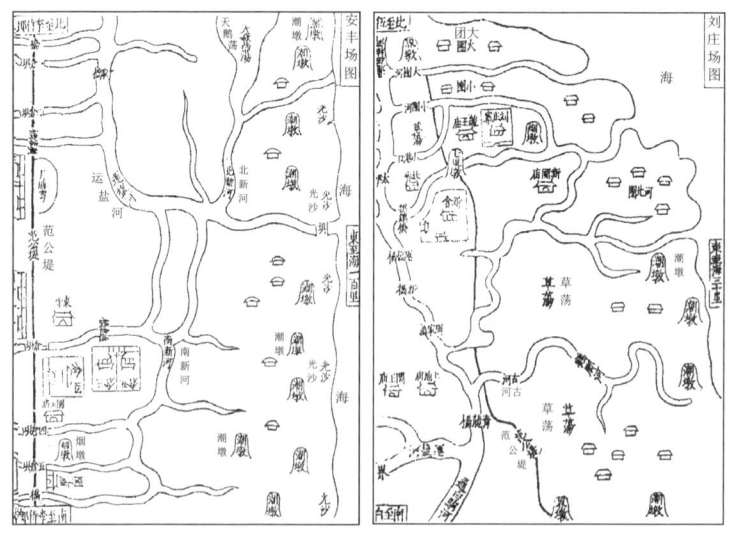

图 4-6　嘉靖《两淮盐法志》"安丰场图""刘庄场图"

说明：选自嘉靖《两淮盐法志》卷 1《图说》。

摊灰开晒。先晒上场，次晒中场，最后晒下场，每日下午收灰入淋，待场地空了，再放海水浸漫，以便次日摊灰曝晒。[1]

下沙盐场也是如此，"其法于海近潮之处开辟坦地，削去草根，光平如镜，名曰摊场，又谓之灰场，分上、中、下三节，近海为下，以潮水时浸不易，乘日晒也。其中为中场，以潮至即退，恒受日易成盐也。远于海为上场，潮小不至，必担水灌洒方可晒土也。……先晒上场，次晒中场，最后晒下场，故上中每月得晒二，下场或仅得其一也"[2]。

为能够稳定获取滨海盐土与海水盐分、以便制取高浓度卤水，灰场必须尽量迫近海岸与海水，便于每日两次涨潮浸渍灰场、提高潮浸频率。因此对于制卤来说，灶舍与灰场相比，灰场更为关键，是获取海水与滨海土壤盐分的关键设施。但伴随海涂淤涨、海潮远离亭场，旧灰场所在滩地逐渐淡化，不得不向海迁移到高盐分地带，其迁移方向及速率与潮滩淤涨的方向、速率保持一致，这种现象也被称为"移亭就卤"[3]，故灰场（灰亭）或灶地不断向海迁移是淤涨潮滩盐作活动的重要适应性特征。

二、亭场的空间分布特征

亭场分布的位置主要受滩面高程、潮浸频率、草卤分布等诸多要素共同制约，不过亭场选址需要首先保证制卤的便利，即尽量能够同时获得荡草与土卤资源，因此草丰卤旺兼备的宜盐带才是最佳选择。总体上，这两种资源的可获得性决定了亭场的空间分布特征。

---

1. 沈敏、卢正兴：《两淮制盐技术史话》，《盐业史研究》1994年第3期。
2. 嘉庆《重修两浙盐法志》卷6《场灶一》。按：原载《海盐图经》，嘉庆《重修两浙盐法志》在"仁和场"下转引，在"下沙场"注明煎法同仁和场。另此处上、中、下各场次序与淮南盐场相反。
3. 鲍俊林：《明清两淮盐场"移亭就卤"与淮盐兴衰研究》，《中国经济史研究》2016年第1期。

潮滩环境与苏沪沿海历史生态地理
Tidal Flat Environment and Historical Eco-Geography of the Jiangsu-Shanghai Coastal Region

首先，植被与盐分影响亭场空间分布。受潮滩淤涨变宽以及生态演替作用影响，自然状态下，各分带均会变宽，出现一定程度的草卤分离，这对潮滩植被与盐分的空间分布产生了重要影响。[1] 在潮滩三个主要分带上，草滩带、盐蒿草滩带以及光滩提供的盐作资源是不同的。草滩带土壤淡化、卤水不足，但能提供荡草资源；盐蒿滩与光滩带荡草稀疏，土壤含盐量高，处于积盐过程，主要为亭场提供制卤的高盐分土壤，而且距离海潮更近，晒灰、淋卤更为便利。[2] 草滩带的剖面平均盐度低（约2‰），0～5厘米表土盐分低于剖面平均盐分，属较为稳定的脱盐环境。[3] 盐蒿滩土壤盐度为6‰～8‰，光滩超过10‰，盐度最高，少量植物覆盖、蒸发作用强烈，是潮间带的强积盐地带。[4] 因此，三个分带在植被与盐分上的差异，导致符合草丰卤旺的兼备条件和能够设置亭场的宜盐带实际上是有限的，并非潮滩上随处可以设置灰场制卤。

除一些旧亭外，草滩带无法设置新亭，该区域虽然草多，但土淡。在盐蒿草滩上部，一般也不便铺设亭场，虽然土壤盐分较高，但地面草多不便开辟摊场，需要去草、坚实地面。"灶丁择卤旺之地，坚筑如砥，一年后土密卤起，遂成亭场。"[5] "久不爬溜之地，锄去蒿草，益人牛自新耕犁，然后刺取。"[6] 但在盐蒿草滩下部到光滩带的上部的新淤地带，滩面干净，植被稀疏，土壤盐分高且距离海潮有一定距离，是主要设置新亭的地带。如吕四场，"新淤丁荡，卤

---

1. 鲍俊林：《明清两淮盐场"移亭就卤"与淮盐兴衰研究》，《中国经济史研究》2016年第1期。
2. 鲍俊林：《明清两淮盐场"移亭就卤"与淮盐兴衰研究》，《中国经济史研究》2016年第1期。
3. 陈邦本，方明：《江苏海岸带土壤》，1988年，第77页；鲍俊林：《略论盐作环境变迁之"变"与"不变"——以明清江苏淮南盐场为中心》，《盐业史研究》2014年第1期。
4. 陈邦本，方明：《江苏海岸带土壤》，第20、77页。
5. 光绪《重修两淮盐法志》卷15《图说门·摊灰淋卤图说》。
6. (宋)乐史撰，王文楚等点校：《太平寰宇记》卷130《淮南道八》，北京：中华书局，2007年，第2569页。

气充足,堪以建亭……该荡在于堤外,逼近海洋,潮汐相应,尽属斥卤"[1]。再往前的光滩下带以及板沙滩浮泥滩,潮淹时间过长、远离草荡,新亭较少。在明清方志、盐法志文献的盐场图中,亭场、灶舍均在海塘之外、草荡与海潮之间,靠近新淤荡地、近潮傍海(图4-5、图4-6、图4-7)。前临海、后依草荡,循引潮河而居是多数亭场、灶舍的基本分布特征。[2]因此,从潮滩的植被分带看,在盐蒿滩下部(植被稀疏分布)与光滩之间,即月潮淹没下带与日潮淹没

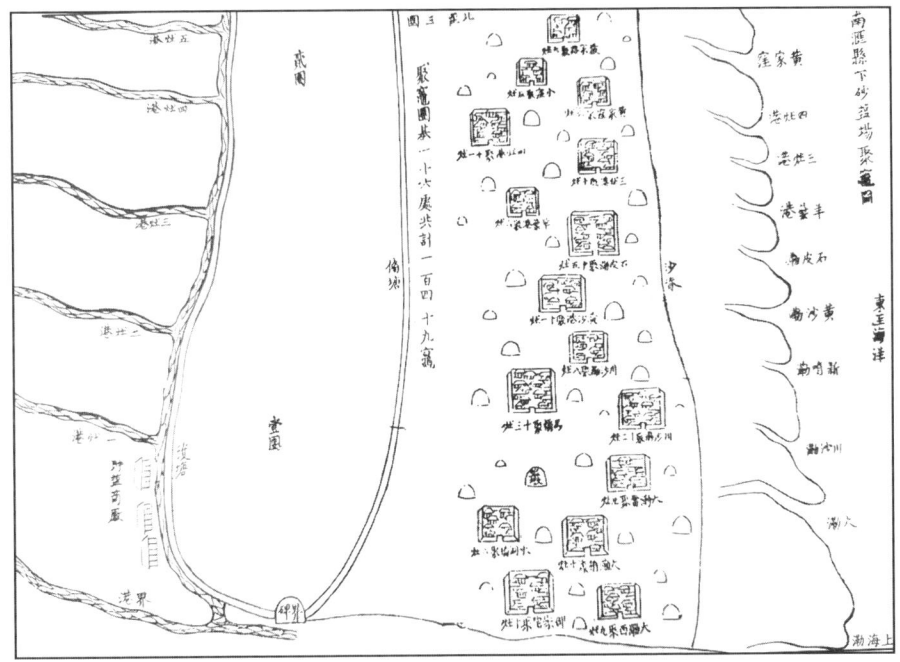

图 4-7　雍正年间 "南汇县下砂场聚灶图"(局部)

说明:选自雍正《分建南汇县志》卷一《疆土志上·绘图》,《上海府县旧志丛书·南汇县卷》(上),上海:上海古籍出版社,2009年,第30页。

---

1. 光绪《重修两淮盐法志》卷30《场灶门·亭池》。
2. 鲍俊林:《15—20世纪江苏海岸盐作地理与人地关系变迁》,第116页。

上带之间，新亭场多密集分布，在该区域两侧，亭场稀疏分布。按照潮浸程度布设不同的亭场在滩面上，分为上、中、下三亭（图4-8）：

> 凡潮汐上半月以十三日为起水，至十八日止，下半月以二十七日为起水，至初二日止。潮各以此六日大满，故当潮大三场皆没，自初二日十八日以后潮势日减，先晒上场，次晒中场，最后下场，故上中每月得以晒二场，或仅得其下也。[1]

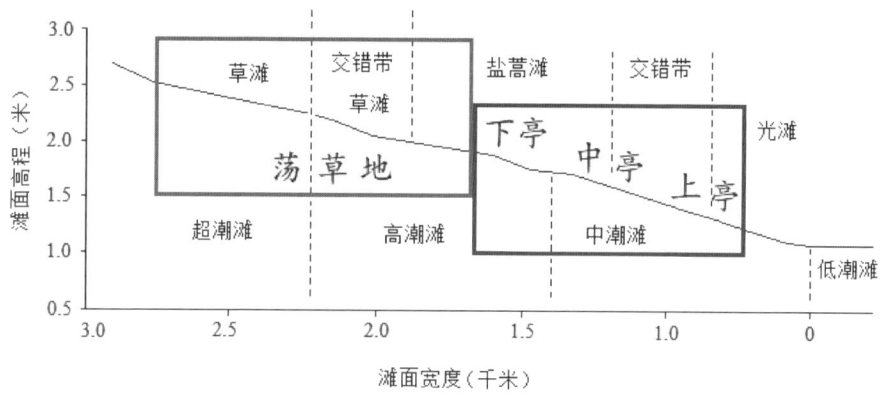

图4-8　淤涨型潮滩典型剖面与盐作亭场分布综合示意图

其次，滩面高程影响亭场空间分布。在亭场的分布高程上，以东台县沿岸为例，各场的亭场多密集分布在3~4米（废黄河口零点，下同），该高程以下或以上有亭场稀疏分布，这与潮滩高程以及潮位有关。[2] 在东台淤涨岸段的潮滩断面中，草滩带下限高程为3.5米，略高于该区平均高潮位3.5米，属于高潮滩的上部，潮浸率非常低；盐蒿群

---

1. 乾隆《两淮盐法志》卷18《场灶四·煎晒》于浩辑：《稀见明清经济史料丛刊》第1辑第6册，北京：国家图书馆出版社，2009年，第618页。
2. 鲍俊林：《15—20世纪江苏海岸盐作地理与人地关系变迁》，第114-115页。

落下限为 3.4 米，略低于平均高潮位，潮浸率为 20%~30%。[1] 此外，清末通泰沿海朔望月时潮汐一般高度为一丈至一丈三尺，即 3.2~4.3 米（表 3-2）。[2] 沿海煎盐场所一般均在此高度上下，与平均高潮线基本一致。[3] 其中，亭场一般设置在月高潮也不易淹没的地带，即略低于平均高潮线，在 3~3.5 米的位置较为密集。灶舍、潮墩等其他设施则大致应高于平均高潮线，在 3.5~4 米之间。南汇下沙盐场也是如此，在盐场图中可见灶舍、灶墩均位于平均潮位线的沙脊线上（图 4-8）。

最后，潮灾风险影响亭场空间分布。尽管濒海新淤卤旺，便于设置亭场制卤，但潮灾风险也更大，因此新淤沙荡未必是最佳设亭位置，避免潮灾风险也是亭场分布的重要制约因素。[4] 伴随潮滩淤涨，煎灶日趋分散，开阔低平的潮滩上缺少可以躲避潮灾的地形，"海势东趋，新涨沙滩，未设墩座，灶民移亭就卤，旧墩纵有存留等于虚设。光绪七年间飓风大作，海潮奔腾，趋避不及，概付沧胥"[5]。海潮侵袭的风险一定程度上抑制了在迫近海潮之处铺设新亭的积极性，[6] 如梁垛场"马路东凡有亭灶，皆系附近潮墩见已修整，如遇大潮之期，尚能躲避，所有近海新淤地方，并无亭灶"[7]。

因此，潮滩上能够设置亭场的空间是有限的，也具有规律性。宜盐带集中在月潮淹没下带与日潮淹没上带之间（稀疏盐蒿草带与光滩带），亭场多为密

---

1. 沈永明、曾华、王辉，等：《江苏典型淤长岸段潮滩盐生植被及其土壤肥力特征》，《生态学报》2005 年第 1 期。
2. (清) 朱正元：《江苏沿海图说》，马宁主编：《中国水利志丛刊》（第 39 册），扬州：广陵书社，2006 年，第 31-45 页。
3. 鲍俊林：《15—20 世纪江苏海岸盐作地理与人地关系变迁》，第 115-116 页。
4. 鲍俊林：《明清两淮盐场"移亭就卤"与淮盐兴衰研究》，《中国经济史研究》2016 年第 1 期。
5. 光绪《重修两淮盐法志》卷 36《场灶门·堤墩上》。
6. 鲍俊林：《明清两淮盐场"移亭就卤"与淮盐兴衰研究》，《中国经济史研究》2016 年第 1 期。
7. 光绪《重修两淮盐法志》卷 37《场灶门·堤墩下》。

集分布，两侧则稀疏分布。此外老荡有旧亭场稀疏分布，多为下亭，远离海潮，卤气浅薄，盐作困难。前临海潮、后依草荡、循引潮河而居是多数亭场的基本分布特征。[1]

明代中叶以后，潮滩淤涨导致宜盐带向海外迁，亭场不得不同步迁移，从团煎到散煎，亭场越发分散，广泛分布在新涨滩涂，这在苏北中部沿岸各场表现得最为典型。团灶比较集中，多分布在范公堤附近，但基本分布在明代嘉靖年间的海岸线以内，清代以后亭灶明显分散（图4-9）。

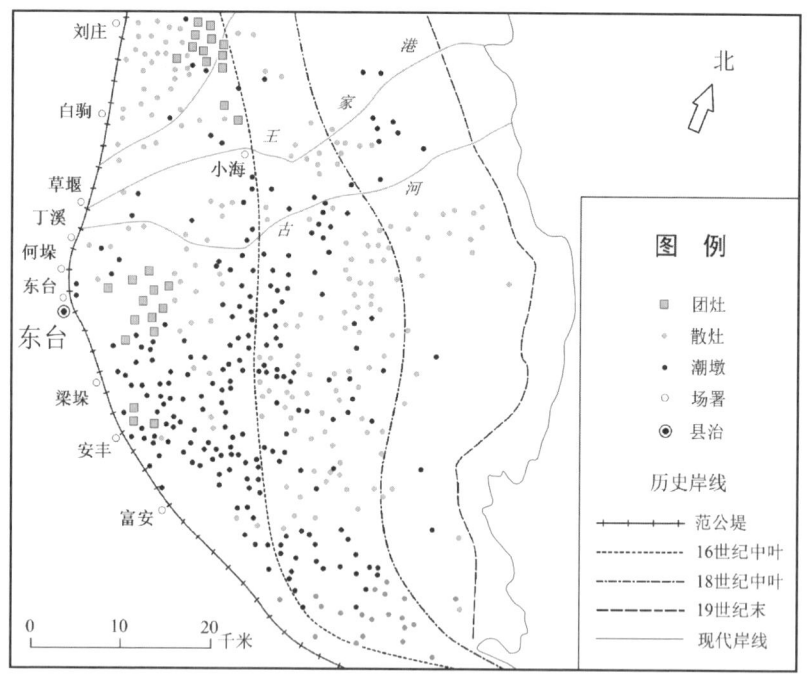

图4-9　明清时期苏北中部沿岸盐作亭场分布示意图

说明：选自鲍俊林《明清两淮盐场"移亭就卤"与淮盐兴衰研究》（《中国经济史研究》2016年第1期）。

---

1. 鲍俊林：《明清两淮盐场"移亭就卤"与淮盐兴衰研究》，《中国经济史研究》2016年第1期。

不过,明清时期东台各场内尽管荡地面积、灶丁数量都有明显上升,但亭场密度趋降,同时灶丁密度趋升。以明中叶、清初与清末三个时期比较,灶丁增加明显,荡地与亭场整体上变化较小,亭场略有下降(表4-6—表4-8)。伴随荡地淤涨扩大,明代中叶登记入册的各场荡地总额为295.4万亩,因朝代变迁清初该数调整为210.2万亩,清代中叶增加到275.5万亩,仍不及明代中叶最高额。灶丁、亭场、荡地的总额受朝代变迁与登记地理范围变化的影响存在不确定性,因此难以直接比较变化趋势,但可以根据各场荡地与灶丁、亭场之间的比例关系观察前后时期的变化。

表4-6 明代中叶苏北中部各场亭场与灶丁密度

盐场	灶丁(丁)	亭场(个)	荡地(亩)	每千亩荡地灶丁	每千亩荡地亭场
富安	1 099	1 502	815 114.8	1.3	1.8
安丰	1 626	750	509 665.7	3.2	1.5
梁垛	1 541	987	235 668.6	6.5	4.2
东台	1 548	624	350 700.4	4.4	1.8
何垛	859	323	195 200	4.4	1.7
丁溪	1 230	582	314 687.9	3.9	1.8
小海	432	55	185 282	2.3	0.3
草堰	914	120	222 729.3	4.1	0.5
白驹	1 060	808	125 018.9	8.5	6.5
合计	10 309	5 751	2 954 067.6	—	—
平均	—	—	—	4.3	2.2

说明:根据弘治《两淮运司志》卷5、卷6《建置沿革》整理,荡地为田地与草荡合计数,表中白驹场属淮安分司;明代泰属北部各场即清代东台县各场范围。

表 4-7　清初苏北中部各场亭场与灶丁密度

盐场	灶丁（丁）	亭场（个）	荡地（亩）	每千亩荡地灶丁	每千亩荡地亭场
富安	15 123	2 150	378 608.5	39.9	5.7
安丰	20 332	330	282 050	72.1	1.2
梁垛	8 981	987	191 442.9	46.9	5.2
东台	14 604	—	233 435.9	62.6	—
何垛	13 084	313	210 212.2	62.2	1.5
丁溪	11 058	250	287 796.3	38.4	0.9
小海	4 444	85	176 952.2	25.1	0.5
草堰	9 495	126	219 194.3	43.3	0.6
白驹		808	121 976.8	—	6.6
合计	97 121	5 049	2 101 669.1		
平均	—	—		48.8	2.8

说明：灶丁根据康熙《淮南中十场志》卷4《赋役》整理，荡地根据康熙《两淮盐法志》卷3《场考》(吴相湘主编：《中国史学丛书》，台北：台湾学生书局，1966年，第165-266页)原额整理，亭场根据雍正《两淮盐法志》卷4《场灶》(于浩辑：《稀见明清经济史料丛刊》第1辑第1册，第435-645页)原额整理，未包括刘庄场。

表 4-8　清末东台县各场亭场与灶丁密度

盐场	灶丁（丁）	亭场（个）	荡地（亩）	每千亩荡地灶丁	每千亩荡地亭场
富安	43 962	350	434 798.3	101.1	0.8
安丰	48 413	1 124	342 965.1	141.2	3.3
梁垛	20 474	279	196 847.6	104.0	1.4
东台（含何垛）	25 741	1 042	551 688.3	46.7	1.9
丁溪（含小海）	24 049	649	684 610.6	35.1	0.9
草堰（含白驹）	48 480	619	544 317.4	89.1	1.1
合计	241 605	4 063	2 755 227.3	—	—
平均	—	—		86.2	1.6

说明：亭场根据光绪《重修两淮盐法志》卷30《场灶门·亭池》载光绪十七年（1891）实存数、灶丁根据光绪《重修两淮盐法志》卷27《场灶门·灶丁》与《盐法通志》卷42《场产十八·盐丁》(于浩辑：《稀见明清经济史料丛刊》第2辑第19册，第437-494页)、荡地根据光绪《重修两淮盐法志》卷26《场灶门·草荡》整理，未包括刘庄场。

实际上，同时期内，东台各场表现出整体上亭场密度趋降、灶丁密度趋升的现象。各亭场平均密度从明代中叶每千亩荡地2.2个，清初略增为2.8个、清末又快速降到1.6个；相反，灶丁平均密度，从明中叶每千亩荡地4.3丁，快速增加为清初的48.8丁，以及清末的86.2丁。

比较来看，下沙各场灶丁从明代中叶15 761丁，增加到清代中叶的38 500丁，荡地从明代中叶30.5万亩，增加到清代中叶的38.8万亩，灶丁数量的增幅明显高于荡地。明代中叶下沙各场灶丁平均密度为每千亩荡地51.9丁，清代中叶快速增加到98.8丁（表4-9）。东台与下沙各场灶丁密度在两个世纪内都增加了一倍左右，下沙各场的灶丁密度平均值高于东台各场，二者整体上都表现为低密度的生产模式，需要依赖大量荡地和劳动力资源。

表4-9　明清时期下沙各场灶丁、荡地变化

盐场	明代中叶			清代中叶		
	灶丁（丁）	荡地（亩）	每千亩荡地灶丁	灶丁（丁）	荡地（亩）	每千亩荡地灶丁
下沙头场	5 254	97 199	54.1	14 400	147 680.2	97.5
下沙二场	5 254	97 199	54.1	24 100	111 546.9	100.1
下沙三场	5 253	110 599.7	47.5		129 208.5	
合计	15 761	304 997.7	—	38 500	388 435.6	—
平均	—	—	51.9	—	—	98.8

说明：明代数据根据弘治《上海县志》卷3《田赋志》整理；清代灶丁根据嘉庆《重修两浙盐法志》卷7《场灶二》、荡地根据乾隆《南汇县新志》卷1《疆域志》整理；各场荡地为上、中、下则荡以及未升则荡地实存数合计。

三、亭场迁移的方向、速度及原因

亭场制卤需要依赖濒海卤旺地带，旧亭场逐渐土淡，无法产盐，但近海新淤潮滩往往条件较好。为适应潮滩不断向海淤涨、演替的变化，亭场

不得不向海迁移，"海势东趋，多有移亭就卤"[1]，亭场分布由以往集中逐渐转为分散，团煎废弃、散煎为主。这种向海搬迁、适应潮滩演变的"移亭就卤"，是通过搬迁亭场到近海草丰卤足地带，继续维持煎盐生产、适应了潮滩淤涨演替变化。[2]清代中叶以后"海势东迁"加快，加上团煎已改为散煎，[3]灶户"移亭就卤"、从卤淡老荡移至新淤卤旺荡地更为普遍。[4]"旧时（余西）亭场距海较远，卤气轻淡，是以渐移向外。"[5]因此，明清时期苏沪潮滩各盐场的亭场迁移方向均为由陆向海、由土淡老荡向新淤卤旺地带。

在苏北中部沿岸，宋元时期岸线长期稳定在范堤一线，[6]是东台各场煎盐亭场向海迁移的起点。北宋天圣年间（1023—1032）增修泰州捍海堰后，经南宋及元代多次延修增筑，障壁海潮，屏蔽盐灶，堤西土壤海浸频率降低，脱盐加快，亭场纳潮困难，不适宜煎盐生产，堤西亭灶渐次搬迁至堤东。[7]到明嘉靖年间（1522—1566），范堤西侧基本没有亭灶，此后潮滩淤涨，到明末清初，堤西旧亭场纳潮愈加困难，堤西亭灶早已无法生产，亭灶大多搬迁至堤东。[8]"凡明以前之灶地多在范堤以西，今日农灶，亦曰引田，其地在明之季世已多垦辟。"[9]以东台各场为例，从明初到清末的600年内，从范堤沿线迁到近海，距离为35千米左右，平均58米/年。

---

1. 光绪《重修两淮盐法志》卷142《优恤门》。
2. 鲍俊林：《明清两淮盐场"移亭就卤"与淮盐兴衰研究》，《中国经济史研究》2016年第1期。
3. 民国《续修盐城县志》卷4《产殖·场灶》。
4. 鲍俊林：《明清两淮盐场"移亭就卤"与淮盐兴衰研究》，《中国经济史研究》2016年第1期。
5. 光绪《重修两淮盐法志》卷16《图说门·通属九场》。
6. 张忍顺：《苏北黄河三角洲及滨海平原的成陆过程》，《地理学报》1984年第2期。
7. 鲍俊林：《15—20世纪江苏海岸盐作地理与人地关系变迁》，第109页。
8. 鲍俊林：《15—20世纪江苏海岸盐作地理与人地关系变迁》，第248-249页。
9. 民国《续修盐城县志》卷5《赋税·灶课》。

第四章

在上海东部沿岸，宋元时期岸线长期稳定在里护塘一线[1]，是下沙盐场团灶向海迁移的起点。"下沙场自新场东迁，分头、二、三场，而头场在一团。……大团下塘旧皆盐舍……元明以后涨滩渐东，墩灶南徙，县境无盐产，而引运遂废。"[2] 到清代中叶，南汇沿岸团灶也不断外迁。以大团为例，12世纪里护塘到19世纪王公塘之间，团灶自西向东迁移的直线迁移距离为14千米，平均20米/年。

一方面，在亭场迁移的频率或速度上，亭场的迁移并不均匀，在官府控放与潮滩淤涨的共同影响下，表现出明显的阶段性。由于淤涨海涂的演替是缓慢的过程，加上引潮沟的普遍使用，因此亭灶迁移频次并不高。一般情况下，亭场土壤盐含量逐渐降低、修浚引潮沟的投入过大、产盐效率下滑，沦为低产区时，才有了搬迁的动力，最短的时间间隔为十余年。[3]

另一方面，在滩涂淤进较多的地区，部分亭场搬迁相对突出[4]，如新兴场北七灶有"四移煎"之名。[5] 嘉庆年间，东台场"马路之外光沙无草"[6]，没有亭场分布，到光绪年间"沿海马路"以东开始有了新亭（图4-10）。[7] 何垛场马路以东有多个"新亭"[8]，也是数十年里才有若干亭场迁移。[9]

值得注意的是，除了亭场在连续的滩面上自陆向海迁移之外，在崇明与南汇沿岸，还表现为跟随成盐岸线盈缩而迁移的特征。成盐岸线是指有较为稳定的盐作活动的岸段，一般亭场分布比较集中、盐场长期存在。清代以后长江

---

1. 陈吉余主编《上海市海岸带和海涂资源综合调查报告》，第94-95页；邹逸麟主编《中国历史自然地理》，北京：科学出版社，2013年，第567-591页。
2. 民国《南汇县续志》卷1《疆域志》。
3. 鲍俊林：《15—20世纪江苏海岸盐作地理与人地关系变迁》，第117页。
4. 鲍俊林：《15—20世纪江苏海岸盐作地理与人地关系变迁》，第109页。
5. 民国《续修盐城县志》卷5《赋税·场课》。
6. 嘉庆《东台县志》卷6《建制沿革》。
7. 光绪《重修两淮盐法志》卷17《图说门·泰属十一场》。
8. 光绪《重修两淮盐法志》卷17《图说门·泰属十一场》。
9. 鲍俊林：《15—20世纪江苏海岸盐作地理与人地关系变迁》，第117页。

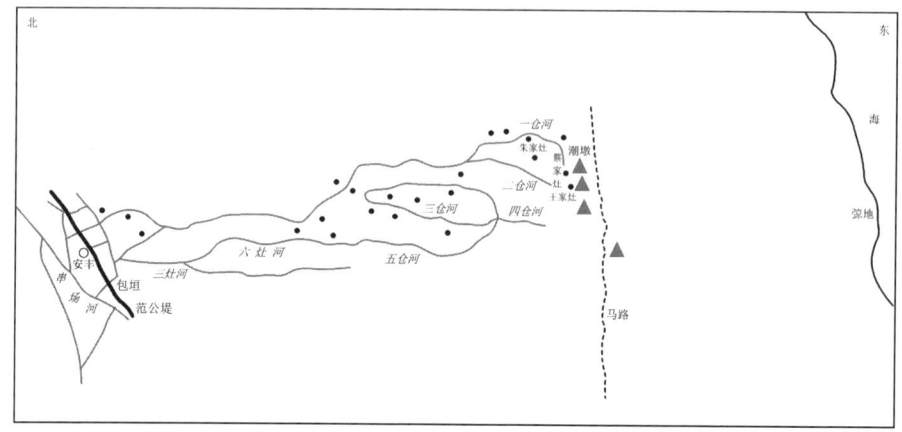

图 4-10　光绪《重修两淮盐法志》"安丰场图"
说明：根据光绪《重修两淮盐法志》卷 17《图说门·泰属十一场》"安丰场图"描绘。

口咸淡水分布变化引发了沿岸潮滩土壤盐渍化；受淡水下移影响，部分岸段脱盐淡化，成盐岸线萎缩、后退，整体上呈现出向长江口南北沿岸外侧迁移的特点（图 4-11）。在南汇沿岸，清代中叶以后成盐岸线萎缩明显，受咸淡分界下移影响，下沙盐场所在的南汇边滩也失去了成盐岸线；在崇明岛南北沿岸，明代成盐岸线集中分布在县治南侧岸段，清代则集中分布在东北到东南沿岸。相反，明清时期苏北沿岸长期维持了比较稳定的成盐岸线分布，这与苏北沿岸整体的海水盐度较高有关。

崇明盐场地处江海交汇的复杂的水环境，潮滩亭灶搬迁在距离、方向与频次上与其他沿岸也基本一致，但更为突出的表现是灶地跟随成盐岸线的迁移变化，空间距离较大。这主要是受到长江口沙洲变动、咸淡水分布变化的影响，"崇地环海，坍涨靡常，城郭五迁，盐地屡废，盐灶时迁，所以听民就地移煎"[1]。清代崇明灶地共经历了四次较大迁移过程：17 世纪末 18 世纪初从天赐场旧址迁到东北沿岸的永宁等六沙，18 世纪前期部分灶地从永宁六沙迁到

---

1. 雍正《崇明县志》卷 8《备考》，《上海府县旧志丛书·崇明县卷》（上），第 487 页。

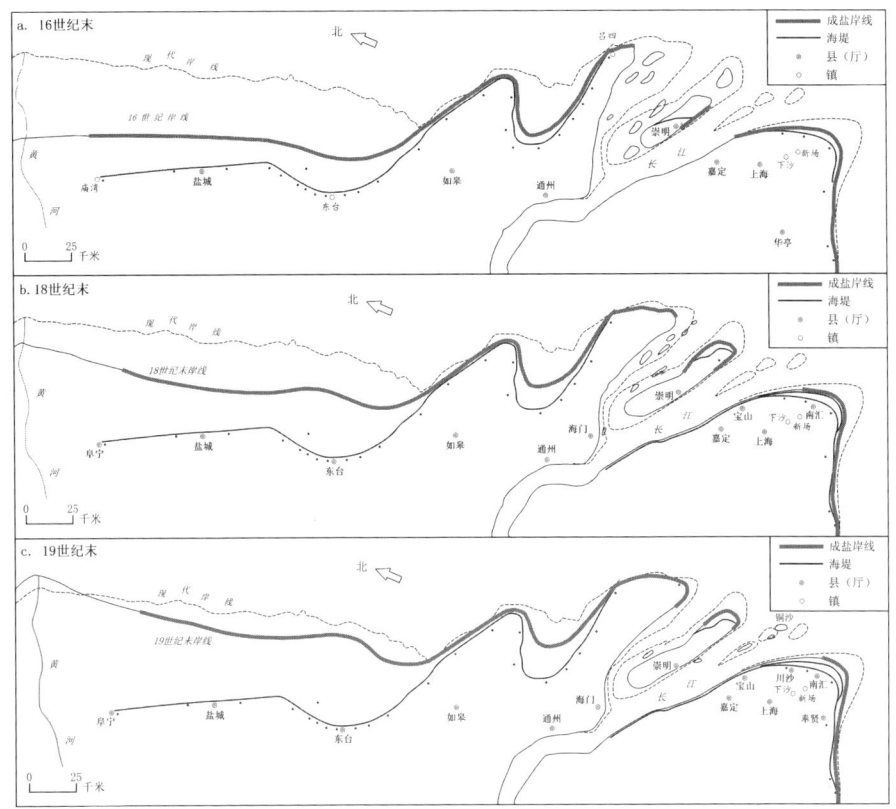

图 4-11 明清时期苏沪沿岸成盐岸线盈缩示意图

说明：成盐岸线据明清时期苏沪各盐场灶户或荡地分布位置编绘，历史底图根据谭其骧《中国历史地图集》（北京：中国地图出版社，1987年，第七册，第47-48页；第八册，第16-17页）、周振鹤《上海市历史地图集》（上海：上海人民出版社，1999年）改绘，基础地理信息根据江苏省基础地理信息中心编制《江苏省政区图》（2024年）、上海市测绘院编制《上海市简图》（2024年）编绘。

东南沿岸的七漱、小阴等沙，19世纪前期全部迁到七漱等沙，19世纪中后期大部分迁到崇明外沙（今启东），最终本岛盐作活动萎缩殆尽。[1] 整体而言，明

---

1. 鲍俊林、高抒：《沙岛浮生：明清崇明岛的传统开发与长江口水环境》，《史林》2020年第3期。

清时期崇明岛灶地从西南部岸线向东北、再向东南迁移，最终迁至外沙，正是对长江口咸淡水分布格局变化的响应。[1]康熙三十七年（1698）到同治八年（1869），20~30年便有一次改迁的诉求，迁移距离不断增加，从最初8~10千米到最后的30千米左右（表4-10）。[2]

表4-10 清代崇明县灶地迁移方向与距离

次数	时间	迁移方向与位置	迁移距离（千米）	间隔（年）
1	康熙三十七年（1698）	自县治附近天赐旧场迁至崇明东北沿岸的永宁、永盛等六沙	8	—
2	雍正四年（1726）	自东北沿岸永宁、永盛等六沙迁至东南沿岸七滧、小阴等沙	12	28
3	道光六年（1826）	东北沿岸剩余场灶全部迁到东南七滧等沙	12	100
4	道光十九年（1839）	从东南七滧迁23灶于惠安沙（崇明外沙，今启东）	30	13
5	同治八年（1869）	从七滧再迁40灶于惠安沙	30	30

说明：根据雍正《崇明县志》卷8《备考》、嘉庆《直隶太仓州志》卷22《赋役·盐法》、民国《崇明县志》卷6《经政志·盐法》整理。

明清时期苏沪沿岸亭场表现为不断向海迁移的特征，本质上是对不同岸段潮滩淤涨与生态演替过程的响应。在迁移方向上自陆向海、老荡到新淤，在距离上与滩面宽度相关，在频次与速度上具有阶段性、不均匀的特征；但在长江口沿岸，灶地迁移一方面在滩面上也表现出伴随潮滩淤涨、演替而迁移的特

---

1. 鲍俊林，高抒：《沙岛浮生：明清崇明岛的传统开发与长江口水环境》，《史林》2020年第3期。
2. 鲍俊林，高抒：《沙岛浮生：明清崇明岛的传统开发与长江口水环境》，《史林》2020年第3期。

征，同时更为突出的方面是对成盐岸线迁移变化的响应。

淤涨潮滩亭场分布的位置并不稳定，亭场迁移主要受潮滩淤涨、演替以及官府管制的影响。

首先，淤涨潮滩的生态演替引发荡草与土卤资源分布的演替变化，土淡老荡无法维持的亭场，不得不选择向海迁移。淤涨潮滩一般包括老荡与新淤两部分，"海势东迁"导致滩地淤高淤宽，原有的亭场，潮汐不到，海浸频率下降，卤气日淡，茅草渐茂，已不适应继续从事煎盐生产，旧亭场所在的草荡土壤逐渐淡化。[1]"自海势东迁以后，昔日斥卤之地，大半去海已远，其间经官勘明放垦者，所在固有，而民间影射私垦者亦多。"[2]"每因淤沙外涨，腹内荡地土性渐淡，是以率多改荡为田，垦种杂粮。"[3]不过，尽管旧亭场土壤逐渐淡化，潮浸频率降低，不利于产盐，但濒海新淤荡地卤旺，"滨海之新淤尽属斥卤，蓄草之外，不能种植……宜置亭而不虑其垦种"[4]。"安丰场……新淤十余里，续淤又十余里，地方广阔，出草既多，兼卤气极厚。"[5]"吕四……场境之北……实为草丰卤足之区。"[6]

由此可见，在潮滩的自然演替作用下，"海势东迁"引起老荡土壤淡化，但新淤仍然卤旺，适宜设置新亭场。换言之，卤淡产薄仅指已基本脱盐淡化的草滩带土壤，而新淤荡地仍处于强积盐过程，咸水浓度并不会减少。[7]那些原本位于宜盐带的亭场，由于潮滩淤进、演替，土壤逐渐脱盐淡化、生草，宜盐带成为老荡，难以产盐。即使尚有海水浸渍，但由于土壤盐分不断降低，制卤效果不佳，因此从老荡旧亭场搬迁至新淤卤旺地带方能维持淋卤煎盐。[8]

---

1. 鲍俊林：《15—20世纪江苏海岸盐作地理与人地关系变迁》，第88页。
2. （清）朱寿朋：《东华续录（光绪朝）》，卷218。
3. 嘉庆《两淮盐法志》卷27《场灶一·草荡》。
4. （清）丁日昌：《淮鹾摘要》卷1，第1243页。
5. （清）丁日昌：《淮鹾摘要》卷1，第1249页。
6. （清）丁日昌：《淮鹾摘要》卷1，第1257页。
7. 鲍俊林：《15—20世纪江苏海岸盐作地理与人地关系变迁》，第88页。
8. 鲍俊林：《15—20世纪江苏海岸盐作地理与人地关系变迁》，第88页。

不过，老荡旧亭场虽然难以为继，但仍可以通过加强引潮沟疏浚实现人工引潮。引潮沟的使用对维持老荡亭场的存在十分重要，提高了亭场对潮滩外涨的适应能力，延长了亭场在老荡的存续时间。各场灶河、引潮沟密集而发达，港汊密布，亭场多分布在港汊附近，依靠各类河道纳潮。但如果潮沟、港汊淤塞频繁，则不容易实现这一目的。例如下沙各场搬迁，主要受引潮沟疏浚困难影响。乾隆初年，下沙头场"添建龙尖嘴、也仁村……等聚，即以停荒之灶移置新建聚内，通场计二十聚，共设灶一百七座，均列一团境内。嗣因海沙外涨，沟洫壅塞，屡浚屡淤，咸潮渐远，遂致一百七灶之内又多停歇废去"[1]。疏浚引潮沟能够维持原有的亭场，但无法长期有效，一旦引潮河沟淤塞，亭场便难以为继，不得不搬迁。

其次，官府对盐产的控制影响亭场迁移。需要注意的是，亭场只是盐场的一部分，专门用于制卤，因此亭场搬迁不等于盐场搬迁。实际上灶户最初并没有能力自发搬迁，为控制盐业生产、稳定盐课，明代官府对海盐灶户采取"聚团公煎"，煎盐工具长期由官府提供，并规定各灶分占一块，举煎时合并方能使用，以此维持团煎，管控生产节奏。汉制煮盐是官府给灶户牢盆作为煎盐工具，到明初开始官府提供盘铁、锅鐅，"盘者合数角为一，给各场灶户团煎，非一灶一丁之所有也。其器厚而坚，重辄数千斤，锅鐅差小而薄，每户一口，锈蚀则重给之。盖使煎办官盐储仓，以待商支"[2]。官府对制盐工具的垄断强化了团煎、限制了亭场自由迁移的可能。

潮滩淤涨、土壤演替淡化、咸潮远离，清代以后也不得不逐渐放弃禁止迁移的规定。[3] 不过直到清末官府对亭场的搬迁仍然严加限制，光绪初年为整顿

---

1. 乾隆《南汇县新志》卷3《田赋志》，《上海府县旧志丛书·南汇县卷》（上），第340-341页。
2. 光绪《重修两淮盐法志》卷27《场灶门·盘鐅上》。
3. 鲍俊林：《明清两淮盐场"移亭就卤"与淮盐兴衰研究》，《中国经济史研究》2016年第1期。

淮南盐场,在清查后仍限定十年内禁止私自迁移亭场、或私设新亭,目的是杜绝私盐。[1] 晚清淮盐衰退,才迫使官府转变态度,真正转为鼓励搬迁,有些亭场已经难以为继,如石港场"旧时距海不远,今则海沙涨起数十里,变为沙坦,亭场距海既远,卤气不升,渐移向外,虽违例禁,实就时宜"[2]。由此可见,尽管推动亭场搬迁的关键原因在于滩涂淤涨、咸潮远离导致了制卤灰场在老荡难以生存,但因官府防止私盐的需要,因而限制私设新亭、随意迁移的态度也是难以改变的。如果官府的限制没有改变,实际上也很难实现亭场迁移。从这个角度看,很大程度上潮滩的持续淤涨导致不得不从团煎转变到散煎,是以违禁的形式完成了迁移。

此外,改征折价也是亭场迁移的重要促进因素。明万历四十五年(1617)盐引改征折价,即不再征收食盐实物税,而改为折价盐课,此后"盐不复入官仓,皆商自行买补。于是团煎之制遂废,而盘铁锅鏊亦不复"[3]。因此,团煎方式在面临潮滩淤涨时,无法适应潮滩不断淤涨的变化,老荡亭场难以为继、搬迁势在必行,加上明代中叶以后推行改征折价,团煎逐渐转为散煎,促进了亭场迁移与海盐生产的发展。

四、"场—仓—亭":产区与场署的分离

与亭场的迁移类似,盐场内部用于储存盐的重要设施——盐仓(仓垣),也会出现向海迁移。盐仓与仓垣有一定区别,仓垣一般包括盐仓与公垣。盐仓属官办,是各盐场重要的储存设施,公垣属商办为主。

---

1. 光绪《重修两淮盐法志》卷29《场灶门·盘鏊下》载:"此次清查亭灶,拟刊发简明门牌,随时稽查也……上亭宜以双鏊计额,使无余盐透私;中亭宜以单鏊计额,使其不至受累,查无门牌之处,即系私亭……定案后,十年之内不准再有移笃亭场。"
2. 光绪《重修两淮盐法志》卷16《图说门·通属九场》。
3. 光绪《重修两淮盐法志》卷28《场灶门·盘鏊上》

宋元时期即有官办盐仓网络,"凡盐之入置仓以受之,通楚州各一,泰州三,以受三州盐。又置转般仓二,于真州以受通泰楚五仓盐,一于涟水军以受海州涟水盐"[1]。宋到明后期,盐仓的功能没有变化,但所有权与分布出现变化。

明万历四十五年(1617)改征折价后,官仓废弃,"盐成而储之仓,……万历间改征折价,盐仓遂废"[2]。因此转为商办公垣,或垣堆,即官仓由商垣取代,"令各盐场设立公垣,责令场官专司启闭,凡灶之盐俱令入垣,与商交易,犹之纳丁盐者储之官仓。凡在垣以外者,即以私盐论罪。商人领引赴场即入垣中公买,照引捆完,场官验明,照数放出,无引不许私放"[3]。但垣并不是仓的延续,"设公垣以为各商堆盐之所,大抵皆商自为垣,非盐仓之旧矣"。

到清代后期,部分盐场荡地宽阔,亭场距离场署遥远,商垣一般会移迁靠近亭场。例如庙湾场煎盐亭灶与仓垣都设立在滨海地带,距离场署有二百余里,是迁移亭场最远的一个。"射阳湖南北两岸灶地,久变斥卤,为种植见,今煎盐亭灶在于场之东北阜宁民滩,昔年徽商鲍姓挟巨资来场租买民滩置灶,并移设包垣于此,故其地相习呼为鲍家墩,包垣距场署二百余里最为窎远。"[4]

仓垣的位置实际上是盐场的生产区与管理区的分界。仓垣用于储盐,需要一定的安全性,早期都分布在范堤沿线。后由于潮滩淤涨,大部分不得不向东迁移,多界于场署与亭场中间的位置。因为场商为了便于收储灶盐,只能将仓垣向东迁移,更靠近一些亭场,但又必须预防潮灾风险的影响。尽管也有就场收盐,但亭场远离场署,增加了收储成本。

1.《宋史》卷182《食货志》。
2. 光绪《重修两淮盐法志》卷32《场灶门·垣堆》。
3. 光绪《重修两淮盐法志》卷32《场灶门·垣堆》。
4. 光绪《重修两淮盐法志》卷17《图说门·泰属十一场图说》。

按照迁移的程度，淤涨潮滩盐作过程中，亭场是必须迁移的，盐仓则是可能迁移，只有作为管理机构的场署，一般比较稳定，极少迁移。这主要与三者的功能有关：亭场用于制卤，离不开海水与高盐分的土壤地带；盐仓用于储存食盐，在条件允许的情况下，一般也尽量靠近亭场，以降低运送成本；而场署是盐场大使的驻地与管理机构，以安全稳定、交通便利为主，靠近运盐河与地势较高的海堤附近，最为安全，位置比较稳定。因此，在潮滩淤涨下，盐场不断拉长，并表现为"场—仓—亭"的东西条状分布特征（图4-12）。

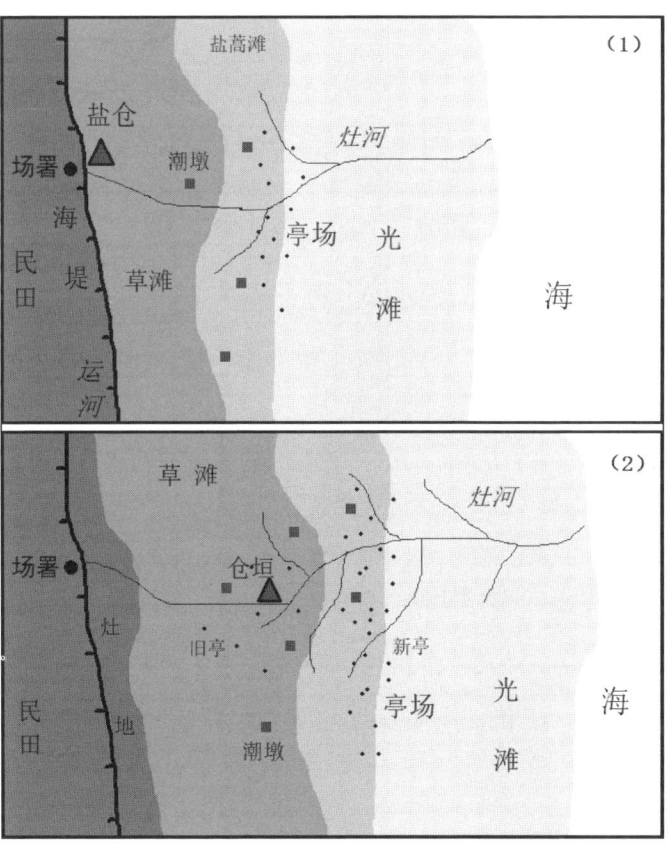

图4-12　淤涨型潮滩盐作要素分布变化示意图

潮滩不断淤涨，生产区与仓储及管理区（仓垣、场署）逐渐远离，生产区位于潮滩，而管理区一般位于堤内或垦区，导致盐场宽度逐渐增长，甚至东西达到数十千米，在东台县境各场最为明显。自陆向海，大部分盐场都表现出"场—仓—亭"的分布特征。清初淮南中十场盐仓分布在场治或范堤两侧附近，到18世纪末到19世纪初的乾嘉时期，大部分仓垣都存在东迁，界于"沿海马路"与范堤之间，大致等于潮滩的陆界（表4-11），平均迁移距离为2～12千米不等。

表4-11 清代淮南中部各场的盐仓（仓垣）分布变化

场别	清初	清中叶
小海场	范堤内侧附近	沿海马路以西，北新灶、南新灶西侧附近
草堰场	无记载	无记载
丁溪场	盐仓在范堤东侧、场治内	沈家灶（今沈灶村）附近
何垛场	范堤与西团桥之间	无记载
东台场	盐仓在场治内	长上公垣即在县城东门外侧、盐关内侧附近
梁垛场	范堤东西侧附近	仓垣在天鹅荡西侧
安丰场	场治内	各场公垣在三仓河边、三仓桥附近，沿海马路西侧
富安场	盐仓在场治，以及便民桥、市河一带	东团与中团灶河之间

说明：清初根据康熙《淮南中十场志》卷1《图经》整理，清中叶根据乾隆《两淮盐法志》卷首《绘图》（于浩辑：《稀见明清经济史料丛刊》第1辑第4册，第45-129页）与嘉庆《两淮盐法志》卷5《图说下》整理。

第四章

本章小结

  本章通过比较分析东台、南汇以及崇明盐场，围绕亭场的动态分布与迁移，系统地揭示了淤涨型潮滩盐作化过程、环境适应特征及其发展机制，总结了盐作化阶段潮滩环境的生态格局，以及盐作方式下人类与潮滩环境形成的生态关系。

  盐作化是潮滩土地利用景观与生态关系演变的第二阶段，明中叶到清中叶苏沪潮滩盐作化达到历史高峰。制盐活动是潮滩传统开发的先锋产业，是人类在自然潮滩发展的第一个大规模开发活动。苏沪潮滩发展出传统的潮滩盐场（田）系统，主要分布在中低滩；亭场在月潮淹没下带与日潮淹没上带之间多呈密集分布、两侧稀疏分布的状态。为适应潮滩不断淤涨，盐作向海迁移，从团灶转变为散灶、生产区与管理区分离，包括场署、盐仓、亭场之间逐渐分离，表现出对潮滩淤涨与生态演替的动态响应，与潮滩环境形成了紧密的共生关系。

  不断向海迁移是明清苏沪潮滩盐作的重要特征。在迁移方向上自陆向海、老荡到新淤，在距离上与滩面宽度相关，在频次与速度上具有阶段性、不均匀的特征。在长江口沿岸，受长江口咸淡水混合的影响，灶地迁移还同时呈现出对成盐岸线萎缩变化的响应特征。明代中叶到清代中叶，亭场以向海迁移的方式适应了潮滩水土环境演变，维持、扩大了盐产规模，潮滩盐作化也达到了历史高峰，与此同时，盐场内部的老荡不断淡化也为盐转垦的景观格局变化提供了条件。

第五章　高滩围垦与圩田系统

第一节　淮南盐区的荡地私垦

一、盐场荡地私垦的扩大

在苏北沿岸进行盐业开发过程中,与低滩制盐同时进行的是,高滩逐渐被垦种。尽管尚未完全脱盐,但土壤盐分仍高的中潮滩,也能够进行一定程度的垦种。苏北沿岸淤涨型潮滩的农业化就是从盐场这一生产系统的内部开始,并且由灶民私垦推动,通过这种方式,潮滩盐场的荡地不断被开垦,从初垦到垦熟,在官府清丈或主动报升后得以确认,一步步向海扩张,最终形成民垦区或农业区,完成该岸段的农业化过程。

荡地私垦源自官府对荡地使用方式的严格限定,只允许为煎盐提供柴薪,不允许开垦。对于盐场灶民而言,官拨荡地一般只拥有使用权,并无其他处置权,官府禁止私相买受,这在宋元时期的两淮盐区已存在。"诸场煎盐柴地,旧来官为分拨,初非灶户己业,亡宋时禁治豪民,不许典卖,亦不许人租佃开耕,今知各场富上灶户往往多余冒占,贫穷之人内多买柴煎盐,私相典卖,开耕租佃,一切无禁,今后运司严加禁治。"[1]

明初洪武年间,盐场荡地垦种曾是合法行为,为了恢复、稳定淮盐生产,

1.《元典章》户部卷8《典章二十二》。

第五章

官府一方面严禁灶户逃亡，另一方面也积极扶持灶户，特别是给予一定的荡地开垦权，即配给一些土地，允许有力灶户垦种，此时对滨海荡地的开垦并非完全禁止。"优恤灶户者甚厚，给草场以供樵采，堪耕者许开垦。"[1]因此在官府的特许下，这一阶段大部分盐场荡地都存在着零星垦种。后经过数十年的发展，荡地开垦渐多，加上豪强侵占，煎盐荡草供应受到影响。为稳定盐业生产、保证荡草来源，景泰元年（1450）朝廷颁令："各运司、提举司及所属盐课司，原有在场滩荡供采柴薪者，不许诸人侵占。"[2]这条规定显然改变了洪武年间部分荡地视情况可以垦种的旧制。自景泰年间以后，荡地开始被明令禁垦，对于盐用荡地，无论灶户、民户均不许开垦。[3]

但有禁就有私，此后荡地兼并、私垦再次出现，"灶户芦场草荡，亦为富豪所据"[4]。"灶种民田止于赋税，无他科差，今则诡寄者多，而灶亦杂差矣。滩场或冲于海潮，草荡或并于豪强，而正课间又使之纳银，是所以恤灶者未尽也。"[5]明代中叶以后更为明显，盐场"草荡多被势豪侵占开垦为田"[6]。"近年草荡有被豪强军民、总灶恃强占种者……致使草荡日见侵没，盐课愈加亏兑。"[7]

这种侵占现象与明代赋役制度相关，明代灶户受里甲与盐务两套行政系统影响，部分盐场灶户既承担了田赋，同时又承担了盐课，官府为稳定盐业生产，一般对灶户有优惠政策，即给予一定耕地征税上的优惠。[8]如"灶户每一大丁免田百亩"，但类似的优免规定往往被富灶滥用，荡地不断被占，也不用负担相应的课税。这种税收差异进一步促进了荡地私垦，但又无法惠及贫灶[9]，

---

1. 《明史》卷80《食货志·盐法》。
2. （明）朱廷立：《盐政志》卷5《制诏》。
3. 刘淼：《明清沿海荡地开发研究》，第68-69页。
4. 《明宪宗实录》卷263，"成化二十一年（1485）三月己丑"条。
5. （明）张萱：《西园闻见录》卷36《户部五》。
6. 嘉靖《两淮盐法志》卷3《法制志第六之二》。
7. （明）朱廷立：《盐政志》卷7《疏议下》。
8. 鲍俊林：《15—20世纪江苏海岸盐作地理与人地关系变迁》，第218页。
9. 鲍俊林：《15—20世纪江苏海岸盐作地理与人地关系变迁》，第211-212页。

"殊不知优免之惠徒能利殷富,不能及于贫难。夫贫者身亲在场,供办则又无田可免,其有田堪免者多系挂名灶籍之人"[1]。豪强往往寄挂灶籍,享受政策优惠,"以致奸豪之徒巧伪百出,在灶丁既利优免之多,每受寄富民之田。在富民亦利徭役之轻,多诡寄灶户之籍"[2]。官府不得不采取清查的方式将被兼并的荡地重新拨给灶户管业[3],例如弘治《两淮运司志》所载泰州分司兼并、占耕情形:

> 判官徐鹏举查勘各场军民侵占,悉令退出还官,分给灶户,栟茶场西草荡一处为通泰等处人民占种,弘治元年……查勘还官,随复占种,弘治三年……给贫灶,岁久仍废,弘治十三年……清查新立界墩木牌,明白四至,分拨各场灶丁营业,永无弊矣。[4]

以东台各场为例,根据弘治《两淮运司志》,15世纪末各场有田地合计10.5万亩,荡地合计总数为295.4万亩,田地平均占比3.6%(表5-1),同时泰州分司各场均有麦、稻、豆作,按照秋粮课税比例推算,稻作规模已经占到总税额的63.1%(表5-2)。半个世纪后,到16世纪中叶,根据嘉靖《两淮盐法志》所载,各场垦地略有增加,荡地合计为296.9万亩,各场田地占荡地总额为9.2%(表5-3)。因此,数十年内,尽管东台各场公开的田地面积增加了约7万亩,但官府支持的开垦仍然很有限,大部分盐场荡地面积仍主要作为草荡供煎。

---

1. (明)庞尚鹏:《庞中丞摘稿·均民灶徭役》,(明)陈子龙编:《明经世文编》卷357,上海:中华书局,1962年,第3833页。
2. (明)庞尚鹏:《庞中丞摘稿·均民灶徭役》,(明)陈子龙编:《明经世文编》卷357,第3833页。
3. 鲍俊林:《15—20世纪江苏海岸盐作地理与人地关系变迁》,第212页。
4. 弘治《两淮运司志》卷5《建制沿革》,于浩辑:《稀见明清经济史料丛刊》(第2辑第25册),北京:国家图书馆出版社,2012年,第416-417页。

表5-1　15世纪末苏北中部各场田地与草荡（亩）

盐场	田地	草荡	荡地	田地/荡地
富安	2 414.8	812 700	815 114.8	0.3%
安丰	18 265.7	491 400	509 665.7	3.6%
梁垛	8 868.6	226 800	235 668.6	3.8%
东台	48 300.4	302 400	350 700.4	13.8%
何垛	6 200	189 000	195 200	3.2%
丁溪	5 187.9	309 500	314 687.9	1.6%
草堰	1 329.3	221 400	222 729.3	0.6%
小海	1 682	183 600	185 282	0.9%
白驹	12 518.9	112 500	125 018.9	10.0%
合计	104 767.6	2 849 300	2 954 067.6	3.6%

说明：根据弘治《两淮运司志》卷5、卷6《建置沿革》整理，荡地为田地与草荡合计数。部分盐场草荡数同嘉靖《两淮盐法志》。

表5-2　15世纪末苏北中部各场田赋类别及比例

盐场	夏税小麦（石）	秋粮米（石）	秋粮豆（石）	合计（石）
富安	49.42	136.36	66.68	252.5
安丰	109.2	164.16	151.22	424.6
梁垛	90.57	461	115	666.6
东台	467.34	2 604.21	527.37	3 598.9
何垛	53.72	178.4	77.23	309.4
丁溪	170.18	143.21	219	532.4
草堰	51.33	—	78.6	129.9
小海	94.1	5.54	120.96	220.6
白驹	64.2	674.88	47.74	786.8
合计	1 150.06	4 367.76	1 403.8	6 921.6
比例	16.6%	63.1%	20.3%	—

说明：根据弘治《两淮运司志》卷5、卷6《建置沿革》整理。

表 5-3 16 世纪中叶苏北中部各场田地与草荡（亩）

盐场	田地	草荡	荡地	田地/荡地
富安	5 578	812 700	818 278	0.7%
安丰	161 181	303 280	464 461	34.7%
梁垛	8 091	226 800	234 891	3.4%
东台	48 330	302 400	350 730	13.8%
何垛	30 890	189 000	219 890	14.0%
丁溪	5 034	309 500	314 534	1.6%
小海	1 682	183 600	185 282	0.9%
草堰	1 329	221 390.4	222 719.4	0.6%
白驹	12 518.9	145 875	158 393.9	7.9%
合计	274 633.9	2 694 545.4	2 969 179.3	9.2%

说明：根据嘉靖《两淮盐法志》卷 3《地理志四》整理，荡地为草荡与田地合计数，白驹场属淮安分司；部分盐场草荡数同弘治《两淮运司志》所载数（表 5-1）。

实际上，盐场可耕荡地始终难以禁垦。到 16 世纪末与 17 世纪初，伴随荡地扩大、可耕，官府也意识到了这方面的问题。面对盐场荡地占垦现象，包括庞尚鹏、朱廷立等不少官员鼓励"余荡可耕"，他们反对的是豪强私占、兼并荡地危及盐业生产的稳定，并非反对灶户垦种余荡。"荡地原无赋入，且淹没不常，非岁稔之区……其已入赋额者勿论，余悉任其开耕，俟三年后耕获有常，始开报起科。"[1] "以有用之产而置之无用，不无可惜，欲耕之民而驱之不耕，诚所未安。"[2] 因此，嘉靖年间官府采取余荡开垦、成熟后升科纳粮的方式，荡地垦种再次合法化，促进了盐场荡地开垦，结束了景泰以后数十年的荡地禁垦规定。

明代后期，伴随海涂外涨，老荡卤淡，实际上个别盐场荡地垦种已有不小

---

1. 乾隆《两淮盐法志》卷 16《草荡》，《稀见明清经济史料丛刊》（第 1 辑第 4 册），第 531 页。
2.《续文献通考》卷 25《征榷考》。

的规模。如庙湾、草堰等场,到万历年间已开垦荡地面积占到盐场荡地总面积的 50% 左右,"庙湾一场,已开至九万九千二百余亩,又三十六年查出草堰一场东西南北四团并四十总,开垦逃亡草荡十万亩有奇。"[1]

总之,明代淮南盐场荡地经历了明初允许余荡可耕,到景泰年间禁止开垦盐场荡地,到正德、嘉靖年间再次允许部分荡地可垦,再到明代末年开垦不断扩大的过程。尽管盐场荡地在私垦与放垦的交替中逐渐推进了潮滩农业化进程,但实际上直到明末总体上垦种规模仍十分有限,约占荡地总额的 10%,绝大部分海涂仍属尚未开发的荒涂。

二、盐转垦与清末植棉发展

在明代基础上,禁垦是清代管理淮南盐场荡地的基本原则,"禁私垦、禁外售"[2],但荡地私垦也仍然存在。到清代中叶,泰州分司各盐场范堤以外的耕地规模不断扩大,危及盐业正常发展。乾隆十年(1745)盐政吉庆"令将各场引荡在本总租典应听自便,其从前隔总卖绝与灶者,仍听买者执业。未卖绝者,许其回赎,若典卖与民者,悉令回赎,如本户无力,许其另觅本总"[3]。

范堤以东各场荡地垦种混杂,无法收取田赋,也不能稳定供煎,急需清丈以便区分垦熟地与盐荡,这样垦熟地不至于漏课,而使煎盐荡草有保障。嘉庆《两淮盐法志》载:

> 每因淤沙外涨,腹内荡地土性渐淡,是以率多改荡为田,垦种杂粮。究不能与民田一例收获,计其利益不及蓄草供煎之厚。若令仍改

---

1. (明)袁世振:《两淮盐政疏理成编·户部题行十议疏》,(明)陈子龙编:《明经世文编》卷 474,上海:中华书局,1962 年,第 5218 页。
2. 光绪《重修两淮盐法志》卷 26《场灶门·草荡》。
3. 光绪《重修两淮盐法志》卷 26《场灶门·草荡》。

草荡，既不能播种菽麦，而田内生草草细又不足以供煎，究成两弃。况历年已久，非新垦者比。应饬各场查明，将现在熟田草荡若干，于场灶保甲册内分晰注明，取具，保甲长甘结存案，仍遍行晓谕。倘此外敢再私垦，保甲长及私垦人并论如律。[1]

因此，乾隆二十六至二十七年（1761—1762），为彻底清查占垦、保障盐业生产的稳定，清廷对淮南大部分盐场荡地与占垦情况进行了一次公开清丈与清理，主要集中在盐场荡地最多、私垦规模突出的泰属各场，旨在处理以往长期积累的私垦问题。经清查，泰属各场范堤以外乾隆十年之前的实际熟地24.7万亩（表5-4）。在对中部各盐场垦地清丈后，对私垦荡地征税、加以认定，并给予一定优惠，同时重新确定了盐作荡地的范围与面积。各场垦地按照梁垛场例折价征科，每亩征收银2分5厘。[2] 这一优惠税率保持了较长时间。至嘉庆年间（1796—1820），周边田赋为每亩征银4分8厘[3]，而盐场垦地（民灶田地折色）仍为每亩2分7厘[4]，数十年间基本不变。

表5-4 清代中叶东台县各场熟地与草荡（亩）

盐场	熟地	草荡（含熟地）	熟地/草荡
富安	29 156	416 163.4	7.0%
安丰	27 111.7	309 736.2	8.8%
梁垛	49 184.4	196 192.2	25.1%
东台	27 296.5	247 113.9	11.0%
何垛	25 875.5	275 363.4	9.4%
丁溪	61 474.5	324 676.4	18.9%

---

1. 嘉庆《两淮盐法志》卷27《场灶一·草荡》。
2. 光绪《重修两淮盐法志》卷97《灶课上》。
3. 嘉庆《东台县志》卷16《赋税》。
4. 嘉庆《东台县志》卷16《赋税》。

续表

盐场	熟地	草荡（含熟地）	熟地/草荡
小海	7 387.2	215 017.3	3.4%
草堰	7 107.9	240 747.4	3.0%
白驹	12 518.9	123 110.5	10.2%
合计	247 112.6	2 348 120.7	10.5%

说明：熟地根据嘉庆《两淮盐法志》卷 27《场灶一·草荡》整理，为乾隆二十七年（1762）清丈之数。草荡根据乾隆《两淮盐法志》卷 16《场灶二·草荡》（于浩辑：《稀见明清经济史料丛刊》第 1 辑第 6 册，第 527–565 页）整理，各场草荡数包括了熟地数。

此外，嘉庆年间东台各场草荡总额 234.8 万亩，相比明代中叶略有下降。从各场荡地与熟地的比例来看，清代中叶泰属东台县各场熟地与荡地总额的比例为 10.5%，这与明代各场田地占比相比略有上升。这反映出明代中叶到清代中叶，在官府以盐业为主的荡地管理方式下，淮南泰属各场公开垦地的扩张比较缓慢（图 5-1），垦地与荡地的比例长期维持在 9%～11%（表 5-3、表 5-4）。

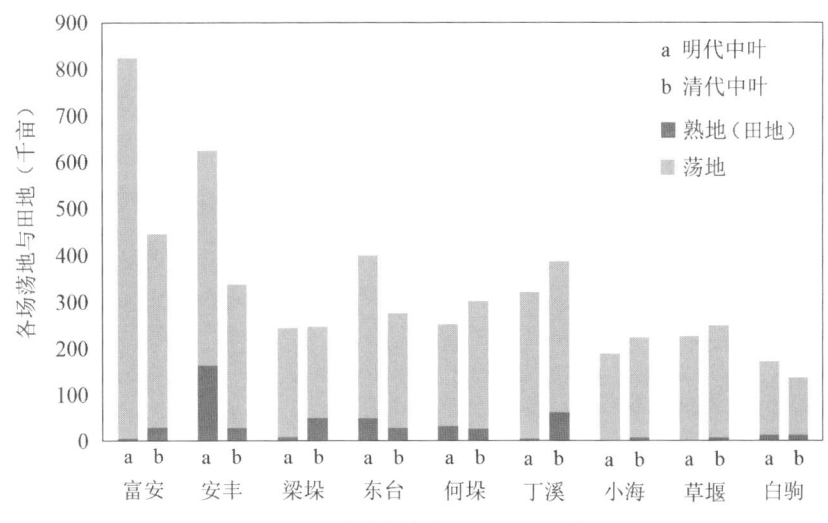

图 5-1　明清时期东台各场田地与荡地
说明：根据表 5-3、表 5-4 编绘。

经过乾隆二十七年（1762）的熟地清丈，淮南中部各场不少私垦老荡因此合法化。不过，清丈古熟地、开科纳粮，主要目的是进一步明确古熟地与供煎荡地的界限，以便维持盐作，实际上加强了对荡地私垦的管制，强化了"蓄草供煎"制度，对分配给各场的荡地禁止私垦也更为严格。[1]乾隆三十五年（1770）朝廷再次重申荡地禁垦令："嗣后无论堤之内外，概禁开垦。"[2]

实际上，这与明代中叶对垦熟地采取开科纳粮以便动态认可的办法是一致的。这种办法得以延续，道光五年（1825）两淮盐政曾燠奏：

> 两淮各场荡地，例归场灶蓄草供煎，按亩征完，折价批解运库，随同盐课奏销。凡有新淤荡地，堪以长草供煎者，随时勘明升科，按照见煎亭鳌匀派领升。其原额老荡遇有淤高，全无卤气，不能供煎者，勘明改作熟田，加完课则，历经循照办理。[3]

海涂淤涨、演替，老荡土淡往往被垦，以致成为熟田。到清代后期，官府禁令已经无法限制私垦，此时主动将盐场荡地改为田地，还可以增加田课，顺应潮滩不断淤涨的形势，但"加则改田以杜私煎私垦之弊"[4]，目的仍是为了稳定盐产，对荡地放荒供煎的原则没有改变。道光七年（1827），因荡地私垦官府再次明令"各灶户将私垦之荡照旧放荒外，再查各场荡地，如有私垦成熟者……立即犁毁，押令放荒"[5]。并颁布《拦草章程》，以便限制越境贩草，稳定荡草供应。[6]只是实际效果往往十分有限，到咸丰、同治年间，灶民为求生计，盐

---

1. 鲍俊林：《15—20世纪江苏海岸盐作地理与人地关系变迁》，第218页。
2. 光绪《重修两淮盐法志》卷97《征榷门·灶课上》。
3. 光绪《重修两淮盐法志》卷97《征榷门·灶课上》。
4. 光绪《重修两淮盐法志》卷97《征榷门·灶课上》。
5. 周庆云：《盐法通志》卷27《场产三·物地三》，《稀见明清经济史料丛刊》第2辑第18册，第217页。
6. 光绪《重修两淮盐法志》卷26《场灶门·草荡》。

第五章

场荡地垦种依旧普遍。

> 近年场下荡地逐渐私自开垦，完极轻之钱粮，收极重之花息，较之煎盐之利巨细悬殊，人情惟利是趋，煎丁半皆改业力农，其未垦之荡地，每遇秋冬收割之时，率皆远樯满载贩运出场售卖，以至场下草价数倍于往昔，煎本日见加重。[1]

显然，这也是灶民迫于生计才去追求荡地资源利用的综合收益[2]，尽管这更有利于因地制宜开发荡地资源，但又与官府维护盐利、推行"放荒"之禁相悖。面对这种困境，盐务官员认为禁止私垦难以持续、必定不合时宜。例如江苏巡抚丁日昌在《淮鹾摘要》中分析了当时淮南盐场当地私垦对盐产的影响：

> 荡地以蓄草供煎，私垦久干例禁，商灶非不凛遵，在前偶有冒禁者，尚知畏人告奸。军兴以后，荡捐既办，公然以荡为田矣。今若听其自然则日甚一日，伊于胡底。然既垦之荡，牛力籽种所费不资，灶户已视为恒产。概令放荒亦岂易事。惟现在海日东趋，本非昔比，其中有可听其耕种，不必查禁者，有无待禁止，自不能开垦者，即有必须查明定界，严为示禁者，诚能分别查办，既不扰令，亦易行矣。附近范堤之地去海已远，卤气不升，不能置亭，即使蓄草亦必不丰且即草丰亦断不能供煎于百十里之外，已垦之地实足养民，此可升为古熟而不必复禁也，其滨海之新淤尽属斥卤，蓄草之外不能种植，且其地系新淤各灶缺草者，每往樵探，名为公樵，此则只宜置亭而不虑其垦种也。[3]

---

1. (清) 丁日昌：《淮鹾摘要》卷1，第1249页。
2. 刘淼：《明清沿海荡地开发研究》，1996年，第72页。
3. (清) 丁日昌：《淮鹾摘要》卷1，第1242-1243页。

丁日昌认为，不同的荡地可耕可煎，存在明显差异，对私垦情形需要具体分析，分别查办、处理，不能完全禁止或放开，这与明末盐政官员力推"余荡可耕"是相似的，不仅能降低灶户课赋压力，而且也能稳定盐业生产、调和盐垦矛盾。[1]

到光绪年间，官府放垦与民间私垦依旧同时存在，并且伴随海涂东扩，荒地闲置更为明显。"荡地产草，至少每亩四石"[2]，淮南各场荡地总面积约600万亩，咸丰到宣统年间，淮南盐产最高约200万桶，光绪年间下降至145万桶[3]，据此估算需要70万~160万亩荡地供煎。[4] 因此不少盐场荡地闲置十分明显，如清末吕四场，"盐法旧有放荒蓄草，禁民开垦之例，故荒废之荡几占及该场全境之半"[5]。

盐作不振，导致更多盐场荡地被私垦。老荡以及升科之后的新淤荡地为灶民与当地农民私垦成熟，煎盐只能圈占那些尚未经过升科认领的新淤荡地[6]，用来"蓄草供煎"[7]。"自海势东迁以后，昔日斥卤之地大半去海已远，其间经官勘明放垦者所在固有，而民间影射私垦者亦多。"[8]"淮南煎盐渐次衰退，当业者致无以为生，故凡长草美地，昔为盐官所禁者，纷纷私垦，由来已久。"[9]

持续"放荒"确实是地力的浪费。伴随潮滩淤涨变宽，草滩带基本脱盐，

---

1. 鲍俊林：《15—20世纪江苏海岸盐作地理与人地关系变迁》，第211-213页。
2. 张謇：《为合资设立掘港开垦公司呈请部署立案文》，张謇研究中心，南通市图书馆编：《张謇全集》第3卷，南京：江苏古籍出版社，1994年，第792-793页。
3. 鲍俊林：《15—20世纪江苏海岸盐作地理与人地关系变迁》，2016年，第185页。
4. 孙家山：《苏北盐垦史初稿》，北京：农业出版社，1984年，第23-24页。
5. 张茂炯：《清盐法志》卷101《场产门二·草荡》，《稀见明清经济史料丛刊》第2辑第5册，第266页。
6. 鲍俊林：《15—20世纪江苏海岸盐作地理与人地关系变迁》，第221页。
7. （清）陆费垓：《淮鹾分类新编》卷1《场灶》。
8. （清）朱寿朋：《东华续录（光绪朝）》卷218》。
9. 实业部国际贸易局：《中国实业志·江苏省》（第2册），1933年，香港宗青图书公司1980年影印本，第257页。

第五章

作为潮滩演替的最后阶段，其面积日益宽阔、拥有大量可耕地资源，而盐作仅利用荡草资源，可耕地资源却被放荒、闲置。除了私垦外，大部分荡地尚待开垦，变通放垦已势在必行。光绪二十三年（1897）"两淮场田变通丈垦"[1]，光绪二十六年新兴、伍佑二场启动放垦，结束了明清时期各场荡地长期禁垦放荒为主的政策。

在清末逐步垦荒过程中，废灶兴垦成为重点，盐场荡地被快速转垦。以往私垦形成的民垦区或老垦区之东的濒海地带，迅速成为全国重要的棉花种植带。"近海地宜植棉。"[2] 光绪三十四年（1908）因纱布大量进口，棉产需求缺口1200万石，急需增加棉地2400余万亩，对棉地扩种的需求持续增加。[3]

清末民初，苏北沿岸盐场荡地快速转变为植棉带，显著加快了荡地转垦的进程，推进了潮滩农业化的速度。伴随荡地围垦活动快速扩大，长期私垦转变形成的民垦区，多以麦豆粮生产为主。公司垦区内多以棉作为主，民垦区棉作极少。[4] 公司垦区的植棉吸引了众多投资者，特别是通海垦牧公司"股东之广，几遍全国"[5]，推动苏北沿岸垦区快速成长为重要棉产区。[6] 至此，淮南濒海地带从以往长期的全国海盐生产中心迅速转为全国植棉中心。到民国年间，苏北沿岸围垦、制盐与荒涂的用地比例分别大致为50.4%、6.3%及43.3%[7]，即苏北沿岸农业用地占到了一半，总体上进入农业化阶段。

---

1. 张茂炯：《清盐法志》卷101《场产门二·草荡》，《稀见明清经济史料丛刊》第2辑第5册，第264页。
2. 民国《续修盐城县志稿》卷4《产殖志》。
3. 李文治：《中国近代农业史资料》第1辑（1840—1911），北京：生活·读书·新知三联书店，1957年，第224页。
4. 孙家山：《苏北盐垦史初稿》，第85—87页、第89—91页。
5. 张保丰：《淮南垦植的过去与未来》，《新中华》1935年第3卷第24期。
6. 张丽：《江苏近代植棉业概述》，《中国社会经济史研究》1991年第3期。
7. 赵赟：《苏皖地区土地利用及其驱动力机制（1500—1937）》，上海：复旦大学博士学位论文，2005年，第267页。

第二节　长江口沿岸与沙洲围垦

一、下沙与崇明盐场荡地围垦

在吴淞口到南汇嘴约 50 千米的岸线上，沿岸荡地属于下沙各场管辖，由南而北，包括下沙头场、二场与三场，每场三团，共九团（图 5-2）。元至明代中叶，是下沙盐场发展的黄金时期。与苏北沿岸不同，上海与长江口沿岸的下沙、崇明各场荡地"放荒"之例并不严厉，不少团灶在远离海潮的老荡常有垦种，这与长江口淡水下移的影响有关，有助于沿岸潮滩脱盐、围垦，潮滩农业化进程在下沙盐场荡地逐步向海围垦过程中得以推进。

明初盐场"计丁授荡"[1]，到明代后期长江口沿岸荡地不断出现被侵占、转售，这与东台县境各场类似，也是在万历年间开始逐渐被垦。"海边草荡明初给与灶户为煎盐之资，万历后豪家告帖起税，管业遂变为荡租，盐工以是消乏。"[2] 盐场荡地逐渐成为豪强兼并的对象，"隆万间有霸占灶荡者，有贫灶出佃与人者，有私相典卖者，有并归总催者。丁多而富者佥报总催，于是或有丁而无地，或占地而非丁"[3]。

同时，盐转垦与灶丁分化有关。根据是否直接煎盐，灶户分为两大类，即滨海灶户与水乡灶户。"松江煎盐之人，近者名曰卤丁，远者名曰灶丁。"[4] 明初，下沙场"煎盐者为灶丁，去场三十里者为水乡，不及三十里者为滨海，水乡丁不能煎盐，例出柴卤价米石贴滨海丁代煎"[5]。即靠近海水负责制卤、煎盐，远

---

1. 光绪《南汇县志》卷 5《田赋志》。
2. 乾隆《南汇县新志》卷 15《杂志》，《上海府县旧志丛书·南汇县卷》（上），第 554 页。
3. 光绪《南汇县志》卷 5《田赋志》。
4. 崇祯《松江府志》卷 14《盐法》。
5. 光绪《南汇县志》卷 5《田赋志》。

离海水的一般已经不再煎盐。这种分化也为荡地垦种提供了契机,随着滩地外涨、老荡土淡,那些远离海水的灶户逐渐以垦种附近荡地为生,"各场灶荡滨连边海,原有二则□,下者专主晒淋,宽平可备樵采,上者相须煎办盐课。迩因贫灶有力者,间于上则荡地开垦成熟,占为己业,随量征税"[1]。

进入清代以后,下沙各场大部分已难以产盐。到清代中叶,只有下沙头场尚能维持盐产,清中叶以后,下沙各场实际上已经转为以垦为主。在嘉庆《重修两浙盐法志》载《下沙头场图》《下沙二三场图》中,自陆向海,其所属盐场荡地被细分为各荡则,除下沙头场塘外仍有团灶外,下沙二三场的圩塘以外已经没有灰场、团灶(图5-2)。

值得注意的是,清代中叶下沙各场的荡地分则反映了盐场荡地转垦的程度与动态过程。一般而言,上则荡地为垦熟地,中则地为新垦地,下则地属草荡,其他未升则的还有稀薄草荡、白涂水洼等荒涂地。根据滩涂熟化与围垦程度,这些土地也可分为新涨未围、新围未垦、新垦未熟,以及垦熟地等多种类型。结合潮滩植被分布的空间特征,虽然上中下三则都属于盐场荡地,但上中二则已经开垦为灶地,而下则地仍属于尚未开垦、或有零星垦种的草荡。塘外一般都是未被丈垦的荒荡;五团、六团尚未长草的白涂也已被圈围,但尚未升则,仍属白涂(图5-2)。换言之,只有上中二则地已经开垦,下则多为草荡,尚未开垦。因此,真正实现了转垦的主要是上则垦熟地与中则新垦地两类,垦种程度高,下则地及其他各类塘外地均为未垦荡地。

根据乾隆《南汇县新志》、光绪《南汇县志》以及《川沙厅志》,整理下沙各场九团的荡则地情形(表5-5、表5-6)。清代中叶,下沙各场荡地总额为28.3万亩,田地(上、中则荡地合计)占比为51.2%,未垦地占地48.8%,二者基本各占一半。其中下沙一场田地占43.1%,二场占50.1%,三场最高,占

---

1. 崇祯《松江府志》卷14《盐法》。

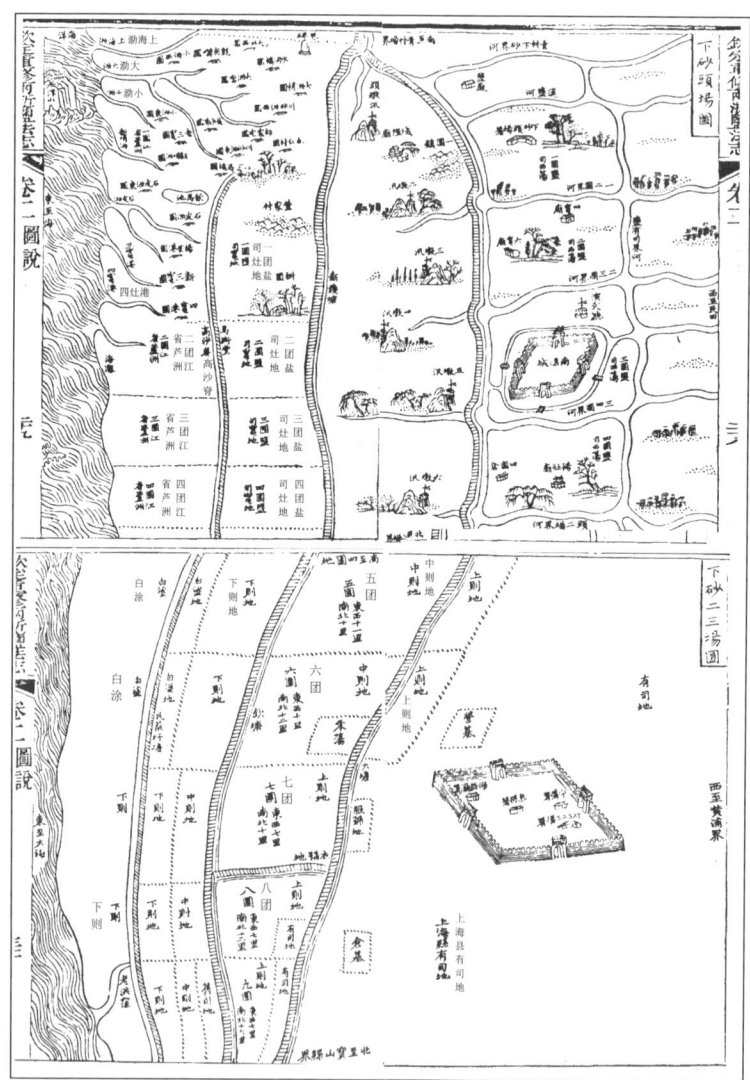

图 5-2 嘉庆《重修两浙盐法志》"下砂头场图""下砂二三场图"
说明：选自嘉庆《重修两浙盐法志》卷 2《图说》。

60.1%。清末，伴随潮滩进一步淤涨，下沙各场荡地总额为 34.6 万亩，相比清中叶增长了 22.3%，各场田地比例略有下降，占比为 46.6%，未垦荒地占地略升至 53.4%，基本仍为各占一半。其中下沙一场田地占 41.7%，二场田地占

45.2%，三场最高，占 53.9%。因此，整体而言，清代下沙各场垦地约占一半，明显高于明清时期东台各场垦地所占比例（9%～11%）。

表 5-5 清乾隆年间下沙各场荡地情形（亩）

场团	上则荡（熟地）	中则荡（新垦）	下则荡（草荡）	稀薄草荡或未垦草荡	白涂沙荡等	各荡总计	上中则荡合计占比	未垦草荡与白涂沙荡
一团	9 158.2	5 786.1	4 966.4	5 581.7	—	25 492.4	58.6%	41.4%
二团	11 409.7	2 257.1	7 227.4	11 830.2	5 492.8	38 217.2	35.8%	64.2%
三团	5 691.3	5 303.3	3 499.6	2040	11 623.9	28 158.1	39%	61%
一场各荡合计	26 259.2	13 346.5	15 693.4	19 451.9	17 116.7	91 867.7	43.1%	56.9%
一场各荡比例	28.6%	14.5%	17.1%	21.2%	18.6%	100%	—	—
四团	15 000	3 885.4	3 833.5	62	17 311.3	40 092.2	47.1%	52.9%
五团	9 282.5	7 240.2	5 927	—	12 440.8	34 890.5	47.4%	52.6%
六团	4 786	7 777.7	—	—	8 131.4	20 695.1	60.7%	39.3%
二场各荡合计	29 068.5	18 903.3	9 760.5	62	37 883.5	95 677.8	50.1%	49.9%
二场各荡比例	30.4%	19.8%	10.2%	0.1%	39.6%	100%	—	—
七团	7 734.6	7 504	22 043.1	—	—	37 281.7	40.9%	59.1%
八团	11 476.9	12 079.3	11 412.7	—	—	34 968.9	67.4%	32.6%
九团	14 210.3	4 135.1	4 546.2	—	—	22 891.6	80.1%	19.9%
三场各荡合计	33 421.8	23 718.4	38 002	0	0	95 142.2	60.1%	39.9%

续表

场团	上则荡（熟地）	中则荡（新垦）	下则荡（草荡）	稀薄草荡或未垦草荡	白涂沙荡等	各荡总计	上中则荡合计占比	未垦草荡与白涂沙荡
三场各荡比例	35.1%	24.9%	39.9%	0	0	100%	—	—
各场各荡合计	88 749.5	55 968.2	63 455.9	19 513.9	55 000.2	282 687.7	51.2%	48.8%
各场各荡占比	31.4%	19.8%	22.4%	6.9%	19.5%	100%	—	—

说明：根据乾隆《南汇县新志》卷1《疆域志》各荡则实存数整理，上则、中则地合计为田地，其他各则合计为未垦地；各场团灶只计上中下各则以及塘外各类草荡与白涂水注地，未包括盐墩、上海县归入的水乡草荡、民图田地数，故各场荡则总数低于表4-9。

表5-6　清光绪年间下沙各场荡地情形（亩）

场团荡则	上则荡（熟地）	中则荡（新垦）	下则荡（草荡）	稀薄草荡或未垦草荡	白涂沙荡等	各荡总计	上中则荡合计占比	未垦草荡与白涂沙荡
一团	14 804.3	5 788.8	6 306.4	4 241.7	4 216.4	35 357.6	58.2%	41.8%
二团	12 244.5	2 257.1	7 227.4	17 054.7	19 103.9	57 887.6	25.1%	74.9%
三团	13 400.5	5 872.2	3 545.4	9 627.5	4 700.9	37 146.5	51.9%	48.1%
一场各荡合计	40 449.3	13 918.1	17 079.2	30 923.9	28 021.2	130 391.7	41.7%	58.3%
一场各荡比例	31.0%	10.7%	13.1%	23.7%	21.5%	100%		
四团	15 000	3 948.2	3 833.5	2 195		17 311.3	42 288	44.8%	55.2%
五团	9 282.5	7 240.2	3 856.1	—	12 440.8	32 819.6	50.3%	49.7%
六团	4 786	7 777.7	5 927	—	12 621.6	31 112.3	40.4%	59.6%

续表

场团荡则	上则荡（熟地）	中则荡（新垦）	下则荡（草荡）	稀薄草荡或未垦草荡	白涂沙荡等	各荡总计	上中则荡合计占比	未垦草荡与白涂沙荡
二场各荡合计	29 068.5	18 966.1	13 616.6	2 195	42 373.7	106 219.9	45.2%	54.8%
二场各荡比例	27.4%	17.9%	12.8%	2.1%	39.9%	100%		
七团	9 734.6	7 554	22 043.1	4 259.7	1 814.3	45 405.7	38.1%	61.9%
八团	11 476.9	12 079	3 019	11 412	3 505	41 491.9	56.8%	43.2%
九团	14 110	4 135	4 546	—	—	22 791	80.1%	19.9%
三场各荡合计	35 321.5	23 768	29 608.1	15 671.7	5 319.3	109 688.6	53.9%	46.1%
三场各荡比例	32.2%	21.7%	27.0%	14.3%	4.8%	100%	—	—
各场各荡合计	104 839.3	56 652.2	60 303.9	48 790.6	75 714.2	346 300.2	46.6%	53.4%
各场各荡占比	30.3%	16.4%	17.4%	14.1%	21.9%	100%	—	—

说明：一团到七团根据光绪《南汇县志》卷5《田赋志下》整理，八团、九团根据光绪《川沙厅志》卷4《民赋志》整理，上则、中则地合计为田地，其他各则合计为未垦地；各类荡地计入原则同表5-5。

自北到南，南汇沿岸从九团依次到一团，各团灶的田地占荡地总额的比例不断降低。乾隆年间，最高是九团（80.1%），最低为二团（35.8%）（表5-5）；到光绪年间，除九团、一团与三团外，其他各团田地占比都有一定下降（表5-6）。同时，下则草荡主要分布在六至八团，其他稀疏长草以及白涂地分布在一到五团（图5-3），与下沙各场图所绘情形一致。这些垦地分布的特征与沿岸咸淡水分布紧密相关，南汇北部岸段更靠近长江口淡水区，垦地占地更多，南部位于咸水区，白涂更多。

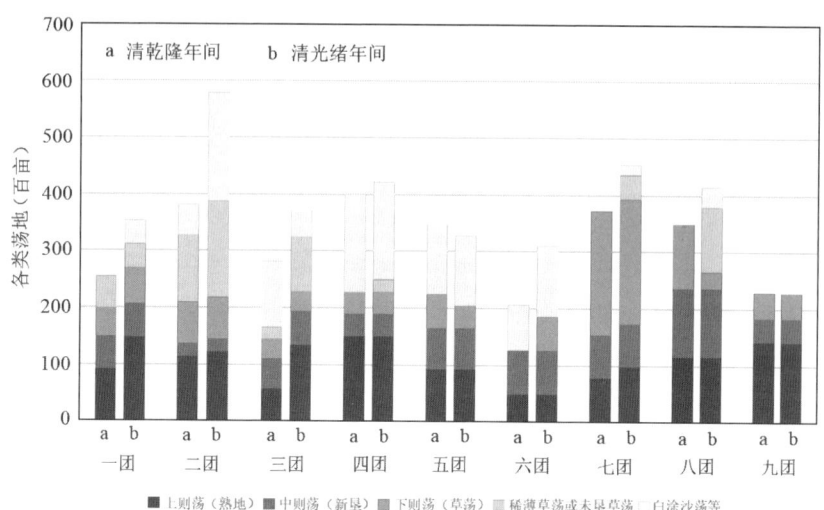

图 5-3 清代下沙各团荡则比较
说明：根据表 5-5 与表 5-6 整理。

在清末荒地放垦的背景下，南汇与川沙新涨沙涂清丈放垦继续扩大。光绪二十六年（1900），大丈、沙洲召卖，"新续涨地七百七十七顷一十五亩有奇……按光绪二十六年一届大丈，召卖新涨沙洲，奉江苏督办沙洲公所颁定未围垦者，每亩征收地价钱二千文，已围垦者每亩征收地价钱四千文，收价后由县委会给印单执业，未升科前暂征草息，钱文内上届划留地，每亩征钱五十文。新涨地每亩征钱四十文，续丈地每亩征钱三十、二十文"[1]。民国《南汇县续志》总述了下沙各场荡地垦种变化，反映了南汇沿岸盐转垦的基本趋势，"元明以后涨滩渐东，墩灶南徙，县境无盐产，而引运遂废……南团区涨滩较多，雍正间分县后塘东芦荡旧多未翻垦者，董家村一带为灶民屯集之所，自马辔塘以东则一片天荒。至嘉道间有浙甬董奚等姓来滩购荒围圩"[2]。

长江口沙洲围垦主要在崇明县，属于长江口潮滩农业化的重要组成部分。元至元十四年（1277）升崇明为州，针对崇明浮动沙洲的土地特性，制定了

---

1. 民国《南汇县续志》卷4《田赋志》。
2. 民国《南汇县续志》卷1《疆域志》。

第五章

"三年一丈,坍则除粮,涨则拨民,流水为界"的政策,也被称为"崇明十六字令",这是长江口沙洲荡地开发的一个重要特征,即坍涨变化比较频繁,不易管控。

受制于史料来源与质量,一般难以提供比较连续的历史围垦与潮滩变化数据。清代田地多为十年或五年清丈一次,由于崇明岛坍涨多变的土地特点,对崇明岛特别施行三年清丈一次的政策。因此,雍正八年(1730)到宣统二年(1910),有了较为连续的荡地清丈记录,是展现清代崇明岛潮滩变化的重要数据,反映了这一阶段的沿岸荡地的新涨与坍除变化。根据该资料,雍正八年到宣统二年,崇明县新涨沙涂共计309.3万亩,坍除面积共204.8万亩,相抵存收104.5万亩,年均增加5 803亩。[1] 同时,历次清丈都是涨多坍少,但也有两个阶段的清丈记录中坍除明显高于新涨,分别是1720—1770年、1880—1895年(图5-4)。

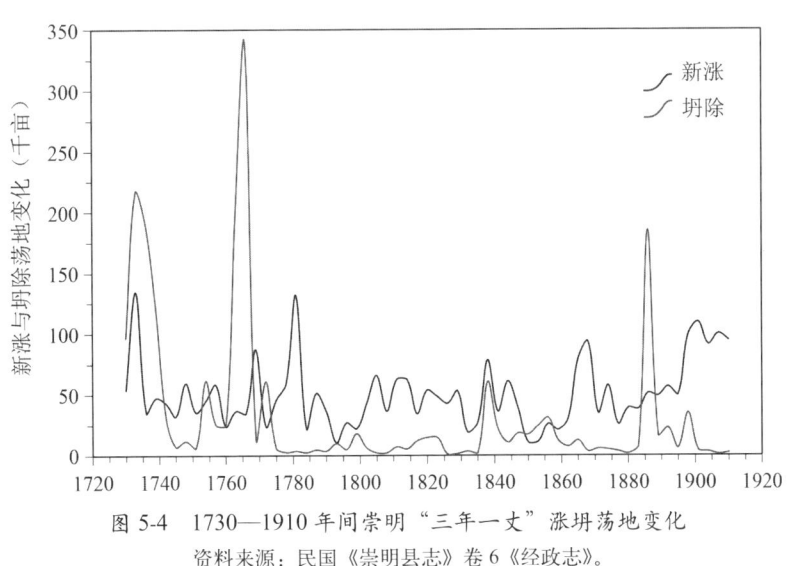

图5-4　1730—1910年间崇明"三年一丈"涨坍荡地变化
资料来源:民国《崇明县志》卷6《经政志》。

---

1. 光绪《崇明县志》卷6《赋役志·田制》,第1209-1212页;民国《崇明县志》卷6《经政志·田制》。

"沙洲之在江中者可耕，在海中者难艺。"[1] 崇明地处江海交汇处，伴随长江口两翼自西北向东南伸张延伸、淡进咸退，长江口水文与潮汐条件发生重大转变，促进了崇明县沿岸潮滩围垦的迁移、调整。[2] 清代中叶，长江口水环境转变，新涨沙洲不断浮出、向长江口北侧并岸，开阔的长江口北支通道不断萎缩变窄，北支出口由河控通道逐渐向潮控通道转变，径流渐弱而咸潮势强，南支通道成为长江主要出口，由潮控通道向河控通道转变。[3] 南北支通道水环境的逆转，海中沙洲变为江中沙洲，显著改变了崇明县沿岸潮滩环境，南侧沿岸潮滩土壤盐渍化程度变轻，北侧沿岸土壤盐渍程度增强，因此南部沿岸成为荡地围垦的主要地带。但毕竟地处江海交汇处，沿岸农作脆弱性也很高，往往受咸潮影响较大：

> 每清明后，江水上发，咸潮下退，得资灌溉，民赖耕畦。是以崇沙之在南区者颇产五谷，以江流余派，其水淡也……所最患者，夏秋之交，禾黍方茁，一值亢旱，江流顿缩。或遇东南风，则高家嘴咸潮因而北涌；遇东北风，则廖角嘴咸潮因而南涌。一沾禾黍，立就枯焦，即在南区者，尽成榛芜。[4]

这与长江口南岸的下沙各场持续扩大向海围垦存在一定的差异。崇明县位于长江口之中，沿岸荡地围垦的发展对长江口的咸淡水互动更为敏感、依赖。

---

1. 光绪《崇明县志》卷4《风土志·风俗》，第1190页。
2. 鲍俊林，高抒：《沙岛浮生：明清崇明岛的传统开发与长江口水环境》，《史林》2020年第3期。
3. 陈吉余主编：《上海市海岸带和海涂资源综合调查报告》，第105-107页；张军宏，孟翊：《长江口北支的形成和变迁》，《人民长江》2009年第7期；鲍俊林，高抒：《沙岛浮生：明清崇明岛的传统开发与长江口水环境》，《史林》2020年第3期。
4. 雍正《崇明县志》卷7《官河考》，《上海府县旧志丛书·崇明县卷》(上)，第468页。

二、长江口沿岸植棉扩张

盐场荡地大规模转为棉花种植，是明清时期长江口沿岸潮滩农业化的突出表现。明代长江口南岸就已经是重要的植棉带，上海县境沿岸"亦潮沙之地……潮汐往返，时盈时涸，壤高善泻，多栽木棉，而少树稼"[1]。到清代前期，长江口北岸荡地已经广泛兴起植棉，如海门厅"全境八九种棉、一二种禾"[2]。

长江口南岸的南汇沿岸土性宜棉，是松江府主要植棉区，"海邑潮汐之区，土宜木棉，不利禾稻"[3]。"邑滨海硗瘠，植木棉以贸食。"[4]"海滩垦熟地，质腴松，棉花朵大衣厚，远在内地产棉之上，于是沪上纱厂多设分庄于大团，与农民直接买卖。"[5]到清代中叶，南汇沿岸已经成为长江口重要植棉带，盐场荡地特别是下则荡地往往是植棉的主要区域，"（每亩）可种棉花五六十斤"[6]。根据叶凤毛《新建八蜡庙记略》所载，南汇沿岸植棉比重估计超过半数，"南邑滨海地高仰，土性杂沙，稼不甚宜稻，植木棉者过半，而间以豆。水皆细流，高岸艰于灌输，而木棉尤畏雨潦"[7]。植棉已是沿岸乡民重要生计来源："其民善治木棉、菽豆，新涨海滩三十余里，垦艺莱菔之属，亦足以赡民生而资衣食云。"[8]川沙沿岸也是如此，"地形高仰，宜谷宜棉"[9]。新涨荡地是植棉的主要地带，"滨海新涨，土最宜棉，塘高沟深，屏蔽乎其外，潴泄乎其内，我川沙人

---

1. （明）张国维：《吴中水利全书》卷1《上海县全境水利图说》。
2. 嘉庆《海门厅图志》卷2《舆地志》。
3. 乾隆《上海县志》卷6《城池》。
4. 乾隆《上海县志》卷5《土产》。
5. 民国《南汇县续志》卷18《风俗志一》。
6. 嘉庆《松江府志》卷20《田赋志》。
7. 乾隆《南汇县新志》卷7《祀典志》，《上海府县旧志丛书·南汇县卷》（上），第388页。
8. 嘉庆《松江府志》卷首《南汇县全境图说》。
9. 光绪《川沙厅志》卷首《图说》。

直视为第二生命"[1]。其他沙洲也扩种植棉,"物产以棉稻菜子为主,横沙、圆圆沙为新辟之地,多棉田"[2]。

长江口植棉扩张最为显著的是崇明沿岸(图5-5)。整体上崇明南部沿岸潮滩在18世纪以后逐步形成了"西稻—中棉—东盐"的地带性分布特征,并且伴随滩涂淤涨与土壤演替,呈现棉作不断扩大、稻作与盐作萎缩的趋势。[3]

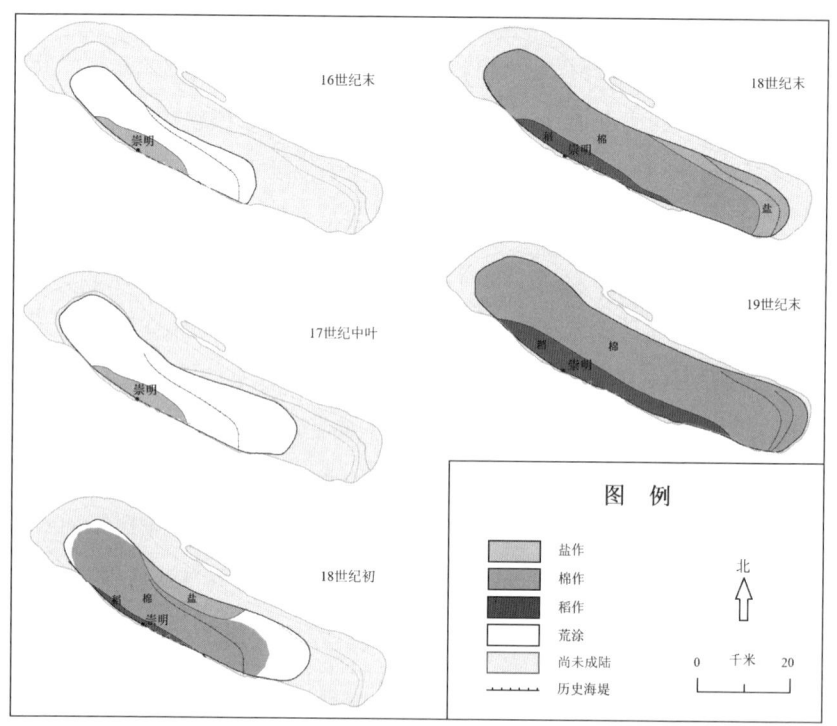

图5-5　明清崇明岛扩张与土地利用变迁综合示意图

说明:灶地、植棉、海堤分布根据康熙《重修崇明县志》卷3《建置·海岸》、乾隆《崇明县志》卷1《水利》、嘉庆《直隶太仓州志》卷5《营建志下·济民墩》、民国《崇明县志》整理编绘,海岸线根据恽才兴编著:《图说长江河口演变》(北京:海洋出版社,2010年)改绘。

---

1. 民国《川沙县志》卷首《导言》。
2. 民国《江苏省地志》第4编《地方志·川沙县》。
3. 鲍俊林,高抒:《沙岛浮生:明清崇明岛的传统开发与长江口水环境》,《史林》2020年第3期。

第五章

崇明岛较大规模的荡地开发始于主岛稳定成形之后，特别是需要一定的水利基础。稻作一般依赖稳定的河渠灌溉与水利投入，对局部水环境要求很高，但沙洲浮动、支河港汊往往淤塞居多，没有大力管护投入，难以获得良效。[1] 但旱作种棉便利很多，适宜滩涂沙地种植，成本少收益高，更易获得扩张，加上坍涨累积的新淤荡地，为植棉扩张提供了丰富的土地资源。[2]"县地皁斥卤，不宜五谷，但利木棉，种五谷者十之三，种木棉者十之七"[3]，植棉扩张甚至导致本地粮米不足，需要从外地购买。为改善崇邑种植结构，雍正年间颁布《劝农告示》，"谆谆戒令，少种木棉，多种五谷"[4]，但棉作收益高且更适合沙地种植，人们热衷植棉，难以阻挡。[5]

到清代中叶植棉进一步扩大，崇明县荡地棉作占到七成甚至九成。[6] 植棉发展成为清代中叶崇明县荡地垦种的主体，也导致崇明县经济过于依赖棉作，再次引起官府的重视。乾隆四十年（1775）两江总督高晋《请海疆禾棉兼种疏》：

> 惟松江府、太仓州、海门厅、通州并所属之各县，逼近海滨，率以沙涨之地，宜种棉花。是以种花者多而种稻者少，每年口食全赖客商贩运，以致粮价常贵无所底止……崇明一县，向因本地多种棉花不

---

1. 鲍俊林，高抒：《沙岛浮生：明清崇明岛的传统开发与长江口水环境》，《史林》2020年第3期。
2. 鲍俊林，高抒：《沙岛浮生：明清崇明岛的传统开发与长江口水环境》，《史林》2020年第3期。
3. 乾隆《崇明县志》卷5《赋役志二·采买》，《上海府县旧志丛书·崇明县卷》（中），第870页。
4. 雍正《崇明县志》卷17《坛庙》，《上海府县旧志丛书·崇明县卷》（上），第640-641页。
5. 鲍俊林，高抒：《沙岛浮生：明清崇明岛的传统开发与长江口水环境》，《史林》2020年第3期。
6. 鲍俊林，高抒：《沙岛浮生：明清崇明岛的传统开发与长江口水环境》，《史林》2020年第3期。

种粮食,准其招商赴上江有漕聚米之区采买运济。[1]

高晋多次察访松江、太仓、通州地方,他认为植棉远多于种稻,在于后者对灌溉与水利依赖更高,前者成本较低,收益高,"究其植棉而不种稻之故,并非沙土不宜……在各厅州县农田计之,每村庄知务本种稻者不过十分之二三,图利种棉者则有十分之七八","种稻多费工本之故,则因田间支河汊港淤塞者,多艰于车水,工本不无多费"。因此,高晋建议地方应当加大水利投入,通过疏浚河道港汊、禾棉兼种,试图改变:"将凡有淤塞沟洫次第开挖,……多种稻而少种棉","凡田土在一顷以下者应听其便,若在一顷以上者只许种棉一半,其余一半改种稻田。士民之遵行者奖勉之,抗违者教戒之"[2]。

但实际上这些举措无法改变乡民对植棉的热衷,到清末崇明棉作进一步强化。光绪年间,岛内"多种木棉,出口棉花盈千累万,近来树艺五谷米粒稍多,乞籴可减,向年之半,而棉花出口尚有数千包不等,民妇纺织,甚有盈余"[3],以致崇邑"终岁民食,恒赖他郡客米,以为接济"[4]。

第三节 淤涨型潮滩的农业化与分布特征

一、潮滩演替与荡地转垦

潮滩的自然演替导致盐场荡地不断增宽、土壤逐渐脱盐,是潮滩农业化的基本条件,官府禁垦与放垦的土地政策的调整,也影响了农业化的进程。伴随

---

1. (清)高晋:《请海疆禾棉兼种疏》,贺长龄,魏源:《清经世文编》卷37《户政一二》,第940页。
2. (清)高晋:《请海疆禾棉兼种疏》,第940页。
3. 《崇明花米》,《益闻录》1892年第1149期,第112页。
4. 《崇明米市》,《益闻录》1881年第86期,第27页。

第五章

滩涂淤涨变宽，盐场的荡地面积不断扩大，盐转垦成为长期趋势。那些远离海潮、难以受到潮汐影响的土地，逐渐转变为农作用地，从粗放的开垦到圩田化精耕细作，完成了自然潮滩向农业化的转变。

但盐转垦或盐田系统转为圩田系统也是一个复杂、缓慢的过程，在转变方式或机制上，可以分为两种：一种是随着土壤演替、脱盐，而自然地对一部分土淡的灶地进行垦种直至成为熟田，速度较慢，会受到潮滩演替历史的影响；另一种则是筑堤圈围后成为圩田，加快了灶地转垦的过程，形成圩田生产系统，但会受到圈围技术与水环境的影响。前者主要在苏北沿岸以及崇明县较常见，后者主要在上海东部沿岸的上海县、南汇县沿岸。

淤涨型潮滩上传统围垦的高度一般位于平均高潮位，但在潮滩自然演替作用下，处于脱盐与积盐过程转变的沉积岸段（中潮滩），就已经具备初步垦种的条件。处于积盐过程的沉积岸段（光滩）无法垦殖，处于高潮滩的草滩带土壤远离海水而脱盐淡化已经适宜大面积垦种，不再适合制盐生产。[1]亭场不得不搬迁至离海更近的新淤滩地，原有老荡土地闲置。同时，伴随草滩面积不断扩大，大量闲置的草滩势必吸引附近居民私垦。根据现代潮滩特征，淤进型潮滩年潮淹没带的草滩剖面平均盐度较低（约2‰），0～5厘米的表土盐分也低于剖面平均盐分，属于比较稳定脱盐环境[2]，有机质厚、盐分低，更适宜种植而非盐作活动。[3]因此，受潮滩淤涨、演替作用的影响，适宜垦种的地带逐渐扩大，整体上处于脱盐阶段的宜垦带占主导，为盐场荡地转垦提供了重要的土壤条件。生草岸段的盐蒿草滩与白茅草滩或芦苇草滩，实际上是潮滩垦作形成的核心区、往往也是私垦集中分布地带。

清初叶梦珠在《阅世编》中描述了松江府滨海地带的滩涂生计，反映了淤

---

1. 陈邦本，方明：《江苏海岸带土壤》，第17页。
2. 陈邦本，方明：《江苏海岸带土壤》，第77页。
3. 鲍俊林：《明清两淮盐场"移亭就卤"与淮盐兴衰研究》，《中国经济史研究》2016年第1期。

潮滩环境与苏沪沿海历史生态地理
Tidal Flat Environment and Historical Eco-Geography of the Jiangsu-Shanghai Coastal Region

涨型潮滩上各分带演替与传统开发方式空间分布的关联：

> 濒海斥卤之地，沮洳芦苇之场，总名曰荡，不在三壤之列。明兴，并给灶户，不容买卖，俾刈薪捃海以煮盐……其后沙滩渐长，内地渐垦。于是同一荡也，有西熟、有稍熟、有长荡、有沙头之异。西熟、稍熟，可植五谷，几与下田等。既而长荡亦半堪树艺，惟沙头为芦苇之所，长出海滨，殆不可计。葭苇之外可以渔，长荡之间可以盐，税轻役简，虽有该年总催之名，税无赔累，役无长征，沮洳斥卤，遂为美业，富家大户，反起而佃之，名虽称佃，实同口分，灶户转为佃户，利之所在，人共争之，势使然也。[1]

可见，濒海淤涨潮滩上不同分带能够提供的资源，利用方式的差异，以及它们之间的联系。按照离海远近、课税轻重，自陆向海划分了西熟、稍熟、长荡以及沙头四个部分。西熟、稍熟位于高潮滩，长荡位于中潮滩，沙头位于低潮滩，即光沙无草地带，滨海地带的潮滩上这种生计分布是普遍存在的。

淤涨潮滩的草滩带具有资源利用的双重性，是潮滩主要生态类型，也是潮滩植被类型演替的顶级群落与最后阶段，故伴随海涂淤涨、滩地淤宽，草滩带与宜耕带不断增宽。[2] 因此，草滩带提供了两种资源，一方面土壤淡化、表层有机质持续增加，具备垦种的条件；另一方面荡草茂盛、植被覆盖率高，为煎盐提供薪草。同时，淤进型海涂淤涨导致光滩、盐蒿滩、草滩平行向海淤宽，但在自然状态下，草滩带作为潮滩演替的最后阶段与植被演替的顶级群落，实际上越来越宽阔，滨海平原适宜垦种的面积也越来越多。[3] 受此影响，沿海淤涨潮滩适宜垦种的范围日益增大，整体上宜垦占主导，形成盐转垦的基本趋势。

---

1. (清) 叶梦珠：《阅世编》卷1《田产二》，第32页。
2. 鲍俊林：《15—20世纪江苏海岸盐作地理与人地关系变迁》，第68页。
3. 鲍俊林：《15—20世纪江苏海岸盐作地理与人地关系变迁》，第68-69页。

第五章

但问题在于，依赖于潮滩自然演替所提供的盐转垦条件，会受到演替历时的限制，往往耗时十几年以上。如前文所述，从稀疏长草的盐蒿滩带到长草密集的草滩带，一般需要 15~20 年才完成自然演替过程，成为基本脱盐带（小于 2‰）。当然，苏北沿岸各场灶民以事煎为主业，草荡垦种只是副业，因此往往以私垦方式进行，也不在意收成多少，除了垦熟升科之外。故而一般并不担心演替历时的影响，垦种范围基本集中在脱盐土带。在南汇川沙沿岸的情况则相反，除下沙一场外，下沙二三场进入清代以后垦种往往成为主业，垦种比例超过一半。需要注意的是，南汇川沙沿岸的四团到九团之所以能够有较高的垦种比例，还与长江口淡水不断下移的水环境转变紧密相关。清代前期长江口南支形成淡水径流控制的水环境，是该岸段能够加快盐转垦的重要地理背景。

因此，盐转垦过程中，除自然演替推动外，人们也不再等待草滩带完全形成再去垦种，而采用了主动圈围可能垦种的荡地，甚至在稀疏长草的中潮滩，即通过圈围去人为加速荡地土壤从积盐转入脱盐过程，通过圩田化方式完成盐转垦。

二、盐场荡地圈围与圩田化

除潮滩演替推动盐转垦之外，另一种是圈围筑圩技术的推动作用。在潮滩农业化过程中，人们往往也会采用一定的圈围技术，加速盐转垦进程，但也需要一定的技术方法与水环境条件。在草荡转垦的过程中，灶民需要借助筑圩技术逐渐垦熟荡地，在南汇、川沙沿岸比较常见。滨海草荡筑圩与太湖东部低地的筑圩类似[1]，一般以筑圩塘实现区域或分级控制，形成塘内的小环境，提高对水土环境、物质与能量循环的人为干预效果，构建相对封闭的小型生产系统。

在苏沪沿岸，特别是上海东部沿岸，荡地转垦过程中，主动圈围荒草荡

---

1. （清）孙峻，（明）耿橘撰，汪家伦整理：《筑圩图说及筑圩法》，北京：农业出版社，1980 年。

地,甚至筑圩成田,是推动荡地圩田化开发的重要方式。在海潮能够影响的地方圈围荡地,首要目标是隔绝海潮的影响,促进土壤脱盐。相比而言,在传统煎法下,潮滩盐田是一种开放式的生产系统,而圩田是相对封闭的生产系统,人为干预水流、土壤的程度更多。传统的盐场荡地的圈围,一面需要沿海筑堤以防止海潮陡然而进,一面需要等待数年甚至十数年淋洗盐分,开沟排盐。此外,也可以通过人为种菁压盐等方式促进土壤脱盐。

民国年间,盐城沿海一带筑圩植棉,是苏北沿岸废灶兴垦之后推广的筑圩方法,"近海地宜植棉,凡植棉有高地、平地之别。旧法于草地起土为陇,陇之间为下隰地面,肥土培积陇上,以之种棉,经久不败。昔北七灶人多用此法,而创始之时劳费倍蓰,惟地少者能之。新法圈地筑堤,内辟沟渠,泄卤通流,画疆分塍,卤气既宣,平畴皆可种植,此法始由泰和诸垦区行之"[1]。

上海东部沿岸筑圩促垦比苏北沿岸更早,清代中叶也发展出比较成熟的本地筑圩(塘)促垦的方法。通过潮滩筑塘或民圩构建的骨干工程,加上塘内的水系整理,推进塘内的圩田化,"濒海夏秋间每苦风潮,护塘所为筑也。内塘东旧为不毛之地,厥后海渐东移,筑室治田,故更起外塘,而于内塘开水洞以资蓄泄,至外塘东菱芦蔓衍,间有可垦之荡,又起圩塘以为外塘之保障"[2]。

处于低洼地带的潮滩荡地,潮汐往来,因此筑圩岸挡住潮水侵袭,这是滨海荡地构建圩田、调节局地水环境的基本原则。"昔人治高田之法,有塘、有溇、有潭,凡潴水以灌田者皆是也。其治低田之法,则绕田四围筑堤,谓之圩。圩者,围也。内以围田,外以围水,盖低乡支河之水容受众流比田反高,若非圩岸以围之,则荡然巨侵,遂不可田。"[3]与太湖东部低地传统的治田方法略有不同,濒海圈围关键是筑圩塘抵挡潮浸,而且更需要高大坚固的外围塘

---

1. 民国《续修盐城县志稿》卷4《产殖志》。
2. 乾隆《南汇县新志》卷5《水利志》,《上海府县旧志丛书·南汇县卷》(上),第364页。
3. 同治《苏州府志》卷10《水利二》。

第五章

身,"未圩曰荡,既圩曰田,田荡之别,总在圩与不圩"[1]。因此,沿海荡地开发筑圩最为紧要,这在崇明、南汇与川沙沿岸更为明显,"崇田环海,非设为堤防,则波涛奔突,不能树艺,故海疆田制以圩岸为民生急务也"[2]。

从濒海荒荡转变为垦熟圩田,也需要一定的投入与时间。圩田是长草荡地(生地)的直接圈围,也可以是有初步垦种基础的荡田的进一步圈围熟化,一般辅之以人工脱盐。"荡未成圩,须植苇以澹卤质,名曰种菁"[3],"荡老可田,必需筑圩"[4],"田未开垦曰生……种谷者为田,种棉者为地"[5]。因此,挑筑荡地成圩,还需要圩内平整地面,"凡涨地未圩曰荡,既圩曰田。田主有力自圩者,其田为全重,得收全租。如不能自圩,召佃挑筑,圩内不无高下欹侧,须削平可耕,谓之开生"[6]。一般前后延续十余年方能转为熟田,"既筑圩者为田,植花稻,而熟之田犹有翻生之患,故赋最轻。大丈之岁(定例五年一丈)计田之成熟日久者,酌加其赋谓之转则,即则壤而必待十三年之意也"[7]。经过筑圩之后,荡逐渐成为田,垦种得到发展,潮滩农业化进程得以推进。这些新垦未熟的新圩区,处于民田(老圩)与盐场之间的过渡区域,田赋负担小,从昔日滩涂、草荡逐渐向良田转变,"民田之东,各场办课;灶地之西,外不近海,内不傍江,岁种花稻豆麦,无异附郭膏腴,府县、监司两不编差,东海士民视为仙境。"[8]

此外,长江口沿岸荡地圈围之后的圩田灌溉方式也有其独特性,"海地皆高阜,不能引江湖之水以资灌溉,常有旱灾"[9]。为此,滨海田地可以借助潮汐

---

1. 嘉庆《直隶太仓州志》卷21《赋役志》。
2. 嘉庆《直隶太仓州志》卷21《赋役志》。
3. 民国《崇明县志》卷6《经政志·田制二》。
4. 康熙《重修崇明县志》卷4《赋役志》。
5. 康熙《重修崇明县志》卷4《赋役志》。
6. 民国《崇明县志》卷6《经政志·田制二》。
7. 嘉庆《海门厅志》卷2《赋役志》。
8. (清)顾炎武:《天下郡国利病书》卷22《江南十》。
9. 同治《苏州府志》卷10《水利二》。

顶托江口淡水以进行向岸的逆行潮灌，即趁潮自流，这也是滨海田地的特殊灌溉方式，采取筑圩、潮灌的办法，才能稳定荡地垦种。只要不是风暴增水，一般的潮位抬升有助于淡水团借机倒灌。换言之，只要避开异常风潮，平时一般都能够利用潮汐作用进行灌溉，这在长江口河口段内侧比较常见。道光十五年（1835），"夏旱，（南汇）河港几涸，六月十八日海潮骤涌，过护塘，沿海禾棉借以滋灌"[1]。光绪年间，宝山"近海各区正当亢旱，忽遭海溢，禾棉得受滋灌，倍形丰茂……自崇沙以西、江阴嘉宝以东，皆江水无海水。沿海外捍塘下有沟，亦引江水灌溉"[2]。

三、垦地占比、盐垦分界线及迁移速率

潮滩老荡的盐作迁出与农作迁入往往同步进行，并且潮滩盐作化导致潮滩前缘地带始终处于盐作，潮滩的内陆部分即老荡（草滩带）成为盐垦转变的核心区。如前文所述，苏北沿岸东台各场垦地占比直到清代后期仍维持在10%左右，但清代中后期南汇沿岸下沙各场垦地平均占比已达到50%。这反映出苏北沿岸盐转垦较缓，是被动的转垦，上海东部沿岸则是主动转垦，速度较快。因此，若以垦地占比超过盐场荡地总额的半数作为进入农业化阶段的标准，到清代中叶上海东部沿岸整体上已进入农业化阶段。不过，盐区向农区转变，不仅表现在垦地比重不断扩大，也表现在盐垦分界线持续向海迁移。

在动态的淤涨型潮滩之内，盐场向海扩张之后，垦种范围随之向海推进，盐作与垦作区域之间存在一条分界线，基本维持在草滩带的下带，或者潮滩范围的陆上边界。在东台各场，盐垦分界线并不明朗，因为盐场荡地多为私垦，沿着范堤外侧附近展开，但很大程度上，清代中叶以后，各场的仓垣分布位置

---

1. 光绪《南汇县志》卷22《杂志·祥异》。
2. 光绪《松江府续志》卷6《山川志》。

可以大致作为盐垦分界线。这是因为各场仓垣往往多选择在水陆交通节点，更为重要的是，仓垣要尽量避免大潮侵袭的影响，往往位于盐作带与垦种带交界的位置，因此各场仓垣的分布连线也可大致等于盐垦分界线。

苏沪沿岸不同岸段的盐垦转换的速率不同。整体上，苏北沿岸转换较慢，南汇沿岸转换最快。比较而言，南汇—川沙沿岸盐垦转换速度最快，直接原因是清中叶以后长江口南支沿岸成为淡水径流控制的通道，加快了沿岸土壤脱盐过程、浅层地下水矿化度的下降。

综合考虑仓垣、年高潮淹没带分布以及潮滩演替的影响，在东台各场，明代中叶盐垦分界线大致在今沈海公路一线，到清代中叶大致在小海—沈灶—南沈灶一线，前后约200年，向海迁移的平均距离约为7千米，年均迁移速率为35米。在南汇下沙一场（大团），从15世纪中后期里护塘，到16世纪末外护塘，再到18世纪中叶彭公塘，最后到光绪末年的李公塘，前后历时435余年，总距离为8千米，年均迁移速率为18.4米。

需要注意的是，尽管表面上看下沙一场大团的盐垦分界线迁移速率小于东台场，但这里需要与两个岸段的潮滩淤涨速率同时进行比较，才能看出二者盐垦转变速率的真实差异。因为从潮滩淤涨速度看，东台沿岸远高于南汇沿岸。16世纪以后，安丰、东台等岸段淤进快速，每年约数十米到百米以上。[1]以淤涨最宽的东台县治以东区域为例，从东台县治到海岸线的东西直线距离内，明代嘉靖年间东台岸线大致在今天沈海公路一线；清乾隆年间岸线大致在花川公路一线，相距28千米，年均淤涨速率为140米，显著高于盐垦分界线向海迁移的速率。而在下沙一场，以淤涨最宽的大团以东区域为例，16世纪末的岸线大致在今上海绕城高速一线，18世纪末岸线大致在白龙港—五尺港一线，二者距离约7千米，年均淤涨速率为35米。因此，考虑到下沙各场的潮滩淤涨速率明显小于东台各场，后者的盐垦分界线迁移速率实际上比前者要慢得

---

1. 张忍顺：《苏北黄河三角洲及滨海平原的成陆过程》，《地理学报》1984年第2期。

多，即东台各场盐垦分界迁移慢于下沙各场。

另外一个需要比较的是潮滩演替的速率，由于潮滩自然演替速率无论在东台还是下沙都是一致的，但从盐作带转变为种植带的速率却不同，例如在淮南盐区主要受制于官府对荡地利用的严格管制，因此其盐垦转换速率始终落后于潮滩演替速率，即很多适合转垦的荡地也禁止开垦，造成盐转垦速度下降、农业化进程缓慢。相反，南汇、川沙以及崇明所在各场荡地的盐垦转换速率始终快于潮滩演替速率，甚至尚未长草的白涂也被圈围促垦，导致圩塘不断向海新建、巩固，也加快了濒海荡地农业化进程。

因此，从盐转垦速率比较的角度看，明清时期苏北沿岸潮滩农业化经历了缓慢发展、到清末突变的过程，但上海东部沿岸的南汇、崇明等潮滩农业化经过明清时期长期的渐进发展，清代中叶已经达到较高的程度。

四、盐垦空间分布与土地利用类型

自海向陆，苏沪潮滩历史开发总体上表现为潮滩盐作与垦作并存的分布格局、同步向海迁移，比较稳定，并形成了苏北沿岸盐作中心，以及上海东部沿岸的棉粮种植中心。

棉作是明清时期苏沪沿岸潮滩农业化的主要作物形式。经过明清时期的发展，苏沪沿岸在盐作带之后分布了一个平行的比较稳定的植棉带，但在长江口沿岸明代中叶已初步形成植棉带，苏北沿岸到清末才快速形成。苏北沿岸主要是分散种植，面积有限，而南汇—川沙—崇明—启东—海门一带的长江口南北沿岸各地，均发展了大规模、连续植棉带，成为明清时期的植棉中心。总体上，苏北沿岸直到清末民初植棉带才快速发展起来，而长江口沿岸在清代中叶已是重点植棉地带。

苏沪沿岸农业化，以上海东部沿岸最早。弘治《上海县志》描述本邑形势时，对上海县滨海农业的发展作了高度肯定："县虽濒海而广原腴壤，尽境皆然，极目万顷，莫有旷土，以十分计之，良田盖居其九，故元史称为濒海重地。前志谓无深山茂林之阻，虽素号泽国之乡而平畴沃野居多。"[1] 明代中叶以来的植棉发展正是上海县滨海地带发展的主要内容。

苏沪沿岸荡地植棉在空间分布上呈现出沿长江口自南向北扩张的变化特征。在时间上，明代长江口开始有植棉、清代中叶长江口植棉扩大、清末民初苏北淮南也发展植棉。这样的时空格局与苏沪沿岸不同岸段的土质分布存在较好的相关性（图5-6、图5-7）。

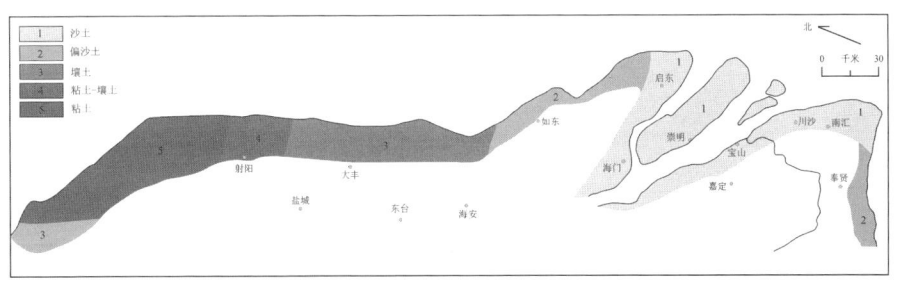

图5-6 现代苏沪沿岸土质分布示意图

说明：根据陈邦本等《江苏海岸带土壤》（南京：河海大学出版社，1988年，第38页）、侯传庆主编《上海土壤》（上海：上海科学技术出版社，1992年，第47–52页）、《中国海岛志》编辑委员会主编《中国海岛志》（江苏、上海卷，北京：海洋出版社，2013年）整理。

淤涨型潮滩上传统围垦的高度一般位于平均高潮位。在该位置内，土壤属于脱盐过程，有利于垦种。棉花种植耐盐、耐旱，而沙土适宜植棉，因此滨海高爽沙土带是良好的植棉区。一般而言，植棉带土壤盐度多为0.5‰～2‰，2‰以上植棉也有稀疏分布，而蒿草为3.5‰。[2] 民国时期，实地调查显示盐城以南砂土增多，黏土分布逐渐减少[3]，土质分布状况与今天一致，整体上以壤土、黏土为主，只有靠近长江口一带才有偏沙土分布。长江口沿岸土壤偏沙

---

1. 弘治《上海县志》卷1《疆域志》。
2. 郑步青：《南通砂滩盐地及鸡脚棉之盐质抵抗力》，《农学》1926年第5期。
3. 实业部国际贸易局：《中国实业志·江苏省》第一册第一编，第33–34页。

（图 5-6），加上土壤淡化整体较快，清代围绕长江口沿岸形成了一个植棉中心，包括南汇—川沙沿岸的重塘（夹塘）地带、崇明全岛以及海门与启东沿岸（图 5-7）。因此，淮南沿岸发展植棉较晚，一方面受到荡地放荒规定的限制，但另一方面淮南岸段沙土条件不如长江口沿岸也是一个重要限制因素。

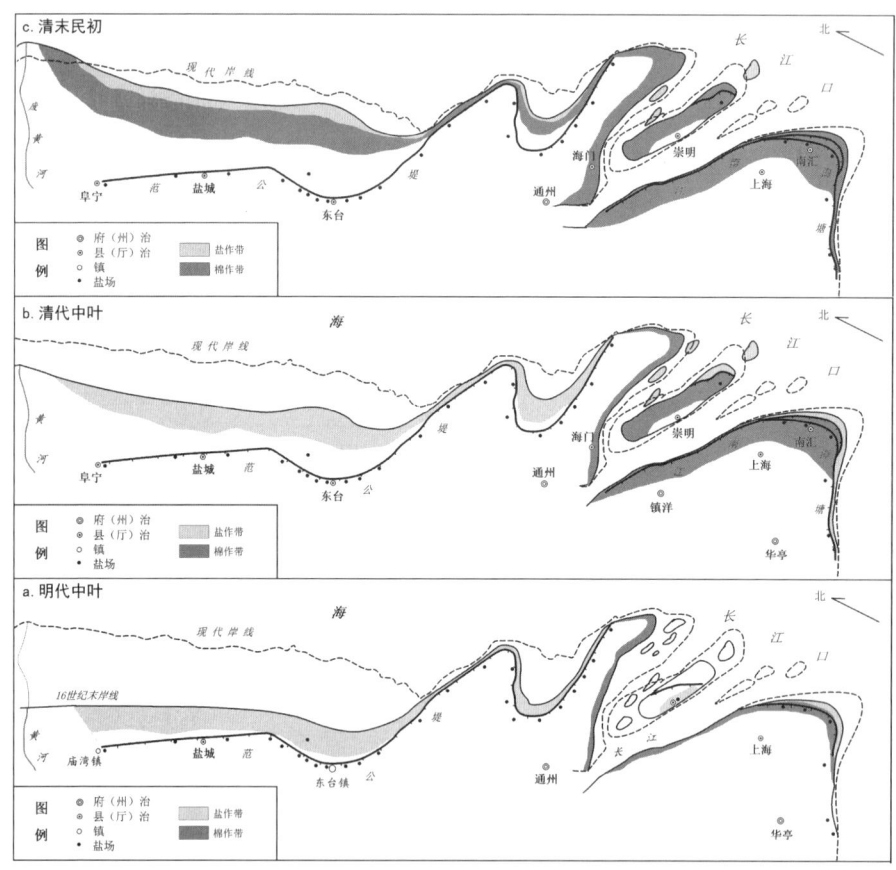

图 5-7　明清苏沪沿岸植棉带与盐作带分布变化示意图

说明：盐作带据明清时期苏沪各盐场灶地或荡地分布位置绘编、植棉带根据相关史料中各场植棉记载编绘；历史底图根据谭其骧主编《中国历史地图集》（北京：中国地图出版社，1987 年，第七册，第 47-48 页；第八册，第 16-17 页）、周振鹤主编《上海市历史地图集》（上海：上海人民出版社，1999 年）编绘，基础地理信息根据江苏省基础地理信息中心编制《江苏省政区图》（2024 年）、上海市测绘院编制《上海市简图》（2024 年）编绘。

第五章

　　清末民初,苏沪沿岸植棉带快速向苏北沿岸南部、中部岸段扩张,大规模的废灶兴垦使苏北沿岸土地利用经历了显著变化:一方面很多盐场消失,另一方面围垦扩大,垦进盐退,农业化进程加快。清末民初,南汇沿岸已经不产盐,长江淡水径流控制了南汇与川沙沿岸,这里也成为最早转为农业区的岸段。南汇县"本产盐地,濒海多盐灶,今已停烧灶毁,即摊晒之户亦寥寥矣"[1]。在转为农区、废灶兴垦的过程中,下沙各场遗留下来的大量盐墩逐渐被平整为地。"盐田之弊重在盐墩,查核场册所载墩数,下沙场四千一百二十三所……大墩约有三十余亩,小墩四五亩至七八亩不等,坐落海塘左右,从前灶户煎盐,备作淋□□用。"[2]

　　经过清末民初的调整、转变,苏沪沿岸围垦走向正轨,最终完成了从旧盐场到新圩田的转变,也是明清时期苏沪潮滩农业化进程的重要转折。至此苏沪沿岸作为一个整体,基本完成盐转垦,成为全国重要的植棉中心。

本章小结

　　本章通过比较东台、南汇及崇明盐场荡地转垦过程,分析了苏沪潮滩农业化的发展过程,以及低滩盐作向高滩围垦演变的过程与机制。

　　农业化是潮滩土地利用景观及其生态关系演变的第三阶段,清中叶以后,从盐碱地到圩田,潮滩农业化加快。总体上,12世纪初到20世纪末,在宋代捍海堰、里护塘,以及20世纪70年代主海堤的范围内,约有1.1万平方千米的历史潮滩转为农业用地,占宋代以来历史潮滩总面积的73%。伴随潮滩扩张、演替,近千年苏沪潮滩始终处于盐转垦的动态过程,不同岸段进程不一致。苏北沿岸盐转垦进度缓慢,垦熟地平均比例长期维持在10%左右,到民

---

1. 民国《南汇县续志》卷20《风俗志三》。
2. 民国《川沙县志》卷8《财赋志》。

国年间垦地达到 50% 的比例；上海东部沿岸在清中叶这一比例已占 50% 左右。南汇、川沙以及崇明县沿岸晚至清代中叶已进入农业化阶段，苏北沿岸到民国年间才整体上转入农业化阶段。中滩、高滩植棉发展是苏沪潮滩农业化的核心，明清时期苏沪潮滩整体上形成了北盐南棉的景观格局。清末民初苏北沿岸植棉快速发展，从以往全国海盐生产中心转为植棉中心。

淤涨潮滩的自然演替规律是推动潮滩农业化的地理动力。低滩制盐、高滩围垦是淤涨潮滩基本生态格局。在潮滩生态演替作用下，自海向陆表现为潮滩盐作带、棉作带，呈现与海岸线平行分布的特征，不断向海迁移。历史潮滩开发以全面盐作化为先锋阶段、全面农业化为最后阶段，迭代演替、向海迁移扩张。农业化是历史潮滩生态格局演变的基本趋势，高潮围垦是历史潮滩生态景观转变的关键特征。从盐区向垦区转变是苏沪潮滩生态格局的关键变化，引发了水系、海堤等要素在结构与功能上的系统性调整。

第六章 潮滩防潮与防灾系统

第一节 淤涨型潮滩的灾害敏感性

一、苏沪潮滩灾害的分布特征

开阔、低平的淤涨型潮滩，时常面临潮灾威胁，这是除了潮滩自然演替作用之外，另一个对潮滩开发存在重要影响的环境特征。风暴潮、海浪、海冰、海啸等引发的海洋灾害是沿海地区主要风险，以风暴潮灾害的损害最为显著。中国沿海地区风暴潮灾的发生频率与危害程度均居世界前列。[1] 2019年中国各类海洋灾害中，风暴潮造成的直接经济损失最严重，占总直接经济损失的99%。[2]

风暴潮主要指由热带气旋、温带气旋、海上飑线等风暴过境所伴随的强风和气压骤变而引起叠加在天文潮位之上的海面震荡或非周期性异常升高（降低）现象。[3] 风暴潮破坏作用特别强烈，给沿海人民生产生活常常带来巨大灾难与威胁，史料中常见"海溢""海侵""海啸"及"大海潮"等记录。风暴潮能否成灾，一方面取决于最大风暴潮位是否与天文潮高潮相叠加；另一方面也

---

[1] 王晓利、侯西勇：《中国沿海极端气候时空特征》，北京：科学出版社，2019年，第32–34页。
[2] 自然资源部海洋预警监测司：《2019年中国海洋灾害公报》，2020年（http://gi.mnr.gov.cn/202004/t20200430_2510979.html）。
[3] 自然资源部海洋预警监测司：《2019年中国海洋灾害公报》，2020年（http://gi.mnr.gov.cn/202004/t20200430_2510979.html）。

受地理位置、海岸地形等因素的影响。如果最大风暴潮位恰好与天文大潮的高潮相叠,对沿海往往会造成特大潮灾。[1] 此外,风、暴、潮、洪灾害还会相伴而生、叠加影响,导致"二碰头""三碰头""四碰头"等严重灾害。

苏沪沿岸位于中国东部,是中国沿海潮灾高发地区之一,气象灾害主要是台风风暴潮,源自西太平洋的热带气旋,主要形成于菲律宾以东的西太平洋洋面上。[2] 同时,影响江苏省的热带气旋平均每年为3个,最多年份可达7个;每年5—11月都会受到影响,集中在7—9月,其中8月最多,台风路径多集中在长江口附近。[3]

苏沪沿海历史风暴潮研究受到很多学者的关注,如分析相关历史潮灾序列重建、频次[4]、时空特征及影响[5],以及历史海面变化、潮灾与海岸工程的关系。[6]

---

1. 鲍俊林:《气候变化与江苏海岸的历史适应研究》,上海:复旦大学出版社,2021年,第92-93页。
2. 温克刚主编:《中国气象灾害大典·江苏卷》,北京:气象出版社,2008年,第2、93页。
3. 温克刚主编:《中国气象灾害大典·江苏卷》,第2、93页。
4. 张向萍,叶瑜,方修琦:《公元1644—1949年长江三角洲地区历史台风频次序列重建》,《古地理学报》2013年第2期;王洪波:《明清苏浙沿海台风风暴潮灾害序列重建与特征分析》,《长江流域资源与环境》2016年第2期;潘威,满志敏,刘大伟,等:《1644—1911年中国华东与华南沿海台风入境频率》,《地理研究》2014年第11期;潘威,王美苏,满志敏,等:《1644—1911年影响华东沿海的台风发生频率重建》,《长江流域资源与环境》2012年第2期。
5. 陈才俊:《江苏沿海特大风暴潮灾研究》,《海洋通报》1991年第6期;潘凤英:《历史时期江浙沿海特大风暴潮研究》,《南京师范大学学报》1995年第1期;王骊萌,张福青,鹿化煜:《最近2000年江苏沿海风暴潮灾害的特征》,《灾害学》1997年第4期;赵赟:《清代苏北沿海的潮灾与风险防范》,《中国农史》2009年第4期;邓辉,王洪波:《1368—1911年苏沪浙地区风暴潮分布的时空特征》,《地理研究》2015年第12期;张旸,陈沈良,谷国传:《历史时期苏北平原潮灾的时空分布格局》,《海洋通报》2016年第1期;张崇旺:《明清时期两淮盐区的潮灾及其防治》,《安徽大学学报(哲学社会科学版)》2019年第3期。
6. 王文,谢志仁:《中国历史时期海面变化(Ⅰ)——塘工兴废与海面波动》,《河海大学学报》1999年第4期;王文,谢志仁:《中国历史时期海面变化(Ⅱ)——潮灾强弱与海面波动》,《河海大学学报》1999年第5期。

第六章

从现有史料记录来看，苏北沿岸的潮灾损失可能是全国最为严重的。[1] 这主要与苏沪沿岸两方面特点有关。一方面，苏沪潮滩开敞低平，对潮汐影响敏感性极高，极易受潮汐影响，潮灾是苏沪淤涨型潮滩最主要的灾害类型；另一方面，人类开发活动不断向海迁移，潮滩制盐与开垦往往直接受到风潮的影响，面临的潮灾风险也随之提高。

基于嘉庆《东台县志》、光绪《南汇县志》、民国《崇明县志》以及光绪《重修两淮盐法志》四种文献中的明清灾异史料，并根据历代今人辑录资料进行考订，包括江苏省革命委员会水利局编《江苏省近两千年洪涝旱潮灾害年表》（未刊内部资料，1976年）、陆人骥编《中国历代灾害性海潮史料》（海洋出版社，1984年）、刘昌森等编《长江三角洲自然灾害录》（同济大学出版社，2015年）等，去掉重复或错误记载，整理得到明清时期苏沪沿岸潮灾记录。同时，潮灾记录判定原则是：仅选择明清时期影响范围在东台、南汇与崇明的沿海地带，而且灾情记录中须同时有风、潮（或海溢、海啸）等相关文字，才能作为潮灾记录。如果只有风、雨、洪、涝、大水、旱等文字，不作为潮灾记录，但干旱时期沿海地区有卤潮倒灌的作为潮灾记录。基于以上资料获得的1370—1909年182条潮灾记录，绝大部分在上述三种方志中有相应记载。

这里选取嘉庆《东台县志》、光绪《南汇县志》以及民国《崇明县志》中各县灾情较为严重的记录，据此反映明清时期东台、南汇与崇明三县范围的潮灾基本特征，赘录如下。

东台县潮灾：

> 明洪武二十二年（1389）七月海潮，坏捍海堰，漂没各场盐丁三万余口。

---

1. 于运全：《海洋天灾：中国历史时期的海洋灾害与沿海社会经济》，南昌：江西高校出版社，2005年，第80页。

宪宗成化三年（1467）七月海潮溢涨，坏捍海堰六十九处，漂溺盐丁二百四十七人，命巡抚林聪赈之，北五场。

八年春大旱七月大雨海涨，浸没盐仓及民灶田产，北五场。

武宗正德七年（1512）秋七月夜风海溢，没民庐舍，溺死三千余人。

十四年大风拔木，海潮溢民居，庐舍半漂没，人多溺死，北五场。

嘉靖元年（1522）七月二十五日暴风雨，……彻昼夜海潮涌，灶舍灶丁俱漂没。

十八年闰七月三日海潮暴至，陆地水深至丈余，漂庐舍、没亭场、损盘铁，灶丁溺死者数千人。

隆庆三年（1569）秋大水海溢，潮高二丈余，舟行城市，溺死人民无算，水患较前最烈。

万历三年（1575）七月十五日海潮，至人民禽鸟悉罹灾，大风坏木伤禾。

九年水海潮涨，灶丁淹死者无算。

清顺治十一年（1654）六月二十二日风雨大作，海潮涨。

十八年海潮至，淹庐舍无算。

康熙三年（1664）八月海潮上，凡六至，庐舍漂溺。

四年七月飓风作，拔树，海潮高数丈，漂没亭场、庐舍、灶丁男女数万人，凡三昼夜风始息，草木咸枯死。

雍正二年（1724）七月十八九日风雨，东台等十场暨通海属九场共溺死男女四万九千五百五十八口，冲毁范公堤岸，漂荡房屋、牲畜无算。

十年秋七月十七八日风雨大作，坏屋拔木，陆地水深尺许，江海溢。

乾隆十二年（1747）秋七月十四五六日大风潮溢，淹损通、淮、泰属盐场。

二十年七月十四五日连夜风雨，海潮上涌，淹亭荡地亩。

二十四年八月初二三日大风潮溢，淹没亭荡蓬舍田禾。

嘉庆四年（1799）七月初三四日大风海溢，范公堤决，淹损民禾，栟茶角斜等场庐舍漂没。

十年六月大风雨海潮，溢五坝，决西水，骤至高涌丈余，漂没庐舍。[1]

南汇县潮灾：

明洪武十一年（1378）秋七月海溢，民多溺死。

天顺二年（1458），是年漂溺万八千人。

成化八年（1472），漂没万余人，咸潮害稼。

万历十九年（1591），自一团至九团泛滥几及百里。

顺治十一年（1654）六月二十二日大风雨、海溢，人多漂没。

康熙三年（1664）八月一日大风雨海溢，漂没人畜庐舍。

九年六月十一日海复溢，大风雨拔木仆屋，三昼夜始渐息。

三十五年六月朔风海潮没盐场，民死相枕藉。

雍正二年（1724）夏旱，七月十八日大风骤雨、海溢，淹溺各团田庐人畜，坏盐场。

十年秋七月十六日狂风起东北，暴雨下如注，潮入海塘，声如雷，平地水高三四尺，巨木多拔，地撼似震，漂庐舍、溺人畜，什居六七。

乾隆三年（1738）八月大风雨、海溢。

四十六年夏大旱，六月十八日海溢、大风雨，拔木屋，多仆漂没人畜无算，岁饥。

嘉庆七年（1802）七夕复溢，漂没钦塘外庐舍人畜无算。

道光十五年（1835）夏旱，河港几涸，六月十八日海潮骤涌过护塘，沿海禾棉借以滋灌。[2]

---

1. 嘉庆《东台县志》卷7《考二·星野·祥异》。
2. 光绪《南汇县志》卷22《杂志·祥异》。

崇明县潮灾：

明洪武三年（1370）风潮，漂庐舍大饥。

十一年七月十四日风潮，漂民居。

十三年十一月潮决堤，人畜多溺死。

十七年七月飓风潮溢，漂没无算。

二十三年七月海溢，沿沙庐舍尽没，民溺十七。

永乐十二年（1414）闰九月十七日风潮，漂庐舍五千八百余家，民溺死者甚众。

十四年七月二十四日潮溢，人畜多死。

正统元年（1436）七月二十一日潮溢伤稼，十月一日潮复溢，漂屋伤人甚众。

九年七月十八日烈风暴雨，竟夜潮大溢，拔木发屋，男女溺死百六十七人。

天顺五年（1461）七月十五夜大风雨，潮寻丈，沿海民居尽没，死四千余人。

正德十一年（1516）六月潮暴涌丈余，人畜庐舍漂没无算。

嘉靖元年（1522）七月二十五日飓风作潮涌丈余，漂庐舍，民多溺死。

十八年闰七月三日大风潮，民溺死者数百人。

隆庆三年（1569）六月十三至十六日风潮大作，平地水寻丈，居民十存四。

万历三年（1575）六月一日飓风怒潮激荡，民居漂没殆半，十三日风潮继作，淹禾殆尽。

十年七月十三日风潮作，没民居，多溺死者。

十九年七月十六至十九日飓风潮暴溢，漂民居死者众，八月十六日潮又溢，民大饥。

二十四年三月十六日咸潮伤麦，八月十四日大风潮。

三十七年七月十七日飓风潮溢，八月七日风潮又作，淹田庐岁饥。

崇祯元年（1628）七月二十三日飓风潮溢，溺人无算。

二年六月三日飓风大潮，七月又大潮，八月海啸者三。

三年六月八月潮数溢，八月二十八日飓风作，潮淹田，谷生芽。

六年五月飓又作，潮溢，八月十五十六日飓作潮涌，沿海居民尽溺。

清顺治四年（1647）八月十五日潮大溢，九月十月屡溢，城乡水深数尺，时方获禾稼尽腐，民多溺死。

十一年六月二十一日东北风大作，潮高五六尺，民多溺死。

十二年潮三溢，各沙漂溺甚众。

康熙四年（1665）六月二十八日飓风、猛雨、大潮，八月霪雨，浃旬潮复溢。

十九年八月三日飓风、潮溢，民多溺死大疫。

二十年六月六日保定沙至张盈港潮涌寻丈，男妇溺死百余。

二十二年七月十日大风雨、潮涌、拔木、坏庐舍、棉无收。

三十五年四月二日夜潮溢，坏民居，人溺死无算。

雍正二年（1724）七月十八夜大潮，男妇溺死千余，岁饥。

乾隆十二年（1747）七月十四夜海溢，溺人无算。

二十年七月十五十六日风潮大作，米石四五两，饥殍遍野。

四十六年六月十八十九日风潮大作，溺死男女一万二千余人，坏民舍一万八千余间。

嘉庆四年（1799）七月三四五日大风雨、潮溢，民多溺。

道光十一年（1831）七月二十八二十九日飓风、暴雨、海溢，民死九千五百余人。

　　光绪三十一年（1905）八月三日飓风，夜潮骤溢，水丈余，城市街巷尽没，沿海民居漂尽，死男女一万余人。[1]

根据上述整理的东台、南汇与崇明三地主要潮灾史料，苏沪沿岸潮灾主要是在每年农历六月到八月之间的天文大潮期间出现，平时日潮甚至月潮基本没有记录，并不产生显著危害。1370—1909 年，有确切受灾月份的共有 112 条潮灾记录，缺少月份的潮灾记录共 13 次。在这些有明确受灾月份记载的 99 次潮灾记录中，农历六、七、八三个月最为突出，共有 89 次记录，占 79.5%；七月份最多，占 42.4%（图 6-1）。

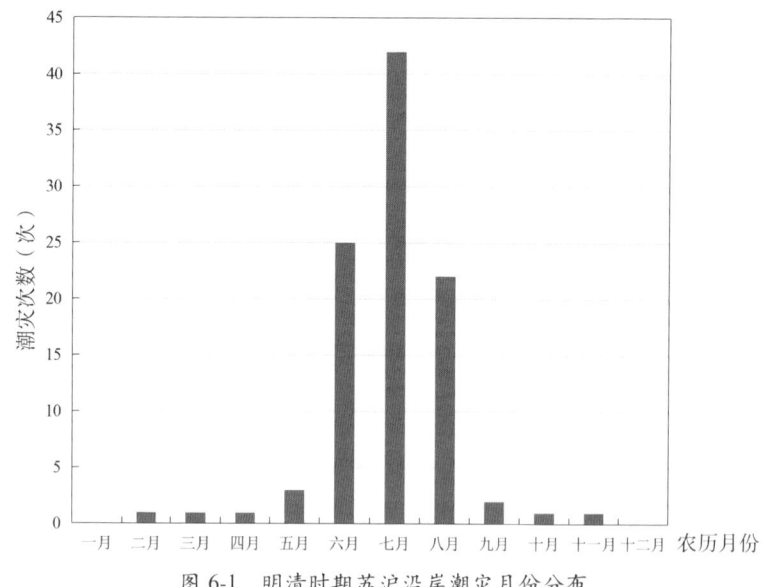

图 6-1　明清时期苏沪沿岸潮灾月份分布

说明：根据嘉庆《东台县志》卷 7《考二·星野·祥异》、光绪《南汇县志》卷 22《杂志·祥异》以及民国《崇明县志》卷 17《杂事志·灾异》灾异记录整理。

---

1. 民国《崇明县志》卷 17《杂事志·灾异》。

不过，每年天文大潮时也未必出现大灾，1370—1909年间共76个年份有潮灾，平均约7年一次潮灾记录。1473—1511年、1540—1568年、1806—1829年、1852—1904年，都是数十年左右没有大灾记录。特别是在1419—1579年，潮灾整体记录偏少，但明末清初1639—1699年，以及清代中叶1739—1759年间潮灾频次较高（图6-2）。

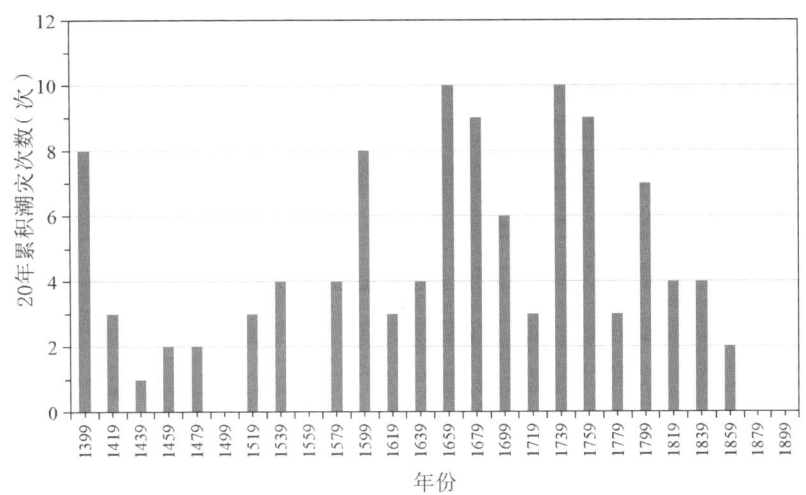

图6-2 明清时期苏沪沿岸潮灾频次分布（20年累积）

说明：根据嘉庆《东台县志》卷7《考二·星野·祥异》、光绪《南汇县志》卷22《杂志·祥异》、民国《崇明县志》卷17《杂事志·灾异》以光绪《重修两淮盐法志》卷141《优恤门》灾异记录整理，并根据江苏省革命委员会水利局编《江苏省近两千年洪涝旱潮灾害年表》（未刊内部资料，1976年）、陆人骥编《中国历代灾害性海潮史料》（北京：海洋出版社，1984年）、刘昌森等编《长江三角洲自然灾害录》（上海：同济大学出版社，2015年）比对，去掉重复记录，仅统计东台、南汇与崇明三县20年累积潮灾记录，不划分等级。

根据前述整理的较为严重的灾害记录，伤亡人数约在千人以上的大潮灾记录，东台沿岸共有6次，南汇与崇明3~5次。沿岸被潮淹，常见的灾害损失是荡地坍塌、海堤冲坏、灶民伤亡、房舍倒塌等。例如，明洪武二十二年（1389），东台"七月海潮，坏捍海堰，漂没各场盐丁三万余口"[1]。清乾

---

1. 嘉庆《东台县志》卷7《考二·星野·祥异》。

隆四十六年（1781）六月，崇明"风潮大作，溺死男女一万二千余人，坏民舍一万八千余间"[1]。个别年份特大潮灾会影响到苏沪各岸段。清康熙三年（1664）大潮灾，影响东台、南汇、崇明以及通州。清雍正二年（1724），通泰淮三分司共29场，农历七月悉被潮淹，溺死约49 558人，受灾人口约8万人。[2] 同年也影响到南汇、崇明县沿岸，这是一次影响苏沪沿海全岸线的特大潮灾。

二、潮汐运动的影响及防潮策略

海洋带来了馈赠，也伴随着巨大的隐患。相比海堤以内的地区，堤外潮滩是高度开放的空间，其最大的风险来源就是潮汐运动。潮滩每日都会受到潮汐影响，潮汐运动对于沿岸地区而言，既是一种宝贵资源，也是潮灾最大危险来源。显然，在历史时期潮滩开发的盐作化阶段对潮灾的感受往往直接且十分敏感。"海潮之患，淮扬为甚，自唐以来迭见记载。每大风骤起，波涛汹涌，瞬息数十里。煮盐之民溺死动至万数千人，获救者十无一二，亭场田舍之损失更不可以数计。"[3]

苏沪沿岸最大的特点是低平、开放，无所遮蔽，在这样低平开阔的淤涨型潮滩上，规律性的日潮运动可以满溢很大面积，通过潮沟、灶河涌入，年高潮以下的中下潮滩均能定期浸渍，给土壤带来盐分、维持积盐过程。因此，滨海潮滩的潮汐运动多形成特定的适合制盐的条件，这是由于规律的潮汐来往能提供丰富的天然盐作资源。但淤涨型潮滩盐作需要不断迫近海岸线，对潮汐运动的影响极为敏感。苏沪沿岸为正规半日潮，每日两涨两落，每月两次大潮两次小潮，每年也有一次天文大潮，加上濒海防御设施的简陋，制盐活动发展过

---

1. 民国《崇明县志》卷17《杂事志·灾异》。
2. 光绪《重修两淮盐志》卷141《优恤门》。
3. 民国《阜宁县新志》卷9《水工志·海堤》。

程中，往往面临较大的灾害风险。"灶户……其居处在海滨范堤外，筑土为墩，上搭草屋，潮浸淤其下，风飘于其上。"[1]

需要注意的是，如前所述，苏沪沿岸的海潮泛滥影响主要是风暴潮期间，史料所载潮灾绝大部分是在农历六月到八月之间的年高潮（图6-1），平常的日潮与月潮期间出现灾害事件很罕见，即使有一定损害也不成灾，文献一般也不会记载下来。

海潮冲决的最大影响是咸水淹没灶民、毁坏田地，财产人口直接受损，往往史料里记载得也最为详细。例如清乾隆四十六年（1781）农历六月，崇明县潮灾"溺死男女一万二千余人，坏民舍一万八千余间"[2]。但部分岸段堤外新淤荡地，开发活动较少，即使有零星种植，受损也小。如道光初年，"诣勘除范公堤内古熟田荡，并未被水成灾外，惟堤外新升淤荡地本沿海极低，七月间猝被风潮淹漫，现虽涸出荡草，杂粮收成不免歉薄，系属勘不成灾"[3]。

在长江口沿岸也是如此，但对该地区的影响也有两面性。光绪《松江府续志》引姜皋《海塘刍说》，就辨析了长江口潮水运动的影响：

> 天下内河之水出海者，视其气力所至，或千里或数百里，一直冲出不与海水相混，故潮来仍壅此淡水以入，如扬子、黄淮、钱塘等处皆是也。至不通内河之处，海自咸苦，其利祇可煎盐。若此水一入内地，虽立即堵塞，而田禾已损，其地寸草不生，非雨水浸灌三四年后不能复旧。……或谓本年宝山近海各区正当亢旱，忽遭海溢，禾棉得受滋灌，倍形丰茂。不知宝山洪口正是吴淞黄浦合流之处，仍倒壅淡水入内耳，非海水可以灌田也，有农田之责者不可不详辨之。又上海志云长江出焦山口，径福山南出洋山，水势湍急，拦截海潮，潮长则

---

1. （民国）张正藩，缪文功：《东台县栟茶市乡土志》。
2. 民国《崇明县志》卷17《杂事志·灾异》。
3. （清）陶澍：《陶云汀先生奏疏》卷37《江督稿·勘明场灶被灾吁请分别赈缓折子》。

> 江水与之俱长，潮退则江水与之俱退，故自崇沙以西、江阴嘉宝以东，皆江水无海水。沿海外捍塘下有沟，亦引江水灌溉，间于江水稍弱时，或有一二日海潮，是谓海水盗入，民戒弗汲田，天亦忌之。惟飓风大作，潮决海塘，始有海潮涨溢之患，若平时则皆江水之去来也。[1]

平时的潮汐运动实际上是有助于濒海盐田制卤、圩田灌溉，真正有威胁的是风暴潮。即在有淡水团的岸段，海潮顶托反而有利于潮灌，只是河道容易淤积泥沙。道光十五年（1835）夏旱，河港干涸，农历六月十八海潮骤涌过护塘，沿海土地得以灌溉。[2] 只要避开异常风潮，平时一般都能利用潮汐作用进行灌溉。

海潮冲决的另一个影响是海岸受到冲刷、侵蚀、剥落，导致潮荡地冲圩、崩岸，岸线不稳定。康熙三十年（1691）及四十九年（1710），东台县各场"先后被潮，冲圩荡地一千一百七十六顷七十一亩三分，该征折价银一千八百一十二两六钱七分三厘七毫，灶户无力完纳，系淮南商众代输其余一千四百八十六两三钱现在灶户完纳"[3]。在崇明沙洲圩涨更为常见，为及时了解圩涨情况，每三年大丈一次，从雍正八年（1730）到宣统二年（1910）年间，崇明新涨沙涂共计309.3万亩，同时圩除面积共204.8万亩，[4] 年均圩除11 377.8亩，且每年圩除荡地也占到新涨的66.2%。

在南汇、川沙沿岸，海水冲刷也时常导致岸滩圩塌。"海岸涨圩，南自畅塘直出沿海滩，而北经八团一甲至六甲白龙港止，日渐涨出，芦草蕃滋，东

---

1. 光绪《松江府续志》卷6《山川志》。
2. 光绪《南汇县志》卷22《杂志·祥异》。
3. 嘉庆《东台县志》卷18《考十二·盐法》。
4. 光绪《崇明县志》卷6《赋役志·田制》，第1209-1212页；民国《崇明志》卷6《经政志·田制》。

南望形成斜角。自八团八甲迤北渐坍进,其滩脚尽为铁板硬沙。至九团南段坍进尤甚,惟其中段四五六甲独见兀然。又迤北七甲至九甲复有坍进,自九甲以北多系芦荡,尚未垦辟成田,下有芦根固结,得免于坍。"[1] 乾隆五年(1740),下沙各场共有"被潮坍卸荡三百八十九顷八十一亩……"[2],包括下沙二场"被潮坍没各则塘涂六千一百六十二亩一分",下沙三场"被潮坍没荡一万八千六百三十九亩七分"[3]。到清末民初,"一团至八团海滩时见坍进,如三团之老港、中港距海水只十余丈,岌岌不可终日"[4]。

值得注意的是,如何对待潮滩地带的潮汐运动及其影响、积极利用潮汐资源与防御潮灾,在不同岸段、不同的潮滩开发阶段存在很大差异。结合潮滩盐作化与农业化的发展过程以及与潮汐运动的关系,可以将潮滩开发与潮汐运动的相互关系或模式概括为两个阶段:在盐作化阶段,主要表现为"小潮利用—大潮预防"的特点,即规律性的日潮、月潮带来的盐作资源一直被充分利用,同时需要重点预防的只是大潮的影响;在农作化阶段,尽管也表现为"小潮利用—大潮预防"的特点,但对于规律性的潮汐资源的利用方式不同。对于长江口一带的潮滩农作而言,"小潮利用"主要是利用涨潮时海水顶推淡水以灌溉农田。因此,在淤涨型潮滩的开发进程中,海潮对潮滩开发存在两面性,使海防措施比较复杂。为保护潮滩的稳定性、避免潮汐冲击、侵蚀,筑堤(墩)往往是基本的手段。"盐之利资于海潮,而潮亦溺民。……筑堰以捍潮,又令居户凿池筑墩,以为升高自(全)之计。"[5]

总之,在淤涨潮滩,潮汐运动既带来丰富的荡地资源,也时刻存在巨大灾害隐患,要避免荡地冲坍、预防潮灾、保全生命,主动采取一定的防御措施是

---

1. 民国《川沙县志》卷2《舆地志》。
2. 乾隆《南汇县新志》卷1《疆域志》,《上海府县旧志丛书·南汇县卷》(上),第315页。
3. 嘉庆《松江府志》卷29《田赋志》。
4. 黄报延:《南汇修筑李公塘报告书》。
5. (明)佚名:《淮南水利考》卷上。

必要的。在盐作化与农作化阶段,通过加强筑堤、筑墩,明清时期苏沪沿岸潮滩逐渐发展了与"小潮利用—大潮预防"模式相适应的海防体系。

第二节 苏北沿岸的防潮工程

一、苏北海堤变迁与范公堤

苏北沿岸防潮体系的发展是以范公堤为中心。在唐代苏北沿岸已开始筑堤,大历年间(766—779)黜陟使李承为淮南节度判官,"置常丰堰于楚州,以御海潮,溉屯田瘠卤,收常十倍"[1]。常丰堰(李堤)堤成"遮蔽农田,屏蔽盐灶"[2]。常丰堰主要位于楚州的山阳县、盐城县境。《新唐书·地理志》记载山阳县有常丰堰。[3]五代时(907—960)李堤向南延筑至广陵(今泰州),后年久失修,屡遭潮灾。宋开宝年间(968—976)又有泰州知州王文祐增修常丰堰,后废弃。[4]

到宋天圣年间(1023—1032),海潮泛滥于海陵、兴化县境,没有海堤的坚实防护,农田易被淹没。为抵御风潮,避免海陵、兴化遭灾,以沿海沙冈为基础,经过江淮发运使张纶、西溪盐官范仲淹以及卫尉少卿胡令仪接力完成了泰州捍海堰修筑。此次兴筑于天圣六年(1028)竣工,起自海陵东新城(今盐城市大丰区刘庄镇北),至虎墩(今盐城市大丰区草堰镇南),越小陶浦(今东台市安丰镇)以南至富安[5],全长25 696丈,计171里[6],底厚3丈,面宽1

1.《新唐书》卷143《列传六十八·李承》。
2.(宋)留正:《皇宋中兴两朝圣政》卷59。
3.《新唐书》卷41《志三十一·地理志》。
4. 光绪《盐场县志》卷3《河渠志·堤堰闸碶》。
5. 嘉庆《东台县志》卷11《水利·考五》。
6. 据范仲淹《张公祠堂颂》《仁宗实录》,泰州捍海堰"自(天圣)五年秋至六年秋工竣,长一百八十一里"。参见民国《阜宁县新志》卷9《水工志·海堰》。

丈，高1丈5尺。[1]"崇半之版筑，坚固砖甃周密。"[2] 堤成后，"潮不能害，而二邑逋民悉复其业"[3]。

泰州捍海堰修筑之后，堤线沿着海岸继续往南延筑至通州，成为重点方向，形成江苏沿海重要屏障，促进了滨海开发。宋庆历年间（1041—1048），通州知州狄遵礼从石港到东社筑狄堤。至和年间（1054—1056），海门知县沈起修筑沈公堤，将狄堤延伸至吕四。绍兴二十七年（1157）筑通泰楚三州捍海堰[4]，很可能是在前面各段海堤基础上的一次通身修筑，巩固并扩大了泰州捍海堰。此外，宋代还修筑了皇岸（1171年）、桑子河堰（1177年）。至此，在各段捍海堰基础上，两宋于楚、泰、通三州沿海均有筑堤，构成了明清时期淮南范公堤的雏形。在宋元之际又有詹士龙增修，巩固各段捍海堰。[5]

为进一步恢复泰州捍海堰功能，一般会在筑堤时通过加高加厚、移建或增设辅助堤堰等办法，适应海潮冲击，以提高海堤生存期及其挡潮能力。淳熙十三年（1186），"提举赵巩相海所冲，曰六泽浦，甓而新之，壮于旧三倍，且栅其外十三里，更创夹堤六里于桑子河，其余增卑培薄，悉还旧观"[6]。

但兴化、海陵位于海潮冲击的要害位置，即使堤堰增修，仍难以持久。庆元二年（1196），兴化、海陵"二邑之民又以病告，谓晏溪河东有土月堰，下临海洋，了无涂泥为之固护，地形就下。绍兴以来四经移筑，民田之垫于海者十五里，冲损海陵堰身六里，余如皋亦坏十余处，近益损甚"。因此，提举王宁命海陵知县陈之纲"相视利害，请移入二里，重增九尺，基厚

---

1. 万历《盐城县志》卷1《地理志》。
2. 嘉庆《东台县志》卷11《水利·考五》。
3. (宋) 范仲淹：《宋故卫尉少卿分司西京胡公神道铭》，《范文正公集》卷11。
4. 《宋史》卷31《高宗本纪》。
5. 武同举：《江苏水利全书》卷43《江北海堤》。
6. (宋) 楼钥：《攻媿集》卷59《泰州重筑捍海堰记》。

二丈九尺，面减五尺"。将堤堰内移避海、加高加厚的同时，提举王宁"又遣捍堰巡检刘正志量度会计，创立基址，计三十四里一百九十四步，用工二十八万"[1]。

经过两宋于楚、泰、通三州沿海间断重修接筑捍海堰，12世纪末至13世纪初淮南海堤初成。万历四十三年（1615），两淮巡盐御史谢正蒙、淮安知府詹士龙又对各场海堤进行了一次性重修，自吕四场止于庙湾场，共长800余里。[2]自此，苏北沿岸首次形成全线海堤（图6-3），为纪念范仲淹推动筑堰的功绩，此后苏北捍海堰统称范公堤。[3]

范堤全线形成之后，17—18世纪沿线堤工主要表现在重点或险工岸段海堤增修上（表6-1）。在唐代常丰堰基础上，经过北宋泰州捍海堰，以及宋元时期延伸、增修，淮南海堤的形成经历了一个长期延续增修、延伸的过程。自11世纪前期泰州捍海堰重修到17世纪初谢正蒙贯通全线海堤，前后相距近600年。17世纪初范堤全线成形，奠定了此后苏北沿岸300余年的堤工分布格局[4]。直到20世纪中叶，范堤都是苏北沿岸唯一的主海堤。

总之，自17世纪初范公堤全线形成之后，苏北沿岸的海堤系统便已经成型。自清代中叶以后，苏北沿岸海防投入表现在范公堤沿线的修补，但由于堤东海涂扩张十分显著，北部与中部岸段大部分都远离海潮，因此范堤增修需求下降，避潮墩兴筑成为中部岸段堤工主要内容。

---

1. （宋）楼钥：《攻媿集》卷59《泰州重筑捍海堰记》。
2. 武同举：《江苏水利全书》卷43《江北海堤·范公堤》。
3. 光绪《盐场县志》卷3《河渠志·堤堰闸碴》：范公堤又称捍堰、范堤、潮堰、捍海堤、古淮堤、捍潮堤、汤潮岸、搪潮岸、捍塘。按：南宋至明万历年间，淮南各段捍海堰主要以"捍海堰"相称，如泰州捍海堰、通泰楚捍海堰等。尚未以"范公堤"或"范堤"统称，到明代后期才以"范公堤"指代淮南全线捍海堤。见鲍俊林、高抒：《苏北捍海堰与"范公堤"考异》（《中国历史地理论丛》2015年第4期）。
4. 鲍俊林：《气候变化与江苏海岸的历史适应研究》，第140-145页。

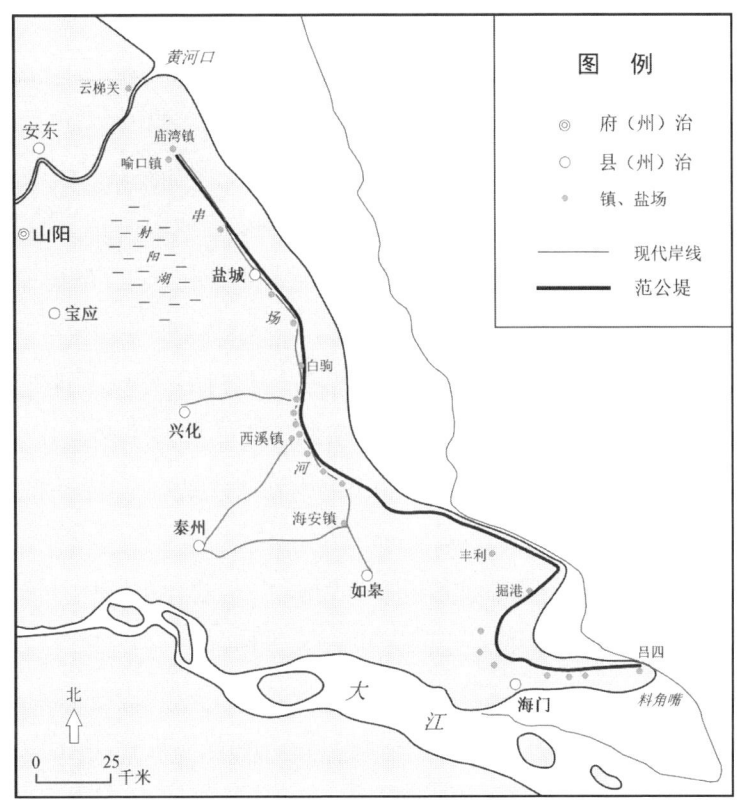

图 6-3 明末苏北沿岸范堤分布示意图

说明：根据鲍俊林《气候变化与江苏海岸的历史适应研究》（上海：复旦大学出版社，2021年，第 145 页）修改。底图根据谭其骧主编《中国历史地图集》（北京：中国地图出版社，1987年，第七册，第 47-48 页）、基础地理信息根据江苏省基础地理信息中心编制《江苏省政区图》（2024 年）、上海市测绘院编制《上海市简图》（2024 年）编绘。

表 6-1 明清苏北中部沿岸堤工变化

年代	苏北中部沿岸（阜宁至海安）堤工
14—15 世纪	泰州捍海堰南延扩张
16 世纪中叶	范堤堤线向南、北延伸，部分岸段多次重修加固
17 世纪末 18 世纪初	范堤成形，部分堤身重修加固、闸口重修
18 世纪中叶	范堤部分堤身重修加固、闸口新建重修、范堤开挖
19 世纪末	范堤部分堤身与闸口重修加固

二、泰属各场及东台县潮墩

苏北沿岸除范公堤之外,在堤外海涂还形成了大规模的潮墩,是苏北海防体系的重要组成部分,以东台各场潮墩最为典型。

16世纪以后,苏北海涂持续扩张,范堤逐渐远离大海,很难再为盐民（灶户）提供庇护。特别在中部岸段,大量煎盐亭场日益分散在低平辽阔的滩涂上,又缺乏天然山丘的遮蔽,一旦大潮来袭,盐民损失极大。"自大海东徙,草荡日扩,凡煎丁亭民刈草之处,每风潮骤起,陡高寻丈。樵者奔避不及……因筑墩自救。"[1] 因此,自明中叶盐民开始自发地筑墩自保,以躲避潮害侵袭,潮墩成为盐场重要防潮设施。[2]

潮墩即滨海盐民垒土避潮的传统防潮设施。[3] "盐之利资于海潮,而潮亦溺民。……筑堰以捍潮,又令居户凿池筑墩,以为升高自（全）之计。"[4] 潮墩的规制比较简单,一般呈上小下阔的台状。"墩形如覆釜,围四十丈,高二丈,容百人。潮至则卤丁趋其上避之,称便焉。"[5] 在代盐场图中潮墩已经很常见（图6-4）,成为灶民依赖的重要防潮设施,在应急避潮上具有突出效果。例如万历初年,盐城知县杨瑞云疏浚射阳湖时,"下令筑巨墩,可容数千人,墩成适飓风大作,海拥至如山,繇夫数千争上墩,得不死人。"[6]

---

1. 民国《阜宁县新志》卷9《水工志》。
2. 张忍顺:《江苏沿海古墩台考》,《历史地理》第3辑,上海:上海人民出版社,1983年,第51-62页;张崇旺:《明清时期江淮地区的自然灾害与社会经济》,福州:福建人民出版社,2006年,第374-375页。
3. 鲍俊林:《气候变化与江苏海岸的历史适应研究》,第213-215页。
4. （明）佚名:《淮南水利考》卷上。
5. 嘉靖《两淮盐法志》卷3《地理志》。
6. （明）吴敏道:《杨公墩记》,万历《盐城县志》卷10《艺文志二》。

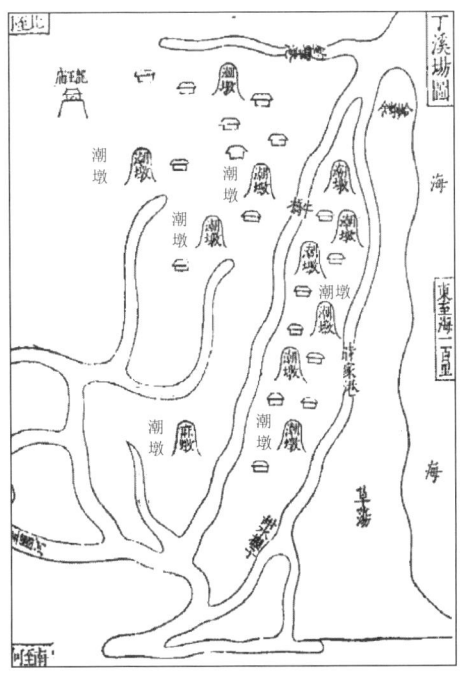

图 6-4 嘉靖《两淮盐法志》"丁溪场图"

苏北沿岸第一次大规模官筑潮墩自嘉靖年间开始。明嘉靖十八年（1539）运使郑漳、御史吴悌[1]，"创避潮墩于各团，灶业赖以复焉"[2]。嘉靖十九年（1540）巡盐御史焦涟再增筑220余所。至明代中叶，泰州分司各场潮墩共有76座（表6-2），占到淮南盐区潮墩总数的44.7%。

表6-2 明代中叶泰属各场潮墩

泰属各场	潮墩分布	数量（座）
东台	散列六团	12
梁垛	散列于六团	12
安丰	散于诸团	10

---

1. 嘉靖《两淮盐法志》卷3《地理志》。
2. （明）汪砢玉：《古今鹾略》补卷3。

续表

泰属各场	潮墩分布	数量（座）
富安	散布于三团	6
角斜	散列于费家滩	2
栟茶	散列于四团	8
何垛	散列于三团	6
丁溪	散列于五团	10
草堰	散列于四团	8
小海	特列于团	2
合计	—	76

说明：根据嘉靖《两淮盐法志》卷3《地理志四》所载各场潮墩数整理。

　　随着海涂淤涨变宽，潮墩数量有限，防患效果不佳，只有增筑才能有效防患。两淮盐运使陈暹在《增潮墩以备海患议》中就指出了增筑潮墩的必要性。[1] 但潮墩毕竟分散，防潮效果仍然十分有限。为此甚至出现了"连墩为堤"的设想："今海水渐远于堤，各场灶在堤内者少，在堤外者多，海潮一发，人定受伤，灶舍亦荡，后来议筑望潮墩台，居民稍得趋避，但各墩相去数里，每墩复不容数人，防患未广，合无于每年冬月停煎之后，查照各场人丁多寡，大约以十丁为一甲，行令各场官吏督率灶丁每甲一年筑墩一座……如此数十年之后，墩台接续渐积可以成堤，而永无潮患，乃百世之利，目前之急务也。"[2] 因此，只有通过提高墩台密度才能达到必要的防潮效果。

　　本质上潮墩就是海堤的变体形式，是因地制宜的筑堤方式。伴随潮滩外涨，清代各场亭灶在潮滩上更为分散，只有增加潮墩才能有效防潮。"潮墩者，煎丁自造以避潮患，残圮则场商捐修。每遇潮汐大至，附堤民灶争趋堤

---

1. 嘉靖《两淮盐法志》卷5《法制志第六之二》。
2. 康熙《淮南中十场志》卷2《疆域》。

上，其沿海一带则皆赖潮墩以自全，是潮墩又与范堤相依为用者也。大抵堤固则场灶固，堤坏则场灶坏，或以通属各场多与海近，堤工急，泰属各场多去海远，堤工缓，不知海潮远近今昔不同，设因此废修，后必有受其害者。"[1] 为此，谢宏宗在《筑墩防潮议》中也提出可以通过积少成多的方式，提高墩台密度：

> 墩形四方，阔二丈、高一丈八尺，灶户煎盐，利归于商，领鳌代煎，利归鳌主，灶户也，商也，鳌主也，三者岁筑一墩，共阔二丈，各任高二尺，共高六尺，次年每增一尺，共三尺，连前高九尺，三年高一丈二尺，四年高一丈五尺，五年高一丈八尺，斯墩成矣。……至沿海大路、民灶通行，有民人愿捐资筑墩者，亦予奖励。江北淮扬通海各属……令民节次挑筑……如此数年，则筑墩之规模定矣。……由是江北可行，凡各省沿海之地无不可行。[2]

此外，乾隆十年（1745）江苏布政使白钟山也奏请令沿海沙洲居民尽力筑墩，旨在提高潮墩数量以预防水患：

> 窃见盐场县志内前知县杨瑞云在大盘湾令民筑巨墩，可容数千人，遇风潮时令民上墩，咸保无恙。臣思沿海愚民生长沙洲，固知自卫，似宜做照此法。令沿海各沙洲建筑土墩，每岁地方官于农隙之时督令乡保不分民灶，按户分筑其墩，高至二丈为度，阔以居民之多寡为定，四面皆如梯形，不必陡削，计一年之内，不过数日，举手之劳，而日积日高，二三年间，已成大墩，不但潮至可以趋避，兼可瞭

---

1. (清)佚名：《两淮鹾务考略》卷1。
2. 光绪《盐城县志》卷2《舆地志下》。

望海洋,实在海隅民生大有裨益,其沿海省分,凡有沙洲居民处所,宜一体举行。[1]

白钟山的看法与谢弘宗一致,认为沿海淤涨沙洲地带,民间自发筑堤的经验是可以推广的,具有很好的适应性与兼顾避潮及军事瞭望的多重效益。问题在于,一方面潮滩不断淤涨,另一方面民办或自发筑墩易成易坏,难以持续,因此及时增筑维护是必要的。"灶丁亭民自造,以避潮患者,然人力不齐,海水变易而多寡兴废亦因之靡定焉。"[2] 加之明末清初,旧有墩台早已年久失修,迫切需要增添官办筑墩。为此,乾隆十一年至十二年(1746—1747),苏北沿岸迎来了第二次集中的官筑潮墩。

乾隆十一年(1746)三月盐政吉庆奏:"两淮灶户民住海滨每年伏秋大汛恒虑潮患,臣前于查场时见亭场煎舍处所间有土墩,而多寡有无、或远或近,并不一律。询因煎舍离场辽远,一遇大潮猝至,煎丁奔走不及,即登墩避潮,名为避潮墩,以保生命。只因年深日久,不加陪筑,以致十墩九废。每遇潮患,煎丁多有损伤,是潮墩之修废,灶丁之生命系焉。"[3] 后经场商捐资修建完成。这次官办商捐筑墩,一共修建148座。新建避潮墩在乾隆十二年(1747)大潮灾中便发挥了效果,避免了更多的损害。

> 各场避潮土墩于上年将颓者修整,无者增添,以期不失古人良法,奏圣鉴在案。不意今岁七月十四五等日,猝被大潮异涨,据各属票称,凡灶丁趋避潮墩者,俱得生全,不及奔赴或另乘竹筏等类者,多遇淹毙。[4]

---

1. 乾隆《江南通志》卷57《河渠志》。
2. 嘉庆《两淮盐法志》卷28《场灶二·范堤·附烟墩潮墩》。
3. 嘉庆《两淮盐法志》卷28《场灶二·范堤·附烟墩潮墩》。
4. 光绪《重修两淮盐法志》卷36《场灶门·堤墩上》。

这次潮灾再次验证了潮墩能够及时发挥重要保护作用，因此在当年又继续以官办商捐的形式增筑。"臣查潮墩既得利济成效，则各场果有隔远不敷之处，自应再为增筑，随饬据运司遴员前往会同该分司大使详加相度，合计通泰二分司所属议请增建潮墩八十五座。"[1]

乾隆年间的官筑潮墩，淮南各场合计添设232座，其中东台各场新筑67座。各分司筑墩规模与海涂淤涨程度存在直接关系，即海涂淤涨开阔筑墩较多，淤涨少则筑墩也少。泰州分司伍佑、新兴与庙湾三场，"海势东迁"最为明显，地势最低、易遭潮患，灶民远离范堤，主要依赖避潮墩，共新设潮墩81座，占泰州分司全部新设潮墩的一半以上。

最后一次大规模筑墩是在光绪年间。光绪七年至八年（1881—1882）接连大潮灾，潮墩增修之议再起。光绪七年（1881），两江总督兼管两淮盐政刘坤一建议在原有墩基上进行修复：

> 范公堤外前此筑有潮墩，为各盐场灶丁及居民人等走避风潮之所，年久倾塌，以致本年海啸风潮涌至灶丁无处走避，损伤甚多，深堪悯恻，而抚恤之费亦属不赀。查从前潮墩尚有基址，应即勘明筹款修复，以为亡羊补牢之计。[2]

光绪八年（1882）大潮再至，接连风潮伤亡，对于迫近海潮的盐场，增筑墩台仍是最好的防潮办法。光绪九年（1883）三月运司孙翼谋禀称：

> 前年海潮漫溢各场，民舍漂没甚多，前人遗制本有救命墩之设，以避风潮，爰刊刻救命墩说，广为劝募。说者谓风潮泛滥，恐

---

1. 光绪《重修两淮盐法志》卷36《场灶门·堤墩上》。
2. 光绪《重修两淮盐法志》卷36《场灶门·堤墩上》。

非墩所能御，故又有连墩为堤之议；或谓筑堤则卤气不能上达，有妨出产；或谓西水下注，无从宣泄，反有溃决之虞，仍不如筑墩为便。[1]

清末泰州分司堤墩大修，明显更为重视潮墩，不再纠结于堤墩是否兼顾。这是由于泰州分司各场滩涂辽阔，亭灶星散，潮墩分布密集，维护潮墩意义重大。因此盐政左宗棠认为筑墩更为要紧，而堤工应从缓。他认为"潮墩在范堤以外，为灶户避潮之所，较堤工尤为紧要，先行筹款兴工……滨海灶丁皆居堤外，灶户利在就卤，不宜隔阂卤气，见筑潮墩皆就亭灶适中之处择要建立，棋布星罗，此后设遇风潮，随处有墩可避，是以泰属堤工可从缓办"[2]。而通属"角斜、掘港、吕四等场……煎丁于大汛时，每移家于堤内，而于堤外煎盐，水涨则避之，习以为常，堤内之田庐民命尤恃堤为保障，年久失修，堤身单薄，兼有卑薄坍塌之处，每逢伏秋盛涨，情形岌岌可危，亟须乘时兴修，一律加高培厚"[3]。

光绪九年（1883），经运司孙翼谋主持，并采取民办民捐的方式，在灶舍附近开始大量筑墩，墩台从专用于灶户开始推广到民户，涉及濒海几乎所有居民。"每灶屋后筑一救命墩，民捐民办，不请公款。"[4] 除泰属刘庄、梁垛和通属金沙、石港地居腹里，海潮不至，没有筑墩外，最终其他泰属各场共筑屋墩（包括灶户、民户墩）2 723 座（表6-3）。光绪二十二年（1896）丁溪等多个盐场又遇大潮，于是推动灶屋附近大量筑墩，"盖因潮墩虽可避灾，而风潮猝来仍有趋避不及之患，不若屋墩之便捷"，因此再添筑屋墩1 368 座。[5]

---

1. 光绪《重修两淮盐法志》卷37《场灶门·堤墩下》。
2. 光绪《重修两淮盐法志》卷37《场灶门·堤墩下》。
3. 光绪《重修两淮盐法志》卷37《场灶门·堤墩下》。
4. 光绪《重修两淮盐法志》卷37《场灶门·堤墩下》。
5. 鲍俊林：《气候变化与江苏海岸的历史适应研究》，第229页。

表 6-3 光绪九年（1883）泰州分司各场增修墩台

盐场	种类	数量（座）	总数（座）
庙湾	灶墩	122	190
	民墩	68	
新兴	屋墩重修	223	534
	救命墩	311	
伍佑	屋墩重修	429	837
	救命墩	329	
	民墩	79	
丁溪	屋墩	54	133
	救命墩	77	
	民墩	2	
草堰	下段筑墩	142	347
	中下段筑墩	205	
东台	下段筑墩	85	85
何垛	下段筑墩	209	209
安丰	下段筑墩	114	334
	中下段筑墩	220	
富安	下段筑墩	54	54
合计	—	2 723	2 723

说明：根据光绪《重修两淮盐法志》卷142《优恤门·恤灶下》载光绪九年（1883）泰州分司各场增修墩台数整理。

第三节　长江口沿岸的防潮工程

一、南汇捍海堰—圩塘的形成

与苏北沿岸一样，长江口地区也有长期的筑塘史。明清时期是长江口海塘发展的高峰阶段，特别是在上海东部沿岸长期淤涨的岸段[1]。伴随海涂外涨，上海县、南汇县沿岸经历了多次大规模兴筑海塘、圩塘的历史过程，形成了江南海塘最为特殊的部分。[2]

公元8世纪前后，海岸线推进到北蔡、周浦、下沙、航头一线，沿海人口逐渐增加。唐开元元年（713）筑捍海塘，后人称之为古捍海塘，由川沙的北蔡进入南汇县周浦、下沙一线，向南进入奉贤境内，全长约75千米。[3] 塘外东南皆为斥卤之地。尽管下沙捍海塘、古捍海塘塘址难以寻证，仍存在争论，但它的走向大致是沿着现在的沪南公路，自北向南进入奉贤境，塘东侧纵贯着一条咸塘港，沿塘流经今浦东新区、奉贤区。此后1200年间，南汇为防潮汛侵袭和与海争田，随着滩涂的不断延伸，先后修筑多条海塘。经过明清时期的发展，南汇—川沙沿岸形成了"内捍海塘—外捍海塘—新塘"并存的多道海防体系，这个多道海塘构成的弧形地带也称为夹塘地带或重塘地带。

内捍海塘，又称内护塘，后称里护塘、老护塘，约筑于宋乾道八年（1172），北起（川沙）南跄口（今浦东新区外高桥附近），南行经川沙老城、

---

1. 祝鹏：《上海市陆地的形成和历代海塘》，《上海社会科学院学术季刊》1985年第3期。
2. 江南海塘是清代对太仓至金山沿岸江塘、海塘的统称，总计592里。华亭海塘即是清代江南海塘的重要组成部分。
3. 对唐宋时期上海地区的旧捍海塘、下沙捍海塘的存在、分布有一定的争议。参见《南汇水利志》编纂委员会编，朱国松主编：《南汇水利志》，北京：方志出版社，2012年，第58-60页；张修桂：《上海浦东地区成陆过程辨析》，《地理学报》1998年第3期；张文彩：《中国海塘工程简史》，北京：科学出版社，1990年。

第六章

南汇祝桥、盐仓、惠南、大团，折西南行，经四团、奉城，至柘林堰墩湾，再向西南至金山与平湖交界。在南汇县境内长约 22 千米，元明时期在局部岸段进行多次重修。[1] 明成化七年（1471）七月，大风海溢，年久失修的里护塘溃堤，"漂人畜、没禾稼"。次年巡抚都御史毕亨委任松江知府白行中督工修筑海塘，越两月而成。自"嘉定界"（今浦东新区黄家湾一带）直筑至"海盐界"（今金山、平湖交界），总长"五万二千五百一十七丈（合今163.3千米），面广二丈，趾倍之，高一丈七尺"[2]。这是明代华亭县境内最大规模的一次海塘修筑。这次修筑除奉贤岸段外，其他均在原址重修。此后东滩淤积，海岸外移，里护塘塘身逐渐成为道路路基，紧傍塘身的居民点渐次形成集镇，失去主海塘的功能。

外捍海塘，又称外护塘、小护塘，位于里护塘东约 2 千米处，在明代成化年间重修里护塘约 100 年后，又移进兴筑外捍海塘。明万历十二年（1584），由上海知县邹炳主持起工修筑，次年完成，"全长九千二百五十丈"（合今28.7千米）。塘址南起一团与奉贤县二墩涵水庙里护塘衔接，经海潮寺、老鹳嘴、黄家路、王家滩，向北至（原川沙县）施湾、南跄口止。外捍海塘筑成后，清初曾有几次重修，以雍正年间规模最大。清雍正十年（1732），该塘曾遭大台潮侵袭，塘身多处毁坏。次年，南汇首任知县钦琏主持重筑该塘，塘身

---

1. 内捍海塘前身可能为皇祐里护塘，宋皇祐四年（1052）至至和元年（1054）华亭知县吴及所创筑。东北起于今浦东新区外高桥附近，南行，经今川沙城厢、南汇惠南、大团至奉（贤）南（汇）交界（以上塘段已湮没），于五墩涵水庙入奉贤区境，折西南行，经奉贤区四团、奉城、褚聚、钱家桥，至柘林奉海村东南的堰墩湾（古称华家角）。元大德五年（1301），大风海溢，皇祐里护塘自华家角至平湖界全部溃毁，于当年后退另筑，是为"大德海塘"。元至正二年（1342）对皇祐里护塘和大德海塘同时全线培修，至明初，海塘尚较完整，既御潮又兼抗倭工事。见《南汇水利志》编纂委员会，朱国松主编：《南汇水利志》，北京：方志出版社，2012年，第58–60页。
2. 光绪《重修华亭县志》卷 4《海塘》。

加长至一万五千三百二十丈（合今 49 千米）[1]，故又称钦公塘。经历 200 余年后，该塘高度直到 20 世纪中叶仍保持在 5～6 米。清乾隆十四年（1749）再次重修钦公塘，长一万三千六百三十四丈八尺，面宽二丈，底宽五丈，高一丈二尺。[2]

新塘，即钦公塘外的民办土塘，位于钦公塘外 3.5 千米。该塘原为乾隆三年（1738）修筑的撑塘，经过近 150 年的演变，到清代后期，钦公塘外潮滩淤涨，新塘需求加大。"钦塘外新涨之地，南阔北狭，或三十余里，或十余里不等。如于新涨外添筑外塘，则数年后新涨皆成膏腴，可收税课巨万。今年七月风潮几及钦塘，芦场、灶地悉被淹没，似筑塘保护最为要着。……请于新涨外添筑外塘，系为保护沙地起见，与腹地圩岸相等，尽可就地筹款，官督民修。"[3] 清光绪九年（1883）被台潮毁后由乡绅彭以藩发起另筑新塘，清光绪十年知县王春荫领筑重修，故称彭公塘或王公塘。该塘"自一团泥城南角起至七团川沙界止，长一万一千三百八十八丈八尺，高六尺，面宽一丈，底宽三丈"[4]，走向大体与钦公塘平行，也是清代上海沿岸最大规模的海塘工程。后因风潮破坏，又在王公塘外新筑李公塘。清光绪三十一年（1905）南汇县遭台潮侵袭，"风潮毁坏彭公塘及塘外民圩，淹没农田，绅董盛家淦提请南汇知县李超琼筑新塘"[5]。清光绪三十二年（1906）知县李超琼领筑新塘，后称李公塘，属南汇县境。"南起一团，北迄七团川沙厅撑塘，一团塘身长一千五百五十丈，二团一千三百八十丈，三团一千八百七十丈，四团一千二百八十丈，五团一千一百五十丈，六团一千四百七十丈，七团一千四十丈，共长一万七百四十

---

1. 乾隆《南汇县新志》卷 5《水利志》，《上海府县旧志丛书·南汇县卷》（上），第 365 页。
2. 乾隆《南汇县新志》卷 5《水利志》，《上海府县旧志丛书·南汇县卷》（上），第 365 页。
3. 民国《南汇县续志》卷 2《水利志》。
4. 民国《南汇县续志》卷 2《水利志》。
5. 民国《南汇县续志》卷 2《水利志》。

第六章

丈，高七尺，面宽一丈，底宽三丈。"[1]清宣统三年（1911），海塘再次冲坏，后分两次修葺。

上海东部筑塘也是一个反复加固的过程，自明代里护塘—钦公塘形成主海塘之后，已经年代久远，坍塌毁坏。在此基础上，清初重新加固了钦公塘，并开始了塘外的荡地转垦以及新塘发展。康熙六十一年（1722），"海滨士民顾智、倪泰交等以护塘东开垦升科，近患咸潮淹没，列上府县愿自挑筑护塘，知府杨绍申布政司鄂尔泰定议于盐芦界挑筑，至是年三月府檄吴淞司巡检青浦县主簿督视起工，至闰四，一二三团工已半，七月十八日海水挟飓风驾外塘，溢内塘，新筑客土未坚，势不可复支矣"[2]。此次新筑不幸遭灾，导致筑塘失败，因此清廷调整了修筑方向，转以重修加固明代海塘。雍正二年（1724）三月，松江知府杨绍又主持重修了内外捍海塘[3]，完成了清初对南汇沿岸旧堤身的巩固。

到清代中叶，南汇—川沙沿岸自陆向海，形成了由内护塘、外护塘、圩塘构成的南北平行分布的海塘体系。整体而言，自明万历年间到乾隆十四年，150~170年间，上海县、南汇县的海塘都是依靠内、外护塘提供遮护。清代雍正、乾隆年间，南汇—川沙沿岸海塘工程集中在重修加固明代海塘，清代中叶以后，南汇川沙海塘工程集中在钦公塘外民圩的兴筑。

清代中叶以后，随着潮滩淤涨、盐场转垦，钦公塘外荡地逐渐开垦成田，新筑圩塘的需求增加，乾隆年间民圩不断发展。乾隆三年（1738），当地民人蔡鸣谦、金干等具呈盐司，认为"地近海滨，中、下两则在塘外者，时被咸潮淹没为害，请各团按亩出夫挑筑圩塘，以御潮汐，以捍田舍"，后经下沙二三场大使李昌樟会同知县韩墉详准，"起筑自五团至九团，共四十余里，高一丈

---

1. 民国《南汇县续志》卷2《水利志》。
2. 乾隆《江南通志》卷57《河渠志》。
3. 乾隆《江南通志》卷57《河渠志》。

五尺，面一丈、址二丈，在八九团者，今属川沙"[1]。此后数十年，南汇沿岸的民圩不断增修扩张。乾隆二十七年（1762）有民人顾绍恺、蔡恒斋等呈议修筑凌家洪口圩塘，五十三年（1788）有民人蔡维标等呈议修筑圩塘及杨家洪坝，五十六年（1791）又有民人蔡维城、杨绍昌等具呈兴修杨家洪口圩塘百余丈。[2]以民圩土塘的形式，完成了在南汇沿岸原有主海塘（里护塘—钦公塘）之外的新海塘基础。

经过乾隆年间增修，民筑圩塘形成了一定规模，下则地外侧"民筑圩塘"已成为下沙二三场的重要保障。乾隆《南汇县新志》概述了南汇县境的海塘格局，"内塘东旧为不毛之地，厥后海渐东移，筑室治田，故更起外塘，……至外塘东菱芦蔓衍，间有可垦之荡，又起圩塘以为外塘之保障"[3]。

清末，随着塘外潮滩垦种，钦公塘外的圩塘官修成为重点，光绪年间多次加大圩塘投入。特别是在川沙厅沿岸。在光绪年间共有8次兴筑、维护圩塘，平均3~4年举办一次。如光绪七年（1881）川沙县新筑外圩塘，同知张祥符撰《新筑外圩塘记》，记载了圩塘内外的潮滩开发形势以及新建的必要性：

> 川沙……东滨大海，时有风潮冲突之虞，城东故有老护塘，年久沙涨为田，地益东增。雍正间湖州钦公琏知南汇县事，曾捐资独筑一塘，土人德之，因名之曰钦公塘。嘉庆十五年分境而治，而护塘以东下沙二三场灶地，八九两团又直出海滩，里人蔡鸣谦等又呈请建筑圩塘，数十年来民获安堵之益。岁在辛巳闰七月初风潮大起，沿滩开垦之民，棚厂漂没，相率迁徙圩塘之内，哀鸿遍野，鹄面鸠形目不堪

---

1. 光绪《南汇县志》卷2《水利志》。
2. 光绪《南汇县志》卷2《水利志》。
3. 乾隆《南汇县新志》卷5《水利志》，《上海府县旧志丛书·南汇县卷》（上），第364页。

第 六 章

睹。……圩塘内外均为灶田，紧逼塘基，附近实难取土，盖此塘自建筑以来，沙滩日渐外涨，塘外亦有成熟之田，兼有芦苇之利，察度地势沿滩均有涨无坍，将来即为升科之渐。……禀请上宪于圩塘之外另筑新塘……[1]

此外，《川沙新筑外圩塘碑记》也详细介绍了同知张祥符在川沙主持兴筑圩塘的过程：

> 光绪辛巳闰七月初，风潮大起，沿滩开垦之民棚厂漂没，相率迁避圩塘之内，哀鸿遍野，鹄面鸠形，目不堪睹。……盖此塘自建筑以来，沙滩日渐外涨，塘外亦有成熟之田，兼有芦苇之利，察度地势，沿滩均有涨无坍，将来即为升科之渐。祥符又以一无屏蔽为虑，而陈君复议以为与其修旧，旾揭维艰，不若改建新堤为善。因返上海劝募巨资，禀请上宪于圩塘之外，另筑新塘。祥符亦奉札饬妥为经理，即移会左君出示，以辛巳冬十一月上旬祀土，插立界桩，距水滨以三百五十弓为率，自九团三甲，迄八团南一甲，南北延袤三十里，计四千余丈。[2]

光绪十年（1884）到三十一年（1905），21 年间共有 9 次重要的圩塘修筑工程，兴筑频次明显提高，平均每年 2.4 次。[3] 经过光绪年间的整治这些圩塘工程完成了对民办土塘的加固、统修，也巩固了钦公塘以来的潮滩圈围与圩田化发展，促进了滨海地带开发。多条海塘将盐场土地分隔为三个区域，包括外塘东、外塘与内塘之间、内塘西，分别属于盐荡、新圩区、老圩区。

---

1. 民国《川沙县志》卷 6《工程志》。
2. （清）萧穆：《敬孚类稿》，合肥：黄山书社，2014 年，第 414-416 页。
3. 民国《川沙县志》卷 6《工程志》。

伴随清末新塘的成形、潮滩外涨，钦公塘也逐渐荒废不用。"宣统季年六团邓家码头塘身被居民拆为平地，两面建屋设肆，中成街道，王家路等处相继拆毁，削平塘面，建筑市廛。盖老沙之外，新涨愈宽，又有王公、李公二塘保障于外，旧时之塘几乎天然淘汰矣。"[1]

总之，明清时期上海东部滨海形成了三道骨干海塘，内捍海塘（里护塘）—外捍海塘（钦公塘）—新圩塘（王公塘等）。明代到清前期始终以重修老塘、钦公塘为主，清中叶之后乾隆至光绪年间多次兴筑土塘，到清末形成了新塘（图6-5）。

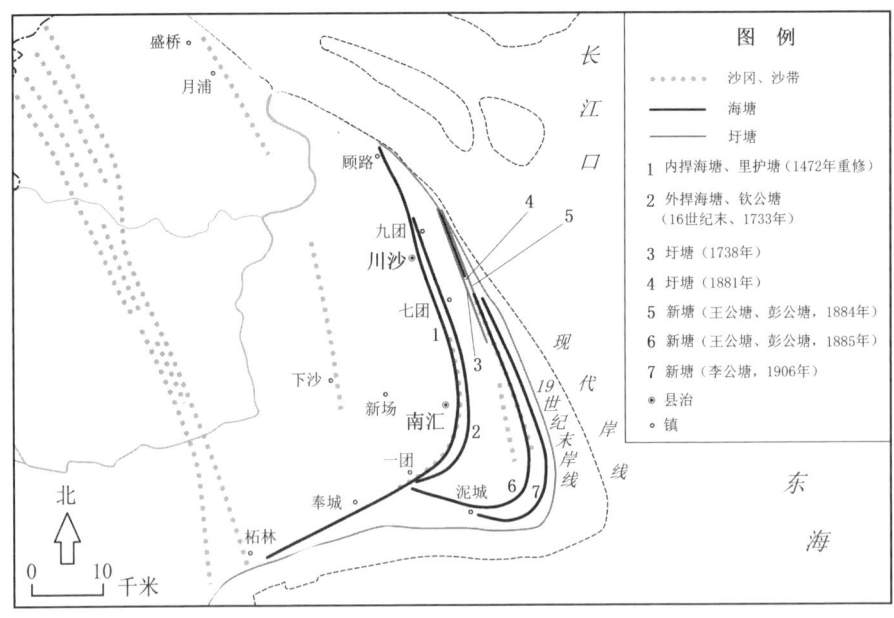

图 6-5　明清南汇与川沙沿岸海塘变迁示意图

说明：历史海塘据明清松江府、南汇县、川沙厅等相关方志记载编绘，历史底图根据谭其骧《中国历史地图集》（北京：中国地图出版社，1987年，第七册，第47-48页；第八册，第16-17页）、周振鹤《上海市历史地图集》（上海：上海人民出版社，1999年），基础地理信息根据上海市测绘院编制《上海市简图》（2024年）编绘。

---

1. 民国《南汇县续志》卷2《水利志》。

第六章

二、崇明岛海堤变迁与堤墩体系

崇明县地处长江口,为防御潮患,明清时期兴筑了不少官办堤坝,保护了潮滩开发的安全。明代中叶崇明主岛成形,随着沙洲开发的深入,为抵御风潮,崇明开始兴筑堤坝,例如明嘉靖中知县孙裔兴筑官坝,以御咸潮。[1]"官坝,在吴家沙,以御盐潮,邑侯孙裔兴筑,故名,今四面涨合,仍决泄便民。"[2]

明代崇明岛沙坝以北洋沙堤规模为最大,是崇明县第一次大规模的官办海堤。万历二十一年(1593)知县卢复元、典史孙汝楫主持兴筑北洋沙堤,从新镇、吴家、孙家、袁家四沙,至响沙、南沙等处,长50里。该坝在清初顺治间由知县刘纬、陈慎、龚榜相继整修。"前此咸潮浸灌,田悉污莱,自筑此堤,尽成沃壤,植桑其上,有桑堤千顷。"[3]这些沙坝构成了明代崇明海防初步体系。

入清后,为稳定灶地、沙田开发、防御灾害、保障安全,清代崇明岛在水利投入方面更关注防御海潮灾害。[4] 清初修筑了一系列沙坝,整体规模较小。其中以文成坝(即平洋沙堤)规模较大。清顺治十二年(1655)文成坝筑成,位于平洋沙、东大阜沙交界处,坝长2 824步(约今4.5千米)。[5] 清初顺治年间出现的其他沙坝包括:知县刘纬筑刘公坝,在平洋沙东大阜之交;知县龚榜主持筑保定沙坝、永宁沙坝,各长1 500余步(约今2.4千米)。[6] 据康熙《重修崇明县志》所记,主要沙坝如下:

---

1. 民国《崇明县志》卷5《河渠志》。
2. 康熙《重修崇明县志》卷3《建置·海岸》。
3. 康熙《重修崇明县志》卷3《建置·海岸》;民国《崇明县志》卷5《河渠志》。
4. 鲍俊林,高抒:《沙岛浮生:明清崇明岛的传统开发与长江口水环境》,《史林》2020年第3期。
5. 康熙《重修崇明县志》卷3《建置·海岸》。
6. 康熙《重修崇明县志》卷3《建置·海岸》。

官坝，在吴家沙，以御盐潮，邑侯孙裔兴筑，故名，今四面涨合，仍决泄便民。

刘公坝，在平洋、西阜两沙之交，邑侯刘公纬筑。

陈公坝，在东阜、平安两沙之交，即文成坝，邑侯陈公慎筑，长二千八百二十四步。

保定沙坝、永宁沙坝，以上二坝俱邑侯龚公榜筑，各长一千五百余步。

海岸，明万历丙申知县卢元复率典史孙汝楫督筑北洋海岸，由孙镇、孙家、吴家、袁家四沙至亨沙、南沙，长五十里，前此咸潮浸灌，田悉污莱，自筑此堤，尽成沃壤，植桑其上，有桑堤千顷。后渐圮，知县张世臣熊开元国朝刘公纬陈公慎龚公榜相继修筑。[1]

清代中叶以后，长江北口潮流渐强而径流渐弱，崇邑东北部岸线受影响最为明显，为防御潮灾侵袭，自明代万年年间北洋沙堤兴筑的170余年后，崇明县大规模官办海堤再次启动。[2]

据《赵公海堤记》所载，乾隆二十七年（1762），知县赵廷健主持兴筑海堤，故称赵公堤。"堤有两处，始自北而东由东三沙至十滧，去海五六里有差，基广五丈，高一丈，面宽二丈。继自西而南由平洋沙至蒲沙套迤东，去海稍近，基广八尺，高杀之，共长百里。"[3] 赵公堤位置更靠近滨海（图6-6），相对于北洋沙堤，该堤明显向东迁移了20～30千米。

清末赵公堤"西南堤坍没而东北堤岿然尚存，惟西南端亦坍兹所存者，西

---

1. 康熙《重修崇明县志》卷3《建置·海岸》。
2. 鲍俊林，高抒：《沙岛浮生：明清崇明岛的传统开发与长江口水环境》，《史林》2020年第3期。
3. 乾隆《崇明县志》卷1《水利》。

第六章

自富民镇、东迤十漖,长五十余里,捍御咸潮,百世利赖。"[1]但经过堤身残存破损,但依然能保护堤内居民安全、发挥防潮作用。光绪三十一年(1905)巨潮,"堤外人畜淹毙无算,田庐荡焉,而堤内棉谷丰收"[2]。

此外,清末其他海堤还有道光十八年(1838)由邑人张瑞生兴筑的平安沙坝,光绪三十二年(1906)龚其杲筑杨惠沙堤。杨惠沙堤位于崇明外沙,长江口北部沿岸,今启东沿岸一带。光绪三十一年巨潮为灾,杨家、惠安两沙东北濒大海,受祸尤酷,龚其杲请于知县杨士晟,以官民结合的形式筑堤。"自杨家沙惠兴竖河海坝起,迤东至节字圩转南至无字圩,绕西至四漖,南至二百七十二号惠安沙止"[3]。堤身长6721丈,基广5丈,面宽1丈,高1丈,堤成后"卤潮不入,斥地为腴,民享其利"[4]。

比较而言,海堤、沙坝对堤内田庐提供了一定保护,但对堤外潮滩灶民,海堤无法有效兼顾。与苏北沿岸一样,为保护堤外灶民,筑墩在崇明潮滩也是重要防潮设施,形成一定规模,是崇明海防体系重要组成部分。"海滨涨出沙洲,民居不知防患,请令地方官督于农隙筑土墩,高二丈,以避潮,至从之。"[5]为保护盐灶安全,也加大了潮墩("济民墩")兴筑,雍正十年(1732)挑筑济民墩,原建42座:

> 一在外津桥、一在穿心街、一在西溟沟、一在施翘河、一在东岳庙、一在头腐街、一在学宫东、一在演武场东、一在杨家河、一在洪桥南、一在头漖、一在洪桥北、一在第二条□河西、一在鳌阶镇西、一在新河镇西、一在新河镇南、一在盘龙镇、一在堡镇南、一在堡镇

---

1. 民国《崇明县志》卷5《河渠志·堤坝》。
2. 民国《崇明县志》卷5《河渠志·堤坝》。
3. 民国《崇明县志》卷5《河渠志·堤坝》。
4. 民国《崇明县志》卷5《河渠志·堤坝》。
5. (清)鄂尔泰:《八旗通志》卷207《大臣传·白钟山》。

北、一在五滧镇西、一在五滧镇东、一在小五滧、一在米行镇、一在七滧、一在三合镇、一在海梢镇、一在湾港镇、一在陈家镇、一在北盘滧、一在南盘滧、一在新开竖河、一在平安镇、一在貊貔镇西、一在貊貔镇东、一在西三江口、一在沈家湾北、一在沈家湾南、一在东三江口、一在油车湾、一在滧村镇、一在鳌阶镇北、一在后西溟沟。[1]

此后潮墩年久侵削，乾隆十六年（1751），总督鄂容安饬布政司郭一裕"通饬沿海地方各筑避潮墩，维时知县王纬令民照旧挑筑，并详请另设九墩，以济沿海居民"[2]。"续设济民墩九：一在东半洋沙、一在西半洋沙、一在四滧竖河、一在向化镇、一在花撇滧、一在长安沙、一在官尖、一在朱华港、一在三河镇。"[3]

民国《崇明县志》记载了存留潮墩的名称及位置，共有46座，兹列如下：

前志云墩现存者四十三座，一在外津桥，一在虞公街，一在西民沟，一在施翘河，一在东岳庙，一在头腐街，一在学宫东，一在演武场东，一在虹桥南，一在头滧，一在新河镇西，一在鳌阶镇西，一在蟠龙镇，一在新河镇南，一在堡镇南，一在五滧镇西，一在五滧镇东，一在五滧镇，一在七滧，一在米行镇，一在堡镇北，一在三合镇，一在陈家镇，一在北盘滧镇，一在南盘滧镇，一在平安镇，一在貊貔庙镇西，一在貊貔庙镇东，一在西三江口，一在沈家湾北，一在沈家湾南，一在东三江口，一在油车湾，一在滧村镇，一在鳌阶镇北，一在后西民沟，一在四滧竖河，一在虾撇滧，一在长安沙，一在官尖，一在朱华港，一在向化镇，一在三和镇。今又查增者三座，一

---

1. 嘉庆《直隶太仓州志》卷5《营建志下·济民墩》。
2. 嘉庆《直隶太仓州志》卷5《营建志下·济民墩》。
3. 嘉庆《直隶太仓州志》卷5《营建志下·济民墩》。

在界排镇西,一在界排镇东,一在二堡镇,共现存者四十六座。其余
坍没者,一在虹桥北,一在二条竖河,一在□梢镇,一在湾港镇,一
在新开竖河,一在杨家河西。又二座,一在东半洋沙,一在西半洋
沙,已于乾隆三十三年划归海门境矣。[1]

根据这些潮墩的位置与地名,清代中叶以前的潮墩主要集中在北洋沙堤以东的历史潮滩上,并且沿着崇明县南部沿岸,向东南延展至赵公堤内侧。1762年兴筑赵公堤以后,堤外潮滩没有新墩出现(图6-6)。

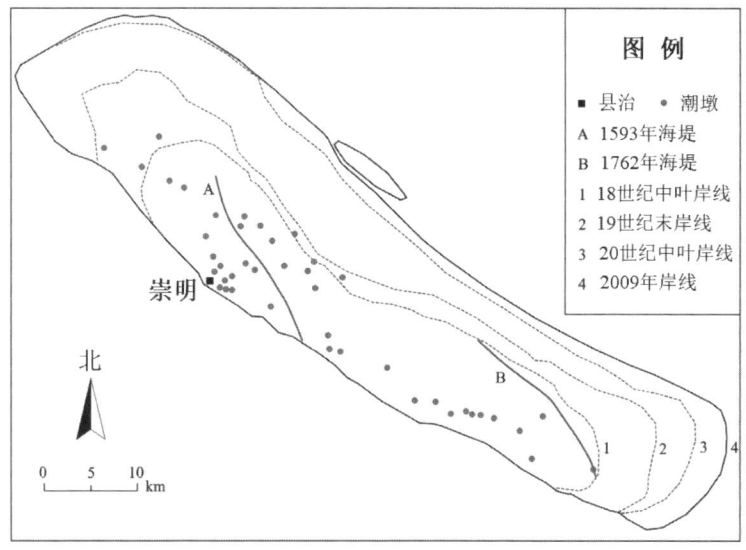

图6-6 明清崇明岛岸线、海堤与潮墩变化综合示意图

说明:根据鲍俊林等[2]改绘。潮滩与海堤分布根据康熙《重修崇明县志》卷3《建置·海岸》、乾隆《崇明县志》卷1《水利》、嘉庆《直隶太仓州志》卷5《营建志下·济民墩》、民国《崇明县志》整理编绘,海岸线根据恽才兴《图说长江河口演变》(海洋出版社,2010年)改绘。

---

1. 民国《崇明县志》卷5《河渠志》。
2. Bao, J.L., Gao, S. Wetland utilization and adaptation practice of a coastal megacity: a case study of Chongming Island, Shanghai, China. *Frontiers in Environment Science*, 2021, 9: 627963.

值得注意的是，避潮墩这种形式，主要分布在苏北中部沿岸以及崇明县沿岸，[1]在上海县沿岸并没有类似避潮墩的设施。换言之，上海县、南汇县沿岸并未形成类似于东台县的堤墩体系。不过，除了属于军防系统的汛墩外，南汇下沙各场也有用于制盐的盐墩。

盐墩是制卤过程中的重要设施，如南汇制盐"筑土为墩，宜随时锄松墩泥，灌浇海水墩中，复凿深井，用缸作底，俾四面咸汁漉入缸中，名曰卤井，盐之原料也。灶丁汲取烧炼，粒细色洁，凝结成团者，名曰团盐，价值贵。取卤摊晒板上，粒粗色滞，抄下如散沙者，名曰山盐，价值贱"[2]。下沙各场盐墩数量庞大。清代中叶以后下沙二三场逐渐不产盐，盐墩集中在下沙一场，共有"盐墩四千一百二十三所半，全属一场"[3]。其中，一团盐墩三千一百六所，二团上则盐墩九所半，中则盐墩五所，下则盐墩三所，三团盐墩一千所。[4]"大墩约有三十余亩，小墩四五亩至七八亩不等，坐落海塘左右，从前灶户煎盐，备作淋□□用。"[5]

又如金山沿岸"袁浦场……灶舍错处城外，自立墩涂，刮淋煎办盐"[6]。奉贤县"东南两门外有捍海塘，外水墩、中墩、旱墩、草荡。内中墩、旱墩，因潮水不至，不产盐，卤地多荒废"[7]。此外，苏北沿岸各场也有盐墩，如清末通泰州各盐场添筑盐墩，"通泰一带、海滨之地，前经海潮涌溢，民不聊生，叠列前报，兹闻该灾户经官赈济之后，烧盐之墩，潮塌已久，卸陷倒地，无力高筑。虽户户以盐为命，亦苦于无所藉手"[8]。这些海塘外潮滩上的各种墩台，类

---

1. 嘉定沿岸也有避潮墩。"避潮墩凡三，在虞号十六、十七、十八等图，海塘未筑时，里人许姓筑。"见光绪《嘉定县志》卷30《名迹志》。
2. 民国《南汇县续志》卷20《风俗志三》。
3. 光绪《南汇县志》卷5《田赋志下》。
4. 光绪《南汇县志》卷5《田赋志下》。
5. 民国《川沙县志》卷8《财赋志》。
6. 嘉庆《重修两浙盐法志》卷6《场灶一》。
7. 光绪《重修奉贤县志》卷19《风土志》。
8. 佚名：《添筑盐墩》，《益闻录》1897年第1650期。

似于东台县各场的灰场与盐亭。这些盐墩均用于淋卤制盐，是制卤设施，多设在1~2米的墩台之上，大部分上设灶舍，但都不同于前述专门用于躲避大潮侵袭的避潮墩，不属于海防的堤墩系统。

第四节　淤涨型潮滩防灾体系的空间分布差异

一、高滩筑堤与低滩筑墩

筑堤（墩）是开敞低平的淤涨型潮滩应对潮灾风险的传统策略，延绵的海堤如同"海上长城"，是人类在淤涨型潮滩获得安全稳定开发空间的重要保障设施。[1]但苏沪沿岸属于动态的淤涨型潮滩，对筑堤效果的可持续性提出了更多的挑战，筑堤（墩）技术与方式也需要适合持续变化的潮滩环境。

长期实践中，人们认识到，要维持淤涨型潮滩的防潮效果，就必须不断加固、重修海堤，或者向海迁移新建海堤，这是淤涨潮滩提高防潮能力的基本方式。因为传统土堤、墩台容易毁坏，发挥它们"捍患兴利"功能的关键在于维护与加固堤身。正如北宋欧阳修在《偃虹堤记》中所言："夫事不患于不成，而患于易坏。盖作者未始不欲其久存，而继者常至于殆废。自古贤智之士为其民捍患兴利，其遗迹往往而在，使其继者皆如始作之心，则民到于今受其赐。"[2]苏沪潮滩筑堤所形成的堤墩结合的海防体系，是对淤涨潮滩环境与开发的响应，特别是堤身形态与潮滩地质、潮差等环境紧密相连。有趣的是，苏北沿岸选择了在原有堤线不断重修、巩固的方式，而上海东部沿岸主要采取不断向海迁移新建的方式。

堤身地基方面与沙冈有关。淤泥质潮滩，沙土性软，但滩脊、沙冈（或沙

---

1. 鲍俊林：《气候变化与江苏海岸的历史适应研究》，第158-159，240-241页。
2.（宋）欧阳修：《欧阳文忠公集》外集卷13《偃虹堤记》。

潮滩环境与苏沪沿海历史生态地理
Tidal Flat Environment and Historical Eco-Geography of the Jiangsu-Shanghai Coastal Region

岭、沙坎、沙脊)较为坚实,为土堤构筑提供了良好的、稳定的地基条件。一方面节约土方,另一方面地势稍高。这些天然的自然堤成为人工海堤发展的关键条件,因此苏沪潮滩筑堤往往多以沙带、沙冈为基础,即大致沿着沙带、沙冈分布。全新世苏北沿岸形成的多道古贝壳沙堤,包括西冈、中冈、东冈构成的冈身带,便是泰州捍海堰的地基所在。在上海东部沿岸也是如此,宋元至明清的海塘兴筑均位于沙带、沙冈附近,以此为基础。滩脊(沙带)成为南汇沿岸淤涨潮滩兴筑海堤的重要天然基础。到光绪十年(1884)新筑海塘时,仍然需要以沙坎(即沙带、滩脊)为基础,即依靠钦公塘与外塘(圩塘)之间的沙坎,作为新塘之基础。"有移就沙坎之议,沙坎者,在外塘之内、钦塘之外,离水远而基址高,工程较省。"[1] 某种程度上,筑堤可以看作是对潮滩上的自然堤(滩脊、沙冈、沙堤或沙带)的人为模拟与功能重构。

堤线选址方面与平均大潮线有关。古代筑堤只能避开潮水冲激的位置,堤线布置一般在平均大潮线以上,在这里除非特大潮灾,一般日潮与月潮难以冲决。如果向海迁移筑堤超过了淤涨速度,潮能的冲决能量大,对堤身破坏较明显,不易生存。苏北海堤位于年高潮淹没带,后来也始终位于该位置,没有向海迁移新建。范公堤初步创筑阶段是沿着10—13世纪岸线与沙堤,自北向南发展,逐步形成连续堤线,并且延续到清末民初。这种分布次序与各段地势高程紧密相关:阜宁到盐城地势最低(平均海拔1米),盐城到海安次之(2~3米),海安到吕四最高(3~4米)。尽管南汇海塘不断向海新建,圩塘高程也有变化,但海堤布线仍以年高潮淹没带以上为主,即秋季天文大潮时也达不到的地方。例如光绪十年(1884)新筑南汇、川沙圩塘时,"以伏秋大汛潮水不到之处过西三十丈为准,作为圩界,自南至北,按二十丈钉出土六尺信桩一根,按百丈钉出土八尺信桩一根,钉定之后,以此为信"[2]。

---

1. 民国《南汇县续志》卷2《水利志》。
2. 民国《南汇县续志》卷2《水利志》。

堤（墩）高方面与平均高潮位有关。14世纪末以来，江苏沿海海水淹没的历史最高线达到海拔4米。[1] 这也是苏北堤工变迁的关键线。苏北中部沿岸的贝壳沙堤一般高度约4米，范公堤平均高程约4~5米。[2] 16世纪中期以后，范堤外的潮墩数量迅速增加，一般高度在地面以上3~4米左右，与范堤高度大致相同。明嘉靖年间东台场潮墩约高6米，"墩形如覆釜，围四十丈，高二丈，容百人。潮至，则卤丁趋其上避之"[3]。乾隆年间兴筑潮墩又增加到地面以上4~6米。[4] 苏北中部沿岸分现有潮墩遗址的地面平均高度为3~4米[5]，估计原平均高度约为离地4.5米。另外，1883年大规模建设的潮墩，其相对地面平均高度为3.04米（约海拔4米）。[6] 19世纪末苏沪沿海潮位平均为3~4米[7]，潮墩高度略高于当时的平均年高潮位，约4米。同样地，南汇、崇明沿岸历史海塘平均相对地面高度在3.4米（海拔约5米）（表6-4）。在南汇沿岸，整体上官办海塘堤身稳固、坚实，高度一般能达到5米左右，但清代中叶到清末，南汇、川沙的民圩，即民办土塘，高度多为2~3米，明显低矮，且堤身不坚固，容易被潮冲毁。总之，整体上明清时期苏沪沿岸堤墩平均高度长期维持在3~5米。

表6-4 南汇、崇明部分海塘高度（相对地面）

海塘、堤坝	高度（丈尺）	今制（米）	创筑、重修时间	资料来源
内捍海塘 内护塘、里护塘	一丈七尺	5.3	12世纪末	乾隆《南汇县新志》卷5《水利志》
重筑里护塘	一丈七尺	5.3	明成化八年（1472）	乾隆《南汇县新志》卷5《水利志》

1. 邓辉、王洪波：《1368—1911年苏沪浙地区风暴潮分布的时空特征》，《地理研究》2015年第12期。
2. 凌申：《范公堤考略》，《盐城师范学院学报》（人文社会科学版）2001年第3期。
3. 嘉靖《两淮盐法志》卷3《地理志》。
4. 光绪《盐城县志》卷2《舆地志下》。
5. 史为征：《盐城潮墩》，《国家地理》2014年第7期。
6. 光绪《重修两淮盐法志》卷37《场灶门·堤墩下》。
7. （清）朱正元：《江苏沿海图说》，第31—45页。

续表

海塘、堤坝	高度（丈尺）	今制（米）	创筑、重修时间	资料来源
南汇与川沙圩塘	一丈五尺	4.8	乾隆三年（1738）	乾隆《南汇县新志》卷5《水利志》
川沙圩塘	九尺	2.9	光绪七年（1881）	《民国史料丛刊续编》第306页
南汇、川沙新塘（王公塘或彭公塘）	六尺	1.9	光绪十年（1884）	《民国史料丛刊续编》第305页
李公塘	七尺	2.2	光绪三十二年（1906年）	—
崇明岛赵公堤	一丈	3.2	乾隆五十七年（1792）	民国《崇明县志》卷5《河渠志》
杨惠沙堤	一丈	3.2	光绪三十二年（1906年）	民国《崇明县志》卷5《河渠志》
平均	—	3.6	—	—

说明：明制1尺合今制31.10厘米、清制1尺合今制32厘米。

堤形结构方面多见斜坡式筑法。为克服地质较软、土堤难以堆高的不足，故堤形常采用斜坡式筑法。一般来说，堤身临水面多平坦宽大，防止海水冲坏，而堤内则收窄，以节成本。[1] 这样做的好处是容易筑成，但也容易被冲毁。苏沪沿岸的传统海堤中，斜坡式均为土堤，陡墙或直立式多为石塘。同时，土塘自身也不够坚实，淤涨潮滩常有海水冲刷，因此剖面多为斜坡式，即向海一侧多取坦坡，以降低海潮对堤身的冲击力。"收分必讲外坡内陡"或"内陡外坦"[2]。即向海一侧为坡、坦，较缓，堤内一侧为陡。堤工"俱照二五收分或三

---

1. 杨文鼎编，何兆年校：《中国防洪治河法汇编》，上海：建国印刷所，1936年，第10—11页。
2. （清）李世禄：《修防琐志》卷5《堤工》。

收。如三收之堤，先将坡宽，每高一尺，该坡宽六尺，如堤高一丈则该坡宽六丈，加入顶宽之数，则得堤底应宽丈尺矣"[1]。例如光绪十年（1884）新筑南汇、川沙圩塘时，对高宽收分比较重视。新筑堤坝"大抵陡坡收三四分，坦坡收六七分为是，由必择定老地，方有好土，勿近洼下"[2]。

此外，在潮差大、强潮岸段，一般通过加高加固海塘实现防护目的，但传统堤工技术难以加高加固，因此在潮差大的险工岸段往往是通过修筑多重海塘，以抵消提高单体海塘高度的难度，即通过塘外新建海堤实现保护效果，加大平面投入以克服高度与硬度的不足，这是南汇沿岸潮滩传统堤工的一个重要特征。例如在南汇沿岸，为巩固荡地圩田化的效果、防止潮冲，圩塘的形式出现了撑塘、夹塘等多种形式。

比较来看，南汇海塘在不同时期修筑过程中，形成了多个海塘平行分布的特征，即夹塘或重塘，一方面提供了多重保护，另一方面也是在圩田化过程中形成的圩塘系统。相反，范公堤是为了保证堤西农业区的安全，堤东新建海堤的需要降低，尽管苏北中部沿岸也具有多条沙带平行分布的地质基础。但一方面由于淤涨速度非常快，另一方面淤涨出来的潮滩被禁止开垦，只能用于盐业生产，而且封闭性的堤坝会妨碍传统的海涂煎盐正常纳潮。因此，苏北沿岸范公堤以东海涂长期没有新建海堤，而转为大量筑墩，堤墩并存的海防形式是在盐作化过程中形成的。

此外，作为一种独特的防潮手段，潮墩在苏沪沿岸的分布存在差异，在苏北沿岸中部表现为大量分布，崇明岛为稀疏分布，南汇川沙沿岸因圩塘兴筑而缺少潮墩运用。潮墩本质上是对淤涨潮滩与荡地盐作的响应，是在明清苏北盐作过程中形成的传统防潮形式。[3] 如前所述，潮滩盐作在于"小潮利用、大潮预防"，既

---

1. （清）李世禄：《修防琐志》卷5《堤工》。
2. （清）李世禄：《修防琐志》卷5《堤工》。
3. Bao, J.L., Gao, S., Ge, J.X. Coastal engineering evolution in low-lying areas and adaptation practice since the eleventh century, Jiangsu Province, China. *Climatic Change*, 2020, 162:799-817.

需要依赖规律性潮汐，又要避免大潮致灾的影响，因此创设了避潮墩的防潮方式。因为在向海扩张的滩涂上，煎盐亭场能够随之不断向海迁移，但新滩土软、海堤建设不易，投入巨大，难以适应海涂不断淤进与盐场迁移。潮墩成本低、简便易成，能不断向海迁移、择地新建，以适应海岸淤进变化。更为重要的是，潮墩相比海堤，离散、点状分布的潮墩不影响煎盐的纳潮需要，不破坏潮滩沉积环境与生态要素的自然演替特征。相反，海堤位置相对固定，连续的海堤往往遮断大小潮沟、破坏潮滩沉积与自然演替过程，妨碍纳潮效果、加快土壤淡化，"堤可以卫田庐而不便于障煎灶，缘灶须就卤，一经隔阂，卤气不通，有妨摊晒"[1]。

因此，相对于海堤，潮墩更好地兼顾了盐作需要与潮滩环境变化，是当时生产条件下盐场内部一种很理想的防潮设施。苏北潮滩的堤墩并存的海防模式本质上是对快速淤涨型潮滩响应的结果，上海东部沿岸新修海堤较快，海堤防潮功能得以继续发挥，形成了多重海塘。

二、苏沪潮滩传统防灾体系的形成

经过明清时期的发展，苏沪沿岸形成了中国古代最大规模的海堤系统——苏沪海堤，也是前工业化时期海防体系演变的最后格局，包括两大部分，即苏北海堤（范公堤）与江南海塘（图6-7）。苏沪海堤尽管分属长江口南北两岸，但本质是一个整体，都是在淤涨潮滩人地互动过程中形成的，对二者的演变进行比较研究，可以更全面地理解苏沪潮滩历史开发格局与环境适应特征。前人相关研究主要关注海堤在应对潮灾中的关键作用[2]，很少将二者作为一个整体的海防体系进行讨论。

---

1. 光绪《重修两淮盐法志》卷37《场灶门·堤墩下》。
2. 张崇旺：《明清时期两淮盐区的潮灾及其防治》，《安徽大学学报（哲学社会科学版）》2019年第3期；赵赟：《清代苏北沿海的潮灾与风险防范》，《中国农史》2009年第40期。

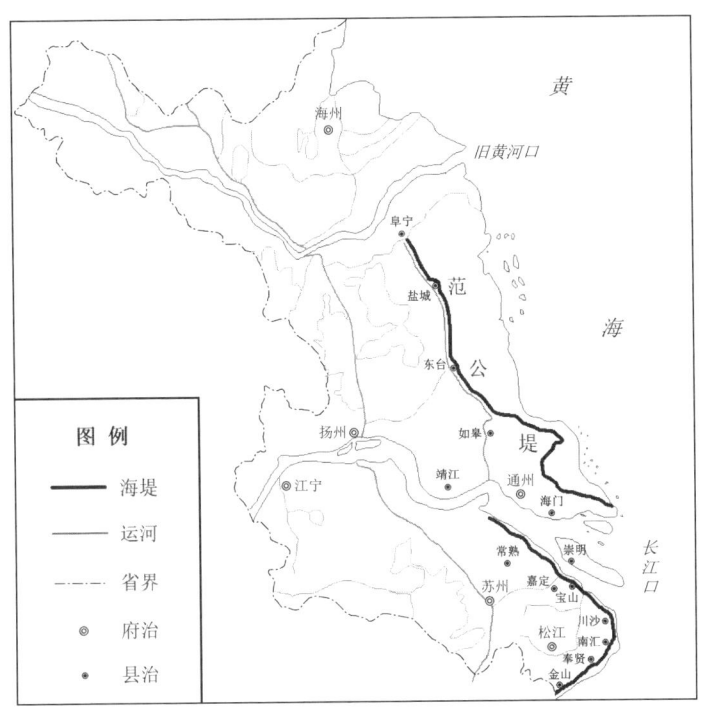

图 6-7 清末苏沪海堤的分布

说明：根据（清）诸可宝辑录《江苏全省舆图》所载《江苏全省》及《松江府》图（拼合光绪二十一年刻本）。

在传统开发过程中，苏北沿岸形成了因地制宜的"堤—墩"综合防潮体系。"堤者所以捍海、墩者所以避潮。"[1]"长堤卫民居，潮墩备猝警，所以为捍灾御患者，至周也。"[2]范公堤自北宋天圣年间兴筑的泰州捍海堰开始，到明代后期全线成形。[3]此后除了堤身维护重修外，堤线没有变化。总体上，苏北沿岸构成的海防体系在明代以海堤为主，清代以后潮滩海防以筑墩为主。但上海东部沿岸形成了与荡地围垦相适应的多重海堤的圩—塘体系，并与其他沿江沿海的海塘经过连接、重修，在清代中叶最终形成江南海塘。

---

1. 光绪《重修两淮盐法志》卷36《场灶门·堤墩上》。
2. 光绪《重修两淮盐法志》卷36《场灶门·堤墩上》。
3. 鲍俊林，高抒：《苏北捍海堰与"范公堤"考异》，《中国历史地理论丛》2015年第4期。

潮滩环境与苏沪沿海历史生态地理
Tidal Flat Environment and Historical Eco-Geography of the Jiangsu-Shanghai Coastal Region

比较而言，长江口南岸海塘明显逼近海水，苏北海堤则远离海水，即苏北海堤与海岸的平均距离明显大于江南海塘。以东台县与南汇县为例，到清代后期，前者范堤距离岸线一般在30千米左右，后者钦公塘以外只有数千米，显然，后者更为迫近海水。这是由于苏北沿岸长期处于盐作化过程，形成了"小潮利用、大潮防御"的开发与海防模式，因此海堤长期维持在范堤沿线，没有向海迁移，堤外潮滩转为以筑墩为主的防御模式。潮墩本质上也是海堤的变体形式，或者不连续的海堤特殊形态，但除了盐场图外，它们很少被作为重要的海防设施标注在相关舆图上，范堤以外空白地带（图6-7），实际上分布了大量墩台。而在南汇沿岸，伴随荡地围垦的发展，垦地不断迫近海岸，全线海堤持续向海迁移新建；这不仅巩固了海岸线，也强化了"小潮利用、大潮防御"的防潮模式。

与南汇海塘多次向海迁移新建不同，苏北海堤的堤线长期固定在范公堤一线，这与海涂快速扩张及传统堤工技术有关。明清时期苏北海涂快速淤涨，对海堤向海迁移新建形成障碍。因为新滩土软，承载力不足，在现代工程技术普及运用之前，新淤潮滩一般很难新建海堤。软性土基也决定了历史海堤以斜坡式土堤结构为主、高程较低、底部长；优点是工艺简单、容易筑成，缺点是在大潮冲击下容易毁坏，往往大潮之后新建的海堤经过数年之后防潮效果便显著下降。[1]

南汇海塘属于江南海塘的重要组成部分。与苏北沿岸堤墩并用不同，明清时期南汇沿岸防潮方法长期以筑堤为主，并且海塘（圩塘）兴筑在与海争地中发挥了重要作用。海塘阻隔潮侵、促进土壤淡化，以往的滨海盐沼与赤卤之地逐渐演变为水网密布、适宜垦种的塘内土地，同时随着新塘兴筑，塘外盐荡也转变为塘内圩区。夹塘地带因此逐渐圩田化，并在加强海塘建设过程中得以不断向海推进。

尽管苏北与长江口南岸都属于淤涨潮滩海堤，但二者发展路径是不同的，实际上二者走向了两种海防模式。东台与崇明都是堤墩模式，南汇则是圩塘模式。如前文所述，尽管都表现为"小潮利用、大潮防御"的基本海防模式，但海防模

---

[1] 鲍俊林：《气候变化与江苏海岸的历史适应研究》，第255页。

式可分为盐场防潮与圩田防潮两种方式，二者存在一定的冲突。盐作方式下潮墩便于避潮、引潮而不能挡潮，海堤才可以，崇明岛也是如此。而在南汇川沙沿岸不同，海防策略并未以下沙盐场的生产为主，原因在于进入清代以后，特别是清代中叶以后，随着下沙二三场不再产盐，盐场土地绝大部分实际上已转为垦作，因此对圩塘的需求更大。只有连续的堤坝才能给圩田提供保障，才能促进潮滩圩田的成形、巩固圩田生产系统。因此，在苏沪海防体系中，整体上似乎表现为堤墩并用的防潮模式，但比较来看，在苏北沿岸表现为盐作主导型的海防模式——单堤多墩，而长江口南岸则是垦作主导的海防模式——多塘少墩。

苏沪传统海堤系统由范公堤与江南海塘构成，前者距离海远，后者不断向海迁移逼近海岸，堤线分布差异是对苏北沿岸长期盐作主导、南汇沿岸以围垦为主的土地利用格局的反映。20世纪初是传统海堤系统的最后阶段，20世纪中叶以后，苏北海堤大幅逼近海岸线，范公堤与新海堤之间的空间完全转变。江南海塘仍然延续历史模式，迭代向海迁移新建（图6-8）。

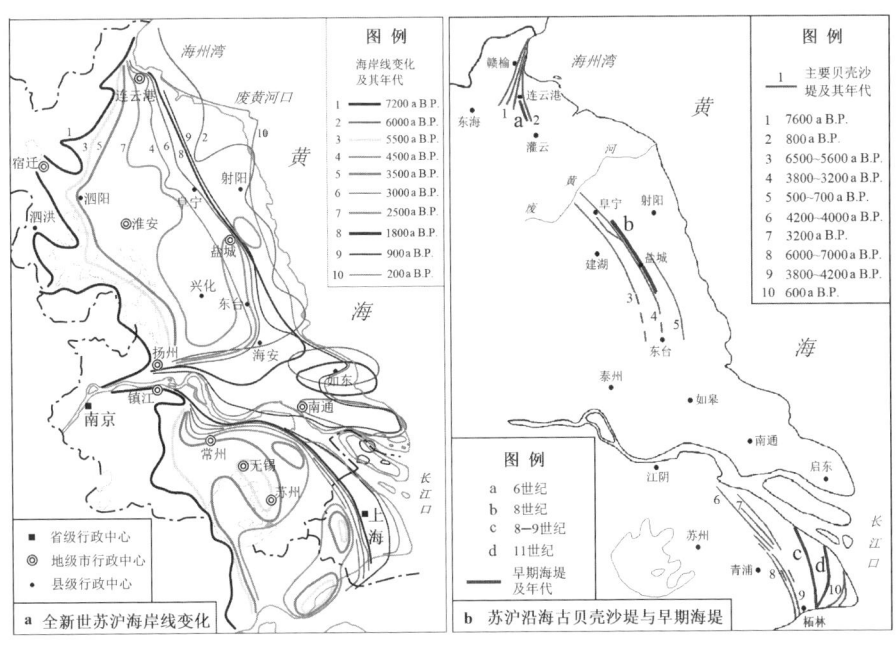

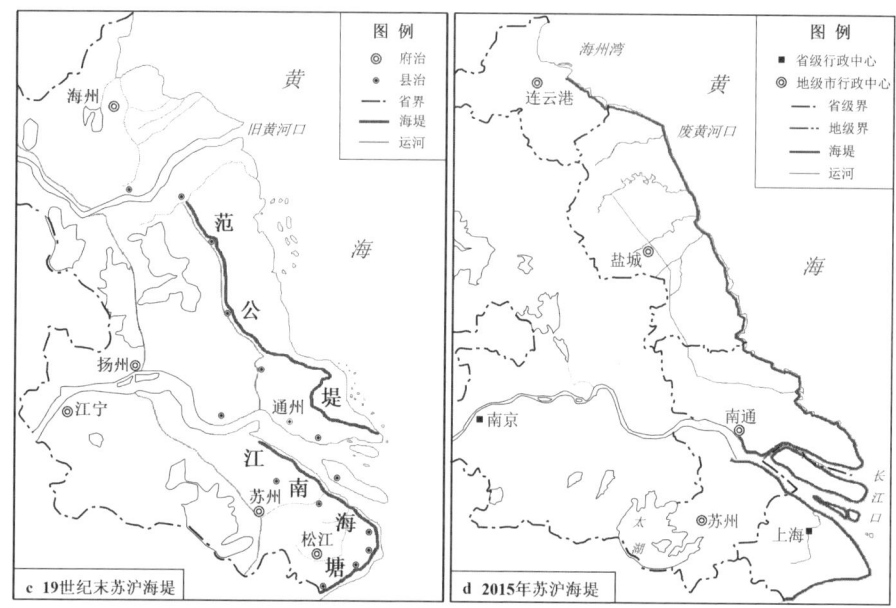

图 6-8　苏沪岸线变化、古贝壳沙堤与历史海堤分布变化综合示意图

说明：图 a 据杨怀仁、谢志仁[1] 整理；图 b 据朱诚等整理[2]，并补充早期海堤 a 与 b；图 c 据清代诸可宝辑《江苏全省舆图》（台北：成文出版社，1974 年）载《江苏全省图》（第 1—2 页）及《松江府》图（第 16—17 页）改绘；图 d 据王登婷[3]、上海市防汛指挥部办公室[4] 整理。

  大陆岸线向海迁移，也是沙堤迭代向海平行淤进的过程。典型河口三角洲沿岸都存在沙脊、沙带，在浅层沉积中埋伏或出露，淤涨过程中，呈现了沙脊—淤泥交替分布的潮滩地貌。在天然沙堤启发下，苏沪潮滩筑堤本质上是起源于沙带、沙冈，即人类对自然沙堤的模拟。换言之，上海大陆部分的迭代向海迁移筑堤平行推移的现象，实际上也是滨海天然沙堤的人工化，是人类在冈

---

1. 杨怀仁，谢志仁：《中国东部近 20,000 年来的气候波动与海面升降运动》，《海洋与湖沼》1984 年第 1 期。
2. 朱诚，程鹏，卢春成，等：《长江三角洲及苏北沿海地区 7000 年以来海岸线演变规律分析》，《地理科学》1996 年第 3 期。
3. 王登婷：《江苏省海堤建设及生态海堤研究》，北京：海洋出版社，2019 年。
4. 上海市防汛指挥部办公室编：《上海市防汛工作手册》，上海：复旦大学出版社，2018 年。

身与天然沙堤的启发下,创造出的新"冈身"或人工沙堤。

总之,苏沪海防系统本质上是盐场与圩田两个生产系统的重要组成部分,海防形式以及在结构与功能上的差异正是对两种生产系统的响应,苏北沿岸及崇明岛形成了盐作主导的海防模式(单堤多墩),长江口南岸是垦作主导的海防模式(多塘少墩),二者都属于苏沪沿岸的海堤群的重要组成部分。

本章小结

本章围绕苏沪潮滩防灾系统的演变,从结构与功能方面揭示了历史潮滩传统海堤系统的环境适应特征,讨论了盐场与圩田这两个生产系统的防潮策略演变,以及传统海堤系统与淤涨潮滩环境的相互关系。

海堤是历史潮滩防灾系统的核心,总体上潮滩人类活动表现为"小潮利用、大潮预防"的防潮与用潮模式,以及高滩筑堤、低滩筑墩的分布格局;即低滩制盐与高滩围垦二者对待大潮的方式主要是筑堤防御,但对待小潮的利用方式不同,前者是引潮制盐,后者是引潮灌溉,这在苏北沿岸最为典型。筑堤是人类改造、适应潮滩环境的重要手段,在地质基础、选址、堤形结构、堤线分布、坡度变化等多方面呈现了应对高滩环境演变的适应性特征。历史时期苏沪潮滩筑堤多以滩脊、沙冈(沙堤)为基础,位于潮上带、呈现斜坡式的基本特征。

历史潮滩防潮工程的结构与功能演变是对土地利用与潮滩环境变化的综合响应,传统防潮策略及其防灾系统主要是在应对潮灾影响的过程中发展形成。苏北沿岸传统防潮工程以筑堤为主,清代中叶以后形成大规模的堤墩并存的防潮工程体系,到20世纪中叶再次转为筑堤;长江口南岸形成夹塘防灾工程体系,迭代新建,延续至今。

第七章 潮滩土地兼并与地权关系演变

第一节 淤涨型潮滩的复杂田制

一、"计丁授荡"：田荡涂与荡地分配

在海涂地带，人们意识到淤涨潮滩能带来更多的土地资源，不再认为是穷海荒涂，而是能够逐渐开发的潜在农业用地。但大面积淤涨潮滩、丰富的荡涂是苏沪沿海非常特殊的土地形态，历史上沿海地带往往属于王朝统治的边缘地带，对这种动态的淤涨荡地进行管理，具有很大的挑战。明清时期官府如何管理苏沪沿岸这些动态的滨海荡地资源，对荡地开发产生了重要影响，受到了部分研究者的关注。相关研究讨论了荡地管理制度及其影响，包括滨海荡地分配、升科、税赋与开发利用制度[1]，长江口沿岸荡地开发与管理等方面问题[2]，但尚未关注到淤涨型潮滩演变与荡地管理变迁的联系并开展充分讨论。

荡地属于盐场重要生产资料，回顾盐场荡地分配方式，宋元时期盐场荡地

---

1. 刘淼：《明清沿海荡地开发研究》，汕头：汕头大学出版社，1996年；刘淼：《明代盐业荡地考察》，《明史研究》（第1辑），合肥：黄山书社，1999年，第82-109页。
2. 吴滔：《海外之变体：明清时期崇明盐场兴废与区域发展》，《学术研究》2012年第5期；吴滔：《明代浦东荡地归属与盐场管理之争》，《经济社会史评论》2016年第4期。

第七章

已经普遍官拨、禁止买卖。[1] 官拨荡地一般只有使用权,禁止私相买受。明代海盐生产的发展中,官拨荡地仍是滨海荡地分配的基本原则,草荡分配管理得到强化,"鬻海之利所资者草荡,灶户每一岁办大引盐十引,该用草二十余束。洪武年间编充灶丁,每丁拨与草荡一段,令其自行砍伐,煎烧不相侵夺"[2]。"盐场卤丁在滨海者,照丁清拨草荡或处置量与。"[3] 清代"计丁授荡"也是如此,"沿海草荡分给灶户烧盐,荡皆有课"[4]。"煮海之利以草为本,灶荡故皆官地给灶丁,按地配引,输盐于官,名曰额荡"[5] "每丁受草荡十八亩零,岁支工本钞二贯六百余文,办盐二引二百余斤"[6]。加上清代淮盐的快速发展,对草荡这一重要生产资料的控制更为严厉,"禁私垦、禁外售"[7]。

但问题是,官府划拨的荡涂、荡地不是一般的土地形态,而是属于一种会淤涨、演替,极具多变性的淤泥质潮滩。如前文所述,在这种淤涨型潮滩上,植被、盐分与土壤性状等都存在规律性自然演替的普遍现象。自海向陆,在潮汐影响下滩面形成了多个平行的分布地带,并伴随滩面淤涨垫高、土壤盐分不断降低,逐渐从高盐含量的光滩沙涂,演变为中等盐含量的稀疏植被沙荡,直至低盐或基本脱盐、植被更多的草荡。[8] 表面上看,这些荡涂不过是贫瘠的盐碱土,但正是由于淤涨、演替作用,导致涂可以转变为荡,荡经过垦种又可以成为熟田。换言之,荡涂实际上都是未来潜在的熟地。

同时,荡涂在税则上的优惠,进一步强化了荡涂资源的潜在价值。"禹贡

---

1. 《元典章》户部卷8《典章二十二》。
2. (明) 朱廷立:《盐政志》卷7《疏议》。
3. (明) 孔贞运:《皇明诏制》卷7《灾变宽恤诏》。
4. 光绪《重修两淮盐法志》卷97《征榷门》。
5. 光绪《重修两淮盐法志》卷15《图说门·引荡刈草图说》。
6. 光绪《南汇县志》卷5《田赋志下》。
7. 光绪《重修两淮盐法志》卷26《场灶门·草荡》。
8. 宋达泉:《中国海岸带和海涂资源综合调查专业报告集·中国海岸带土壤》,第31-35页;鲍俊林,高抒:《沙岛浮生:明清崇明岛的传统开发与长江口水环境》,《史林》2020年第3期。

潮滩环境与苏沪沿海历史生态地理
Tidal Flat Environment and Historical Eco-Geography of the Jiangsu-Shanghai Coastal Region

则壤成赋"[1]，一般对于不同土质的土地，给予不同的税则。对于生地垦荒，会通过优免办法鼓励垦种，待渐次成熟后转则升科。从涨沙到熟田有一个基本过程："涨滩尚未出水之时，名曰水影；出水之后，滨江曰泥滩，滨海曰泥涂；经过相当时间，两者皆能生长水草，故名草滩或草涂。草滩、草涂再经相当时间，可以植芦，由植芦而围筑成田，种植谷类。无论滨江滨海，皆名沙田。"[2] 在从新涨到熟田的过程中，会根据熟化程度分别制定税率。按照课赋多寡，一般在大类上主要分为田、荡、涂三类，在明清方志中比较常见，特别是荡涂分布较多的苏沪沿海各县。整体上，涂荡远低于熟田的课赋。例如明末松江府各县"全熟田每亩均科正粮二斗四升五合，低薄田每一亩五分，准熟一亩，……涂荡积水河溇每亩科米五升"[3]。清末光绪年间，南汇荡地科则差异，即"上乡额田每亩科征折色银一钱六厘……下乡额田每亩科征折色银八分七厘……上下乡准熟额田每亩科征折色银一钱七厘……护塘外额田每亩科征折色银七分八厘"[4]，大致涂荡平均课赋只有熟田的一半左右。

不过，荡地坍涨无常，不仅"涂成荡，荡成田"，也会反向"田变荡，荡变涂"[5]，前者属于潮滩的淤涨型演替过程，后者则是相反的蚀退演替过程。这种多样的变化显然给沿岸荡地管理带来困难。为此，以税则随坍涨调整形成了一种浮动或动态的田制："坍涨靡常，科则升减随之，如涂成荡，荡成田，则升科；田变荡，荡变涂，则减科。"[6] 实际上，减科比较少见，一般会选择留科待补（涨）。

尽管转则升科较为常见，降则改科比较少见，但也有成功的例子。如明代

---

1. 正德《松江府志》卷6《田赋上》。
2. 朱福成:《江苏沙田之研究》，萧铮主编:《中国地政研究所丛刊：民国二十年代中国大陆土地问题资料》（第69册），台北：成文出版社，1977年影印本，第35930页。
3. 崇祯《松江府志》卷8《田赋志》。
4. 光绪《南汇县志》卷4《田赋志上》。
5. 康熙《重修崇明县志》卷4《赋役·顷亩》。
6. 康熙《重修崇明县志》卷4《赋役·田制》。

第七章

上海县沿岸农业发展程度较好，但长江口南岸土地毕竟属海涂，产出不如内地，因此可能会遭遇税则不合土宜的问题。元至治年初（1321）邓巨川任上海县丞，曾为上海县民请改科则。据《上海县苗粮改科豆麦记》："上海县其地濒海，潮汐荡激，挟沙土于畎浍，于是卤瘠之壤日积以亢，川流不通，五乡莫不病之。而高昌、长人两乡尤甚，谷不宜稻，稔岁农惟仰食豆麦，遇旱干则荛为不毛之墟。夫何田下而赋上，以石计四十万有奇，既科秔粮与沃壤等。……请易米以豆麦，以从土宜，以纾民力。……自泰定二年听以豆麦准秋粮。"[1] 上海县在当时能够降则成功主要在于荡涂开发时遇到受潮汐激荡影响的现实困难。

这种田制在崇明县表现最为典型，该县沙洲荡地"坍涨不常，故田荡涂无一定，涨则涂升为荡，荡升为田；坍则田降为荡，荡降为涂"[2]。崇明沙洲坍涨无常、游移多变，因此元代崇明州即"奏准三年一丈，坍则除粮，涨则拨民，流水为界，世称崇明十六字令甲始此"[3]。清初崇明"民田亩粮五升三合五勺，涂粮每亩五合，坍去民田一亩即涨水涂十亩，尚亏粮三合五勺，不足以抵一亩之额"[4]。可见，崇明涂荡只有民田亩粮的十分之一左右。在可耕涂荡进行人工种菁，促进土壤熟化，加速沙田成形，多由粮户自种或者召佃。[5] 为及时占有荡涂，与沿江沙洲"待年起科"不同，该县荡涂一经报拨，"虽水涂亦每亩纳粮五合"[6]。

对于荡涂的课税优惠，在东台县也是如此，乾隆二十七年（1762）对东台县境各场私垦荡地进行清丈后折价征科，每亩征收折银二分五厘。[7] 该税率也

---

1. 正德《松江府志》卷6《田赋上》。
2. 昝元恺：《崇明乡土志略》不分卷。
3. 康熙《重修崇明县志》卷4《赋役志》。
4. 康熙《重修崇明县志》卷4《赋役志》。
5. 雍正《崇明县志》卷7《田制》，《上海府县旧志丛书·崇明县卷》（上），第460页。
6. 康熙《重修崇明县志》卷4《赋役·田制》。
7. 光绪《重修两淮盐法志》卷97《灶课上》。

比较稳定，数十年间基本不变。到嘉庆年间（1796—1820），东台各场田地折色银仍为每亩二分七厘[1]，但周边熟田科则为每亩征银四分八厘。[2]

不过，这种田制下，貌似跟随了荡涂演替变化而动态调整，但因荡涂淤蚀多变、课赋较低，且有渐涨成熟的好处，实际上往往会引发荡地兼并争夺，导致沙案纠纷。如清初松江府海涂地带"萑苇之外可以渔，长荡之间可以盐，税轻役简，虽有该年总催之名，税无赔累，役无长征，沮洳斥卤，遂为美业，富家大户，反起而佃之，名虽称佃，实同口分，灶户转为佃户，利之所在，人共争之，势使然也"[3]。

比较而言，苏北沿岸因官府垄断了各场荡地、严厉禁垦，因此荡涂争夺、兼并及其引发的沙案比较少见；相反，荡地兼并现象多以南汇、崇明等长江口沿岸最为突出。

二、"蓄草供煎"：泰属各场的荡地禁垦

作为明清时期全国海盐生产中心、最大的盐课来源地，淮南盐区各场拥有大量潮滩，荡地资源十分丰富。控制这一动态的、不断淤涨的荡地资源，维持盐业生产，是明清朝廷稳定淮盐经济的关键。如前文所述，为控制淮盐，官府长期限制荡地开垦，对于荡地的管制最为严厉，采取"蓄草供煎"的荡地放荒政策，禁止私垦、转售。

但清代之前淮南盐区各场荡地实际上并未被严格禁止，而是经历了长期的禁垦与放垦的反复调整过程。例如，明初沿海官拨荡地，一开始就是允许有力灶户垦种。"优恤灶户者甚厚，给草场以供樵采，堪耕者许开垦。"[4] 后来

---

1. 嘉庆《东台县志》卷16《赋税》。
2. 嘉庆《东台县志》卷16《赋税》。
3. （清）叶梦珠：《阅世编》卷1《田产二》，第32页。
4.《明史》卷80《食货志·盐法》。

第七章

为了促进盐业生产，由禁止荡地垦种改为升科。弘治元年（1488）两淮巡盐御史史简《盐法疏》奏对盐务十事，打击私垦侵占、稳定盐业生产便是重点之一：

> 近者草荡有被豪强军民总灶恃强占种者，有纠合人众公然采打货卖者，又有通同逃移灶丁□称荒闲田土立约盗卖者，其所出之□□少而递年所得之利甚多，既不纳升合（之）粮，而灶丁取赎者反被虚词假契买雇。积年习泼证人财，嘱有司贪婪官吏，以行告害，其有司官吏又不审查，辄差人勾拿淹禁。经年累岁不得归结，致使草荡日见侵没，盐课愈加亏兑。乞令选差公正廉能官员，督同淮扬二府，并运司各掌印官，拘集各该军民灶丁，查究先年勘拨文卷，逐一踏勘，不分占种盗卖，俱免追取花利，及应问罪名，悉令尽数还官，仍上立封堆，下置灰撅，以为经久。清理完日，就将纳盐无荡灶丁，照名分拨管业，给帖执照，其余剩存留，以待招抚逃移，或听自守。旷丁闻知，必将争先复业认办盐课，而额课不亏矣。¹

滨海荡地最初的垦种收成非常不稳定，中潮滩是积盐与脱盐的过渡带，盐度为3‰～4‰，也可以零星垦种一些杂粮。但一旦报科缴税，则不容易再变更，荡地升科之后，日益减少，对稳定盐业生产不利。嘉靖十二年（1533）巡盐御史陈镐在《条陈盐法急务疏》中强调了"禁额灶归民""免开荡田税"的必要性。² 同时，两淮盐政朱廷立也撰了《免开荡田税以救灶疏》，详细论述了免征荡田税对稳定盐业的必要性：

1.（明）朱廷立：《盐政志》卷7《疏议》。
2. 嘉靖《惟扬志》卷9《盐政志》。

> 各灶该分草荡，除供煎烧外，其余地如有愿自耕种者，即赴分司告报亩数，附册给帖执照，免其三年之租。以后每亩肥厚者科米一斗，硗薄者五升，显准遵行。至今灶民惧其有粮，俱未开垦。为照前项草荡分拨灶丁，以引盐多寡荡示如之。夫灶之有荡，犹民之有田。民田所收粮差之余，尚资以供家口。灶之草荡煎烧之外，置之无用。况草荡俱临海滨，地多低洼，一遇潮盛，虽草亦淹死。其间高阜者，百无二三灶丁。略节开种，居民又称不报税粮，经年告扰，竟不知彼荡地。各承租业，但不误取草煎盐，亦可少耕升斗之粟，以救燃眉之急。且此地潮来为海，潮去为涂。今年或可耕种，来年又为水□淹浸。若欲令报粮开垦，则数入版籍，牢不可改。求利未得而害已随之，计一亩纳米一斗或五升，纵膏腴之田，税亦称重。孰谓荡地海涂而可如是之重。臣愚谓灶分荡地，专为取草煎盐，若使不误煎烧，万一灶有高阜荡地，除已纳粮入册者省令照旧外，其余或遇年时相值，力可耕种者，许其赴运司告明查勘，给帖付照开种，免其纳租，以□不给仍禁，邻近军民不许妄自生事，一槩告扰有司，亦不必准理，以启争端。[1]

朱廷立在此指出了灶民不愿报升的缘由，部分荡地确实可耕，但灶民为避免税赋，往往更愿意在不报升的情况下采取私垦的方式进行。因为一旦报升，则很难再变回。尽管这促使了私垦发展，但是不利于盐业生产的稳定，还不如取消荡田税。

在明代的基础上，清代强化草荡禁令，"禁私垦、禁外售"[2]，荡地主要作用仅限"蓄草供煎"，不准典卖灶地，不准私垦荡草，不准出境，皆为煎盐之

---

1. (明) 汪砢玉:《古今鹾略》卷6《利弊》。
2. 光绪《重修两淮盐法志》卷26《场灶门·草荡》。

第七章

计。只有在五年一次的清审时，才允许转售。乾隆十年（1745）两淮盐政吉庆详细分析灶荡转售民户与场商的影响：

> 旧制，灶户按荡完纳本色引盐，五年一次清审，削除故绝，佥补新丁，不但不许商夺灶利，民占灶业，即本场本总之灶，非逢清审，亦不得私相授受。自本色改征折价，审丁停止不行，而后灶户任意典卖荡地，高抬盐草，几忘身隶何籍，荡自何来，不论商民及本属别属，得价即售，灶丁脱漏版籍，灶荡垦为熟田，甚至民、灶互争讼，诚宜设法清理。窃思灶荡卖与场商与卖与民户微有分别，盖民户既不务煎，又不办运，其所买荡地不过图得草薪，或以炊，或以外贩，且其荡或肥沃即思私垦，于煎务实属有害。场商业在买补，其心本欲广产，所得引荡或买自灶户，或灶户以之抵欠，该商无不募丁樵煎，或佃租摊晒。虽业非原主，而荡仍归灶，于樵煎之事尚为无害。若悉令回赎，恐奸狡之徒，冒认原主，蜂起群争，良灶未沾赎荡之惠，殷商先受讼累之苦，应酌为变通。请自丙寅年始，灶户荡地不许典卖与商，即有未清盐课止许将荡售与邻灶，得价还商。[1]

自明后期改折后，盐场不再清审灶丁，私自转让荡地逐渐增多，不少灶民不再事煎。为稳定淮盐生产，清廷采取更坚决的禁垦、禁售的办法，试图强化荡地放荒、蓄草供煎的制度。

例如，乾隆十年（1745）两淮盐运使朱续晫查禁各场范堤以外的荡地私垦，严令荡地放荒："泰属各场荡地在范堤之东，皆属斥卤。每因淤沙外涨，腹内荡地土性渐淡，是以率多改荡为田，垦种杂粮，令仍改草荡，既不能播

---

1. 嘉庆《两淮盐法志》卷27《场灶一·草荡》。

种菽麦，而田内生草茸细，又不足以煎，究成两弃。"[1] 乾隆三十五年（1770），朝廷再次重申荡地禁垦令："近年开垦堤外之地悉令放荒，仍为草荡以供煎办，违者按律科罪。嗣后无论堤之内外，概禁开垦……其丁溪等七场堤外夹杂民田，既经一概令其放荒。"[2] 道光七年（1827年），官府又颁令："各灶户将私垦之荡照旧放荒外，再查各场荡地，如有私垦成熟者……立即犁毁，押令放荒。"[3] 同时，为维持荡草供应，还颁布《拦草章程》，严格限制越境贩草。"各场设有拦草巡役，专司拦截草薪出境……并饬各场员申明拦草章程，严督巡役认真稽拦。"[4]

直到清末光绪年间，淮南盐区荡地仍然严禁私垦，在光绪《重修两淮盐法志》中对盐场荡地的性质讲得很清楚："煮海之利以草为本，灶荡故皆官地给灶丁，按地配引，输盐于官，名曰额荡。……范堤外除古熟升科，尽属灶地，专令蓄草供煎，禁私垦及樵爨。……凡新荡新淤均归场辖。"[5] 尽管清末部分盐场开始放垦，但规模有限，并要求不影响荡草供应，严禁占用荡草资源。光绪末年两淮运司赵滨彦以公司多占荡地，故又规定除通海垦牧公司外，"严禁他场，不得再垦一亩"[6]。到宣统三年（1911）依旧申令荡地只重盐产，"淮南各场境内窑座、槽房一律查禁，以重煎产"[7]。

"蓄草供煎"制度是清代强化对淮南盐场荡地垄断的集中反映，维持了灶户与荡地紧密的关系，也导致苏北沿岸长期重盐轻垦、促进了淮盐的繁盛发

---

1. 嘉庆《两淮盐法志》卷27《场灶一·草荡》。
2. 光绪《重修两淮盐法志》卷97《征榷门·灶课上》。
3. 周庆云：《盐法通志》卷27《场产三·物地三》，《稀见明清经济史料丛刊》第2辑第18册，第217页。
4. 光绪《重修两淮盐法志》卷26《场灶门·草荡》。
5. 光绪《重修两淮盐法志》卷15《图说门·引荡刈草图说》。
6. 张謇：《宣告掘港场荡地历史及所规划》，张謇研究中心、南通市图书馆编：《张謇全集》（第3卷），南京：江苏古籍出版社，1994年，第796页。
7. 张茂炯：《清盐法志》卷101《场产门二·草荡》《稀见明清经济史料丛刊》第2辑第5册，第269页。

展。因此，作为全国盐业生产中心，明清朝廷始终努力控制淮南沿岸荡地使用，维持盐场生产系统的稳定。受此影响，各场灶民长期以制盐为主业，垦种为副业，潮滩开发维持了更长的盐作化，农业化进程也更为缓慢。

三、"灶荡分离"：南汇各场荡地兼并

与东台各场一样，南汇各场荡地也是盐场重要生产资料。但与泰属各场荡地长期禁垦、禁售不同，南汇盐场荡地明清时期逐渐走向了事实上的不断放垦过程，而这背后重要的推动机制是"灶荡分离"，这与东台各场在清代强化了盐场对荡地的所有权、维持"蓄草供煎"是不同的。

在南汇沿岸，随着潮滩不断淤涨，盐场一部分远离海水的灶民不再产盐，但仍需完成盐赋，官府并未因为不产盐就取消课赋征派。滨海灶户与水乡灶户的区分自元代开始出现："灶户田地连接民产，易为隐蔽。滩荡并无塍岸，难以丈量。册籍项田俱是随意捏写，以应官司督责。若论原有土地，十才开报一二。自前元时存富家占地万亩，不纳粒米，而莫能究诘。贫弱不能取寸草，岁输重课而无所控诉，由是灶户分为滨海、水乡二等"[1]。因此，官府要求"盐场卤丁在滨海者，照丁清拨草荡或处置量与。摊晒灰场在水乡者，照例止令纳折盐米及原拨草荡价，不许再令佥补缺丁盐课。"[2] 对远离海水的旧摊场，课税方式的改变，事实上也推进了身份的转变，也为灶荡分离提供了可能。

明制灶户即分二等，"留场纳课者曰滨海，流移远去者曰水乡，其初优恤灶户甚厚，给草场以供樵采勘耕者许开垦，仍免其杂役"[3]。例如松江煎盐之人，"近者名曰卤丁，远者名曰灶丁"[4]。松江府滨海与水乡灶户数量相

---

1. 崇祯《松江府志》卷14《盐法》。
2. (明) 孔贞运：《皇明诏制》卷7《灾变宽恤诏》。
3. 嘉庆《松江府志》卷28《田赋志·户口》。
4. 崇祯《松江府志》卷14《盐法》。

比，前者稍高于后者，但后者办盐额产只有前者的一半左右："滨海灶户一万七千八百五十四丁，该办盐四万八千八百六十六引三百九十三斤六两三钱。水乡灶户九千九百九十九丁，该办盐二万七千九百三十五引一百四十四斤四两七钱，共折纳米四万三千四百一十石。"[1]

在松江府下沙各场也是如此，"煎盐者为灶丁，去场三十里者为水乡，不及三十里者为滨海水乡。丁不能煎盐，例出柴卤价米，石贴滨海丁代煎。每丁受草荡十八亩零，岁支工本钞二贯六百余文，办盐二引二百余斤"[2]。由于远离海岸的水乡灶户一般已不能煎盐，有的转以滨海灶户代煎。实际上这是盐场内部处于不同位置灶户的生产分化，一方面有利于稳定滨海灶户的盐业生产；另一方面也有利于水乡灶户进行垦种，避免了一律禁垦，以及盐场荡地综合收益的下降。因此，官府认可下沙各场盐民分化为两个部分并分别征税，潮滩盐民的分化为"灶荡分离"、豪强侵占盐场荡地提供了可能：

> 旧法灶户皆有附近草荡，以供煎盐柴薪，约计所收价直可抵今一丁盐课之半。其后场司以灶丁屡易，不复拨与，俱为总催豪右侵占，或开垦成田，收利入已，仍于各灶名下征收全丁额盐。夫既无工本，又无柴薪，使灶丁白撰输盐，立法初意岂若是耶。又闻各场灶户无多灰场，往往入租于人，始得摊晒。夫灰场者，产盐根本与草荡皆丁之命脉也。乞委所司追取宣德、正统以来草荡旧数，踏勘明白，照丁拨派，明立界限，以防侵夺。[3]

与淮南盐区泰属各场的灶户与荡地的紧密关系不同，南汇下沙各场的灶荡关系在明代中叶之后逐渐转变，即从荡地只属于灶户的紧密关系逐渐松散，而

---

1. 正德《松江府志》卷8《田赋下》。
2. 光绪《南汇县志》卷5《田赋志下》。
3. 嘉庆《松江府志》卷29《田赋志·盐法》。

第七章

盐税改折征银之后，再次促进了"灶荡分离"。明嘉靖年间"全征折色，然灶丁与荡尚未分也"[1]。但改折后，灶户荡地作为一种重要生产资料，不再与盐业生产捆绑在一起，而是可以通过其他方式纳课，这为荡地的流转、租佃等兼并提供了重要条件，事实上推动了"灶荡分离"。

明代中叶，下沙各场部分团灶不再产盐。陆明扬撰《上海刘候定议包补碑记》云：下沙各场团灶"迨后海水浸淡，盐利浸薄，墩荡多为波臣所啮，往往鸟兽散去。于是灶不必有丁，丁不必有田。其应免姓名强半入于富人之籍。富人与奸胥为构，假灶丁若干名，积之数年，遂诡冒官钱。灶丁既多流徙，鹾司之总催或毕世不识，其人课无从办"[2]。盐产不继，进一步引发了荡地垦占、转售日益扩大，"灶荡分离"的现象已经很常见，"有霸占灶荡者，有贫灶出佃与人者，有私相典卖者，有并归总催者。丁多而富者佥报总催，于是或有丁而无地，或占地而非丁"[3]。到万历四十二年（1614）"裁定派征水乡草荡、白涂、仓基解京银数，自是丁银征荡，而灶与荡分矣"[4]。

明末"灶荡分离"之后，南汇各场荡地开发的方式已走向以圈围垦种为主，加速了盐场荡地的兼并。"海边草荡，明初给与灶户为煎盐之资。万历后，豪家告帖起税，管业遂变为荡租，盐工以是消乏。"[5]盐台杨鹤在《盐政议》中描述了明末松江府各盐场荡地兼并的危害：

> 国初有盐丁、有灶户、有场有荡，虽劳而不厌其苦，故能与屯政相表里，而利赖甚溥，至于今则不然。奸胥作蠹，丁户销亡，豪强并吞，成法废尽。华亭水乡膏腴巨万，富室拥占者，动以千计，岁入倍

---

1. 光绪《南汇县志》卷5《田赋志下》。
2. 嘉庆《松江府志》卷29《田赋志·盐法》。
3. 光绪《南汇县志》卷5《田赋志下》。
4. 嘉庆《松江府志》卷29《田赋志·盐法》。
5. 乾隆《南汇县新志》卷15《杂志》，《上海府县旧志丛书·南汇县卷》（上），第554页。

于沃壤，兼以例授优恤役豁而累消田，从改折粮轻而利厚，吾不知岁额若干两，而摊场草荡不知其几者，豪强受其惠乎，抑贫穷灶丁受其惠乎……万历二十六年盐法道覆议，滨海灶户分给荡地，以资煎办，有等富灶尽行兼并，民间势豪雄据周利，以致贫难小灶盐课虚赔。[1]

荡地兼并导致灶户贫富分化更为严重，"灶户优免俱有见例，奈何奸民暗将田粮诡寄，以图滥免，有豪强灶户田亩千余、人丁百十，止当灶丁数名"[2]。这种情况也引发了官员的思考。明万历年间两浙巡盐御史杨鹤《通商恤灶疏略》：

祖制每丁煎盐给有灰场以资摊晒，有草荡以供樵采，草荡所收之直，岁可抵一丁盐课之半，不称苦也。其后贫富不齐，力不能煎办，穷者糊其口于四方，场荡没入于总催豪右之手，或开垦成田收利入己，犹于各灶名下征收全丁课银，曰此额课也。即转徙他乡，而课必不可免，故有卖妻鬻子以偿课者，有生子不娶、有生子溺死，恐贻灶丁之累者，穷灶之苦尚忍言哉。每遇五年清丁清荡之期，名为清丁矣，单丁独户卒未尝豁也。清荡矣，豪强兼并，卒莫之问也。[3]

灶荡分离后，灶地例禁民买的规定也被放开。清初，雍正年间对淮盐灶地采取了准予灶户之间买卖荡地的措施。

雍正四年十月初十日奉上谕长芦灶地久未清查，以致民灶争控不已，闻当年灶地转售与民，其年分久远，有百余年者，业主售主多半

---

1. 崇祯《松江府志》卷14《盐法》。
2. 嘉庆《松江府志》卷29《田赋志·盐法》。
3. 嘉庆《松江府志》卷29《田赋志·盐法》。

第七章

变更，即有子孙，当时价值多寡，亦俱遗失，或有逃亡等户，更无从质问，以致同姓影响之人，彼此争赎，纷纷告讦，实滋烦扰。若必俟原业灶户有力之日回赎，傥原业之人始终无力，则此项地亩久久竟成民地，亦非清查灶地之良法。朕意以为不若将灶户卖与民人之地，交易年近确有实据者，令灶户备价取赎；其余年久迷失之地，所有争告无凭词状，该衙门俱行注销。凡民人所有灶地，嗣后止许卖与灶户，永远为业。如有仍转行典卖与民者，照盗卖官地律治罪，永以为例。[1]

到清代中叶，荡地兼并现象仍然持续，部分灶户会私卖分拨的荡地，不仅导致大户兼并已有荡地，甚至根据子母相生惯例，进一步侵占新涨荡地。乾隆《上海县志》就记载了荡地兼并的原因与影响：

（上海县盐场）灶荡原有二则，窊下者每主晒淋，宽平者可备樵采，二者相须煎办盐课。迨因有力者开垦成熟，近奉旨丈量乃有附荡县分里□人等，遂将前项开垦灶地报入有司。夫荡有坍涨，每岁不常，今因其开熟改为民田，倘荡地坍塌，从何抵补合编行丈勘，不许越占。按卤丁消亡由场，荡得以私卖，米钞久不官给，于是失业者众，终年汗血不能谋生。而大户拥有灶产者，类不煎盐，坐尸其利。引商到场，既迫索盈，私贩者又以子母之术困之，盐法之坏，此为止之本矣。[2]

清代后期，下沙各团税则差异仍然稳定。其中上则荡地的税率为每亩折银八分、中则荡六分二厘、下则荡为三分三厘、白涂为七厘。[3]这些税率远低于熟田，上则荡税银约为熟田的一半。如乾隆年间南汇"熟田每亩课银一钱五

---

1. 光绪《重修两淮盐法志》卷1《王制门》。
2. 乾隆《上海县志》卷4《田赋》。
3. 光绪《南汇县志》卷5《田赋志下》；光绪《川沙厅志》卷4《民赋志》。

分","次熟田每亩课银一钱"[1]。光绪年间，南汇"上乡额田每亩科征折色银一钱六厘……下乡额田每亩科征折色银八分七厘……护塘外额田每亩科征折色银七分八厘"[2]。税则差异与灶荡分离，事实上加快了长期荡地兼并开垦，受此影响，南汇各场的上、中则荡地面积大致相同，但下则荡与白涂的分布存在差异，且与各岸段的土壤淡化程度有关。其中，八九团荡地淡化程度较高，因此没有白涂，全为则荡；一到七团均有少量白涂，下则荡分布也较多（图7-1），荡则分布格局反映了各团荡地垦熟的程度。

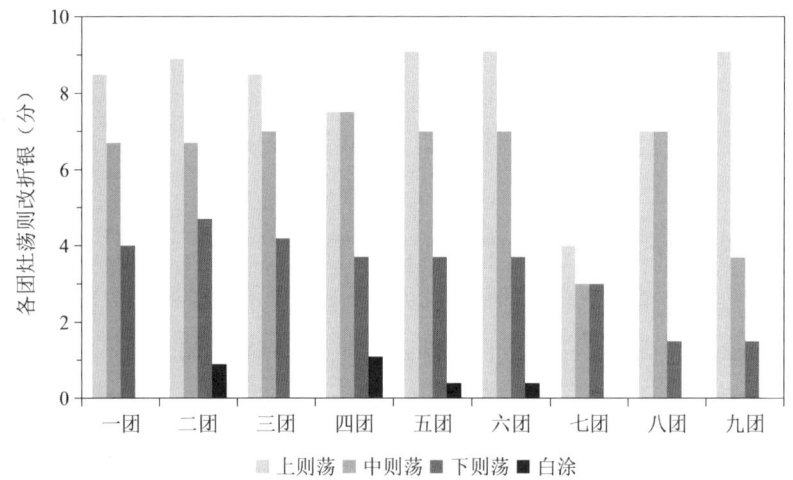

图7-1　清代下沙各场则荡改折银比较

说明：一团到七团根据光绪《南汇县志》卷5《田赋志下》所载各团荡则改折数整理，八团与九团根据光绪《川沙厅志》卷4《民赋志》整理。自南而北，一到九团分布在南汇嘴到吴淞口沿岸，一二三团属下沙头场，四五六属下沙二场，七八九团属下沙三场。

总之，南汇、川沙沿岸灶民在荡地开发过程中，较早脱离了灶民属性，尽管事实上一般仍以灶民身份纳课，但清代中叶以后各场均以垦种为主业、制盐

---

1. 乾隆《南汇县新志》卷3《田赋志》，《上海府县旧志丛书·南汇县卷》（上），第342页。
2. 光绪《南汇县志》卷4《田赋志上》。

仅为副业或消亡。税则的差异化、灶民身份的分化以及灶荡的分离，推动了盐场荡地兼并问题，荡涂以这种方式不断转为农业生产用地。

第二节　荡地兼并与长江口争沙

一、崇明与南汇县控沙纠纷

淤涨潮滩，荡地坍涨无常，新涨荡地权属往往难以确定，易引发沙地纷争，这在沙洲变化极为复杂的长江口地区最为明显，沙案多发。不同的是，东台各场由于官府对荡地开垦管制严格，采取蓄草供煎方式，因此争沙案较少出现。

清代沿用明代旧制，新涨沙涂开垦之前须向官府登记备案，由官府发给垦照，此即"报垦"；土地开垦成熟后，再向官府升科纳粮，由官府发给粮串，此即"报升"，报垦和报升之间约有六年期限。但是各类地亩中，新涨沙涂课赋低，这是争沙的重要对象。"江南沙洲地亩，价少课轻，获利甚厚，是以一沙初涨，群起相争，每酿械斗巨案。"[1] 例如在南汇沿岸。同治十三年（1874）五团丈出新涨草滩九十一顷九十五亩五分八厘，归入普济。[2] 但这块土地"历年均为洲保荡甲侵渔影射，甚至丁徒沙棍各自觊觎、互相争讼，其得归看守沙民樵斫缴息充公者，不及十分之半"[3]。新涨沙洲不易划定边界、混连错杂，也有采取归并的办法避免纷争，但毕竟少见。例如光绪五年（1879）"四团白涂新地并数换单分划一案"：

> 四团白涂老地于同治十二年间曾经县委查丈，原有缺地

---

1. （清）陶澍：《陶云汀先生奏疏》卷22《抚苏稿》。
2. 光绪《南汇县志》卷3《建置志》。
3. 光绪《南汇县志》卷3《建置志》。

三千五百八十五亩五分，禀奉拨补新涨，以故该灶业等屡次呈请清粮拨补。惟因白涂老地与各则灶地混连，一时势难清丈，是以先办拨补。现在查丈新涨白涂共三千五百八十五亩五分，业已分别无柴白地及有柴稀薄，折实丈分归管，并订立界石、开掘沟道，又饬经书将白涂老地多完之粮，自光绪六年起，按户移归新并之周敬姚等十一户新地，承完入册起征，从此粮地相符，既无赔粮之累，又无侵占之患，讼端永息，实惠均沾。[1]

特别是在崇明县沿岸，争沙案长期存在。宋元以后，崇明"沙图日涨，涨则辄为豪家所占，法网未张"[2]。伴随众多沙洲坍涨游移，为加强沙地管理，至元十二年（1275），崇明土地正式纳入国家管理范围，"封域、制田赋、定税粮"[3]。同时，针对沙洲浮动多变、难以清晰界定的情况，官府制定了"三年一丈，坍则除粮，涨则拨民，流水为界"的浮动田制，被称为"崇明十六字令"[4]；田荡涂三类土地中，"涂税轻而坍（荡）税重，（坍）每亩科银四分有奇，而涂每亩止科粮一厘五毫，必二十八亩，始足抵灶一亩"[5]。此后"独分水面、以涨补坍"成为崇明荡地管理的长期原则[6]：

定制以三年为一届，则坍者不致积岁赔粮，涨者即可丈拨补缺也。民田亩粮五升三合五勺，涂粮每亩五合，坍去民田一亩即涨水涂十亩，尚亏粮三合五勺，不足以抵一亩之额。故三年届期，各沙总

---

1. 民国《南汇县续志》卷4《田赋志》。
2. 周之珂主编，上海市崇明县县志编纂委员会编：《崇明县志》，上海：上海人民出版社，1989年，第995页。
3. 康熙《重修崇明县志》卷2《区域·沿革》。
4. 康熙《重修崇明县志》卷4《赋役·田制》。
5. (明) 王圻：《重修两浙鹾志》卷21《奏议下》。
6. 鲍俊林，高抒：《沙岛浮生：明清崇明岛的传统开发与长江口水环境》，《史林》2020年第3期。

第七章

量丈新涨水滩，绘图造册，总计若干亩，分上中下三等，印刷涂票一千一百□拨里排，每亩办粮五合，以补坍额，名曰正收，世传望水赔粮者是也。土积渐阜，潮落滩出，则筛营诸草生焉，取以偿课，其利甚微，名曰草滩。渐次高阜，取芦苇根徧植之名曰种菁。芦苇茂盛，产主例有入场一票，开明图甲诣荡，与状首照验，斫柴还租，此荡涂之制。[1]

但在此基础上，衍生出"望水赔粮""望水生科""留粮待补"等地方惯例或成例。[2]这是由于荡涂的优惠税额以及能变为良田的预期收益，让难以开垦的荡涂成为豪强富户争抢的热点，"惟崇明一县有沙无田，岁征沙课，向有常额，涨既不升，坍亦不豁，统归三年大丈，于原额课内摊增摊减，由来已久，只须于届丈之年从公摊拨，尚不难于杜衅外，其余有洲各属，则皆积惯、沙棍恃有留粮待补"[3]。甚至尚未完全出露的"浪底水涂"也主动向官府交纳税粮，"赔粮守阜"，以便可以合法提前占有，待"沙阜出水，渐生斯莞"时形成"草滩"，再升科则。[4]因此，新涨沙涂长期收益并不低于陆上腴田，赋税科则却远低于内地，往往受到乡民高度关注，"涨涂尺寸，为里排血业"[5]。

明中叶以后，整体上沙洲不断扩大，坍涨无常，导致沙地利用错综复杂、犬牙交错，增加了分界管理困难，但浮动田制与地方惯例实际上难以有效应对土地利用冲突与纠纷，反而给沙地管理带来很大不确定性，为豪强趁机侵占滩涂资源提供了便利。[6]加上明中叶以后推行盐课折银，荡地开发与生计选择趋

---

1. 康熙《重修崇明县志》卷4《赋役志·田制》。
2. 康熙《重修崇明县志》卷4《赋役志·田制》。
3. （清）陶澍：《陶云汀先生奏疏》卷22《抚苏稿》。
4. 康熙《重修崇明县志》卷4《赋役志·田制》。
5. 雍正《崇明县志》卷7《田制》，《上海府县旧志丛书·崇明县卷》（上），第462-463页。
6. 鲍俊林、高抒：《沙岛浮生：明清崇明岛的传统开发与长江口水环境》，《史林》2020年第3期。

于多样化，进一步导致荡地纠纷增多[1]，"涨沙无主，日新月异，易启纷争。故田制中弊窦丛生，棍胥串占，不可穷结"[2]，"沙地偶然涨出，多为土豪霸占，近因争地酿衅，讼案纷起"[3]。沙地管理逐渐失序，"未经报拨，群豪蜂据"，即使报拨荡地、绘图存册，但沙涂常有移动，豪强往往伺机移坍占涨、移瘠占肥、移垞侵占。[4] 这在通州与崇明一带非常普遍，崇明县甚至有了"健讼好斗"的"恶名"，"沙地坍涨靡常，沙棍乘机霸占，恃强逞凶，屡酿巨案，最为该省恶习"[5]。

"以涨补坍"，一亩灶地坍除可以获得二十八亩新涨沙涂，巨大的可能收益激发了豪强的大量"冒灶"行为。[6] "靡不以灶为奇货矣，见海边一有涨涂，辄以拨补办课为名，乘机佃占，侵至一千三百八十余顷。"[7] "万历初，巨奸冒灶，诳请新涨以抵旧坍，每坍灶田一顷，告抵新涨二十八顷有奇。又以课少所抵不广，贿通奸胥，增备荒各种名色银六百八十三两有奇，一时膏腴尽为抵灶，而里排三年丈拨，竟无尺寸"，以至"人非灶户，地非盐场"[8]，甚至超出了新涨沙洲的范围，豪强将县城周边肥沃田土也报为灶产[9]，"所冒为宁灶、永灶、安灶者，皆附郭也，皆民产之腴田也"，其"室庐皆杂处其间，桑麻徧

---

1. 刘淼：《明代盐业经济研究》，第 212-215 页；吴滔：《明代浦东荡地归属与盐场管理之争》，《经济社会史评论》2016 年第 4 期；鲍俊林，高抒：《沙岛浮生：明清崇明岛的传统开发与长江口水环境》，《史林》2020 年第 3 期。
2. 雍正《崇明县志》卷 7《田制》，《上海府县旧志丛书·崇明县卷》（上），第 468 页。
3. （清）陶澍：《陶云汀先生奏疏》卷 22《抚苏稿》。
4. 雍正《崇明县志》卷 7《田制》，《上海府县旧志丛书·崇明县卷》（上），第 462-463 页。
5. （清）陶澍：《陶云汀先生奏疏》卷 22《抚苏稿》。
6. 鲍俊林，高抒：《沙岛浮生：明清崇明岛的传统开发与长江口水环境》，《史林》2020 年第 3 期。
7. （明）王圻：《重修两浙鹾志》卷 21《奏议下》。
8. 康熙《重修崇明县志》卷 4《赋役志·备考》。
9. 鲍俊林，高抒：《沙岛浮生：明清崇明岛的传统开发与长江口水环境》，《史林》2020 年第 3 期。

野，菽麦盈畴，沟洫之水，直通城壕，皆甘泉也"[1]。最终民减灶增，"灶产增一尺，民地减一寻；盐课加一分，民粮损百分。致排年一千一百户纷纷冒灶，仅存八百户，势几无民，县且无以自立"[2]。

伪灶的增加，灶课也应当一致。为此万历九年（1581）崇明知县何懋官主张在原有盐课基础上加课银874两，以足2 000之数，等于承认了"冒灶"所占土地。[3]但又进一步导致伪灶增加，最终崇明县盐课由原来的600余两猛增至3 500余两。[4]灶课增多并非崇明盐业获得发展，而是豪强利用滩涂多变特点与滥用地方惯例，承担了一定的盐课得以借机合法侵占新涨沙涂。[5]盐课与伪灶的激增还引发了复置天赐场的争论，但实际上"求复场者，非为场，为田也；欲据田者，非真灶，伪灶也。……今灶户之所以欲复场者，争此新涨沙涂也，民户之所以不愿复场者，利此新涨沙涂也"[6]。那些称作"灶产"的地方皆"民居稠密，称乐土矣，无可煎销之地，……旧冒灶户者皆为薰为蓑，不堪产盐"[7]。

二、从地方惯例到归公召佃

对沙洲多变，基本的规则是"定例五年一丈，涨者升增，坍者豁免"[8]。崇明县沙洲更是"三年一丈"，但"涨升坍除"的规则往往被滥用，导致沙案频

---

1. （明）王圻：《重修两浙鹾志》卷21《奏议下》。
2. （明）王圻：《重修两浙鹾志》卷21《奏议下》。
3. （清）顾炎武：《天下郡国利病书》卷20《江南八》。
4. 鲍俊林，高抒：《沙岛浮生：明清崇明岛的传统开发与长江口水环境》，《史林》2020年第3期。
5. 鲍俊林，高抒：《沙岛浮生：明清崇明岛的传统开发与长江口水环境》，《史林》2020年第3期。
6. （明）王圻：《重修两浙鹾志》卷21《奏议下》。
7. （明）王圻：《重修两浙鹾志》卷21《奏议下》。
8. 乾隆《南汇县新志》卷3《田赋志》，《上海府县旧志丛书·南汇县卷》（上），第342页。

发，因此又形成了一些协调争沙纠纷的地方惯例，包括"望水生科""子母相生""留粮待补"等，但这些地方惯例反而加剧了争沙。

需要注意的是，新涨沙涂存在两种方式，一是接涨，即与老沙荡连续相接的新涨沙涂；二是突涨，即在滨海或江中突然涨出的新沙，与老沙荡并不接壤。接涨一般多与"望水生科""子母相连"有关，但突涨划界最难，纠纷也最多。

"望水生科"，即尚未露出水面的水影、浅滩，也被报升先占。表面上贫瘠的滨海荡涂、盐碱地，未来都有可能成为可以垦种的土地，加上税则差异与主动升科带来的好处，因此吸引了人们去积极争夺，甚至导致灶民、豪强普遍"望水生科"，那些尚未淤涨出露的水下浅滩，也开始主动缴纳税额，目的是"赔课待涨"。

"子母相生"，当地灶民对沙涂的归属，在长期的冲突中，逐渐形成了"子母传沙"的地方惯例[1]，比较普遍。按成陆时间先后分为"母沙"（老沙涂）和"子沙"（新沙涂），从"母沙"淤涨出来的"子沙"归"母沙"的所有者所有。

"留粮待补"，指对于坍除的荡地，并不会主动豁免，而是等待新涨获补。由于沙洲地亩"价少课轻，获利甚厚"[2]，坍没之地如果豁除，便没有机会拨补新涨了。因此，即使因为坍没也有不愿意豁除荡课，这样才可以通过"报案留粮"，也就有了"遇有新涨子母相连"即获得新的沙洲的资格。[3]例如嘉庆十七

---

1. 明清时期浙东余姚也有类似的灶规，余姚沿海沙涂按成陆时间先后分为"母沙"（老沙涂）和"子沙"（新沙涂），从"母沙"淤涨出来的"子沙"归"母沙"的所有者所有。见蒋宏达《子母传沙：明清时期杭州湾南岸的盐场社会与地权格局》，上海：上海社会科学院出版社，2021年。另外，子母相生成例，在道光初期为浙江巡抚采纳，"并入成规，颁行遵守"，即"子母传沙"之法。见《治浙成规》第4卷，杨一凡，刘笃才编：《中国古代地方法律文献·丙编》（第8册），北京：社会科学文献出版社，2012年，第282页。
2. （清）陶澍：《陶云汀先生奏疏》卷22《抚苏稿》。
3. （清）陶澍：《陶云汀先生奏疏》卷22《抚苏稿》。

年（1812）督臣百龄等人的奏准，"将坍没之地不愿豁除者报案留粮，遇有新涨子母相连，准其按数拨补"[1]。

　　针对长江口沙地开发的新变化，清廷开始增设行政机构，强化沙地管理力度。[2]特别是在通州与崇明交界地带，不断有沙洲增长，以至"民人动辄纷争，有断归通州者，亦有断归崇明者，更有断归两邑民人分垦者，两处民人争竞无已。"[3]雍正八年（1730），增设"太通巡道"，专司沙务，"统辖太仓、通州二州，驻札崇明，遇有争沙事件，秉公剖析"[4]。乾隆五年（1740）移通州，六年（1741）裁汰，又在通州添设"通州沙务同知"、在崇明增设"半洋司巡检"，分管所属沙州。[5]但随着沙地日趋扩大，"数十年来……渐次涨复，且于汪洋巨浸之中日益涨出新洲、开辟其广，现在将及万顷，已可抵一县之地"[6]，但增设的管理组织仍难以应对。[7]乾隆三十三年（1768），清廷又裁撤半洋司巡检与通州沙务州同，直接在沙案多发的通州、崇明的交界地区设立海门直隶厅，添设海门同知一职，令其驻扎"沙洲适中、民人辐辏之地"，"凡通州及崇明新涨各沙，悉归该同知管理"[8]。

　　不同于新涨沙洲援引"子母相生"成例，突涨沙洲难以分界、沙地纠纷尤多。面对日益增多复杂的争沙案件，对突涨沙洲采取了"由官召变"的办法。嘉庆六年（1801），清廷发布章程，对崇、海两境突涨沙滩采取归公召买的办

---

1. （清）陶澍：《陶云汀先生奏疏》卷22《抚苏稿》。
2. 徐枫：《从太通道到海门厅：雍乾时期长江口沙务管理机构的变迁》，《史林》2016年第1期。
3. 张廷玉：《清世宗实录》卷97，"雍正八年八月壬寅"条，北京：中华书局，2008年，影印本，第7290页。
4. 徐枫：《从太通道到海门厅：雍乾时期长江口沙务管理机构的变迁》，《史林》2016年第1期。
5. 嘉庆《海门厅图志》卷2《舆地志》。
6. 嘉庆《海门厅图志》卷2《舆地志》。
7. 鲍俊林、高抒：《沙岛浮生：明清崇明岛的传统开发与长江口水环境》，《史林》2020年第3期。
8. 嘉庆《海门厅图志》卷2《舆地志》。

法:"洪心突涨新沙,经地方官勘明界址段落,悉归厅县,照例入官变卖,示召里排,按名分买缴价,分段管业,仍照例则报粮升科。[1]厅民不得领买县地,县民不得领买厅地。"[2]来自官府权力的干预,通过提高沙地管理力度,充实组织和人员,完善沙田确权规则、明确了新沙产权公有的性质。[3]但新沙归官变卖制度与以往惯例仍存在冲突,反而加剧了争沙案件。[4]"如系江心突涨,概行由官召变,分别缴价先后,以定准驳,本为杜争起见,乃法之所在,弊即丛生。"[5]

特别是坍涨无常的崇明县荡地,为争沙纠纷提供了丰富的借口,而各种成例、惯例往往被豪右交错援引,加剧了争沙纠纷。例如"留粮待补"的惯例在崇明县很常见,往往引发了很多争沙弊端、花样很多,甚至"沙棍"的恶意争沙:

> 或因该洲将涨,即先捏报被坍,顶为冒升地步,或向被坍之户私买坍粮,为争讼地步。一遇新涨沙洲,即纠诱散户,以得地均分,敛钱兴讼,非以甲地之相连,捏为乙地之接涨,即以此号之旧额,指为彼号之复生,分投具呈,各报各案。其无可影射者,则又以突涨争买,沙未出水即已望影报升,百计诪张,纷歧错出,甚至恃强争斗,动辄伤毙多人,积衅成仇,愈难解释。而棍蠹欲壑无穷,犹且多方唆弄,或抗不具结,或已结复翻,或捏情京控。案一日不能结,彼仍获一日敛钱之利,而小民赀本已空,欲罢不能;未获沙地之利,转受沙

---

1. 鲍俊林,高抒:《沙岛浮生:明清崇明岛的传统开发与长江口水环境》,《史林》2020年第3期。
2. 民国《崇明县志》卷6《经政志·田制二》。
3. 鲍俊林,高抒:《沙岛浮生:明清崇明岛的传统开发与长江口水环境》,《史林》2020年第3期。
4. 石怡,罗冬阳:《利民沙案与清代江苏沙田民事法秩序之构建》,《史学月刊》2016年第6期。
5. (清)陶澍:《陶云汀先生奏疏》卷22《抚苏稿》。

地之累。此则沙棍为害而自留粮待拨,又因法致弊之实在情形也。[1]

面对沙案多发,对于新涨、突涨沙洲,官府希望有一个系统的应对,"通州、崇明一带沙地偶然涨出,多为土豪霸占,近因争地酿衅,讼案纷起,请饬各州、县勘明此等沙滩,无庸纷纷查办"[2]。道光年间,清廷要求陶澍"体察该处情形,应如何息争杜讼之处"[3]。江苏巡抚陶澍的调查、分析及其奏报完整地呈现了清代后期从地方惯例到归公召佃的变化。

道光八年(1828),江苏巡抚陶澍在《新涨沙洲酌议入官充公以杜争竞折子》中建议"查明江南各属新涨地亩,并请一律归公征租"。因为他已经意识到"狡黠沙棍则更变幻多端,即再别设科条,恐一法立而一弊又生,仍属有名无实"[4]。即通过临时应对的、不系统的办法终归是无法杜绝争沙弊端。

为此,陶澍以丹徒县乐生洲为例,"自入官收租作为岁挑徒阳运河之费,迄今数十年,官佃相安,此外沿江、沿海控争沙地,一经归公,讼端即息"。据此,他认为最好的办法仍然是归公,"推原其故,地既归公,豪强无可觊觎,而穷民奉官承种,无所用其机谋,即亦不为洲棍所惑,则欲求永息、争端,莫如遇有新洲涨生,一概归公为善"[5]。同时,他对归公佃买与归豪强放租的利弊进行了比较:归公获利不仅可以降低沙案争斗,而且有利于江南水利兴修补贴。

若谓自然之利应以利民,则今之沙洲,不但穷苦编氓断不能得,

---

1. (清)陶澍:《陶云汀先生奏疏》卷22《抚苏稿》。
2. (清)陶澍:《陶云汀先生奏疏》卷22《抚苏稿》。
3. (清)陶澍:《陶云汀先生奏疏》卷22《抚苏稿》。
4. (清)陶澍:《陶云汀先生奏疏》卷22《抚苏稿》。
5. (清)陶澍:《陶云汀先生奏疏》卷22《抚苏稿》。

即稍有力之善良，一被勾诱，辄至倾家，若复因夺而斗，身命且多不保。是徒有利于棍蠹，而实无益于良民，则以之充公，正所以息争安良。且洲仍民佃，并非与民争利，而受佃于官与受佃于豪强，其租息之轻重，亦殊于穷苦编氓更为得济，况地方遇有例外应办之事，恒以费无所出，每致束手。大江南北，地广政繁，应办事宜更复不少。举其大者言之，夫东南为财赋所出，全赖水利为功，现在各属河道湮塞，旱涝无备，一遇灾歉，公私伤损。上年虽将吴淞江奏请疏浚，而浏河、白茆、孟渎诸巨流，尚以经费难筹，致稽挑办。即徒阳运河，亦多赔累。如练湖等处，即未能修治。若淮扬所属河道，固应河工、盐务修理，间亦有须地方筹办者：徐、海两属，并有东省、豫省下注之水，一遇雨泽稍多，辄成涝歉，实属目前至急之务。国家经费有常，既未便频频请帑，若责之州县，又力有难能。任其湮废，则民困而赋税亦无所出。今幸有此自然涨出之沙地，如以之拨充公用，作为水利津贴，纵不能大举一修，亦可以择要办理，逐渐成功。既无损于国计，实有利于民生，堪以一举两得。[1]

因此，陶澍建议废除"留粮待补"，一律归官召佃承种。"应请将崇明一县仍循其旧外，其余各属嗣后凡有坍没沙洲，均令地方官随时勘明实在。"其中，对于被坍顷亩必须将课赋豁除，而"不准留粮待拨"，对于新涨洲地，"无论子母相生、江心突涨，一概归公"，并"责成洲总，随时呈报，由官勘明，按则详定课赋，其洲地，即召佃承种，岁收租息，按数批解藩库"[2]。但"子母相生"的惯例被滥用，往往故意捏造，争控沙洲，酿成巨案：

1.（清）陶澍：《陶云汀先生奏疏》卷22《抚苏稿》。
2.（清）陶澍：《陶云汀先生奏疏》卷22《抚苏稿》。

第七章

> 臣等查江南省濒临江海沙地，例载坍塌业户不愿豁粮者，绘图注册，遇有新涨，果系子母相连，方准拨补。拨补所余及另涨余沙，尽数入官召变。若捏报子母相连，或冒称原坍复涨，及私行霸占者，淤洲入官，仍照律治罪，定例綦严，乃法久弊生。或捏报被坍为冒补地步，或私买坍粮，为争讼张本，其无可影射者，则沙未出水，已望影报升，希图呈买。故江南争控沙洲，往往酿成巨案，况此项沙地，多由沙棍渔利，陡筑成洲，若不杜绝争端，亦恐有妨水道。[1]

沙案多发迫使官府改变以往的应对方法。因此，陶澍建议除崇明外，其他一律归公，废除"子母相生""留粮待补"等惯例。"据该抚臣陶澍查明崇明一县有沙无田，沙课岁有常额，涨不报升，坍不豁赋，请仍循其旧外，其余各属，议请凡遇沙洲坍没，均令地方官随时勘明，详咨豁赋，不准留粮待补。如有新涨洲地，无论子母相生、江心突涨，一概归公，由官勘明，按则定课，洲地令佃承种，免其缴价，岁收租息，批解藩库。除完课外，余为地方水利之用。并声明，现在讦讼未结各案，即照此一律归公，毋庸查办。"[2] 最终得到清廷批准遵行。不过地方惯例仍然存在，直到民国初年"'望水生科'仍为沙案积弊"[3]，在清丈沙田章程中特别强调要废除"望水生科""子母相生"是这两个积弊。

总之，在长期应对地方惯例引发的沙案中，清代中叶以后逐渐向新涨归官、召佃租买的模式转变，经历了一个长期的制度化过程。从地方惯例到归公召佃，是淤涨潮滩开发过程中对地权结构调整的一个重要转变，新涨官有、召买制度的施行，降低了沙案纠纷，一定程度上也推动了潮滩农业化进程。

---

1. （清）陶澍：《陶云汀先生奏疏》卷22《抚苏稿》。
2. （清）陶澍：《陶云汀先生奏疏》卷22《抚苏稿》。
3. 佚名：《清理江苏沙田章程》，《税务月刊》1915年第2卷，第17期，第1-7页。

本章小结

本章围绕东台县、南汇县分析了明清时期荡地田制的演变过程，并围绕崇明县分析了荡地管理从地方惯例到归公召佃的演变过程。大面积的淤涨潮滩是苏沪沿海重要土地形态，高滩与低滩在荡地资源分布与生态条件方面存在差异，如何管理高度动态的荡地资源具有很大挑战，传统的荡地资源管理政策对潮滩土地利用变化产生了重要影响。

地权确定是淤涨荡地管理的核心，依靠地方惯例、成例确定荡地权属，往往加剧了争沙纠纷。苏北沿岸长期采取"蓄草供煎"的垄断管理政策，以放荒供煎、禁垦为主，且新涨荡地也长期为盐场与灶户所有，地权关系比较稳定，纠纷较少。与淮南泰属各场"蓄草供煎"、紧密的灶荡地关系不同，长江口沿岸南汇各场的灶荡关系在明代中叶之后逐渐松散；盐税改折征银之后，促进了"灶荡分离"，并以荡地兼并的方式，加速了潮滩的盐垦转换与农业化扩张。

盐场荡地属官拨，表面上产属灶户，实际上只有使用权，官府为保证盐业的稳定，对荡地的佃租买授等权属变化存在很多干预与阻禁。灶户摆脱了灶籍束缚，可以通过改折银转为从事其他生产；荡籍放开即放垦，激活了土地产出效率。潮滩荡地管理经历官府力量的深入、地方惯例及其豪强力量的衰减弱化的过程，客观上对淤涨潮滩的土地开发起到了稳定与促进作用。

第八章 人类活动对潮滩生态的差异化影响

第一节 淤涨型潮滩盐作水系的发展

一、灶河：东台沿岸的盐作水系

在人类活动影响下，潮滩水系在结构与功能上的盐作化，是历史时期苏沪潮滩水环境演变的重要特征。其中，灶河是东台沿岸盐作水系的核心部分，上游沟通官河（串场河、运盐河）、民河，下游多接入天然潮沟，形成苏北沿岸典型的水文分布特征。[1]

官河即运盐河、串场河，与灶河一起构成各场水系的主体、向东入海。"诸场相通，达于总司者为商运河；附于本场，通各团仓者为灶运河。"[2] 如草堰场"其河渠曰官河，发于丁溪，迄于九龙口，东汇于市河，西达于海陵昭阳，北通于白驹。灶河发于南北新河，潴于盐澳，会于大东河，流于诸团，达于柳家港，入于海"[3]。泰州分司"有串场河一道，南自海安镇起至庙湾场射阳湖止，计长三百四十九里，此系范公堤西运盐赴坝河道……各场范堤之外，

---

1. 鲍俊林：《灶河与潮沟：明清苏北中部潮滩水系的演变》，《历史地理研究》（第四辑），上海：复旦大学出版社，2023年，第74—89页。
2. 嘉靖《两淮盐法志》卷3《地理志第四》。
3. 嘉靖《两淮盐法志》卷3《地理志第四》。

仍有灶河运盐入垣"[1]。东台场官河"西抵泰州，南抵海安，北自刘庄场达于盐城，东抵本场盐仓"[2]。因此，官河是以串场河为骨干的运盐河道，同时沟通四周的运盐河，但严格来说，官河不属于盐作水系，只有航运功能，不具备引潮功能。

灶河是"亭民之命脉"[3]，是盐作水系的关键，具有航运与引潮的双重功能，"在团则赖以淋晒，在场则赖以装运"[4]。作为盐场的骨干水系，灶河对于盐场生产十分重要。各场范堤以东潮滩上分布的河道，是亭场运盐、运粮、运草等物资的必经的航运河道，主要是利用灶河在亭场、仓垣以及场署等地之间运输盐、粮、草等物资，"输赋于仓，载薪于团"[5]。如安丰场"旧有灶河一道，自场迤东以达斥卤，沿河二百余里，亭荡相望。盐藉舟楫转运，无担荷车载之劳，商灶称便"。[6]

东台县境的灶河也叫"海河"，即通海的河道。"海河在（东台）县治范堤东，各场灶户办煎运盐之河，东抵海滨，西抵场垣，支河汊港，名目甚多，总曰海河，实与海隔。各场界以土坝，彼此亦不相通，河底平浅，每海潮泛涨，开放范堤，倒灌民田，以致滋讼。富安、安丰尤甚。"[7] 或称为"卤河"，如草堰场的古河口即称为"卤河口"。[8] 此外，灶河也被称为"团河"，如康熙《淮南中十场志》东台场图中有"利用团河""广储团河""中团河""新团河"。[9]

由于灶河是盐场内部转运的重要航运通道，因此在历代《两淮盐法志》中

---

1. 光绪《重修两淮盐法志》卷17《图说门·泰属图说》。
2. 康熙《淮南中十场志》卷2《疆域》。
3. 康熙《淮南中十场志》卷2《疆域》。
4. 康熙《淮南中十场志》卷2《疆域》。
5. 光绪《重修两淮盐法志》卷159《杂纪门·艺文七》。
6. 嘉庆《东台县志》卷36《录三·艺文》。
7. 嘉庆《东台县志》卷10《考五·水利》。
8. 乾隆《两淮盐法志》卷首《绘图·草堰暨归并白驹场图》，《稀见明清经济史料丛刊》第1辑第4册，第112页。
9. 康熙《淮南中十场志》卷1《图经·东台场四境图》。

第八章

对此都有比较详细的记载。如嘉靖《两淮盐法志》记载了明代中叶各场灶河名称及其支派、流路，各场灶河均为一条干河、多个支汊的树枝状水系，兹摘录如下：

东台场灶河，凡九河，曰馀庆团河、利用团河、丰盈团河、大益团河、永盛团河、梅家灶河、广储团河、房家灶河、新河。发于北仓，会于煎盐河，入于海。

梁垛场灶河，发于中仓河，流于新开河，自南仓，凡九支：流于南洋孙英灶者，凡二十五里；流于北团白家灶者，凡三里；流入新团汤家灶者，凡三里；流入苗家灶者，凡三里；流入中团李家灶者，凡二里；流入黄家灶者，凡二里；流入烟墩张家灶者，凡四里；流入顾家灶者，凡二里；流入郁家灶者，凡五里。汇于天鹅荡，达于新沙河，入于海。

安丰场灶河，发于五坝，会于南北新河，潴于天鹅荡，达于鳝鱼港，流于光沙，入于海。

富安场灶河，发于三汊河，会于铁索河，通于三团运河，东团自南洋抵仓，中团、西团自北洋抵仓，达于二洋，即南洋、北洋，入于海。

何垛场灶河，发于官河者，迳于大兴诸团，散于七十四灶；发于东台者，流于时家港，会于甜水㳀，入于海。

丁溪场灶河，发于官河，东播而为五团运河，北会于海沙港，入于海。

草堰场灶河，发于南北新河，潴于盐澳，会于大东河，流于诸团，达于柳家港，入于海。

小海场灶河，发于官河，潴于盐澳，东流于北胜团港，由北胜团折而东南,流于大庆团港,达于钓蛭港,入于海。[1]

此外,在大部分盐场图中,灶河都是重要的刻画对象。如嘉靖《两淮盐法志》东台场图中,绘制了从范堤到入海的整个河段以及8个支流团河、灶河(图8-1)。这些水道是东台场通海纳潮的重要通道,各场灶位于支流附近,也反映了灶河作为盐场这一生产系统内部骨干水系或水网的重要性。

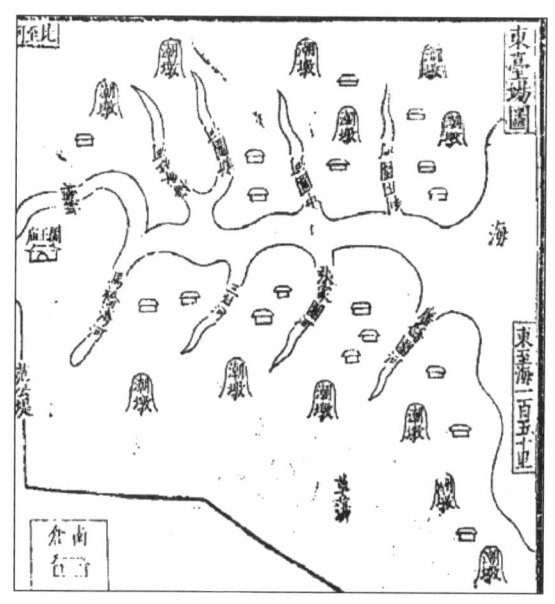

图 8-1 嘉靖年间东台场及水系
资料来源:选自嘉靖《两淮盐法志》载《东台场图》(局部)。

清代以后,苏北沿岸形成了多条入海干河,包括射阳河、斗龙港、竹港、王家港、新洋港,主要承担泄水功能,兼具运输、引潮功能。嘉庆《东台县志》记载了该县境内的主要通潮干河情形[2]:

---

1. 嘉靖《两淮盐法志》卷3《地理志第四》。
2. 嘉庆《东台县志》卷10《考五·水利》。

第八章

古河口即卤河口,在县治北、范堤东六十八里,至海十八里。上泄丁溪闸之水,年久淤垫,上游之水不能入海。

王家港在县治北、范堤东一百七十五里,上泄小海正越二闸之水。

斗龙港即牛湾河,在县治北、范堤东七十八里,上泄草堰正越二闸暨大团、八灶、青龙、一里墩、北中诸闸之水,港形纡回屈曲,土人相传牛龙互斗而开,故又名龙开港。海口深通,无事挑浚,乃兴化东台第一泄水要道,惟引河闸口时需捞浅。

值得注意的是,随着潮滩淤涨,除个别较大入海河道外,在明清时期不少盐场图中,靠近海岸光沙一带,并未描绘灶河的入海段。似乎灶河的下游尾闾都消失在潮滩尽头,以类似于"尖灭"的形态表示出来。这很可能反映了灶河尾闾形态与光沙带地貌的特殊关系,潮滩开阔低平、坡度极小,除通海骨干大河外,各场灶河并没有固定的入海口,大致流到潮滩陆界附近便消失在滩面,距离海岸线尚有一段距离。例如康熙《两淮盐法志》中安丰场灶河尾闾即在"马路"附近消失(图 8-2)[1],梁垛场"灶河长六十五里,东至马路,距海二十五里"[2]。因此,除了较大的入海灶河与干河外,盐场图中一般的灶河均没有明显的入海段标绘。

灶河尾闾也可能接入潮沟,与潮沟上游沟通,此处一般属于中下潮滩的日潮淹没区域,每日咸潮均会漫溢滩面。但潮沟并不稳定,淤泥质潮滩上天然潮沟极易变动。因此,一般只有较大的入海河口与稳定的河道才有海口之名,大部灶河尾闾或入海口在盐场图中以空白的方式表示。各类盐场图中,盐场灶河的描绘方式都是如此(包括东台、何垛、梁垛、安丰、富安等场)。

---

1. 康熙《两淮盐法志》卷 2《疆域》,《中国史学丛书》,第 98 页。
2. 光绪《重修两淮盐法志》卷 65《转运门·疏浚一》。

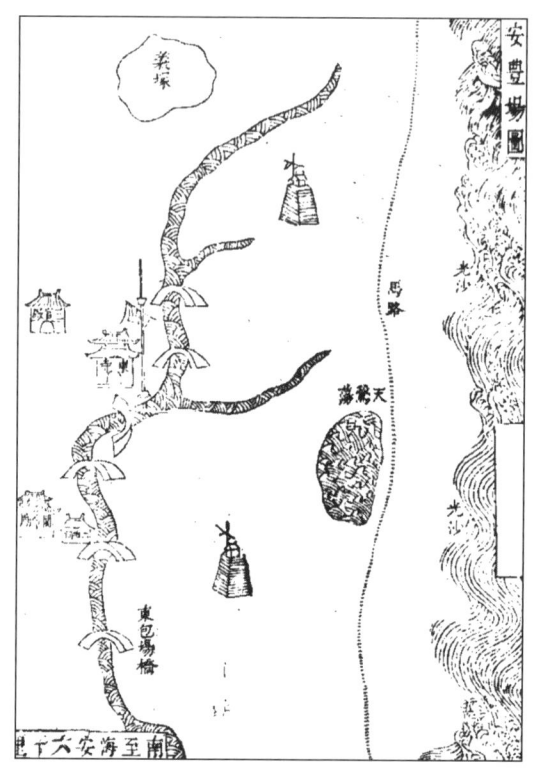

图 8-2 康熙《两淮盐法志》"安丰场图"

实际上这些空白地带分布有丰富的潮沟水系,是天然潮沟分布的关键区域,也属于盐作水系的重要组成部分。

很大程度上,天然潮沟提供了灶河发展的地理基础,灶河就是潮沟稳定化与人工化的结果。因此,就淮南盐区的东台各场而言,广义的盐作水系包括两部分,一是与盐业生产运输相关的"官河—灶河"所构成的航运通道;二是与亭场制卤相关的"灶河—潮沟"构成的引潮通道,后者即狭义的盐作水系。

"灶河—潮沟"系统是各场盐作水系的核心部分。一方面"灶河—潮沟"水系具有通达性,是维持引潮制卤的关键条件。但另一方面,"灶河—潮沟"

第八章

水系也有明显的脆弱性。天然潮沟经过人工改造形成的引潮沟渠，因潮汐往复、泥沙落淤，其入海口处（口门）往往容易淤塞，因此海口疏浚特别重要。此外，淤涨潮滩涨潮流速往往大于落潮流速，灶河河身也容易淤积，"河浅沙走，易盈易涸，雨旸稍愆，河流立枯、尘飞拆裂"[1]。因此"灶河—潮沟"水系是很脆弱的，维护成本较高，需要定期疏浚。

弘治元年（1488）两淮巡监御史史简《盐法疏》奏对盐务，将盐场河塘疏浚、维修作为十大重点盐务之一：

> 各场俱有河道，先遇淤塞，随即浚修，故舟楫通利。近者修不以时，及附近豪民因灌溉走泄水利，或因私贩空开港口，致使商灶发运草束俱用车牛，脚价倍于往昔。又况海潮不时漂没房屋盘舍及人马牛畜，淹消在仓盐课，而五谷不生，柴薪稀少，实为未便。乞令运司同扬州府官将各场盐运河道并海潮淹没处勘审，合挑浚、合筑塘，候农隙及住火之日量于附近州县，起拨人夫，挑浚兴筑，以为久计，则商民便而盐法行矣。[2]

伴随潮滩淤涨，灶河若缺乏疏浚，便更加难以使用。灶河"地系沙土，其性善走，又形势浅狭易致淤垫，逾月不雨，河流立枯，淋晒既艰，装运复苦，驾以牛车劳费数倍"，故定例五年一浚。但不少灶河在明代后期到清初这段时间内，长期缺乏疏浚。"万历中未经挑浚者三十余年，几成平陆"[3]。

到嘉庆年间，《东台县志》虽然记录了各场灶河名称与流路，但已"年久未浚，现在岸卸沙停，河身淤垫，而安丰尤甚"[4]。数十年后仍然如此，灶河年

---

1. 康熙《淮南中十场志》卷2《疆域》。
2. （明）朱廷立：《盐政志》卷7《疏议》。
3. 嘉庆《东台县志》卷10《考五·水利》。
4. 嘉庆《东台县志》卷10《考五·水利》。

久失修,灶户运盐困难:

> 近来海势东趋,多有移亭就卤,便于收买归垣,无非体恤灶丁之意。阜属各场灶河年久失挑,久晴浅涸,灶盐无力送垣堆储。灶傍转售私贩,在该丁等无非为日食起见,不得已而为,此情殊可悯见。查东台富安等场各商多有因灶河水涸,不待灶户运送入垣,即派商伙就灶下收盐,洵称两便。[1]

灶河长期淤塞、荒废,灶河功能的维持对疏浚有着高度的依赖性。但只要投入疏浚,部分灶河故道完全能够恢复,重新发挥作用。清代汪兆璋作《安丰浚灶河记》,记载了安丰场灶河故道的疏浚与效果:

> 自灶河淤塞,迄今百年,故道渐湮没,亭棚悉废,弥望惟寒烟白草而已。间有议疏浚者,悉以工费浩繁,究成筑舍。康熙乙巳秋,适有风潮之变,灶多徙亡,流离载道。场诸生吴道昌、乡耆袁汝章、总灶徐我遇等请兴治工作,以全活饥民,于荒政大有裨益。因条议公吁前任分曹郭公转详督醝使者黄公运道朱公俱报可……计浚五灶仓河支流经委,钩盘曲折,共二百四十三里有余,……宽二丈四尺,深一寻,无致浅溢,……灶河故道既浚,两岸亭棚以次复整,灶无废业,远近饥民亦以力役得食,所活生命无算……[2]

光绪十三年(1887年)九月候补知县许善同曾沿范堤与串场河向南调查各闸,记录了清末苏北中部沿岸主要河道尾闾的情形:

---

1. 光绪《重修两淮盐法志》卷142《优恤门》。
2. 嘉庆《东台县志》卷36《录三·艺文》。

第八章

范堤以东各河昔时海口不下八九处，嗣经逐渐湮塞，见止存射阳湖、新洋港、斗龙港三处出水，幸皆通畅。如丁溪古河口以下之竹港海口、小海王家港以下之大了子海口，河道虽淤，而河形尚在，大汛时亦复通潮。趁此循其旧迹而疏通之，究竟多一出路。盖串场河为诸河泄水之区，而丁溪、小海灶河又为串场河首先分泄要道，非仅南五场出水去路，实东（台）、兴（化）两邑诸河入海之尾闾。自此二河淤塞后，仅恃向北窑港一线之路假道于草堰灶河，由斗龙港入海，何能泄二县五场之水。来源多而迅速，去路少而纡迟，无怪一遇大水之年，农灶均皆受害。第两路并挑，工程浩大，择其尤要而行，当以丁溪为急。

自（丁溪）闸口至竹港约有一百五十里之遥，河底愈东愈高，以下尚有新涨沙滩约三十余里。前曾约估工需十四万余千文，皆因款无可筹，迟延未办。……卑职窃以为果能挑至近海之处，纵使旋挖旋淤，上流业已疏通，或可借溜势冲刷，抑或冲刷不动，漫滩至海，亦复何妨？设因此而畏难疑虑，恐日久愈难兴办，听其埋塞，未免可惜。[1]

可见，"灶河—潮沟"水系疏浚的重点放在了灶河河身段，而不是入海口处的尾闾。若入海口不通畅、不稳定，灶河更容易淤塞。不过，尾闾段一般地势略高，实际上是疏浚的难点。灶河尾闾位于高潮滩与中潮滩，受月潮影响的频率高，潮汐往来频繁，即使疏浚，也是"旋挖旋淤"。

天然潮沟尽管不够稳定，但在开阔平坦的潮滩上，能作为灶河尾闾发挥泄水功能。一般灶河来水接入天然潮沟后，会促进形成比较稳定的入海河身，加上人工疏浚、挖深，便有可能形成深阔的海口。例如，有些较大潮沟可以和

---

1. 光绪《重修两淮盐法志》卷68《转运门》。

陆地流入滩面的小型河口上下衔接，呈河口—潮沟连通系统[1]，这种结构也是形成"灶河—潮沟"水系的重要条件之一。因此，在灶河尾闾，一方面有天然潮沟系统可以人工化加以利用，对灶河发育、河身稳定以及向下游延伸都十分重要；但另一方面也存在很大的不稳定性，及时疏浚河口（海口）才是维持灶河功能的关键。

二、泖道：南汇与崇明沿岸盐作水系

在南汇沿岸，东西沙带以及里护塘的存在，影响了东西两侧微水系的地理特征。到明代中叶，这里已经形成了以老护塘为分水岭的水系分布格局，西侧是横向灶河、东侧为纵向运河，塘外则是天然的潮沟港汊。清初以后，南汇沿岸整体上形成塘西归江（黄浦江）、塘东趋海的水系基本格局。自陆向海，西侧的东西向水道属于运盐支河（即灶河、灶港），中间沿着海塘分布是纵向的运盐干河，以及东部堤外潮滩的海口港汊（以天然潮沟为主）（图8-3）。需要注意的是，只有塘外港汊属于盐作水系、用于引潮制卤。如前文所述，狭义的盐作水系指用于制卤相关的"灶河—潮沟"部分。

伴随潮滩淤涨，天然的潮沟水系往往淤塞、迁移，不稳定。清代乾隆初年，下沙头场"因海沙外涨，沟泖壅塞，屡浚屡淤，咸潮渐远，遂致一百七灶之内又多停歇废去"[2]。到嘉庆年间仍然如此，下沙头场"东南逼近海塘，塘外沙地遥远，旧有泖道十一处，引潮入内，土旺卤足，产盐极广。近因涨沙渐高，泖道淤塞，灶丁贪种花豆，产盐大减于前，故是场以疏浚泖道为最要"[3]。这里的泖道就是对潮沟的运用，是引潮入灰场进行晒灰淋卤的重要通道。泖即

---

1. 夏东兴、边淑华、丰爱平，等：《海岸带地貌学》，第53页。
2. 乾隆《南汇县志》卷3《田赋志》。
3. 嘉庆《重修两浙盐法志》卷6《场灶一》。

第八章

"石解散也"[1]，南汇"邑东沿海一带皆铁板，沙船最难泊"[2]，泐道就是这一带铁板沙滩上的水沟，犹如石头分裂的纹理。

与东台沿岸一样，雍正年间南汇"水利图"中，塘外潮滩也没有描绘河渠，图中也只是空白，但在岸线上罗列了很多港汊名（图8-3）。由于南汇沿岸塘外潮滩远不如东台沿岸宽阔，潮沟较短，没有特别的名字，故以河口港汊名指代。这些天然或半人工的港汊正是南汇下沙各场的重要引潮水道。

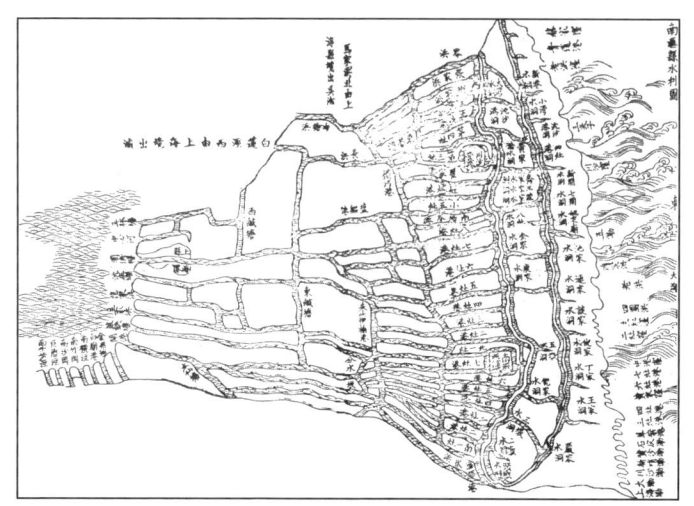

图8-3 雍正年间南汇县水系分布图

说明：选自雍正《分建南汇县志》卷1《疆土志上·绘图》"南汇县水利图"，《上海府县旧志丛书·南汇县卷》（上），第21页。

乾隆《南汇县新志》记录了清代中叶南汇县塘外海边诸水口，自南而北分别是：

　　二泐口

　　翁家港

---

1. （清）朱骏声：《说文通训定声》卷颐部第五。
2. 乾隆《南汇县志》卷1《疆域志》。

上海泖

大泖口

南汇嘴

川沙泖，当一团之靖海墩外。

新哨泖，当二墩之董家宅墩外，又北为黄沙泖。

石皮泖，当二团之靖氛墩外。

羊叶泖，当四墩之黄家洼墩外。

三灶港，当三团之方家棚墩外，又北为四灶港。

黄家洼，当五墩之新建墩外。

六灶港，当四团之赵家棚墩外又北为朱家洼。

一灶洪，当七墩之六墩外。

二灶洪，当五团之宋家棚墩外。

四团洪，当八墩外。

五团洪，当十墩之江家路墩外。

六团洪，当七团之大洪墩外。

杨家洪，当八团之南新墩外，又北为川沙洼。

凌家洪，当新设墩之邱家路墩外。

三尖嘴，当十四墩之北新墩外，又北为老洪洼。

牛☐洼，当九团之曹家路墩外。

青蓬港，当外十六墩外，又北为蔡家洼。[1]

值得注意的是，海塘兴筑对潮沟发育具有重要影响，隔断了潮沟与海洋的水体交换，堤内旧潮沟逐渐淤废。但堤外滩面重新调整、新潮沟重新发育。因

---

1. 乾隆《南汇县新志》卷5《水利志》，《上海府县旧志丛书·南汇县卷》（上），第366页。

第八章

此如果没有海塘阻拦,天然潮沟一般会深入内陆直至接近老塘脚。[1] 这在下沙场图中有很准确的刻画。根据嘉庆《重修两浙盐法志》,二场、三场塘外没有较大规模的潮沟分布,只有下沙头场有丰富的潮沟(图8-4)。该图中可见王塘外侧潮沟的重新调适,潮沟只到塘脚。但在头场外侧由于没有新圩塘的隔绝,潮沟仍可以深入内地至新护塘(外护塘、钦公塘),符合现代潮滩上潮沟演变规律与分布特征。

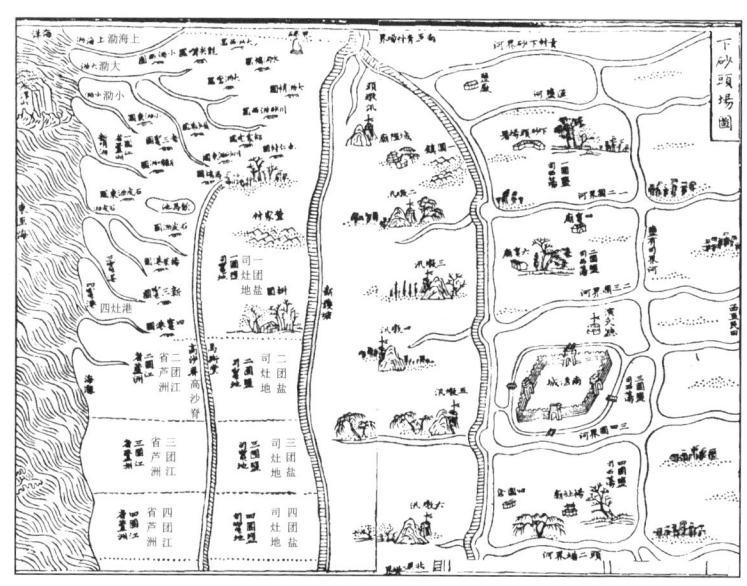

图 8-4 嘉庆《重修两浙盐法志》"下砂头场图"及潮沟水系

清末,光绪《南汇县志》记载了南汇沿海洪泾35条,与清代中叶相比,沿岸的港汊数量明显增加了,集中在一团,占各团港汊总数的三分之一(表8-1)。

---

1. 张忍顺、王雪瑜:《江苏省淤泥质海岸潮沟系统》,《地理学报》1991年第2期;吴德力、沈永明、方仁建:《江苏中部海岸潮沟的形态变化特征》,《地理学报》2013年第7期;龚政、耿亮、吕亭豫、等:《开敞式潮滩—潮沟系统发育演变动力机制——II. 潮汐作用》,《水科学进展》2017年第2期。

表 8-1　清末南汇县沿海洪洼

团灶	沿海洪洼	分布与流向
一团（11条）	大泓口	奉南分界，小普陀直出
	卸水泓	杨家马头直出
	角头港、小泓口	俱海潮寺直出
	黄沙港	董家村直出
	南汇嘴	南泥城角
	中港	泥城中
	蒋港	北泥城角
	石皮泓	南沈马头直出
	杨叶泓	陶家马头直出
	三灶港	茶亭路直出
二团（7条）	四灶港	老鹳嘴进出
	黄家洼港	周家路直出
	小洼港	高项嘴直出
	亲开港	邬家路直出
	六灶港	严家路直出
	希湖港	张家路直出
	密湖港	瞿家路直出
三团（4条）	老港	沈家路直出
	中港	朱家路直出
	一灶洪	一灶路直出
	二灶洪	二灶路直出
四团（6条）	三灶洪	三四团交界，三灶路直出
	大路洪	沈家路直出
	长沟洪	六墩路（即喻家路）直出
	四团洪	范家路直出
	倪家洪	太沙路直出
	新开洪	马家路直出，交五团界

续表

团灶	沿海洪洼	分布与流向
五团 (2条)	薛家洪	即五团洪火又堰直出
	潘家洪	瞿家路直出
六团 (2条)	六团洪	邓家马头北首直出,今塞
	九号沟	中余路南首直出;今存沟影
七团 (3条)	新开港	大树路直出
	陈家港	猪雏墩直出
	杨家洪	撑塘直出交八团界

说明：根据光绪《南汇县志》卷2《水利志》整理。

不同于南汇沿岸潮滩的相对狭窄，崇明沿岸潮滩宽阔、水系众多。据万历《新修崇明县志》记载，明代后期，有30余条港汊、河渠。[1] 又据康熙《重修崇明县志》记载，清初沿岸主要河港42条，沿海干河包括施翘河、便民河、新竖河等较大河港。[2] 到清代中叶，根据嘉庆《直隶太仓州志》，崇明沿岸河道有43条，绝大部分河港汊沟仍在。主要包括太常河、惠民河、富民河、施翘河等较大的入海河道11条，其他港汊分布在崇明岛沿岸的还包括朱华港、袁鹿港、烂沙套港、十二图港等22条港汊洪沟。[3] 此外，位于崇明东南沿岸是分布最为密集的区域，有十条"潋"，即天然港汊。清初"自头潋起至十潋止，共十，俱在箔沙以上，俱在县治东。"[4] 清中叶有所变化，"头潋至五潋，在箔沙；六潋在陈六状、联福沙，七潋在塘沙，八、九、十潋在小阴沙、东旺沙"[5]。需要注意的是，崇明沿岸港汊、河口多用于潮灌，只有在盐场区，潮滩

---

1. 万历《新修崇明县志》卷1《舆地志》，《上海府县旧志丛书·崇明县卷》（上），第78页。
2. 康熙《重修崇明县志》卷3《建置志·河港》。
3. 嘉庆《直隶太仓州志》卷18《水利》。
4. 康熙《重修崇明县志》卷3《建置志·河港》。
5. 嘉庆《直隶太仓州志》卷18《水利》。

上的港汊才用于盐作。

　　根据长江口南北沿岸港汊、水口的分布，在南汇沿岸下沙各场，从一团到七团，岸线长约 29 千米，共有较大的泓道、港汊 35 条，可知沿岸平均每 0.8 千米有 1 条港汊。与此比较，长江口北岸的启东沿岸，据道光年间《海门厅各港水势深浅全图》[1]，从今南通老洪港到吕四港之间，约 130 千米的岸线，图中标绘了 28 个港口，平均约 4.7 千米便有 1 条港汊。此外，根据康熙《重修崇明县志》，崇明共有沿岸河汊 42 条，但清初崇明沿岸的成盐岸线集中在县治东南沿岸以及东北沿岸，各类港汊、河口共有 29 条，[2] 共约 50 千米，平均 0.6 千米有港汊 1 条。因此，长江口南北沿岸中，以崇明沿岸通潮河道的分布最为密集，南汇沿岸其次，北部的启东沿岸最低。

　　与东台沿岸一样，南汇下沙各场沿岸港汊也极易淤塞，同样需要定期疏浚维护，否则容易丧失引潮的功能。元代《熬波图》载有"疏浚潮沟"图说："团灶通潮河港，因浑潮上落、沙泥淤塞，不时雇工开浚。潮来沟水满，潮落三寸泥。十日泥三尺，沟与两岸无高低。"[3] 潮沟一旦淤塞废弃不用，盐业生产便无法进行。清代乾隆初年，下沙头场"因海沙外涨，沟洫壅塞，屡浚屡淤，咸潮渐远，遂致一百七灶之内又多停歇废去"[4] 伴随潮滩淤涨，到嘉庆年间，下沙头场塘外港汊多有淤塞，"塘外沙地遥远，旧有泓道十一处，引潮入内，土旺卤足，产盐极广。近因涨沙渐高，泓道淤塞，灶丁贪种花豆，产盐大减于前，故是场以疏浚泓道为最要"[5]。到清代中后期，原有的塘外潮滩盐作水系已经失去功能，废弃不再。

---

1. (清)佚名：《海门厅各港水势深浅全图（1840—1842 年）》，不列颠图书馆。
2. 康熙《重修崇明县志》卷 3《建置志·河港》。按：明万历、清康熙时期的崇明方志所载河渠、港汊需要确定现代位置，考虑到民国《崇明县志》卷 5《河渠志》所载较为详细，通过比对以上三种方志所载河渠、港汊名称，大部分早期河渠位置可以确定。
3. (元)陈椿：《熬波图》，"疏浚潮沟"。
4. 乾隆《南汇县志》卷 3《田赋志》。
5. 嘉庆《重修两浙盐法志》卷 6《场灶一》。

三、官河—灶河—潮沟：盐作水系的结构与形成机制

晚至明代中叶，东台、南汇、崇明沿岸水系都包括了官河（运河）、灶河及潮沟三部分。自陆向海，"官河—灶河—潮沟"成为苏沪潮滩主要水网结构，以东台与南汇沿岸最为典型，但分布特征上又有一定差异。东台县沿岸水系分布包括"官河（运河）—灶河—潮沟"[1]，南汇沿岸则为"灶河—运河—潮沟"（图8-5）。

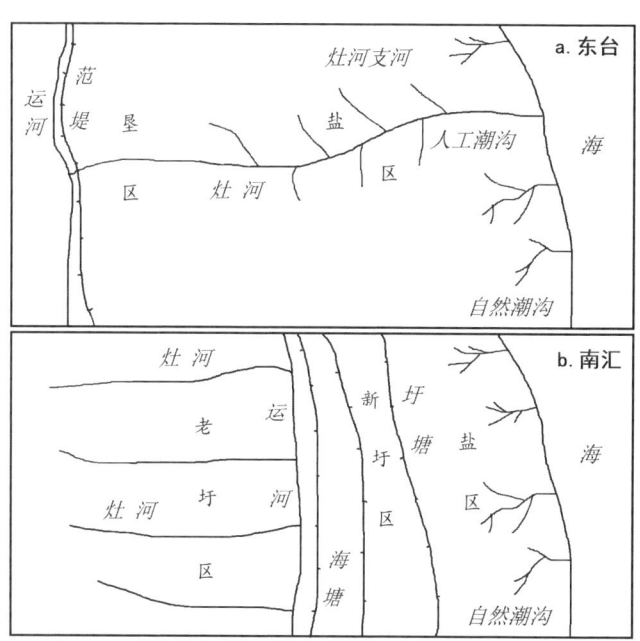

图 8-5 明清南汇与东台潮滩水系结构概念图

如前所述，狭义的盐作水系是用于引潮制卤的濒海河道、港汊，广义上的盐作水系还包括用于运盐等物资的航运河道（如官河、串场河、运盐河等）。在南汇、川沙以及崇明沿岸，用于盐作制卤的港汊主要是塘外的潮沟系统，东

---

1. 鲍俊林：《灶河与潮沟：明清苏北中部潮滩水系的演变》，第74—89页。

台各场所利用的则是"灶河—潮沟"。尽管东台、南汇沿岸均有灶河,但二者分布位置不同、功能与性质也不同。南汇灶河在官河(运河)之西,主要用于运盐等物资,不用于引潮制卤;东台灶河在官河(运河)之东,既用于运盐,也用于引潮制卤,具有双重功能。

东台各场的灶河实际上属于运河系统,是盐场内部的人工运河,多由天然潮沟的人工改造利用而成,保留了潮沟的自然结构与脉络——树状或多汊分支结构。"灶河—潮沟"的关键功能是保持潮汐作用对滩面的影响与浸渍,进而维持滩面土壤的高盐分状态,以维持制盐条件。因此,通过"灶河—潮沟",人为加强了卤潮对中盐土、草甸盐土的浸渍频次,进而降低了盐蒿草滩与光滩交错带的演替速度、维持了滩面更长的积盐时间。换言之,为维持潮滩盐作条件,"灶河—潮沟"水系使潮滩保持了必要的"盐度"与半咸水环境,不至于快速脱盐、危及盐作活动。因此,盐作对潮滩水环境产生了影响,人为加强了对潮滩水网的改造,形成人为化水系。[1]

以"灶河—潮沟"为核心的盐作水系是潮滩盐作开发的产物,是淋卤煎盐生产过程中形成的局地水系。潮滩制盐的生产方式与盐作水系形成了稳定的共生关系,是"灶河—潮沟"盐作水系发育的关键原因。这种水系的结构与功能的延续依赖于潮滩制盐的维持,反之潮滩盐作又离不开这种水系的维护利用。

苏北中部沿岸低平开阔,明代中叶以后,安丰、东台等岸段淤进快速,新淤荡地往往相当宽阔,少则数里、多则数十里甚至百里以上,且每年淤涨约数十米到百米以上。[2] 同治年间,丁日昌实地查勘,安丰场"乾隆中年以来至道光初年,马路以东得古淤七八里,新淤十余里,续淤又十余里,地方广阔,出

---

1. 鲍俊林:《灶河与潮沟:明清苏北中部潮滩水系的演变》,第74-89页。
2. 张忍顺:《苏北黄河三角洲及滨海平原的成陆过程》,《地理学报》1984年第2期;鲍俊林:《明清两淮盐场"移亭就卤"与淮盐兴衰研究》,《中国经济史研究》2016年第1期。

第八章

草既多，兼卤气极厚，又东至海边光沙六七里，人皆以捕鱼为业"[1]。

宽阔的淤涨滩面使旧亭场逐渐远离海水，难以获得咸潮，只有依赖"灶河—潮沟"才能维持盐作活动，"各场地面有串场河、引潮沟，不独得资蓄泄，亦可藉引碱潮，而运草运盐更为便利。若沟河不通，无从得潮，潮水不至，无从得卤水利"[2]。故各场"灶河—潮沟"的支流港汊较多，附近亭场，依靠"灶河—潮沟"及其支流港汊纳潮、晒灰制卤（图8-6）。此外，除灶河、潮沟外，较大的入海口虽是径流排泄入海通道，但也是通潮供煎河道。如清初一度海禁，"每洋悉用木桩密钉，止许通潮供煎，而不通舟楫"[3]，仍保留了入海通道供煎的功能。

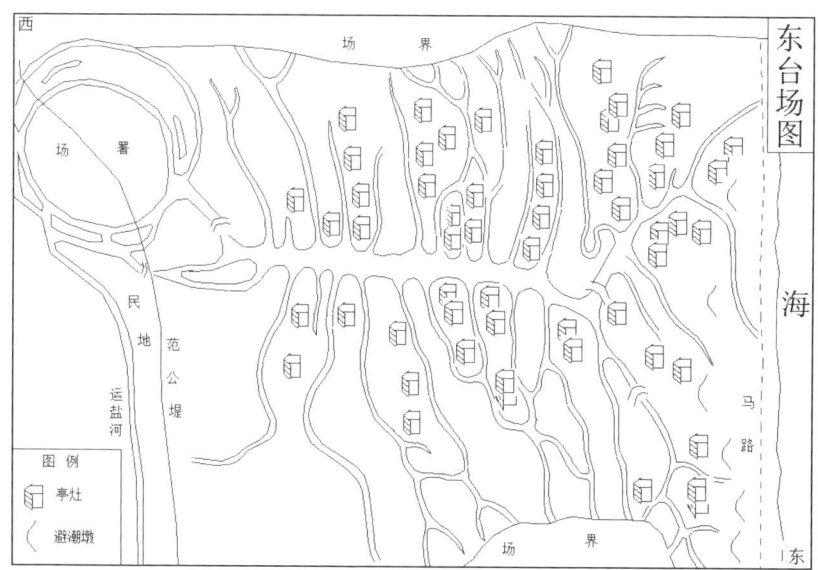

图 8-6　嘉庆年间东台场水系图
说明：根据嘉庆《两淮盐法志》东台场图描绘。

---

1. （清）丁日昌：《淮鹾摘要》卷1，第1249页。
2. 曹天生点校：《最近盐场录》，《近代史资料》（第101号），中国社会科学出版社，2001年，第4页。
3. 康熙《淮南中十场志》卷2《疆域》。

潮滩环境与苏沪沿海历史生态地理
Tidal Flat Environment and Historical Eco-Geography of the Jiangsu-Shanghai Coastal Region

由"灶河—潮沟"构成的引潮沟系统，对于淤涨潮滩上的亭场制卤影响很大。潮滩淤涨导致荡草、卤水资源往往并非存在于同一地带，二者空间分布上有一定距离，并伴随海岸东迁增快而呈现明显地带性分布，荡草更靠近白茅草滩，卤旺之地更接近光滩。[1] 这种伴随潮滩淤涨而引起的草、卤在数量与空间分布上的变化，虽然存在一定程度的分离，但通过搬迁亭场、利用引潮沟等人工协调措施，实现了潮滩生产要素的集约利用，盐作活动得以长期延续。[2]

但老荡旧亭场更依赖人工引潮，因为旧亭场距离海潮较远、土卤淡薄，必须通过"灶河—潮沟"纳潮，维持浸渍摊场，以便制卤。如果该过程难以为继，亭场将不得不荒废、搬迁近海新淤。因此，面对潮滩不断淤涨、增宽、演替，充分利用"灶河—潮沟"维持滩面积卤状态，对盐场适应滩地外涨至关重要。

不过，史料中提到的"潮沟""引潮沟"，不能完全等同于现代潮滩的潮沟概念，实际上主要是经过人为化或者半人为化的灶河支流、人工引潮等沟渠，大部分是基于天然潮沟的利用改造。伴随海涂淤涨，人工潮沟逐渐延伸拉长，向内陆延伸。从官河—运盐河向海延伸的灶河，有一部分灶河与人工化之后的潮沟形成沟通水系，最终形成了"官河—灶河—潮沟"的一体化的水网。

"灶河—潮沟"是历史潮滩上人地互动形成的特殊河道类型。一方面河道盐度高，灶河虽然接受了西侧官河的淡水径流，但也有来自东侧潮沟的咸水，在盐作方式下灶河属于咸淡水混合区域，长期保持了较高的盐度（6‰~10‰）。另一方面，如前文所述，该河道容易淤积。灶河源于潮沟，容

---

1. 鲍俊林：《略论盐作环境变迁之"变"与"不变"——以明清江苏淮南盐场为中心》，《盐业史研究》2014年第1期。
2. 鲍俊林：《略论盐作环境变迁之"变"与"不变"——以明清江苏淮南盐场为中心》，《盐业史研究》2014年第1期；鲍俊林：《明清两淮盐场"移亭就卤"与淮盐兴衰研究》，《中国经济史研究》2016年第1期。

第八章

易淤积，对灶河尾闾段的潮沟定期进行疏浚非常必要。"晒灰煎盐、灌泼摊场、通船运卤，全赖海水，每团各灶须开通海河道港口作坝，令开月河，俟取远汛，以接海潮。每为沙泥壅涨淤塞，每岁亦须频频捞洗以深之。"[1]作为盐作水系的核心部分，"灶河—潮沟"是淤涨潮滩上的人工化水系，具有开放性、脆弱性，对日潮、月潮浸渍与泥沙沉积作用十分敏感，随着滩涂淤涨，潮沟不断延长，疏浚一旦荒废，便影响盐产效率，因此该河道需要投入大量劳动力定期维护[2]，"无三年不浚之沟，无十年不挑之河"[3]，"冬令潮枯水涸，责令一律挑修，其通海口门尤宜疏浚，务使潮流四达，卤旺盐丰"[4]。疏浚荒废往往是潮滩盐作水系衰败的主要原因，到清末民初，东台潮滩水系仍然脆弱，经常淤塞，缺乏疏浚：

> 五港之中，以王、竹两港道今之急须整顿者厥惟竹港，按竹港居东台之东北境上起丁溪闸，东流经西渣沈家灶入海长一百二十六里，丁溪至沈灶一段计四十二里，河面均宽六十公尺（60米），底高在海平面下二、三公寸（0.2~0.3米），自此以下反形窄浅，近海河底高于上游一公尺有奇，其壅塞情形可以概见。[5]

大规模的天然潮沟系统是历史上潮滩盐作水系形成、发育的地理基础。潮沟是潮滩的重要水文地貌，特别是在开敞式潮滩。[6]最利于潮沟发育，没有稳

---

1. （元）陈椿：《熬波图》，"开河通海"。
2. 鲍俊林：《15—20世纪江苏海岸盐作地理与人地关系变迁》，第121页。
3. 周庆云：《盐法通志》卷37《场产十三·产数》，《稀见明清经济史料丛刊》第2辑第19册，第160页。
4. （清）朱寿朋：《东华续录（光绪朝）》卷218。
5. （清）佚名：《提议整顿里下河归海水道拟先从五港着手分年施工案》，《江北运河工程局汇刊》，1928年，第1-2页。
6. 龚政，耿亮，吕亭豫，等：《开敞式潮滩—潮沟系统发育演变动力机制——Ⅱ.潮汐作用》，《水科学进展》2017年第2期；龚政，严佳伟，耿亮，等：《开敞式潮滩—潮沟系统发育演变动力机制——Ⅲ.海平面上升影响》，《水科学进展》2018年第1期。

定平缓的潮滩，便没有大规模的潮沟系统。淤泥质海岸的潮滩面积越宽广，坡度越平缓，潮沟体系的级数越多，规模越大。历史时期苏沪潮滩低平开阔，十分有利于潮沟系统的普遍发育及广泛分布。同时，潮沟是维持潮滩盐渍程度的重要海洋通道，是潮滩最活跃的微地貌单元，主要在淤泥质浅滩或潮坪上发育，是滩面与海洋进行物质沟通的通道（图8-7）。潮沟一般发端于潮滩向陆一侧的中上部，止于低潮线，是滩面涨落、潮水汇聚冲刷的结果，也是潮滩进一步演变的水文动力。[1] 潮沟往往通过不断地侧向迁移、摆动来改造或破坏潮滩沉积，同时影响滩地的稳定性。[2]

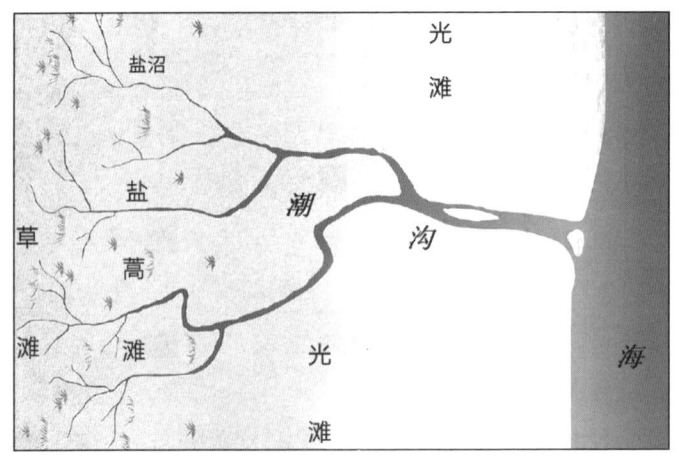

图 8-7　淤涨潮滩的潮沟水系示意图

潮滩宽阔、坡度小，多发育树枝状潮沟，潮滩物质以易于受冲刷的粉砂为主，在苏北中部沿岸潮滩和长江口一带多见。此类潮沟冲淤变化大，一场风暴潮即会使潮沟淤塞或冲出新的潮沟，尤其以潮沟的上部变化为最大，潮滩下

---

1. 夏东兴、边淑华、丰爱平，等：《海洋岸地貌学》，53-54 页；张忍顺、王雪瑜：《江苏省淤泥质海岸潮沟系统》，《地理学报》1991 年第 2 期。
2. 严钦尚、许世远：《长江三角洲现代沉积研究》，第 314 页。

部的潮沟主干变化较小。[1] 潮沟在潮间带不同分段都有发育，在低潮带，由于潮沟形态多为浅平低洼状，沟槽对水流的束缚作用较差，潮沟容易发生改道。改道后废弃的潮沟一般很快被淤平，若有支潮沟汇入，废弃潮沟也可能形成新潮沟。[2] 在高潮带有盐沼植被生长的区域，潮流作用弱，滩面稳定、潮沟不活跃。[3]

此外，在没有海堤的干扰下，潮沟水系往往在滩面自由发育，甚至可达十余千米。有了沟通海潮的潮沟系统，潮来时漫及各场，纳潮蓄备利用，潮落时便潴留在亭场的摊场里。有些潮沟近海一端非常宽阔，在江苏弶港和小洋口附近潮滩的一些潮沟下段曾宽达数百米，甚至超过 1~2 千米，而且一直延伸到潮下带。[4]

总之，淤涨潮滩的潮沟水系是苏沪沿岸盐作水系的重要基础，与灶河一起构成沿岸盐作水系。但潮沟水系地处潮滩前缘，海潮冲击、泥沙迁移，它的脆弱性与开放性又增加了疏浚与维护的困难。

第二节 盐作水系向农作水系的转变

一、涵闸与东台沿岸水系的发展

以"灶河—潮沟"为核心的盐作水系，在潮滩盐转垦过程中逐渐向农作水系转变。在这个过程中，灶河的主要功能从以往的纳潮转为拒潮、从运盐转为

---

1. 夏东兴，边淑华，丰爱平，等：《海岸带地貌学》，第53页。
2. 吴德力，沈永明，方仁建：《江苏中部海岸潮沟的形态变化特征》，《地理学报》2013年第7期。
3. 张忍顺，王雪瑜：《江苏省淤泥质海岸潮沟系统》，《地理学报》1991年第2期。
4. 张忍顺，王雪瑜：《江苏省淤泥质海岸潮沟系统》，《地理学报》1991年第2期；汪亚平，高抒，张忍顺：《论盐沼—潮沟系统的地貌动力响应》，《科学通报》1998年第21期。

灌溉。要实现这个转变，不仅需要处理灶河与官河（民河）的关系，也要实现灶河淡化、阻隔咸潮进入，还要重新处理与潮沟的关系。这几方面都离不开具有节制作用的涵闸系统。[1]

首先，灶河与民河的关系。灶河与民河不同，灶河是盐场所需要，承担了引潮的功能，定期接受咸潮进入，本身盐度高，所以河道有盐度。民河或官河都属于淡水河道，主要功能在于盐场之间的运盐、农地灌溉。但民河与灶河之间不能直接沟通，避免卤水内侵。嘉庆《东台县志》对盐场内部灶河与民河的关系进行了比较：

> 灶河卤水有害稼穑，断不可与民河争流，堤东各场若将灶河勤加疏浚，不使稍有淤浅，即遇雨水过大，亦可直注归海。惟当将各坝一体堵塞，不必再设石桩，并将堤坍缺处所全行培高加厚，一律巩固，使民灶两不相涉，庶可两适其宜。至灶河及各海口淤垫已久，俱应设法挑浚深通，随时利导，不致宣泄不及。若灶河南高北洼，虑水干涸，而又恐坝多水滞，欲行分别去留改建，亦属调剂善后之法。……据到县查覆，沿堤何垛北关桥，内有老坝间隔，东台三里桥、日晖桥、内有老坝、日晖坝间隔，梁垛石桥有单家坝间隔，安丰石桥内有汩池坝间隔。各坝均已修筑完整，加高培厚，灶河之水并不相通。其安丰九孔平石桥、梁垛三孔平石桥，桥孔低留一尺五寸至九寸五分，俱在堤上，泄水无多。实与民河无碍，且桥设有年，从无溃溢，毋庸堵闭，合行勒石永禁。[2]

范堤东侧不断扩张的垦区，灶河与民河的沟通，往往需要通过闸坝进行

---

1. 鲍俊林：《灶河与潮沟：明清苏北中部潮滩水系的演变》，第74-89页。
2. 嘉庆《东台县志》卷11《考五·水利》。

第八章

调节。值得注意的是,在堤内圩田与堤外盐场之间,往往存在冲突的用水关系,堤内民田需要向东排水时,遭遇堤东的对抗;而盐场纳潮也难免卤潮向西倒灌,因此,西水东泄会影响制盐,而东潮西涌又会影响民田。但潮滩有农作与盐作两种生产,"咸水伤禾、淡水伤盐"[1],如果不能有效处理,民田灶地均受潮害。面对挡潮与排涝这对矛盾,范堤及其涵闸系统的续修工程成为沿岸开发的重要内容,[2]使范堤能够"束内水不致伤盐,隔外潮不致伤稼"[3]。

清初,东台各场水系已有不少水坝。如康熙《淮南中十志》安丰场"一仓坝,在场北,灶民促居,旧于此过盐,今过柴薪;二仓坝,过盐、草;三仓坝、新坝、四仓坝、大坝、小坝、岑子坝、汤港坝,在新灶东"。到清末,盐场灶河上分布有多个水坝,以节制、平衡水流。如梁垛场"灶河长六十五里,东至马路,距海二十五里。坝有六,南坝、盐坝在(梁垛)场南,新坝在场中,减水坝、单家坝在场北,又减水坝一在场南。"[4]

其次,灶河与潮沟、咸潮的关系。如前所述,在盐作化阶段,以"灶河—潮沟"为主的潮滩盐作水系具有开放性、脆弱性特征,与潮汐沟通,不设挡潮闸,整体上保持半咸水的环境。灶河盐度高,南北分布密集,用于纳潮、运输。而且在盐作方式下具有高盐度、易淤塞的特征;但在农作方式下由于隔离潮汐作用,这两方面都逐渐减少。盐田水系转为农田水系,灶河与潮沟二者隔绝,通过水洞涵闸节制。围垦后通过深挖排盐、盐分下降、设立挡潮闸与海堤,灶河不与外海咸潮直接沟通,不受卤潮影响。但可用于引潮灌溉、航运。因此,农作水系是在潮滩盐作水系的进一步人为化(表8-2)。

---

1. (清)傅泽洪,郑元庆:《行水金鉴》卷153。
2. 鲍俊林:《气候变化与江苏海岸的历史适应研究》,第171-180页。
3. (清)傅泽洪,郑元庆:《行水金鉴》卷153。
4. 光绪《重修两淮盐法志》卷65《转运门·疏浚一》。

表 8-2 明清苏沪沿岸潮滩水系特征及转变

主要特征	盐作水系	农作水系
结构	灶河—潮沟	官河或民河—灶河
分级	一级入海大河—二级灶河—三级潮沟	一级入海大河与运河—二级灶河民沟
方向	双向（西淡东咸）	单向（西淡径流入海，挡住咸潮西行）
范围	潮滩	私垦区
水环境	咸水、半咸水	淡水
盐度	一般高于 10‰	低盐，一般低于 2‰
功能	保持滩面盐渍	促进脱盐、引潮灌溉
与外海咸潮的关系	直接沟通	隔绝
潮汐影响	潮汐淹没浸渍区	仅潮波，感潮区
潮汐依赖程度	高	弱
实施与节制	土坝	水洞、涵闸、减水坝
疏浚频率	灶河易淤塞，疏浚频次高	疏浚少
演变趋势	盐场骨干水系	圩田灌溉水网

但由于农区（圩区、图区）在盐区（团区）西侧，农区下泄多余径流时必须经过盐区，因此对盐区存在影响，二者在协调西水东流的问题上存在冲突。盐场更希望西侧不来淡水、东侧不来大潮。但现实往往是西侧多淡水下泄、东侧多潮袭。二者协调的关键都集中在节制涵闸。

闸坝是调节潮水利害、平衡用水关系的关键，"潮之利害恒相半，盖江潮淡利灌溉，而海潮咸卤甚害，大要水利以闸为命"[1]。东台各场闸坝主要包括两类：一是范堤上的闸坝，是官河与灶河的控制机关，二是灶河尾闾入海口处的水坝、闸座，是灶河与潮沟的控制机关与分界。晚至明代中叶，东台沿岸已经初步形成"官河—灶河—潮沟"水系网络，并出现了闸坝机制，目的是调节官

---

1. 万历《通州志》卷 2《疆域志·河渠》。

第八章

河、灶河与潮沟三者之间的水流沟通。如嘉靖《两淮盐法志》何垛场、安丰场图中，灶河常见水坝设置。[1] 清代中叶以后，各场官河、灶河以及潮沟之间设坝更普遍。嘉庆《两淮盐法志》安丰场图中，范堤沿线官河或民河与灶河之间有坝，[2] 官河与民河相通，但与灶河一般不直接沟通。此外，富安场在"沿海马路"沿线的灶河也有坝。[3]

在东台县沿岸，范堤是东台县水系的分水岭。以范堤为界，整体上范堤西侧属于"民河—官河—运盐河"系统，东侧属于"灶河—潮沟"系统。但伴随潮滩淤涨变宽，官河与灶河向东迁移，"灶河—潮沟"也向东迁移，最终灶河的长度越发增加，而潮沟由于只分布在潮滩内，因此与历史潮滩范围一致。换言之，"灶河—潮沟"的盐作水系与以"官河—灶河"为主的农作水系分界线也随之东移，大致以各场的仓垣为界，且与盐垦分界线、历史潮滩的陆界一致。

在向农作水系转变过程中，"官河—民河"逐渐形成稳定的淡水水系，而"灶河—潮沟"属于咸水或半咸水水系。分隔水系的成功与失败，是潮滩盐区向农区演变的关键指标之一。到清代，加大了涵闸设施的调节、沟通，既不让其自行沟通，也要按需开启。

范堤以东灶河卤潮倒灌往往会形成卤灾，甚至入侵兴化等堤西地区，这影响了设闸的位置。范堤以东海涂长期用于盐业生产，挡潮闸只能设在范堤上，即范堤各口是一线挡潮设施，分隔淡水水系与咸水水系。尽管海涂扩张，但到清末堤西仍然存在卤灾，如清咸丰六年（1856）至咸丰八年（1858）连续 3 年卤水倒灌至兴化，禾苗枯死。直到 1914 年，海潮依然侵入内地，当年四月海水陡涨，范堤各口均为堵闭，卤水经刘庄、大团、八灶等闸灌入，六月份卤水再次侵入草堰北闸，至兴化逗留至 8 月才退，直至年底水才能饮用，田地

---

1. 嘉靖《两淮盐法志》卷1《图说》。
2. 嘉庆《两淮盐法志》卷首《图说下》。
3. 嘉庆《两淮盐法志》卷首《图说下》。

卤化，收成受损严重。[1] 由此可见，挡潮设施在分隔两个水系环境中具有重要作用。

清末，范堤闸座与堤东水系失修比较常见，盐作水系的农业化受阻。光绪十三年（1887）九月，候补知县许善同在对范堤各闸座的调查中，就记录了丁溪、小海闸及其闸下引河的沿路情形：

> 丁溪闸，此闸在东台县境内，专泄西南路下注之水。昔由沈家灶、古河口、大沟子、甜水洋、竹港入海。嗣因河底为海潮淤垫，只得向北经窑港、草堰灶河由斗龙港入海。该闸金门水深四尺，闸塘水深三尺五寸至二尺八寸不等，有坝，潮不得上。自闸口至东柴河十五里，水深二尺至三尺二寸不等，河面宽十七丈至二十丈……至彭家墩二十七里，水深一尺二三寸至数寸不等，愈东愈高，河槽窄狭如沟，下有拦潮坝一道，坝外干涸；至竹港海口约四十里，以下尚有新涨沙滩三十余里。[2]

> 小海正闸，在东台县境内，昔由王家港入海，嗣因东路淤塞，只得向北经窑港、草堰灶河由斗龙港入海。该闸金门水淤深三尺六寸，闸塘水深三尺，有坝，潮不得上。自闸口至马家团十五里，水深二尺至三尺不等，河面宽十二丈至十六丈……由万盈墩折向东南经房家坝至古河口八里，水深二尺六寸至四尺不等，河面宽十五丈至十九丈。由万盈墩向东三十七里至王家港，又十五里至潮水坝，仅存河槽，若无此坝蓄水，上游早涸。又三十三里至大了子，以下尚有沙滩约八九十里。[3]

---

1. 大丰市水利志编辑委员会：《大丰市水利志》，北京：方志出版社，2009年，第277页。
2. 光绪《重修两淮盐法志》卷68《转运门》。
3. 光绪《重修两淮盐法志》卷68《转运门》。

第八章

根据许善同的禀报及《附履勘下河并各闸清册》，整理光绪十三年（1887）范堤沿线各闸、引河情形（表8-3），大部分闸下引河尾闾淤浅比较普遍，需要疏通，方能资泄，反映了清代后期诸海口、引河的长期淤废状态。[1]

表8-3　光绪十三年（1887）泰属各场范堤闸座及其引河情形

闸名	属境	规格	水深	引河
沟安闸（沟墩闸）	阜宁	双孔，金门共宽三丈八尺。该闸南墙倒卸，机心损坏	该闸金门水淤深五尺五寸，潮落时量。闸下二十八里淤浅，须挑	由阜宁通洋港（惩洋港）入射阳湖
北草堰闸	盐城	一孔，金门宽一丈六尺五寸，距沟安闸十二里	该闸金门水深五尺四寸，潮落时量。闸下十二里淤浅，须挑	由通洋港入射阳湖
上冈闸	盐城	一孔，金门原宽一丈四尺五寸，距北草堰闸二十八里。南墙于道光二十八年冲塌，今由北墙量至对岸塌处，宽六丈五尺	该闸金门水深五尺五寸，潮落时量闸下四十五里淤浅，须挑	由通洋港入射阳湖
天妃越闸	盐城	三孔，金门共宽五丈四尺，距上冈闸四十五里	该闸金门水深九尺九寸，潮落时量	由新洋港入海
天妃闸	盐城	五孔，金门共宽八丈四尺七寸，与越闸相去不远	该闸金门水深一丈五尺八寸，潮落时量	由新洋港入海
盐城石䃮闸	盐城	双孔，金门共宽三丈二尺六寸，距天妃闸三里	该闸金门水深七尺，潮落时量	由新洋港入海
刘庄大团闸	兴化	双孔，金门共宽三丈六尺，距石䃮闸五十五里，南孔见尚堵闭	该闸金门水深三尺二寸，水落时量。闸下约三十里淤浅，须挑	由斗龙港入海

---

1. 鲍俊林：《灶河与潮沟：明清苏北中部潮滩水系的演变》，第74-89页。

续表

闸名	属境	规格	水深	引河
刘庄八灶闸	兴化	双孔，金门共宽三丈四尺，距大团闸二十四里	该闸金门水深五尺，潮落时量闸下约四十里淤浅，须挑	由斗龙港入海
刘庄青龙闸	兴化	双孔，金门共宽三丈三尺六寸，距八灶闸三里	该闸金门水深四尺二寸，水小潮不得上。闸下约三十里，淤浅须挑	由斗龙港入海
一里墩闸	兴化	五孔，金门共宽八丈八尺，距青龙闸十六里，五孔均尚堵闭	—	由斗龙港入海
白驹北闸	兴化	一孔，金门宽一丈九尺，距一里墩闸不远，见尚堵闭	—	—
白驹中闸	兴化	一孔，金门宽一丈九尺，与白驹北闸相连	该闸金门水深六尺，水小潮不得上	—
白驹南闸	兴化	双孔，金门共宽三丈六尺五寸，距白驹中闸二里，两孔均尚堵闭	该闸金门水淤深四尺七寸，水小潮不得上	—
苇港闸	兴化	即草堰越闸，三孔，金门共宽四丈八尺六寸，距白驹南闸二十七里，三孔均尚堵闭，机心损坏	—	—
草堰（正）闸	东台	双孔，金门共宽三丈三尺，距苇港闸半里，北孔见尚堵闭	该闸金门水深七尺七寸，水小潮不得上	—
小海正闸	东台	双孔，金门共宽三丈三尺，距草堰闸里半，南孔见尚堵闭，机心南面半边倒卸，放水甚险	该闸金门水淤深三尺六寸，闸塘水深三尺，有坝，潮不得上	昔由王家港入海，嗣因东路淤塞，只得向北经窑港、草堰灶河由斗龙港入海

续表

闸名	属境	规格	水深	引河
小海越闸	东台	双孔,金门共宽三丈二尺,与正闸相连,两孔均尚堵闭	—	昔由王家港入海,嗣因东路淤塞,只得向北经窑港、草堰灶河由斗龙港入海
丁溪闸	东台	五孔,金门共宽七丈八尺,距小海越闸六里,见止北头一孔过水,余四孔尚堵闭	该闸金门水深四尺,闸塘水深三尺五寸至二尺八寸不等,有坝,潮不得上	此闸专泄西南路下注之水。昔由沈家灶古河口、大沟子、甜水洋、竹港入海。嗣因河底为海潮淤垫,只得向北经窑港、草堰灶河由斗龙港入海

说明:根据光绪《重修两淮盐法志》卷68《转运门》整理。

二、水洞与南汇沿岸水系的功能转变

由于东西沙带的存在以及里护塘的修筑,南汇沿岸在微地貌上稍高,对上海东部沿岸水系的地理分布产生了影响。整体上,到明代中叶,当时的上海县沿岸已经形成了以海塘为分水岭、塘西(内)水系归江(黄浦江)、塘东(外)水系趋海的基本水文格局。直到清末这一格局也基本未变。光绪《川沙厅志》中有川沙"海塘水利图"及图说,反映清末上海东部沿岸水系格局特征:

潮滩环境与苏沪沿海历史生态地理
Tidal Flat Environment and Historical Eco-Geography of the Jiangsu-Shanghai Coastal Region

> 厅境水利以钦塘为一大界限，塘东水皆东流，有白龙港为入海处，设闸以时启闭。塘西水皆西流，南由长浜、白莲泾，北由漴河、潭东沟，均达于黄浦，为通潮之要津。经以东西运盐河、咸塘、都台浦，纬以三灶港、赵家沟等河，脉络疏通，则潮汐易达。[1]

因此，夹塘地区的一个重要水文特征，就是钦公塘实际上成为南汇沿岸的分水岭，塘外各水东流入海，塘内各水西流归黄浦江。换言之，明清时期上海东部沿岸整体上以钦公塘为界（分水岭），塘西各灶河、灶港均流向黄浦江，塘东河道则归海。并且，塘西为淡水河流，塘东均为通潮河流。由于海塘作为分水岭的存在，南汇沿岸塘外与塘内水系性质不同。塘外属盐作水系，塘内属于农业水系，最初是为了盐场运输，后来逐渐有农业灌溉、蓄排功能，并且不通潮汐，没有纳潮供煎的功能。[2]

在塘内圩区，运盐河（护塘港）、灶河（灶门港）成为主要水道。明永乐元年（1403）夏原吉治苏松水患，将运盐河的疏浚列为重要治理项目，对改善沿海水利条件及贯通各灶门港作用甚大。之后通过多次疏浚，运盐河不断稳定，成为塘内纵向骨干河道，贯通上海东部沿岸。"南自奉贤至一团入邑境，自倪家水洞以南直达二墩，自二墩以南至奉南交界处，稍有曲折，循塘而北至八团入川沙境，再北至九团黄家湾入宝山界，由界浜通黄浦"[3]。

在塘外盐区，港汊众多，一片潮来潮去的浅滩。从南汇嘴"北至八团新路港，沿滩浅露，潮来成水，潮去成涂，故海舶不能傍岸。"[4] 南汇沿岸滩面极为宽阔、低平，潮浸深入内地十数千米。"光绪三十一年八月初三日飓风为灾，海潮泛滥，溢过外塘，直达钦塘，县境沿海一带，自一团北界至七团止，绵亘

---

1. 光绪《川沙厅志》卷首《海塘水利图》。
2. 鲍俊林：《明清长江口南岸滨海水系的结构与功能演变》，《复旦学报（社会科学版）》2025年第2期。
3. 光绪《南汇县志》卷2《水利志》。
4. 民国《南汇县续志》卷2《水利志》。

第八章

七十余里,淹毙人口数千,田庐牲畜,飘没无算。"[1]

伴随潮滩淤涨,钦塘以东逐渐淤涨,自明代中叶以后这里经历了多次兴筑,从钦塘到王塘(彭塘),再到李塘,海塘节次巩固,挡住了海潮,也阻绝了排水。这部分已逐渐垦为新圩田的夹塘地带,平常情形还可以从白龙港排泄入海。而到清末这唯一的排水河道白龙港,也逐渐淤塞。"川沙水道,东面白龙港为厅属汊港之最,今几淤成平陆,潮涨时仅容小艇。"[2]一旦遇涝盛涨,积水不易排泄。水流到底是向西归江,还是往东趋海,引发了争议,解决的关键在于完善水洞[3]。

水洞是南汇沿岸盐作水系转变为农作水系的关键设施。在骨干河道黄浦江之东的平原上,南汇、川沙一带形成了以运盐河为南北纵向、各灶港为横向的河网。这一源自盐业生产的河网,通过涵闸、水洞的修筑,改变了基本结构与功能,逐渐向农作水系转变。到清代前期,老护塘、新护塘沿线有不少水洞,塘内外水系与水洞形成了一个完整的网络。在雍正《分建南汇县志》"南汇县水利图"中,可见老护塘、新护塘上水洞分布及其名称,包括新护塘水洞14个、老护塘水洞14个(图8-8)。

乾隆《南汇县新志》也记载了老护塘"横开"的水洞二十二,自南而北分别为:

奉贤交界曰牛郎庙水洞

二墩一团曰沈家水洞

三墩曰沈家水洞

---

1. 民国《南汇县续志》卷5《户口志》。
2. (清)朱正元:《江苏省沿海图说》,马宁主编:《中国水利志丛刊》(第39册),扬州:广陵书社,2006年,第9页。
3. 王大学:《防潮与引潮:明清以来滨海平原区海塘、水系和水洞的关系》,《历史地理》(第25辑),上海:上海人民出版社,2011年,第307-323页。

潮滩环境与苏沪沿海历史生态地理
Tidal Flat Environment and Historical Eco-Geography of the Jiangsu-Shanghai Coastal Region

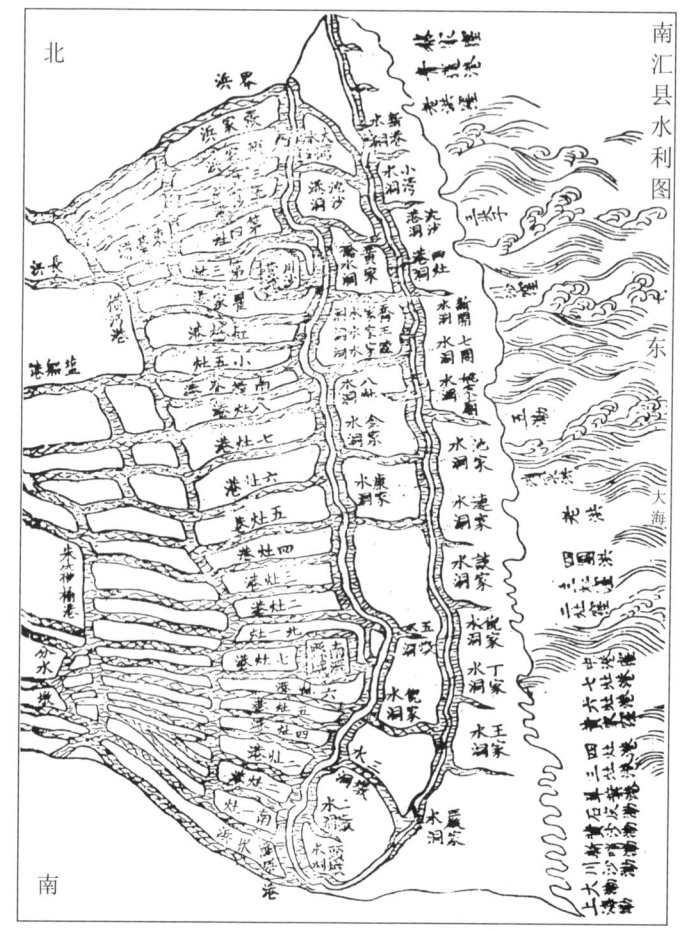

图 8-8 清代前期南汇县水系
说明：选自雍正《分建南汇县志》卷 1《疆土志上·绘图》"南汇县水利图"（局部），
《上海府县旧志丛书·南汇县卷》（上），第 21 页。

一二团连界曰戚家水洞

三墩二团曰潘家水洞

二团曰奚家水洞、顾家水洞、六灶庙水洞

二三团连界曰倪家水洞

第八章

三团曰倪家水洞、关帝庙水洞、赵家水洞

四团曰金家水洞

四五团连界曰姚家水洞

五团曰康家水洞

六团曰陆家水洞

七团曰陈家水洞、王家水洞、乔家水洞

八团曰长人乡水洞、沈沙港水洞

九团曰大湾水洞[1]

光绪十年（1884）兴筑新圩塘，开河、穿洞成为圩塘工程的重要组成部分。"内开渠以蓄清水，其长称是，俗谓随塘河是也。导枝渠二十有一，与内护塘港通，复穿钦公塘建石洞六，以备盛潦西泄"[2]。光绪《南汇县志》记载了水洞24个，个别水洞与乾隆《南汇县新志》图中不一致。兹录清末南汇二十四水洞如下：

护塘水洞，在老护塘，以通内外护塘港之水，小护塘向亦有水洞，雍正间海潮为灾，详准永闭。

牛郎庙水洞，在奉南交界处，东流直达海潮寺马头。

南沈家水洞，在一团二墩，东流直达沈家马头。

北沈家水洞，在三墩，东流即茶亭路，至王家堰为止，距钦塘尚有数十步。

戚家水洞，在一二团界，东流达钦塘，至老鹳嘴石马头。

潘家水洞，在二团，东流达唐家堰，距钦塘数十步，今已浅隘。

---

1. 乾隆《南汇县新志》卷5《水利志》，《上海府县旧志丛书·南汇县卷》（上），第353页。
2. 孙燕京、张研主编：《民国史料丛刊续编》第824册《社会救济》，第305页。

奚家水洞，在二团，东距钦塘数十步，港极浅隘。

顾家水洞，在二团，东流极远处不过百步，俱坚筑坝堰，以障内河之水。再东则地势较高，河底较浅，坝堰一开则内河之水有泄无蓄，难资灌溉，若欲水利直达钦塘，必须按亩派捐开浚，其西流即五灶港。

严家水洞，在二团，即六灶庙水洞，东流距钦塘约百步。

倪家水洞，在二三团界，西流即界河，直达旧营横港盐司有司交界处，其东流直达钦塘至黄家路。

倪家水洞，在三团，东流达钦塘。

关帝庙水洞，在三团，东流距钦塘百步。

卫家水洞，旧称赵家水洞，在三团，东流达钦塘。

宋家石桥水洞，在三四团界，东流达钦塘。

利济桥水洞，在四团，疑即胡志金家水洞，东流达钦塘。

金家水洞，在四五团界，东流达钦塘。

康家水洞，在五团，东流达钦塘。

耕乐桥水洞，在五团，嘉庆丙子开，东流达钦塘。

新水洞，在五团，咸丰壬子开，东流达钦塘。

殷家水洞，在六团，即胡志陆家水洞，西对澜港，东流达钦塘。

四安桥水洞，在六团，西对八灶港，东流无港，南合殷家水洞，北合陈家水洞，抵钦塘。

陈家水洞，在七团，东流达钦塘。

王家水洞，在七团，东流达钦塘。

乔家水洞，在七团，东流达钦塘。[1]

---

1. 光绪《南汇县志》卷2《水利志》。

第八章

水洞的重要功能是便于滨海淡水团沿港汊洪注上行，进入塘内，灌溉圩田。显然，水洞的出现，沟通了夹塘地区塘内外的水系，将塘东港汊洪注、潮沟与塘内农作水系连接起来，推动了塘内外水道的连通。[1]

从雍正、乾隆到光绪年间，钦公塘外近一个世纪的潮滩垦种以及清末新圩塘的兴筑，导致塘外地势略高于老塘以内。夹塘地带一旦积涝，如何排水成为一大困难。到光绪十年（1884）新筑圩塘后，排水矛盾更加突出，因为只有七团的白龙港、老洪注两处向海排水河道，"惟凌家洪及老洪注通海，余注尽塞……今则八团但知有白龙港口，而不知其出海之口即凌家洪"[2]。因远离一二团，田地容易淹没。水洞争议也因此出现，争议之一是开水洞后带来的咸潮风险，光绪《南汇县志》对此即有记载：

> 按塘外海潮挟泥而至，潮退泥滞愈积愈高，故塘东地势高于塘西，一遇大潦塘西之沟渠未满，而塘东已成泽国，开水洞以西泄，固地势使然也。李塘筑后，王塘以外芦荡渐垦成田，因欲开王塘以西流，而王塘以内则主张开通李塘泻水入海，争持数载未有以决也。今最录两方争议如左。王塘以内之业户曰，东水西流，塘东可免淹没。然咸水西下，塘西不堪种稻，其害一。东西地形高下迥殊，开洞西流，塘西之田必尽淹没，害二。李、王二塘依如唇齿，恃李毁王，万一大潮猝发，冲损李塘，祸尤巨测，害三。王塘开通，东流之水必由钦塘西下，钦塘以东之水势必倒入塘西，如遇夏秋亢旱，钦塘以东之农田灌溉殊难，害四。王塘以外之业户曰，钦塘筑而老护塘之水洞西开，王塘筑而钦塘之水洞亦西开，盖避高就下，顺水性也。今李塘已成，独不能援旧例以开王塘，则沮于王塘之大业，其所持之理由莫

---

1. 鲍俊林：《明清长江口南岸滨海水系的结构与功能演变》，《复旦学报（社会科学版）》2025年第2期。
2. 民国《川沙县志》卷2《舆地志》。

> 强于咸水西来一语,不知名为东放,实亦西流,故不免咸潮混入。若李塘永断专放西流,则海水一绝,卤质自无。三年之后,非但王塘以内稻田无损,即王塘以外亦可播谷,两俱有利庸无伤乎?议者亦知地形东高西下矣,抑奚不思王塘以内固低于李塘以内,而钦塘以内又低于王塘以内,老护塘以内又低于钦塘以内乎?开则俱开,闭则俱闭,流则俱流,止则俱止,层次递下,比例成差,又何忧于淹没乎?曩者钦塘以内之农民曷尝反对王塘以内之西流,王塘以内之大业其忘之与何其知进而不知出也,若谓水势西流,遇旱是忧,其惑与淹没之论同,夫开王塘者非导王塘以外之水而进于王塘以内也,盖钦塘以内之水倒入老护塘而去矣,有钦塘以外之水以补之王塘以内之水倒入钦塘而去矣,有王塘以外之水补之,挹彼注兹,酌盈剂虚,又何患其独涸。[1]

支持开挖水洞、促使塘内外水系形成沟通,确实有助于向西与向东两方面排水,至少比以往隔离这两个部分要更有利。实际上,导致夹塘地带排水困难主要是地理或地貌原因,即这里形成了堤坝—圩田构成的夹塘地貌、并向海渐高的特征。受潮汐运动、筑堤活动的综合影响,南汇夹塘地带往往塘外地势高于塘内,"塘外海潮挟泥而至,潮退泥滞愈积愈高,故塘东地势高于塘西"[2]。这背后的原因在于,淤涨潮滩筑堤往往会破坏了潮滩水力泥沙与地形间的平衡,引发新堤外侧潮滩剖面重新发育调整,[3] 因此堤脚部分的地势逐渐高于堤内侧(图 8-9)。

---

1. 光绪《南汇县志》卷 2《水利志》。
2. 光绪《南汇县志》卷 2《水利志》。
3. 时钟:《河口海岸细颗粒泥沙物理过程》,第 303 页。

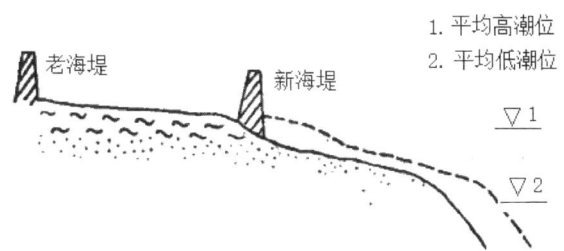

图 8-9 筑堤与堤外潮滩淤涨示意图

说明：根据陈才俊《围滩造田与淤泥质潮滩的发育》(《海洋通报》1990 年第 3 期)、吴小根等《人类活动对苏北潮滩发育的影响》(《地理科学》2005 年第 5 期) 改绘。

根据现代潮滩地貌变化，筑堤围垦之后，海塘内外的剖面发育过程便有了完全不同的趋势，一方面塘内剖面失去水动力，不再淤高；另一方面塘外特别是塘脚一带滩面重新调整、逐渐出现淤高。[1] 在塘外，由于海塘对潮水波产生反射干扰，并产生扰动流，改变了原潮滩的沉积环境，水流紊动程度增加，潮滩沉积较围前加快，但离堤较远的中、低潮滩受堤的影响较小，沉积增加量小。[2] 在上述沉积条件下，塘外潮滩剖面形态重新调整，坡度发生变化，经历了缓—陡—缓的变化过程。[3]

由于塘内外存在上述微地貌的差异，导致夹塘地带水流向东排出困难，而向西流则容易，因此在钦塘开水洞后，夹塘地区积水可以次第向西走泄，避免积涝。最终争论的结果，未在王公塘新开水洞，选择在钦塘开水洞，向西排水。

光绪十年钦公塘外新筑堤圩，圩内田畴东无出水，惟赖七团北首

---

1. 李明亮，杨磊，龚绪龙，等：《围垦工程影响下的淤涨型潮滩演化：以江苏强港潮滩为例》，《海洋通报》2016 年第 6 期。
2. 陈才俊：《围滩造田与淤泥质潮滩的发育》，《海洋通报》1990 年第 3 期。
3. 陈才俊：《江苏淤长型淤泥质潮滩的剖面发育》，《海洋与湖沼》1991 年第 4 期。

白龙港、老洪洼二处泄泻,农民以泄水远滞,偶遇雨潦田即淹没,议就钦塘开洞六处,十一年试用砖木砌洞,讵工甫完竣即遭急流冲毁。十二年改建石洞,一在一团沈家码头,一在一二团交界老鹳嘴,一在二三团交界王家路码头,一在四团邱家码头南首,一在五团顾亭北首,一在六团邓家码头南首,并高四尺,阔六尺,墙十四丈,底长十丈,面阔三丈。[1]

总之,明清时期南汇沿岸不断向海迁移筑塘、开发海塘内外荡地,但排水方向却只能向西。伴随塘外盐作活动的消亡,塘外盐作水系逐渐向农作水系转变。清代中叶以后,通过完善水洞这一关键协调机制,沟通了塘内外两个不同的水系,也导致塘外盐作水系的功能从原来的纳潮供煎转变为引潮灌溉,促进了夹塘地带新圩区的发展。

三、港汊与崇明岛水系

崇明地处江海交汇,水网密集,沿岸港汊、河口众多。明代中叶有河港30余条,清初该岛沿岸主要河港42条,干河包括施翘河、便民河、新竖河等较大河港。[2]到清代中叶崇明沿岸有河道43条,绝大部分河港汊沟仍在。[3]民国年间已有100余条河渠。[4]需要注意的是,崇明河渠名称多样,包括很多种类:

邑中河渠名称有五,两沙中间流水日久渐狭、因势利导成渠者曰

---

1. 民国《南汇县续志》卷2《水利志·海塘》。
2. 康熙《重修崇明县志》卷3《建置志·河港》。
3. 嘉庆《直隶太仓州志》卷18《水利》。
4. 民国《崇明县志》卷5《河渠志·水道》。

第八章

洪；入江、入海之口，潮汐往来，船舶所碇者曰港、曰潋，港曲者曰湾；两状交界决土为渠，或纵、或横，以别井疆，资蓄泄者曰河；此皆所谓官河也。其田间水道由民自凿者曰沟，即所谓民沟也。[1]

其中，"港""潋""湾""洪"等一般都是潮滩上天然的通潮河口或港汊，"河""渠""沟"多为人工河口、河渠。官河与民沟是崇明岛水网的主要部分，"港""潋""湾""洪"等多分布在沿岸潮滩。历史上崇明县河口、港汊变迁复杂，"坍涨变迁，河流改易，名称亦互异。有昔为江海之口，今沙涂涨成腹地而仍沿旧称者，如内沙之双港、界排港，外沙之惠杨港、庙港是也。有昔为腹地之河，今坍濒江海而仍名为河者，如新开港坍没而梅家竖河成为港口是也。"[2]

万历《新修崇明县志》记载的条港汊、河渠名称，除个别河渠外，均属于沿岸通潮河口：

> 青龙河、官洪、彭兰港
> 施翘港，自长沙起，经享沙，直抵吴家沙。旧无此港，隆庆年间，县令孙裔兴设法开通，而斥卤遂变为良田。
> 杨家港，县之东南田最高，恒苦无水，不得收□□港形久以淤塞，县令李官疏浚□，始不□居□而灌溉焉。
> 朱华港、合洪。
> 清潭沙套、挑皮港、鲈鱼套、季堂港、蒋六洪、老套、盘船洪、当沙港、海洪、鳗鲡港、徐家洪、陆家洪、野猫洪、筏港、渡船港、便民河、李门子港。

---

1. 民国《崇明县志》卷5《河渠志·水道》。
2. 民国《崇明县志》卷5《河渠志·水道》。

新开河、合港、像沙港、孙家沙洪、袁六港、青龙港、王家港、张网港、界沟、合套。[1]

"崇明大利，首在开河"[2]，人工河渠是崇明农业发展的重要起点。崇明岛地处江海交汇地带，其沿岸潮滩更易受到淡水与咸潮的双重影响。伴随明代中后期崇明主岛趋于稳定，沿岸农业开发逐渐发展，官府开始大力举办河渠工程，引导淡水以便加快沙地脱盐。[3] 崇明县官河源自施翘河（或施翘港）的开凿，"崇明河港所以通潮汐、备旱涝、济舟楫，不容一日弗浚也，惟是诸沙绵亘，河港虽多，率多咸潮，每为农病。先年，知县孙裔兴相度水势，开通施翘河一道，引西江淡水，截东海咸潮，深有利于民。嗣是各沙荒区苦旱涸者皆知开浚。"[4] 隆庆三年（1569）至万历二年（1574），五年间开挖施翘河等干河九、支河三十三，奠定了崇明岛水系基本格局。[5]

施翘河在县治西侧约七里处，"自长沙迤迳袁、孙、吴三沙"[6]，自西向东，贯通全岛。施翘河口即位于长江口咸淡水分界的位置，整体上以北为淡水环境，以南为咸水环境，[7] 有助于迎纳长江来水，"西引淡水，东拒咸潮，变斥卤为良田"[8]，

---

1. 万历《新修崇明县志》卷1《舆地志》，《上海府县旧志丛书·崇明县卷》（上），第78页。
2. 雍正《崇明县志》卷7《田制·官河考》，《上海府县旧志丛书·崇明县卷》（上），第467页。
3. 鲍俊林，高抒：《沙岛浮生：明清崇明岛的传统开发与长江口水环境》，《史林》2020年第3期。
4. 万历《新修崇明县志》卷1《舆地志》，《上海府县旧志丛书·崇明县卷》（上），第78页。
5. 鲍俊林，高抒：《沙岛浮生：明清崇明岛的传统开发与长江口水环境》，《史林》2020年第3期。
6. 康熙《重修崇明县志》卷3《建置志·河港》。
7. 鲍俊林，高抒：《沙岛浮生：明清崇明岛的传统开发与长江口水环境》，《史林》2020年第3期。
8. 光绪《崇明县志》卷2《舆地志·河渠》，《上海府县旧志丛书·崇明县卷》（中），第1155页。

第八章

或借助海潮顶托作用灌溉沿岸荡地与内地圩田。[1] 施翘河的开凿是崇明岛传统开发的标志性事件,通过提高灌溉能力,以人工整治、改变地表水环境的方式促进了土壤脱盐淡化、加快了崇明县沿岸荡涂的农业开发。[2]

清代,崇明岛加大了对原有河道的疏浚。据民国《崇明县志》整理的资料,自1727—1903年,平均7.6年就有一次较大的干河与支河疏浚工程;以1815—1872年最为集中,共15次,平均3.8年一次较大的疏浚工程。[3] 清代崇明县对河网的疏浚,稳定了沿岸农业开发。

官河作为崇明水系的主要部分,具有两个方面的挑战。一方面,官河虽然深入崇明县内陆,但毕竟属于通潮河道,潮汐往来时刻影响河道。尽管制定了详细的河渠管护制度,但地处江海之汇、潮汐往来、泥沙渐多,河身极易淤塞。另一方面,官河河身淤塞后,又引发侵占,河身往往受损。自隆庆三年(1569)至万历二年(1574)年间开挖施翘河,数十年后,官河管理废弛、侵占日益严重,给河渠维护管理带来了挑战。[4]

> 河道久湮,两旁积久成田,每岁有官租之扰,……较私租为更甚。坐是者无不愿同新涨拨民,一经报拨,河身狭隘,其流如线,而水利不通矣。甚至民逊官河,亦坐此累。莅兹土者,知新涨有报拨之例,而不知官河无报拨之例也,知官田有官租之例,而不知官河无官租之例也。豪右遂援起科为名,横占管业,又前此所未有。[5]

---

1. 鲍俊林,高抒:《沙岛浮生:明清崇明岛的传统开发与长江口水环境》,《史林》2020年第3期。
2. 鲍俊林,高抒:《沙岛浮生:明清崇明岛的传统开发与长江口水环境》,《史林》2020年第3期。
3. 民国《崇明县志》卷5《河渠志·水利》。
4. 鲍俊林,高抒:《沙岛浮生:明清崇明岛的传统开发与长江口水环境》,《史林》2020年第3期。
5. 康熙《重修崇明县志》卷3《建置志·河港》。

特别是在"以涨补坍"的荡地管理制度下，进一步引发豪强土民援例影射，甚至要求官河报拨，伺机侵占为田。如万历四十六年（1618），"沙总射利，倡官河报拨之议，尽废官河之制，水道淤阻，百事荒榛，怨怼载道矣"[1]。有的通过混入课赋较低的新涨沙涂，目的是在"拨涨补坍"过程中进行分拨，如天启二年（1622），"杨家河两旁淤塞，奸民尽行谋占，设计愈巧。贿沙总，混入新涨涂中，零星分拨"[2]。废弃的河道成为争夺侵占的对象，反映了河道失修的窘况，"河道久湮，两旁积久成田，每岁有官租之扰，……坐是者，无不愿同新涨拨民。一经报拨，河身狭隘，其流如线而水利不通矣……知新涨有报拨之例，而不知官河无报拨之例也……豪右遂援起科为名，横占管业，又前所未有"[3]。官河河道淤塞、疏浚荒废以及侵占，导致农作水系不稳定，急需疏浚维护。

清代加强了官河的维护与疏浚，改变了明代后期以来的乱象。官河属于崇明县的公共工程，对稳定崇明县农业开发至关重要，也是清代崇明水系疏浚的重点。为加强管护，官府扩大了官河的所属范围，"便民水道，尺寸尽属官河"[4]，"民沟照田供赋外，其河基照内地水道，并不起科，故名官河"[5]。同时，严厉惩罚官河侵占[6]，"敢占官河一亩者，准追十亩之罚"[7]，并规定："河旁每十里建一茆亭，名曰校河亭，中设步弓丈竿。春秋水利，衙驻札亲校。河工竣日，每三十步，于河底植一桩，入土丈许，名曰平底桩。他年淤塞，凿见此桩

---

1. 雍正《崇明县志》卷7《田制·官河考》，《上海府县旧志丛书·崇明县卷》（上），第467页。
2. 雍正《崇明县志》卷7《田制·官河考》，《上海府县旧志丛书·崇明县卷》（上），第467页。
3. 康熙《重修崇明县志》卷3《建置志·河港》。
4. 雍正《崇明县志》卷7《田制》，《上海府县旧志丛书·崇明县卷》（上），第468页。
5. 康熙《重修崇明县志》卷3《建置志·河港》。
6. 鲍俊林，高抒：《沙岛浮生：明清崇明岛的传统开发与长江口水环境》，《史林》2020年第3期。
7. 雍正《崇明县志》卷7《田制·官河考》，《上海府县旧志丛书·崇明县卷》（上），第467页。

第八章

即止"[1]。

除了官河外，崇明县乡民还自发开挖各类民沟水渠，即民沟，"筑圩垦辟之日，分晰疆界，各开民沟"[2]，民沟常见于崇明、海门、启东等长江口沙洲地带的基础水系。官河与民沟一起构成了崇明县灌溉水网系统。[3] 一般在地势低洼之荡地，为排水降盐，将芦苇荡每隔1千米左右开挖南北纵向竖河，每500米左右开挖东西向横河，与竖河连通。两条竖河、横河以内的地方为圩。每圩内隔数十米不等开挖南北走向民沟，民沟与横河常以水漏相通，即以木板钉制的长方体涵管，两头有门，进排水时开启，不需进排水时关闭。因此，民沟是各河渠之间的底层水系，主要功能是灌溉。

官河—民沟是崇明沿岸农业生产的重要基础水系，也形成利用潮汐作用的灌溉方式，即借助海潮上涌形成的顶托作用，抬升表层淡水团，进入圩田水系。但在官河—民沟水系中，真正发挥潮灌作用的主要在于沿岸众多通潮港汊、河口，因为潮水首先抵达潮滩地带，并经过沿岸港汊、河口再渐次进入干河、支流。

随着崇明沿岸农业开发的进行，沿岸各类通潮港汊、河口主要功能是利用涨潮力进行潮灌，以崇明西部、南部为主。"每清明后，江水上发，咸潮下退，得资灌溉，民赖耕畦。是以崇沙之在南区者颇产五谷，以江流余派，其水淡也。"[4] 如前文所述在长江口沿岸，一旦遇旱、江水径流减少时，趁潮自流是很重要的灌溉方式，道光十五年（1835）"夏旱，河港几涸，六月十八日海潮骤涌过护塘，沿海禾棉借以滋灌。"[5]"十八日海潮涨过塘西，禾棉借以灌溉，岁

---

1. 雍正《崇明县志》卷7《田制·官河考》，《上海府县旧志丛书·崇明县卷》（上），第467页。
2. 康熙《重修崇明县志》卷3《建置志·河港》。
3. 鲍俊林、高抒：《沙岛浮生：明清崇明岛的传统开发与长江口水环境》，《史林》2020年第3期。
4. 雍正《崇明县志》卷7《官河考》，《上海府县旧志丛书·崇明县卷》（上），第468页。
5. 光绪《南汇县志》卷22《杂志》。

稔"[1]。类似的记载较为常见。这种灌溉方式也具有脆弱性，易受到长江口咸淡水变化的影响，"所最患者，夏秋之交，禾黍方茁，一值亢旱，江流顿缩。或遇东南风，则高家嘴咸潮因而北涌；遇东北风则廖角嘴咸潮因而南涌。一沾禾黍，立就枯焦，即在南区者，尽成榛芜"[2]。

第三节　植被分布与土壤性质变化

一、传统开发对潮滩植被与土壤演变的影响

潮滩开发活动会对植被与土壤环境产生影响，主要是通过影响土壤积盐与脱盐进程，进而影响土壤性状变化，并进一步影响潮滩植被群落分布变化。

苏沪沿岸现代潮滩土壤主要包括滨海盐土、盐化土、潮土以及水稻土等多种类型，并呈现了一定的空间分布演变规律，特别是在自然土壤向人为土壤转变的过程中，存在比较明显的空间分布变化规律。但在没有人类活动参与进来之前，即在潮滩土壤从自然土向人为土演变之前，潮滩土壤的成土过程经历了一个长期的自然演变过程。

一方面，土壤盐分的迁移变化是潮滩土壤性质变化的关键因素之一，从积盐到脱盐是淤涨潮滩土壤的基本发展方向与规律性表现。在自然状态下，潮滩地势低平，长期受海水浸渍，土壤中逐渐积累大量的以氯化钠为主的可溶性盐类，这一阶段属于土壤的积盐过程。随着滨海平原不断向海外延伸，地面不断加高，逐渐脱离了海水浸渍，地面开始不断受到雨水和流水淋洗，雨水的影响成为控制因素，使原来积累在土中的盐分被淋洗而趋于减少，这一阶段属于土壤的脱盐过程。[3]

---

1. 光绪《松江府续志》卷39《祥异志》。
2. 雍正《崇明县志》卷7《官河考》，《上海府县旧志丛书·崇明县卷》（上），第468页。
3. 江苏省土壤普查办公室：《江苏土壤》，北京：中国农业出版社，1995年，第22页。

第八章

另一方面，随着脱盐过程的继续进行，淤涨潮滩土壤中的盐分逐渐降低，耐盐的盐生植物开始生长、发展起来，并在土壤表层形成有机质层，从盐土逐渐发育为草甸盐土，促进了自然土壤的发育，形成生土。草甸盐土上的植被演替与盐土的脱盐程度是密切联系的。盐土一旦进入脱盐过程，就会出现以盐蒿为代表的耐盐植物群落，继而出现盐蒿、獐毛草群落。其土壤盐度大致在4‰以上，尚属重盐土。当土壤盐度下降到2‰~4‰时，植被演替为白茅草、獐毛草群落，积水洼地往往成为芦苇繁殖的地方，此时土壤成为中盐土。当土壤盐度进一步减少到1‰~2‰，自然植被演替为白茅草、芦苇群落，成为轻盐土。若土壤继续脱盐，含盐量减少到1‰以下，此时土壤能种植一定的旱作物，形成脱盐潮土，不再属于滨海盐土。[1]

经过上述潮滩土壤的自然演变过程，在成土母质的基础上，潮滩完成了沉积物积累、有机质增厚以及成土的过程。不过，当人类开发活动参与潮滩土壤演变过程之中时，土壤演变在生土熟化过程中也表现了一定的差异化。

在潮滩盐作化阶段，传统盐作活动为了维持潮滩制盐，通过一定的引潮方法人为强化了滩面咸水环境，维持土壤积盐状态（盐度为6‰~10‰）。但潮滩持续淤涨、增高，潮间带逐渐摆脱海水的控制与影响，这些远离海水的亭场往往通过疏浚灶河、扩大引潮沟等办法，塑造盐作水系，维持了海水向潮滩内侧的流入与影响，延长了潮滩积盐状态。如果亭场继续远离海水，疏浚成本日益加大，亭场往往不得不搬迁到近海，重新建立摊场。因此，传统制盐活动对潮滩水文、潮沟地貌等有一定扰动，但整体上并未对潮滩沉积、演替过程产生显著影响；主要影响在于减缓了土壤脱盐速率、维持了潮滩土壤适宜制盐的生态环境。

在潮滩农业化阶段，滩面垦种活动参与了土壤盐分的迁移变化过程。伴随潮滩淤涨、土壤脱盐，在荡地垦种与筑堤圈围过程中，圩田生产系统不断构

---

1. 江苏省土壤普查办公室：《江苏土壤》，第22页。

建、形成、扩张，人为加快了土壤脱盐，提高了有机质积累，促进了土壤结构熟化与脱盐进程。不过，这个过程是渐进的。一般经历20~25年垦殖熟化基本能达到脱盐[1]，略短于土壤自然脱盐的时间，即一般从新涨沙荡到草滩，在自然演替下需要30年以上才能进入基本脱盐（含盐量小于2‰）；而从新圩到熟田，又至少再延续十余年方能成熟。"大丈之岁计田之成熟日久者，酌加其赋谓之转则，即则壤而必待十三年之意也。"[2] "海滨新涨之地号曰涂滩，经若干年岁始生碱蒿细草，再若干年岁产草丰茂，乃可言垦，如以人事经营、筑堤、穿渠、潴淡、种青，亦必一二十年始可奏效。"[3] 此外，需要注意的是，熟田不等于熟土。即使为熟田，其土壤仍然长期保持一定盐分，圈围垦种对潮滩土壤的影响一般集中在表层土壤（耕作层），盐分略有下降，土体块状结构进一步发育，但心土、底土还基本保持着沉积体的原始状态。[4]

明清时期苏北沿岸长期盐作化，导致至今范堤以东仍然以盐化土分布为主，而在较早农业化的南汇沿岸，盐化土集中分布在老护塘以外的局部地带（图8-10）。潮滩土壤在脱盐、生草过程中，结构单一的原始土层开始出现分层，发生层是由于生草导致有机质积累，形成表土层。但从生草的盐蒿草滩开始进入脱盐过程，雨水与地表流水的淋洗作用占主导，之前都是积盐过程，主要受海水浸渍影响。在盐蒿滩阶段，即从生草阶段开始，由原来的盐土发展到草甸盐土阶段，仍然是自然土壤。再从人类筑堤、种青开始，进一步加快了堤内土壤的脱盐过程。当演替到草滩时，土壤基本脱盐，一些旱作物出现，土壤开始形成脱盐潮土，此时不再属于滨海盐土范畴，而属于人为土（耕作土壤）。潮土如果经过进一步改造与水耕熟化，又可以形成不同类型的水稻土。

---

1. 侯传庆主编：《上海土壤》，第148页。
2. 嘉庆《海门厅志》卷2《赋役志》。
3. 民国《续修盐城县志稿》卷4《产殖志》。
4. 侯传庆主编：《上海土壤》，第150-151页。

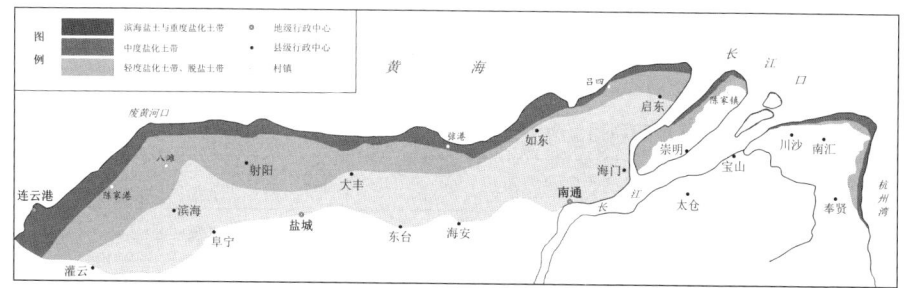

图 8-10 20 世纪末苏沪沿岸土壤盐含量分布示意图

说明：根据江苏省土壤普查办公室编《江苏土壤》（北京：中国农业出版社，1995年）、侯传庆主编《上海土壤》（上海：上海科学技术出版社，1992年，第144页）编绘。

在历史潮滩的盐作化与农作化阶段，分别形成了开放的盐场与相对封闭的圩田这两种生产系统，并且潮汐利用方式都表现为"小潮利用、大潮预防"的模式，这对潮滩土壤盐分演变、植被分布特征都产生了影响。整体上，盐作化长期维持潮滩土壤高盐分环境，以便维持制盐条件，导致潮滩土壤脱盐速率下降，植被群落分布也基本维持了自陆向海的草滩、盐蒿滩与光滩的空间分布特征。与之相反，农作化阶段潮滩需要维持较低的土壤盐分，通过人工方法加快土壤脱盐（表8-4）。草滩多被垦辟，形成连片农田带，改变了潮滩原有的自然植被分布特征，草滩带萎缩或消失。

表 8-4 人类活动对潮滩植被与土壤环境的影响比较

主要特征	盐作	农作
生产系统	开放的盐场	相对封闭的圩田
地表土壤盐分	维持积盐、减缓脱盐	促进脱盐、阻止返盐
表层土壤盐度	较高盐度，一般高于10‰	低盐度，一般低于3‰
植被分布	维持自陆向海分布特征： 草滩、盐蒿滩、光滩	植被演替分布特征受影响： 草滩带萎缩或消失，垦为农田
与咸潮的关系	直接沟通、开放； 引潮旨在保持盐田滩面盐渍	尽量隔绝、相对封闭； 挡潮旨在促进圩田土壤脱盐

续表

主要特征	盐作	农作
潮汐利用	小潮利用，大潮预防	小潮利用，大潮预防
潮汐影响	引潮、规律性淹没、浸渍	潮灌、感潮区、异涨时存在影响
土壤沉积与成土过程	减缓土壤脱盐、演替变化	加速有机质积累
演变方向	维持滨海盐土	向脱盐潮土、水稻土演变
防潮方式	筑墩或堤墩结合	筑堤

需要注意的是，潮滩农作化阶段，筑堤圈围是潮滩能够构建、维持圩田生产系统的关键，对潮滩土壤环境演变存在重要影响。一方面加快土壤脱盐、促进自然土壤向人为土壤的转变；另一方面促进潮滩淤涨、防止侵蚀、改变了潮滩地貌。

其一，筑堤促进了土壤演替、加快了土壤脱盐进程。筑堤建闸、开沟排水是滨海盐土进行人为脱盐的主要方法。[1]虽然围垦后地下水位下降不大，但筑堤御潮及垦区灌排水网建设降低了地下水矿化度，海水淡化趋势明显，并能在一定程度上减轻海水入侵。筑堤之后，堤内荡地不再淤高、基本隔绝了堤内水土与堤外海水的联系，堤内土壤也不再受潮汐影响，原有的自然积盐过程停止，转为脱盐过程，在人类活动与降雨作用下，土壤开始了脱盐过程。在没有其他干预活动下，筑堤后的自然脱盐是缓慢的，一般需要数年到数十年不等。

其二，筑堤会加快淤涨型潮滩的进一步淤涨。围垦筑堤是通过改变堤脚潮汐动力进而影响沉积过程。[2]淤涨潮滩筑堤往往会破坏了潮滩水力泥沙与

---

1. 江苏省农林厅编：《江苏省低产土壤改良》，上海：上海科技卫生出版社，1959年，第5-6页。
2. 陈才俊：《江苏淤长型淤泥质潮滩的剖面发育》，《海洋与湖沼》1991年第4期。

地形间的平衡，引发新堤外侧潮滩剖面重新发育调整，[1]形成堤脚部分逐渐高于堤内侧的地势差异特征。根据现代观察，在自然潮滩上进行围垦筑堤活动会对潮滩剖面发育产生影响，一方面塘内剖面失去水动力，不再淤高；另一方面塘外特别是塘脚一带滩面重新调整、逐渐出现淤高。[2]在圈围初期，淤涨型潮滩围垦会明显加快滩面淤涨，潮间带年均最大淤高速率大约快于平常的10倍，并且离堤越远速度越慢；在侵蚀较弱的潮滩进行围垦后，堤脚低潮滩和堤外低潮滩表现为淤涨特征，中潮滩仍受侵蚀；在侵蚀较为强烈的潮滩进行围垦后，堤前潮滩淤涨或蚀退状况一般难以改变。[3]不过，潮滩筑堤围垦活动对潮滩淤蚀作用往往呈现两种相反的结果。如果是在平均高潮线以上进行筑堤圈围，有助于加快潮滩淤积成陆的速度，促进潮滩向海延伸；如果是在平均高潮线以下的侵蚀岸段筑堤圈围，将导致潮滩侵蚀速度加快。[4]

总之，以筑墩与疏浚"灶河—潮沟"为中心的潮滩盐作活动维持了土壤积盐过程，延缓了土壤脱盐过程，以围垦与筑堤为中心的农作活动加速了土壤脱盐过程。从是否影响土壤沉积过程来看，开放的盐场（田）系统对潮滩环境的影响小，反而是竭力维持潮滩积盐环境、抵抗脱盐。但垦种活动通过改造河渠、圩田等，显著改变了以往积盐状态，加快了潮滩土壤脱盐过程，对土壤演变产生了重要影响。受淤涨型潮滩土壤发展与演变规律的影响，人类垦种程度与潮滩土壤发育程度具有紧密相关性，在南汇与东台沿岸表现了不同的演变特征。

---

1. 时钟：《河口海岸细颗粒泥沙物理过程》，第303页。
2. 李明亮、杨磊、龚绪龙，等：《围垦工程影响下的淤涨型潮滩演化：以江苏弶港潮滩为例》，《海洋通报》2016年第6期。
3. 陈才俊：《围滩造田与淤泥质潮滩的发育》，《海洋通报》1990年第3期。
4. 江苏省908专项办公室编：《江苏近海海洋综合调查与评价总报告》，第327页。

二、南汇、川沙潮滩土壤演变与水稻土

上海东部沿岸潮滩的成土母质来自长江口的河海相沉积物，是长江口泥沙经过海水顶托，以及海流、潮汐、波浪等因素共同作用下所形成的盐渍土，主要包括滨海盐土与盐化土，一般呈条带状分布在沿海及河口地段，其盐分来自海水浸渍，组成以氯化物为主，与海水化学组成也一致，因此属于氯化物盐土。整体上，今天上海东部沿海土壤包括滨海盐土、盐化土、潮土以及水稻土四种主要类型。

明清以来，尽管南汇、川沙沿岸的盐土经过自然与人类开发活动影响不断脱盐，但至今塘外仍有大面积盐渍土分布，基本格局也未发生改变。民国《南汇县续志》对今上海浦东地区的土质进行了介绍，大致以钦公塘为界，东西两侧的土壤性状存在明显的差别：

> 辨地：浦东土质分沙杂两种，查钦塘东至半荡名曰夹沙，再东或为沙地、白沙不一，钦塘西距三十里均属杂土（老黄泥含有细沙质），大抵杂土大熟宜棉、稻，小熟宜豆、麦，沙地宜棉、麦、山芋、花生等。吾邑杂土多而沙土少，宜以麦棉为主。[1]

根据20世纪末的土壤调查，自海向陆，整体上，今天上海东部潮滩土壤分布呈现了滨海盐土—潮土—渗育型水稻土—潴育型水稻土的序列特征（图8-11）。上海市境内滨海盐土主要分布在崇明、南汇、川沙、奉贤、宝山、金山的沿海及河口沿江地带。滨海地段的土壤盐渍程度及其分布面积，主要受长江口淡水径流与咸潮互动的影响。长江河口泄水的主泓道在南支，其北

---

1. 民国《南汇县续志》卷19《风俗志二》。

第八章

支已濒临淤塞,南支和北支承受上游淡水流量不同,沿岸土壤受到咸潮自然浸渍的强度也不一样。长江北支为潮控通道,淡水径流浅弱、咸潮强劲,进潮量大,沿岸土壤盐渍程度高,分布面积也大;相反,长江南支出口为河控通道,淡水流量大、咸潮势弱,沿岸土壤盐渍程度相对较低、分布面积也较小。[1]

在各种土类中,滨海盐土(盐渍土、盐碱土)一般属于低产土壤,但分布甚广、生产潜力很大。滨海盐土由水下盐渍淤泥进入盐渍滩涂后所发育,绝大多数是尚未垦殖利用的潮间滩涂,少数是围垦不久的农田,但不论堤外潮间盐土和堤内已垦盐土,发育程度都很年轻,不过剖面形态已略见分化。就堤外潮间滩涂发育潮间盐土而言,因其微地貌和生草过程差异而有所变化。通常除了海拔在 2.5 米以下的滩涂,因潮汐较频繁,多为光板地,仅有藻类和贝类生长,表层有机物积累微弱,几乎仍保持原始沉积体状态,剖面尚未分化,其余的滩涂,生草过程明显增强。在其外侧,已有莎草科蓆草为主的植物群落覆盖,表层因有机质积累而呈灰棕色,而其内侧,已演替为以芦苇为主的植物群落,因其根深叶茂而表层有机质积累明显,在 10~20 厘米深度内均呈暗棕色,土体已见块状结构发育。[2]

海堤是区分自然潮滩与农业区及其土壤性状演变的关键。不同区域的土壤类型、熟化程度、人类耕作程度、地下水浅水层分布,都与海堤分布存在密切联系。上海冈身东部平原,实际上就是自然潮滩逐步演变为人工土壤的过程,从母土的自然生土演变为人工耕耘土。一般而言,从起源土壤到水稻土其剖面发育层段的演变顺序为:潮土→渗育型水稻土→潴育型水稻土,形成典型水稻土的剖面构型。灰潮土即潮土是第一阶段,后续经过渗育型发展才进一步熟

---

1. 侯传庆主编:《上海土壤》,第 143 页。
2. 侯传庆主编:《上海土壤》,第 150-151 页。

化为潴育型成熟水稻土。[1] 其中，水稻土是上海东部沿岸土壤演变熟化的最高阶段。

水稻土是指在长期淹水种稻条件下，受到人为活动和自然成土因素的双重作用，而产生水耕熟化和氧化与还原交替，以及物质的淋溶、淀积，形成特有剖面特征的土壤。这种土壤由于长期处于水淹的缺氧状态，土壤中的氧化铁被还原成易溶于水的氧化亚铁，并随水在土壤中移动，当土壤排水后或受稻根的影响，氧化亚铁又被氧化成氧化铁沉淀，形成锈斑、锈线，土壤下层较为黏重。[2] 因此，水稻土是受人为活动影响最深的土壤，是利用原有的自然土壤或耕作土壤在自然条件下长期淹水种稻，通过农田建设、淹水耕耘、水旱轮作特别是灌排结合等一系列种稻水耕熟化过程，并长年反复进行，产生新的氧化还原、腐殖化、盐基淋复、黏粒淋移淀积等成土过程，从而改变原有土壤的成土过程与属性，开始具有水稻土的构型与特征。[3]

尽管沿岸潮滩长期开发，但土壤性状并不容易改变，直到20世纪后期，在对土壤的调查过程中，里护塘内外的土壤仍然差异鲜明，依次反映了土壤盐分的多寡，也清晰反映了历史时期土壤性状分布差异与传统开发空间分布的联系（图8-11）。在母质土壤基础上，滨海盐土经过人工圈围、耕作驯化，不同区域的土壤性状往往表现出与该区域人类垦作历史的一致性，换言之，历史时期人类开发活动的空间差异，与现代土壤性状的分布差异具有很好的一致性。

在上海东部的滨海平原，根据现代调查，土壤依成陆先后与熟化程度，土质自西向南分别为潮泥土、黄泥土、半黄泥土、沙土、黄泥夹沙土、滨海盐土。咸塘港向东17千米至钦公塘一片为"黄泥土"，占40.5%。"黄泥土"是

---

[1] 全国土壤普查办公室编：《土壤分类研究论文选编》，南京：南京农业教育情报中心，1992年，第25页。
[2] 关连珠主编：《普通土壤学》，北京：中国农业大学出版社，2016年，第282页。
[3] 关连珠主编：《普通土壤学》，第282页。

第 八 章

南汇现代土壤中的主要类型，分布面积最大，有机质含量高，是较为理想的耕作土种。[1]但熟化程度不如咸塘港以西的潮泥土。钦公塘向东到彭公塘，北部相距 3.8 千米、南部相距 12.1 千米的一片为"夹沙"，占 37.3%。彭公塘以西 1 千米范围，还有一条南北向的沙坎带，占 0.7%。彭公塘向东 1.14 千米到人民塘的一片为"沙夹黄"，占 14.5%。人民塘外 1.6 千米一片为"盐沙土"。[2]因此，从咸塘港到海岸，不同沙带或海塘之间的土壤与开发时间长短紧密相关，即整体上成陆与开发时间越早，土壤熟化程度越高。

通过比较 20 世纪末上海东部沿岸土壤与明清海塘的分布特征，可见历代海塘与土壤发育类型之间存在比较明显的空间分布上的一致性。12—15 世纪里护塘以内的区域，发育为成熟的水稻土，分布了大面积的黄泥（潴育型水稻土），但从 15 世纪末的里护塘到 19 世纪末的新塘，分布了渗育型水稻土，也是圩田化的主要区域，而在 19 世纪末海塘以外，至今仍为潮土或滨海盐土（图 8-11）。据此可见，南汇、川沙沿岸在老护塘与新塘之间的圩田化开发，经过近 500 年的转变，实现了从滨海盐土到脱盐土，最终发育了渗育型水稻土。在新塘以外，土壤熟化程度还不够，主要分布灰潮土、盐化土以及滨海盐土。经过不断向海新建海堤，南汇川沙沿岸潮滩土壤表现为加速脱盐过程，但也经历数百年的历史，形成的滨海盐土分布格局延续至今。

1.《南汇水利志》编纂委员会编；朱国松主编：《南汇水利志》，第 32-33 页。
2.《南汇水利志》编纂委员会编；朱国松主编：《南汇水利志》，第 32-33 页。

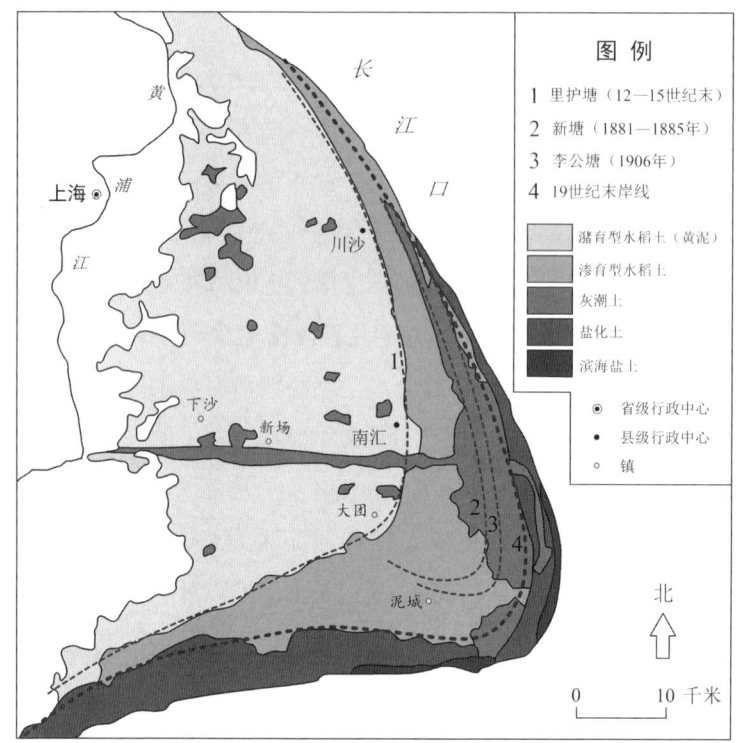

图 8-11　上海东部沿岸现代土壤与历史海塘分布综合示意图

说明：现代土壤分布根据沈新国主编《上海市地质环境图集》（北京：地质出版社，2002 年，第 19 页）、侯传庆主编《上海土壤》（上海：上海科学技术出版社，1992 年，第 144 页）编绘。

三、东台沿岸潮滩土壤演变与盐渍土

苏北沿岸土壤的成土母质主要是冲积物和海相盐渍性沉积物，地带性也非常明显，延伸着一条南北狭长的滨海平原盐土带以及与其相适应的盐土植被带。整体上除连云港市郊云台山地紧逼海岸外，其余各地都属冲积平原。根据现代土壤调查，连云港、盐城、南通三地土壤类型主要是脱盐潮土，在范公堤

第八章

与串场河沿线地区为灰潮土。[1]自海向陆，苏北沿岸土壤类型的空间分布序列依次是：滨海盐土—脱盐潮土—灰潮土—部分渗育水稻土，其中脱盐潮土分布广泛，呈南北向条带状分布，向东一侧是滨海盐土，向西一侧自北向南分别是废黄河三角洲地区的黄潮土、里下河的水稻土与沿江的灰潮土。[2]

在苏北中部沿岸，潮滩土壤分布呈现了自海向陆不断脱盐的滨海盐土分布特征，整体上范堤以东仍然以盐土为主（图8-12）。与南汇沿岸形成一定的水稻土不同，东台沿岸潮滩土壤格局表现为长期以滨海盐土、潮土为主的分布特征，这与历史时期苏北沿岸长期作为盐区进行开发有关。如前文所述，盐作与农作相比，后者对土壤性状的影响更大。

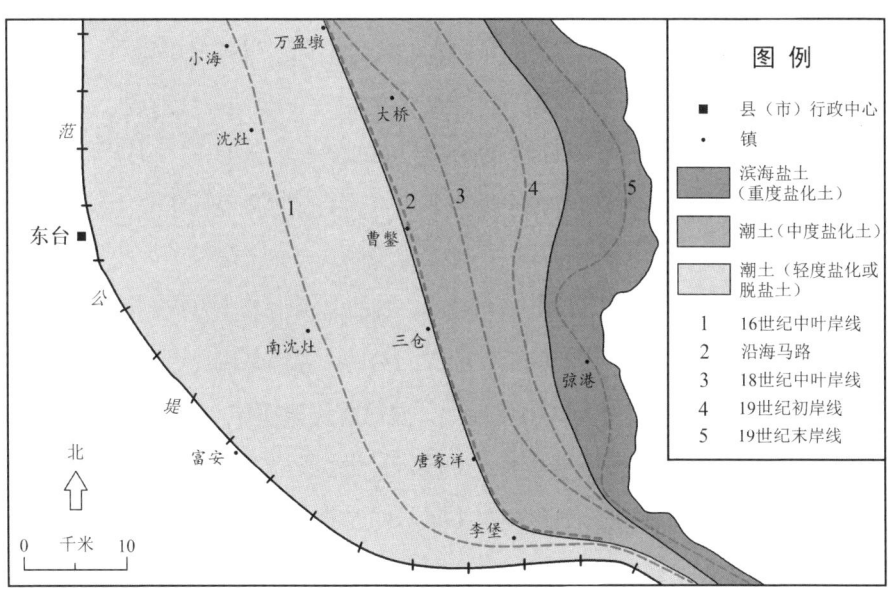

图8-12 东台市现代土壤分布与历史岸线综合示意图
说明：东台市现代土壤分布据江苏省土壤普查办公室编《江苏土壤》（北京：中国农业出版社，1995年，第201页）、《江苏省1∶100万土壤类型图》（2018年版）编绘。

---

1. 江苏省土壤普查办公室编著：《江苏土壤》，第173页。
2. 江苏省土壤普查办公室编著：《江苏土壤》，第189页。

潮滩环境与苏沪沿海历史生态地理
Tidal Flat Environment and Historical Eco-Geography of the Jiangsu-Shanghai Coastal Region

今苏北沿岸地区的土壤类型分布，在范公堤以东滨海平原，主要区分为轻度、重度与强度盐土，即以滨海盐土（草甸滨海盐土）为主，尚未形成水稻土。这与范堤东侧平原长期的盐作生产活动有关，大量潮滩被禁垦，耕作层没有很好地发育。长期保持了盐作化环境，潮滩环境整体上维持了自然状态或原野环境。同时，范堤以东长期受潮汐影响，也没有新海堤的隔离，直到20世纪中叶才有连续的、统一的新海堤。另外，草甸滨海盐土只分布在年潮淹没带的草滩，其分布面积与海涂的淤长速度呈正相关，与围滩的速度呈负相关。主要分布于中部海岸的射阳、大丰，东台三地，潮盐土（尚未脱盐的旱作条件下形成的潮土）分布于堤内新垦区。[1]而在明清时期的老垦区，大致在沿海马路与范堤之间，属于基本脱盐的潮土，或轻度盐化与脱盐土。

从苏北沿岸土壤分布特征可见，滨海盐土之后即为旱作形成的潮土，经过进一步水耕才可能形成渗育水稻土。范公堤在12—13世纪陆续形成，到17世纪初形成连续的通身海堤，堤内长期水耕已形成成熟的水稻土。但堤外由于长期受到海水浸渍影响，淤涨过程中逐渐形成不同的沉积岸段，草滩、盐蒿滩与光滩，加上禁垦措施，因此长期的土壤发育缓慢，自然土壤转为人为土壤的进程缓慢。这也是东台沿岸与南汇沿岸相比，前者从滨海盐土发展到潮土、渗育型水稻土的进程明显慢于后者的重要原因。另一个原因是海堤兴筑方式的不同导致的，苏北海堤沿着范公堤南北延伸，并没有向海迁移，直到20世纪中叶才有新海堤兴筑，而上海海堤经历了里护塘、钦公塘、新塘等多次平行向海兴筑的过程，加上明清时期长江口淡水不断南偏入海，这些因素都促进了南汇沿岸土壤淡化。

因此，与上海东部沿岸相比，受近千年苏北沿岸长期盐作化的影响，范堤以东土壤淡化更为缓慢。到清末民初废灶兴垦，尽管围垦活动快速增加，但土壤脱盐进程需要时间，大部分地区直到20世纪中叶以后仍然为盐化土

---

1. 陈邦本，方明：《江苏海岸带土壤》，第27页。

带，自陆向海土壤盐含量不断增加，这一基本分布格局延续至今（图 8-10、图 8-12）。

总之，东台沿岸在 17—20 世纪之间仍然主要表现为滨海盐土类型，大致在范堤到沿海马路之间属人为土壤（轻度盐化或脱盐潮土），而沿海马路以东长期是自然土壤（中度与重度盐土）。与南汇川沙沿岸比较，东台沿岸筑堤只有范公堤，并未像南汇川沙沿岸一样多次向海新建海堤，因此表现为以潮滩土壤自然脱盐为主，经历数百年的历史，至今仍然保持了盐土分布的历史格局。比较而言，上海东部沿岸农业化与土壤熟化进程明显快于苏北沿岸，二者潮滩开发的差异影响了土壤熟化演变的进程。

本章小结

本章分析了苏沪沿岸潮滩水系、土壤的结构与功能变化以及植被分布变化，探讨了传统制盐与围垦开发对潮滩生态要素的差异化影响。

在利用潮滩资源的过程中，潮滩形成了与开发活动相适应的水土特征。以"灶河—潮沟"为核心的盐作水系是潮滩盐作开发的产物，支撑了潮滩盐作生产环境的稳定，同时也导致盐场（田）生产系统具有开放性。在盐转垦过程中，该盐作水系逐渐被改造转为农业水系。在人类活动影响下，潮滩土壤从自然土壤转变为人为土，是潮滩逐渐农业化的重要表现。比较而言，制盐延缓了潮滩原有的脱盐速率，潮滩地表生态长期维持高盐环境，也基本维持了潮滩原有的草滩、盐蒿滩与光滩的植被分布特征。围垦改变了潮滩环境，导致原有的高滩植被退化，草滩带萎缩或消失、形成单一的圩田景观，并不断圈围侵占低滩。特别是在清代后期，虽然长江口咸淡水变化是影响上海东部沿岸潮滩土壤盐渍化程度的控制因素，但人类筑堤圈围、发展农业加速了土壤脱盐与演替进程。

讨论与总结：全球环境变化与潮滩历史生态格局

人类文明史本质上就是人与自然、文明与生态复杂互动的关系史。今天人类活动已成为驱动地表系统及人地关系变化的关键因素，工业化、城市化的快速发展让人类社会经济达到前所未有的高度，同时不可持续的消费与生产也导致巨大的资源消耗和日益严峻的生态环境问题，如土地退化、环境污染、生物多样性减少等。人类对自然生态系统施加的影响持续增大，加剧人地系统耦合失调、功能失衡等问题，特别是在海岸带，面临前所未有的压力。

潮滩位于海岸带前缘，潮滩环境演变是当前国际学界高度重视的观察全球环境变化的关键对象之一，也是全球沿海地区应对气候变化影响的关键地带。国内外不同学科的学者，从各自学科研究出发，不断深入探索这一全球变化关键区域的环境演变规律。围绕潮滩环境变迁，深入分析沿海地区自然生态系统向人类生态系统的转变过程，对理解工业化以来人类对自然生态系统影响的强度与广度、思考人类在沿海地带的未来命运具有重要意义。特别是在当前全球气候变化背景下，潮滩的历史环境演变研究有助于思考海岸人文与环境的关系、谋划气候变化背景下沿海人类的长期前景、探讨未来可持续的适应方式，以构建人与自然和谐共生的海岸生态关系。

本书以潮滩带的历史人地互动为中心，基于景观格局变化刻画人类活动变化，探讨近千年苏沪历史潮滩环境演变过程与机制。本书融合了海岸生态史、

讨论与总结

人类开发史研究基础，尝试开展历史生态地理研究，以"环境演变—人类适应—景观格局"为线索，系统地探讨了近千年苏沪潮滩人地互动过程及其生态关系、景观格局的动态演变特征，包括定义历史潮滩、明确历史潮滩类型、分布范围与生态特征，讨论潮滩制盐与围垦的环境适应机制以及对潮滩生态的影响，揭示潮滩历史生态格局动态及其演变规律。

伴随全球环境变化研究拓展，环境演变研究日益重视自然要素与人文要素的综合研究。在结合相关学科理论与方法的基础上，从历史生态地理视角出发研究历史环境演变具有独特性，能够在地理维度上有效刻画人地互动及其生态格局的地理分异规律，有助于提升历史环境演变研究的精度。同时，历史生态地理视角既有历史学、环境史、生态史的长序列叙事基础，又有地理学、生态学等聚焦人地相互作用复杂适应系统的空间分异作为研究对象，核心问题是人地关系演变，不过基本路径是从生态关系、生态格局变化去揭示人地关系演变规律。生态地理研究对象已经高度复杂，而历史生态地理更多了一个长时段的要求，因此只有通过多尺度多因子综合分析，通过学科交叉、多源数据集成、定量与定性分析相结合，才能更有效揭示历史生态格局演变过程与机制，为构建气候变化的生态模型、预测人地关系复杂适应系统的演变趋势提供基础。

历史潮滩环境演变研究涉及人文与自然的多要素复杂互动，需要较好的历史数据开展量化分析。例如历史生态景观格局动态的量化需要建立潮位与人类活动强度的定量关系，但实际上存在一定难度，一方面收集的数据在空间上无法全部覆盖，另一方面数据序列不一定连续，往往在时间空间上存在一定空白。本书主要通过选择数据质量好、人类活动复杂的典型岸段开展分析，揭示了人类活动强度及其空间分布变化的定量关系，提供了历史潮滩环境演变的模型化认识。同时，需要注意的是，本书以宋至清的历史潮滩环境演变为主题，不涉及 20 世纪中叶至今的时段。但潮滩环境演变是连续的，相比后来的阶段，传统时期人类活动对潮滩生态的影响是十分有限的。过去的数十年，苏沪潮滩环境出现重大变化，主要是伴随经济开发的工业化，大量潮滩被快速圈围开发。

最近十余年开始转向生态化,潮滩生态逐渐得到保护与恢复。在这片全球最大规模的历史潮滩平原上,人地互动景观变化具有比较明显的演替性、阶段性,但传统时期农业化是历史潮滩景观格局演变的基本趋势。

人地关系变化本质上是土地利用变化引发的生态关系、景观格局的动态演变。淤泥质海岸生存困难,潮汐往来、风暴潮洪的冲击,长期的高盐环境、土壤贫瘠、植被稀少。潮滩开发程度取决于地方文化与技术发展,传统开发中海涂土地利用逐渐形成农业化为主要特征的生态景观格局。通过观察人类生产活动向海迁移的速度与方向,并与潮滩自然演替的速度与方向进行比较,可知在历史潮滩盐作化阶段,人类生产系统向海迁移速度明显慢于潮滩演替,在农业化阶段人类迁移速度逐渐等于潮滩演替速度,在最近数十年的工业化阶段这个过程更快,人类向海迁移速度明显超过潮滩演替。未来气候变化与海面上升的影响下,向海迁移扩张将面临更大的环境压力,人类长期向海迁移的传统模式可能不得不停止,或者降低迁移速度以主动适应潮滩环境变化。在此过程中,总体上潮滩人地关系表现为被动遵循、主动背离以及主动遵循的阶段性变化模式。从根本上看,海进海退决定了人类在潮滩平原的分布空间、存在形式以及景观格局。本书所讨论的近千年潮滩人地互动是在长期海退、潮滩扩张背景下形成的动态景观格局,只代表淤涨状态下的演变模式。面对未来海面上升,支撑过去淤涨状态下潮滩开发模式的地理条件将不复存在;潮滩从以淤涨为主转为以侵蚀为主,景观格局演替可能随之出现逆转。因此,主动降低向海扩张速度,维持一定的潮滩湿地空间,作为滨海人类与海洋之间的生态缓冲,给予潮滩自发演变的空间与时间,实际上是调节潮滩生态关系形成生态化开发方式的重要基础。

尽管苏沪潮滩历史人地互动的景观格局转化只代表了淤涨状态潮滩人类活动模式,但也具有一定普遍性。例如,在人类活动影响下,历史潮滩环境演变的表现包括高滩退化、碎片化、低滩基本维持了原野景观,历史人类活动主要分布在高滩以内即平均大潮线以上,制盐活动集中在高滩以下的低滩等方面。

讨 论 与 总 结

除了揭示共性之外，也要认识到不同地区潮滩环境的特殊性。特别在当前全球环境变化研究中，对于人类活动是否退出滨海潮滩湿地，以及是否保护或维持原野化，存在较大争议，而这些争议往往源自文化观念与海岸自然环境的地方差异。

海平面升降与土地利用变化都会引起潮滩生态演变，人类在沿海地带的可持续性需要考虑多因子多尺度的影响。自然潮滩是沿海地区重要的生产与生态空间，是应对气候变化的宝贵空间资源。尽管长期来看潮滩生态演变主要受海洋的控制，但人类生产力的发展日益加深了对自然潮滩演变的影响。依靠现代沿海工程的发展，很多自然潮滩空间被占用、转为人类居住地或工业用地。长期来看，沿海低地逃脱不了反复海进海退的影响，再次被淹没的命运无法改变，海洋仍然控制着它们的存亡。鉴于未来海平面上升所带来的重大风险，人类会愿意离开或放弃沿海环境吗？从历史上看，人类社会一直不愿放弃沿海定居点，而是不断巩固与发展海岸防御工程。但值得注意的是，现有的防御系统与方式实际上是在应对潮灾影响过程中形成的。相比气候—海平面变化的远期风险，潮灾影响是直接的、周期性的。因此，有必要评估为应对潮灾而发展的传统适应策略在适应百年尺度的气候—海平面变化影响方面的有效性。未来在全球变暖与海面上升的影响下，海岸风险的频率与强度也日趋上升，可持续发展的挑战与压力不断增加。若放弃海岸防护，未来沿海低地在经济上能接受的潮滩侵蚀后退的最大陆界能到哪里？一般而言，高经济密度地区堤线后退可能性小，低经济密度岸段堤线后退可能性大。但人类在沿海潮滩是继续"扩张"，还是"坚守"或者"后撤"，这些需要综合考虑历史环境适应经验、文化差异与地理环境特点，在生态综合治理中，提出更具韧性的现代适应策略。

潮滩广泛退化是目前全球沿海主要的环境问题之一，也是全球环境治理的重要问题之一。自然潮滩是今天沿海地带重要的生态屏障，自然潮滩的存在与否，关系到滨海地带对气候变化的适应能力。生态保护与修复是促进自然潮滩环境健康的重要方法。自然潮滩环境是否健康，包括它的形态、生态，决定了

潮滩环境与苏沪沿海历史生态地理
Tidal Flat Environment and Historical Eco-Geography of the Jiangsu-Shanghai Coastal Region

海岸带生态环境是否健康。但判断潮滩环境健康，远不止潮滩的物理、化学与生物过程，实际上人文过程也非常重要。需要生态修复的潮滩带，往往位于人口密集、经济开发程度高的滨海地带。当前全球沿海人口仍然持续增长，在人口密集经济发达的沿海地区，潮滩湿地保护压力更大。生态安全本质上是系统要素之间相互作用的共生关系是否具有动态适应性、可持续性。因此，生态修复并非限于自然生态系统，核心应当是修复人类与自然的生态关系。在人口密集的滨海地带，自然潮滩无法完全原野化，也不能全面开发。保持中低滩原野化、留给高滩开发的土地空间，并与潮滩环境演变维持动态平衡，有利于潮滩发挥良好的生态功能。

人类在沿海的未来命运取决于当前行动。沿海地区在全球环境治理中扮演重要角色，潮滩生态演变关系到海岸带生态安全。在气候变化影响下，如何构建适合本地特征的可持续适应模式已成为全球各国共同面对的重大安全问题，特别是发展中国家沿海地带，包括人口密集的长江三角洲、恒河三角洲、湄公河三角洲等，均面临现代化转型与气候变化应对的复杂挑战。近年来基于自然的解决方案（Nature-based Solutions，NbS）正广泛应用于应对自然生态系统退化、全球变暖、生物多样性丧失等环境变化挑战。一个可持续的适应方案应当是沿海资源生态约束下的适应模式，需要结合本地沿海生态环境与文化特征，以及历史生态格局演变趋势，做到主动有序地调整人类活动的空间分布。在这方面，尽管解释过去的人地互动及其景观格局动态有利于评估未来人类适应模式的有效性，但也需要比较分析全球海岸潮滩环境及人类活动演变的差异。

本书主要结论如下：

（1）历史潮滩生态景观具有阶段性与演替性。近千年苏沪潮滩生态景观格局经历了原野化、盐作化、农作化的阶段性变化，具有明显的动态演替特征，是对潮滩自然演替规律与人类开发活动的共同响应，也是在海退与潮滩持续扩张背景下形成的发展模式。海平面变化是千年尺度上苏沪潮滩生态的关键控制因素，土地利用变化是年代或世纪尺度上潮滩生态格局演变的关键因子。

讨 论 与 总 结

（2）历史潮滩盈缩变化具有平面形态分布特征。自然潮滩的陆界是揭示历史生态景观格局的关键线，以年高潮淹没线（或沙脊、海堤）为历史潮滩的陆界，近千年苏沪历史潮滩总体上不断扩张，12世纪初的宋代岸线是苏沪历史潮滩分布最大陆界。12—20世纪苏沪潮滩累积总面积约1.5万平方千米，平均高程为3.3～3.5米，形成全球分布面积最大的沿海低地平原。在平面形态上，苏沪历史潮滩表现出从宽阔平原状到条带状，再到线条状的演变特征。

（3）低滩制盐、高滩围垦是历史潮滩土地利用景观的基本格局。历史潮滩人类围垦活动的空间分布以高滩为主，多集中在高滩以内或平均大潮线以上，高滩以下或潮滩的中下段主要是制盐活动。但二者的分布是变化的，在淤涨潮滩，高滩围垦不断扩大，低滩制盐基本稳定，盐垦分界线位于中滩过渡带。高滩围垦扩张是历史潮滩生态景观转变的关键特征。

（4）农业化是历史潮滩生态景观格局演变的基本趋势。12—20世纪，苏沪沿岸约有73%的累积历史潮滩面积转为围垦用地，共1.1万平方千米。苏北中部沿岸是潮滩盐作化的核心区、上海东部沿岸是潮滩农业化的核心区。明中叶到清中叶潮滩盐作化达到历史高峰，苏北沿岸到清末民初进入农业化阶段；上海东部沿岸盐作化大致在清中叶结束，进入农业化阶段。苏北沿岸盐转垦进度缓慢，垦地平均比例长期维持在10%左右，到民国年间垦地达到50%的比例。上海东部沿岸盐转垦进程较快，清中叶这一比例已占50%左右。这主要得益于18世纪初以后长江口淡水区扩大，为沿岸围垦发展提供了重要条件。

（5）人地互动加快了历史潮滩从高盐环境向低盐环境的转变。潮滩淤涨扩张与自然演替作用是潮滩环境演变的地理动力，人类活动的空间分布与土地利用差异影响是人文动力，共同驱动潮滩生态变化，包括地貌、植被、土壤、水系等生态特征；人类活动的介入引发原有的植被与土壤分布规律受到干扰，发生空间分布变化。制盐延缓了高滩、中滩脱盐速率，维持了潮滩各段植被群落分布特征；围垦加快了高滩脱盐、原野景观萎缩、植被退化，形成单一的圩田景观。盐场与圩田在分布密度、迁移方向与速率以及空间格局等特征上，均受到潮位、盐度、植被等环境因子的制约，呈现了对潮滩环境的适应性特征。

（6）历史潮滩人地互动变化有助于思考现代海岸可持续的生态格局。近千年苏沪历史潮滩人地互动的景观格局变化代表了淤涨状态下潮滩平原人类活动的传统模式。但在面对海面上升的影响下，支撑过去淤涨状态下潮滩景观格局演变的地理条件将不复存在，潮滩普遍淤涨转为不断侵蚀，历史时期淤涨状态下的潮滩生态景观格局演替序列可能随之出现逆转，滨海人类面临更大的环境适应压力。以潮滩湿地空间作为生态缓冲，维持中低滩原野化与高滩开发的空间平衡，有助于形成比较稳定的生态格局。潮滩环境变化事关海岸生态安全，探讨人类与潮滩互动的景观格局长期变化有助于评估沿海发展模式的可持续性、促进生态空间布局与综合治理策略的优化。

参 考 文 献

一、基本文献

1. 正史、政书、文集等

《尚书》,清乾隆四十八年(1783)武英殿刻仿宋相台五经本。

(唐)杜佑编纂:《通典》,清乾隆十二年(1747)武英殿刻本。

(宋)范仲淹撰:《范文正公集》,四部丛刊景明翻元刊本。

(宋)欧阳修,宋祁撰:《新唐书》,北京:中华书局,1975年。

(宋)欧阳修撰:《欧阳文忠公集》,四部丛刊景元本。

(宋)乐史撰,王文楚等点校:《太平寰宇记》,北京:中华书局,2007年。

(宋)李心传撰:《建炎以来朝野杂记》,清武英殿聚珍版丛书本。

(宋)留正撰:《皇宋中兴两朝圣政》,清嘉庆宛委别藏本。

(宋)楼玥撰:《攻媿集》,武英殿聚珍版。

(元)脱脱,阿鲁图修撰:《宋史》,清乾隆四年(1739)武英殿校刻本。

(元)佚名撰:《元典章》,清光绪三十四年(1908)至民国十四年(1925)武进董氏刻诵芬室丛刊本。

(明)徐光启撰,王重民辑校:《徐光启集》,上海:上海古籍出版社,1984年。

(明)陈子龙编:《明经世文编》,北京:中华书局,1962年。

(明)宋应星撰,钟广言注释:《天工开物》,广州:广东人民出版社,

1976年。

（明）王士性撰：《广志绎》，清康熙十五年（1676）刻本。

（明）毕自严撰：《度支奏议》，明崇祯刻本。

（明）张萱辑：《西园闻见录》，民国哈佛燕京学社印本。

（明）孔贞运辑：《皇明诏制》，续修四库全书本。

（清）纪昀等纂修：《大清会典则例》，清文渊阁四库全书本。

（清）葛士濬纂：《皇朝经世文续编》，沈云龙主编：《近代中国史料丛刊》（第75辑），台北：文海出版社，1966年。

（清）贺长龄，魏源辑：《清经世文编》，清光绪十二年（1886）思补楼重校本。

（清）顾炎武撰：《天下郡国利病书》，清光绪五年（1879）桐华书屋刻本。

（清）陶澍撰：《陶文毅公全集》，清道光二十年（1840）刻本。

（清）王庆云撰：《石渠余纪》，北京：北京古籍出版社，1985年。

（清）托津等纂：《钦定大清会典事例》，台北：文海出版社，1992年。

（清）朱寿朋撰：《东华续录（光绪朝）》，清宣统元年（1909）上海集成图书公司刻本。

（清）萧穆撰，项纯文点校：《敬孚类稿》，合肥：黄山书社，2014年。

（清）徐松辑：《宋会要辑稿》，民国二十五年（1936）国立北平图书馆影印本。

（清）严如煜辑：《洋防辑要》（第1辑），台北：台湾学生书局，1975年。

（清）俞思谦纂：《海潮辑说》，北京：中华书局，1985年。

（清）叶梦珠撰：《阅世编》，上海：上海古籍出版社，1981年。

（清）朱枟辑：《国朝奏疏》，清钞本。

（清）张廷玉撰：《明史》，清乾隆武英殿刻本。

（清）陶澍撰：《陶云汀先生奏疏》，清道光八年（1828）刻本。

（清）鄂尔泰修撰：《八旗通志》，清文渊阁四库全书本。

（清）朱正元辑：《江苏沿海图说》，马宁主编：《中国水利志丛刊》（第39册），扬州：广陵书社，2006年。

（清）朱骏声撰：《说文通训定声》，清道光二十八（1848）年刻本。

2. 方志

弘治《上海县志》，明弘治刻本。

正德《崇明县志》，《上海府县旧志丛书·崇明县卷》（上），上海：上海古籍出版社，2011年。

正德《松江府志》，明正德七年（1512）刻本。

嘉靖《惟扬志》，明嘉靖二十一年（1542）刻本。

嘉靖《兴化县志》，明嘉靖三十八年（1559）刻本。

嘉靖《太仓州志》，明崇祯二年（1629）重刻本。

嘉靖《重修如皋县志》，《天一阁藏历代方志汇刊》（145），北京：国家图书馆出版社，2017年。

万历《淮安府志》，《天一阁藏明代方志选刊续编》（8），上海：上海书店，1990年。

万历《嘉定县志》，明万历三十三年（1605）刻本。

万历《新修崇明县志》，《上海府县旧志丛书·崇明县卷》（上），上海：上海古籍出版社，2011年。

万历《盐城县志》，明万历十一年（1583）刻本。

万历《通州志》，明万历六年（1578）刻本。

万历《泰州志》，明万历三十二年（1604）刻本。

崇祯《泰州志》，明崇祯刻本。

崇祯《松江府志》，明崇祯三年（1630）刻本。

康熙《重修崇明县志》，清康熙二十三年（1684）刻本。

雍正《分建南汇县志》，《上海府县旧志丛书·南汇县卷》（上），上海：

上海古籍出版社，2009年。

雍正《崇明县志》，《上海府县旧志丛书·崇明县卷》（上），上海：上海古籍出版社，2011年。

乾隆《嘉定县志》，清乾隆七年（1742）刊本。

乾隆《南汇县新志》，《上海府县旧志丛书·南江县卷》（上），上海：上海古籍出版社，2009年。

乾隆《江南通志》，清文渊阁四库全书本。

乾隆《上海县志》，清乾隆十五年（1750）刻本。

嘉庆《东台县志》，清嘉庆二十二年（1817）刊本。

嘉庆《海门厅图志》，清钞本。

嘉庆《上海县志》，清嘉庆十九年（1814）刻本。

嘉庆《松江府志》，清嘉庆松江府学刻本。

嘉庆《直隶太仓州志》，清嘉庆七年（1802）刻本。

嘉庆《广陵事略》，清嘉庆十七年（1812）归安姚氏开封节院刻本。

同治《上海县志札记》，清光绪二十八年（1902）铅印本。

同治《苏州府志》，清光绪九年（1883）刊本。

光绪《崇明县志》，《上海府县旧志丛书·崇明县卷》（中），上海：上海古籍出版社，2011年。

光绪《川沙厅志》，清光绪五年（1879）刻本。

光绪《重修奉贤县志》，清光绪四年（1878）刊本。

光绪《重修华亭县志》，清光绪四年（1878）刊本。

光绪《嘉定县志》，清光绪七年（1881）刻本。

光绪《松江府续志》，清光绪九年（1883）刻本。

光绪《盐城县志》，清光绪二十一年（1895）刻本。

光绪《南汇县志》，民国十六年（1927）重印本。

光绪《江东志》，《上海乡镇旧志丛书》，上海：上海社会科学学院出版社，2006年。

民国《崇明县志》，民国十九年（1930）刊本。

民国《阜宁县新志》，民国二十三年（1934）铅印本。

民国《太仓州志》，民国八年（1919）刻本。

民国《江苏省地志》，民国二十五年（1936）铅印本。

民国《南汇县续志》，民国十八年（1929）刻本。

民国《续修盐城县志》，民国二十五（1936）铅印本。

民国《川沙县志》，民国二十五年（1936）刊本。

张正藩，缪文功纂：《东台县栟茶市乡土志》，民国钞本。

昝元恺纂：《崇明乡土志略》，民国十三年（1924）石印本。

3. 盐志

弘治《两淮运司志》，于浩辑：《稀见明清经济史料丛刊》（第2辑第25册），北京：国家图书馆出版社，2012年。

嘉靖《两淮盐法志》，明嘉靖三十年（1551）刻本。

康熙《淮南中十场志》，清康熙十二年（1673）刻本，上海图书馆古籍部。

康熙《两淮盐法志》，吴相湘主编：《中国史学丛书》，台北：台湾学生书局，1966年。

雍正《两淮盐法志》，于浩辑：《稀见明清经济史料丛刊》（第1辑第1-3册），北京：国家图书馆出版社，2009年。

乾隆《两淮盐法志》，于浩辑：《稀见明清经济史料丛刊》（第1辑第4-9册），北京：国家图书馆出版社，2009年。

嘉庆《两淮盐法志》，同治九年（1870）刊本，复旦大学图书馆古籍部。

嘉庆《重修两浙盐法志》，清同治十三年（1874年）刻本。

同治《淮南盐法纪略》，清同治十二年（1873）淮南书局刊本。

光绪《重修两淮盐法志》，清光绪三十一年（1905）刻本。

（元）陈椿撰：《熬波图》，民国二十五年（1936）上海通社排印上海掌故丛书本。

（明）王圻撰：《重修两浙鹾志》，明末刻本。

（明）朱廷立撰：《盐政志》，《北京图书馆古籍珍本丛刊》第58册，北京：书目文献出版社，1997年。

（明）汪砢玉撰：《古今鹾略》，清钞本。

（清）佚名：《两淮鹾务考略》，清钞本。

（清）佚名：《通泰海各场图说》，马宁主编：《中国水利志丛刊》（第38册），扬州：广陵书社，2006年。

张茂炯：《清盐法志》，于浩辑：《稀见明清经济史料丛刊》（第2辑），北京：国家图书馆出版社，2012年。

周庆云：《盐法通志》，于浩辑：《稀见明清经济史料丛刊》（第2辑），北京：国家图书馆出版社，2012年。

盐务署盐务稽核总所：《中国盐政实录》，《近代中国史料丛刊》（三编第88辑第871册），台北：文海出版社，1933年。

张謇研究中心，南通市图书馆编：《张謇全集》，南京：江苏古籍出版社，1994年。

4. 水利志、舆图、民国资料

（明）佚名：《淮南水利考》，明万历年间刻本。

（明）张国维纂：《吴中水利全书》，清文渊阁四库全书本。

（清）傅泽洪，郑元庆等纂辑：《行水金鉴》，清雍正三年（1725）刻本。

（清）黎世序，潘世恩等纂：《续行水金鉴》，清道光十二年（1832）刻本。

（清）冯道立撰：《淮扬水利图说》，清道光十九年（1839）刻本。

（清）陈銮撰：《重浚江南水利全书》，清道光二十一年（1841）刻本。

（清）李庆云撰：《江苏水利图说》，马宁主编：《中国水利志丛刊》（第38册），扬州：广陵书社，2006年。

参考文献

（清）李世禄撰：《修防琐志》，民国二十五年（1936）排印本。

（清）李庆云纂：《续纂江苏水利全案正编》，水利工程局，清光绪十五年刻本。

（清）李庆云纂：《江苏海塘新志》，马宁主编：《中国水利志丛刊》（第40册），扬州：广陵书社，2006年。

（清）凌介禧辑：《东南水利略》，扬州：广陵书社，2006年。

（清）康基田撰：《河渠纪闻》，中国水利工程学会，1936年。

（清）诸可宝辑：《江苏全省舆图》，台北：成文出版社有限公司，1974年。

（清）朱正元辑：《江苏省沿海图说》，马宁主编：《中国水利志丛刊》（第39册），扬州：广陵书社，2006年。

（清）佚名：《江南海塘图（1750年）》，美国国会图书馆地图部（东方部）。

（清）佚名：《川沙营营汛舆图（1825年）》，不列颠图书馆。

（清）佚名：《阜宁县庙湾营界会勘图（1759年）》，不列颠图书馆。

（清）佚名：《海门阖境各港分界全图（1840—1842年）》，不列颠图书馆。

（清）佚名：《海门厅各港水势深浅全图（1840—1842年）》，不列颠图书馆。

（清）佚名：《江海全图（1812—1843年）》，美国国会图书馆地图部（东方部）。

（清）佚名：《大清一统海道总图（1874年）》，不列颠图书馆。

（清）佚名：《江南水陆营汛全图（1843年）》，不列颠图书馆。

（清）佚名：道光《通州江海图》，不列颠图书馆。

（清）佚名：《盐城县斗龙港、新洋港间会勘图》，不列颠图书馆。

（清）张崇素撰：《东南水利论》，扬州：广陵书社，2006年。

黄报延：《南汇修筑李公塘报告书》，民国五年（1916）铅印本，上海图书馆。

杨文鼎编，何兆年校：《中国防洪治河法汇编》，上海：建国印刷所，1936 年。

武同举：《江苏水利全书》，南京：南京水利实验处，1944 年。

武同举：《江苏通志水工志稿：江南海塘工程》，《江苏研究》，1936 年，第 2 卷，第 2-6 期。

吴钊：《江南海塘之回顾与展望》，《复兴月刊》，1933 年，第 2 卷，第 1 期。

胡焕庸：《两淮盐垦水利实录》，中央大学出版组发行部，1934 年。

间渔：《最近江苏各县清代水旱灾表》，《人文》，1931 年，第 2 卷第 8 期。

朱福成：《江苏沙田之研究》，萧铮主编：《中国地政研究所丛刊：民国二十年代中国大陆土地问题资料》（第 69 册），台北：成文出版社，1977 年。

朱焕尧：《江苏各县清代水旱灾表》，《江苏省立国学图学馆年刊》，1934 年，第 7 卷。

李旭旦：《两淮考察记（15）》，《中央日报》1934 年 8 月 25 日。

申侨：《江南海塘新旧式工程之比较》，《水利委员会汇刊》，1941 年第 3 期。

江苏省建设厅：《修建江南海塘计划概要》，《水利》，1934 年，第 6 卷，第 5 期。

佚名：《清理江苏沙田章程》，《税务月刊》，1915 年，第 2 卷，第 17 期。

5. 辑录资料、调查报告

陈吉余主编：《上海市海岸带和海涂资源综合调查报告》，上海：上海科学技术出版社，1988 年。

陈吉余主编：《中国海岸带和海涂资源综合调查专业报告集·中国海岸带地貌》，北京：海洋出版社，1996 年。

参考文献

国家海洋信息中心编：《潮汐表（第 1 册）：鸭绿江口至长江口》，北京：海洋出版社，2021 年。

江苏省水利厅编：《江苏省水利建设统计资料汇编》，江苏省水利厅，1983 年。

江苏省革命委员会水利局编：《江苏省近两千年洪涝旱潮灾害年表》，南京：江苏省革命委员会水利局，1976 年。

江苏省 908 专项办公室编：《江苏近海海洋综合调查与评价总报告》，北京：科学出版社，2012 年。

江苏省 908 专项办公室编：《江苏近海海洋综合调查与评价图集》，北京：海洋出版社，2013 年。

江苏省海岸带和海涂资源综合考察队主编：《江苏省海岸带自然资源地图集》，北京：科学出版社，1988 年。

农业部全国土壤普查办公室编：《深耕和改良土壤》，北京：农业出版社，1959 年。

全国海岸带和海涂资源综合调查领导小组办公室编：《海洋和海岸带区域经济研究》，北京：海洋出版社，1990 年。

任美锷主编：《江苏省海岸带和海涂资源综合调查报告》，北京：海洋出版社，1986 年。

沈新国主编；《上海市地质环境图集》编纂委员会编：《上海市地质环境图集》，北京：地质出版社，2002 年。

史发枝：《中国海岸带和海洋资源综合调查图集（江苏省分册）》，北京：国家海洋局，国家测绘局，1988 年。

宋达泉：《中国海岸带和海涂资源综合调查专业报告集·中国海岸带土壤》，北京：海洋出版社，1996 年。

徐韧主编：《上海市近海海洋综合调查与评价》，北京：科学出版社，2013 年。

薛鸿超，谢金赞：《中国海岸带和海涂资源综合调查专业报告集·中国海岸带水文》，北京：海洋出版社，1996年。

6. 新方志、地名录、文史资料

东台市地方志编纂委员会：《东台市志》，南京：江苏科学技术出版社，1994年。

大丰市地方志编纂委员会：《大丰市志》，北京：方志出版社，2006年。

海门市地方志编纂委员会：《海门县志》，南京：江苏科学技术出版社，1996年。

启东县志编纂委员会：《启东县志》，北京：中华书局，1993年。

射阳县地方志编纂委员会：《射阳县志》，南京：江苏科学技术出版社，1997年。

盐城市地方志编纂委员会：《盐城市志》，南京：江苏科学技术出版社，1998年。

江苏省地方志编纂委员会：《江苏省志·海涂开发志》，南京：江苏古籍出版社，1995年。

江苏省地方志编纂委员会：《江苏省志·盐业志》，南京：江苏科学技术出版社，1997年。

江苏省地方志编纂委员会：《江苏省志·人口志》，北京：方志出版社，1999年。

江苏省地方志编纂委员会：《江苏省志·地理志》，南京：江苏古籍出版社，1999年。

江苏省地方志编纂委员会：《江苏省志·水利志》，南京：江苏古籍出版社，2001年。

江苏省地方志编纂委员会：《江苏省志·土壤志》，南京：江苏古籍出版社，2001年。

朱鸿伯主编：《上海市川沙县志》，上海：上海人民出版社，1990年。

周之珂主编：《崇明县志》，上海：上海人民出版社，1989年。

薛振东主编；上海市南汇县县志编纂委员会编：《南汇县志》，上海：上海人民出版社，1992年。

宝山县水利局：《宝山县水利志》，上海：上海社会科学院出版社，1994年。

滨海县水利志编纂委员会：《滨海县水利志》，南京：江苏古籍出版社，1997年。

崇明县水利局编：《崇明县水利志》，1988年。

大丰市水利志编纂委员会：《大丰市水利志》，北京：方志出版社，2009年。

邹迎曦：《大丰盐政志》，北京：方志出版社，1999年。

东台市地方志编辑委员会：《东台市水利志》，南京：河海大学出版社，1998年。

海门市水利志编纂委员会：《海门市水利志》，北京：方志出版社，2014年。

上海市嘉定县水利局编：《嘉定县水利志》，上海：上海社会科学院出版社，1991年。

《上海农垦志》编纂委员会编：《上海农垦志》，上海：上海社会科学院出版社，2004年。

《南汇水利志》编纂委员会编；朱国松主编：《南汇水利志》，北京：方志出版社，2012年。

盐城县土壤普查办公室编：《江苏省盐城县土壤志》，1986年。

7. 在线资料/数据集、部门公报

Global Intertidal Change, Intertidal change. https://www.intertidal.app/.

江苏省地理信息公共服务平台（天地图·江苏），http://jiangsu.tianditu.gov.cn/map/mapjs/index。

上海市地理信息公共服务平台（天地图·上海），https://www.shanghai-map.net/shtdt/index.html。

中国历史地理信息系统，https://yugong.fudan.edu.cn/CHGIS/xtgy.htm。

中国历史地理信息平台，https://timespace-china.fudan.edu.cn/。

国家发展和改革委员会，财政部，等：《关于印发国家适应气候变化战略的通知》，2013年（https://www.ndrc.gov.cn/xxgk/zcfb/tz/201312/t20131209_963985.html）。

国家海洋局，自然资源部：《海岸线保护与利用管理办法》，2017年（http://gc.mnr.gov.cn/201806/t20180614_1795724.html）。

《国务院关于加强滨海湿地保护严格管控围填海的通知》，2018年（http://www.gov.cn/zhengce/content/2018-07/25/content_5309058.htm）。

李磊，黄垒，胡云壮，等：《全国海岸带地质环境综合数据集》，《中国地质》2019年第S2期。

生态环境部，国家发展和改革委员会，等：《关于印发〈国家适应气候变化战略2035〉的通知》，2022年（https://www.gov.cn/zhengce/zhengceku/2022-06/14/content_5695555.htm）。

国家林业和草原局，自然资源部：《关于印发〈全国湿地保护规划（2022—2030年）〉的通知》，2023年（https://www.forestry.gov.cn/main/4461/20230104/171605982976673.html）。

自然资源部：《2022年中国海平面公报》，2023年5月21日（http://gi.mnr.gov.cn/202304/t20230412_2781114.html）

江苏省第三次国土调查领导小组办公室，江苏省自然资源厅，江苏省统计局：《江苏省第三次国土调查主要数据公报》，《新华日报》，2021年12月31日。

胡忠文，徐月，尹玉蒙，等：《18°N以北中国滨海滩涂湿地分布数据集（1989—2020）》，《全球变化数据仓储电子杂志（中英文）》，2021年（https://doi.org/10.3974/geodb.2021.10.06.V1）。

二、研究论著

1. 专著

鲍俊林：《15—20世纪江苏海岸盐作地理与人地关系变迁》，上海：复旦大学出版社，2016年。

鲍俊林：《气候变化与江苏海岸的历史适应研究》，上海：复旦大学出版社，2021年。

鲍俊林：《长江口盐业简史》，上海：复旦大学出版社，2024年。

曹葆华，于光远，谢宁译：《自然辩证法》，北京：人民出版社，1963年。

陈邦本，方明：《江苏海岸带土壤》，南京：河海大学出版社，1988年。

陈可锋，曾成杰，王乃瑞：《南黄海辐射沙脊群动力地貌过程研究》，南京：河海大学出版社，2019年。

陈吉余：《中国海岸变迁和海塘工程》，北京：人民出版社，2000年。

陈家宽主编：《上海九段沙湿地自然保护区科学考察集》，北京：科学出版社，2003年。

陈金渊：《南通成陆》，苏州：苏州大学出版社，2010年。

《第三次气候变化国家评估报告》编写委员会：《第三次气候变化国家评估报告》，北京：科学出版社，2015年。

方坤，王颖，梁春晖编：《中国沿海疆域历史图录》，合肥：黄山书社，2017年。

冯贤亮：《明清江南地区的环境变动与社会控制》，上海：上海人民出版社，2002年。

高抒：《海洋与人类社会》，上海：上海科学技术出版社，2023年。

高抒，李家彪：《中国边缘海的形成演化》，北京：海洋出版社，2002年。

高燮初主编；黄锡之编著：《吴地水利》，南京：南京大学出版社，

1994年。

古道编委会：《清代地图集汇编·江苏全省地图》，西安地图出版社，2005年。

关道明主编：《中国滨海湿地》，北京：海洋出版社，2012年。

郭炳火，黄振宗，刘广远，等：《中国近海及邻近海域海洋环境》，北京：海洋出版社，2004年。

郭文韬，曹隆恭主编：《中国近代农业科技史》，北京：中国农业科技出版社，1989年。

郭正忠：《中国盐业史（古代编）》，北京：人民出版社，1997年。

韩昭庆：《荒漠，水系，三角洲——中国环境史的区域研究》，上海：上海科学技术文献出版社，2010年。

韩震，恽才兴：《长江口近岸水域卫星遥感应用技术研究》，北京：海洋出版社，2011年。

贺松林：《海岸工程与环境概论》，北京：海洋出版社，2003年。

河海大学《水利大辞典》编辑修订委员会编：《水利大辞典》，上海：上海辞书出版社，2015年。

侯传庆主编：《上海土壤》，上海：上海科学技术出版社，1992年。

黄公勉，杨金森：《中国历史海洋经济地理》，北京：海洋出版社，1985年。

黄润华，要振邦编著：《环境学基础教程》，北京：高等教育出版社，1997年。

黄胜，卢启苗编著：《河口动力学》，北京：水利电力出版社，1995年。

黄沈发，苏敬华，阮俊杰，等：《上海滩涂湿地生态调查与评估》，中国环境出版集团，2019年。

季君勉：《盐垦区耕作法》，北京：中华书局，1950年。

方修琦，苏筠，郑景云，等：《历史气候变化对中国社会经济的影响》，北京：科学出版社，2019年。

蒋宏达：《子母传沙：明清时期杭州湾南岸的盐场社会与地权格局》，上海：上海社会科学院出版社，2021年。

姜月华，苏晶文，张泰丽，等：《长江三角洲经济区环境地质》，北京：地质出版社，2015年。

江苏省地质矿产局：《江苏省及上海市区域地质志》，北京：地质出版社，1987年。

江苏省农业厅编：《江苏农业发展史略》，南京：江苏科学技术出版社，1992年。

江苏省农林厅编：《江苏省低产土壤改良》，上海科技卫生出版社，1959年。

《江苏省气候变化评估报告》编写委员会：《江苏省气候变化评估报告》，北京：气象出版社，2017年。

江苏省植物研究所：《江苏植物志》，南京：江苏人民出版社，1977年。

江苏省水利厅，江苏省全方地图应用开发中心编制：《江苏省水利地图集》，福州：福建省地图出版社，1996年。

江苏水利史志编纂委员会编纂办公室：《江苏水利史志资料选辑》，江苏水利史志编纂委员会编纂办公室，1984年。

江苏省统计局：《江苏统计年鉴（2016）》，北京：中国统计出版社，2016年。

江苏省统计局，国家统计局江苏调查总队：《江苏统计年鉴（2020）》，北京：中国统计出版社，2020年。

江苏省土壤普查办公室编著：《江苏土壤》，北京：中国农业出版社，1995年。

江苏盐业史编写组：《江苏盐业史》，南京：江苏人民出版社，1992年。

康彦彦：《江苏海岸变迁之遥感解析》，南京：河海大学出版社，2014年。

雷智鹠著：《长江口湿地保护研究》，北京：中国水利水电出版社，2010年。

李乃胜：《中国海洋科学技术史研究》，北京：海洋出版社，2010年。

李培英，张海生，于洪军：《近海与海岸带地质灾害》，北京：海洋出版社，2010年。

李培英：《中国海岸带灾害地质特征及评价》，北京：海洋出版社，2007年。

李荣冠，王建军，林和山主编；李恒鹏，黄晓航，黄雅琴副主编：《中国典型滨海湿地》，北京：科学出版社，2015年。

李文治：《中国近代农业史资料（1840—1911）》（第1辑），北京：生活·读书·新知三联书店，1957年。

刘淼：《明代盐业经济研究》，汕头：汕头大学出版社，1996年。

刘淼：《明清沿海荡地开发研究》，汕头：汕头大学出版社，1996年。

卢勇：《江苏水利史》，南京：江苏人民出版社，2024年。

门腾椿：《海盐生产技术问答》，北京：海洋出版社，1984年。

孟伟主编：《中国海洋工程与科技发展战略研究（海洋环境与生态卷）》，北京：海洋出版社，2014年。

南开大学经济研究所经济史研究室编：《中国近代盐务史料选辑》，天津：南开大学出版社，1985年。

《气候变化国家评估报告》编写委员会：《气候变化国家评估报告》，北京：科学出版社，2007年。

轻工业部制盐工业局编：《盐业生产基本知识》，北京：轻工业出版社，1959年。

轻工业部制盐工业局编：《制盐工业的工具改革》，北京：轻工业出版社，1960年。

秦养民：《生态地理学》，武汉：中国地质大学出版社，2023年。

邱金波，李晓：《上海市第四纪元地层与沉积环境》，上海：上海科学技术出版社，2007年。

全国海岸带和海涂资源综合调查技术指导小组，中国海洋工程学会编：《1980年全国海岸带和海涂资源综合调查——海岸工程学术会议论文集（上）》，北京：海洋出版社，1982年。

全国海岸带办公室《中国海岸带气候调查报告》编写组：《中国海岸带和海涂资源综合调查专业报告集·中国海岸带气候》，北京：气象出版社，1991年。

上海地质矿产局编：《上海市区域地质志》，北京：地质出版社，1988年。

上海市海洋局编：《中国近海海洋图集——上海市海岛海岸带》，北京：海洋出版社，2015年。

上海市农业区划委员会办公室编：《上海滩涂农业开发利用》，上海：上海科学技术出版社，1989年。

沈焕庭，茅志昌，朱建荣：《长江河口盐水入侵》，北京：海洋出版社，2003年。

沈焕庭，朱建荣，吴华林，等：《长江河口陆海相互作用界面》，北京：海洋出版社，2009年。

沈小峰，胡岗，姜璐：《耗散结构论》，上海：上海人民出版社，1987年。

史照良：《江苏省地图集》，北京：中国地图出版社，2004年。

时钟：《河口海岸细颗粒泥沙物理过程》，上海：上海交通大学出版社，2013年。

宋正海，郭永芳：《中国古代海洋学史》，北京：海洋出版社，1989年。

孙家山：《苏北盐垦史初稿》，北京：农业出版社，1984年。

孙景超：《宋代以来江南的水利、环境与社会》，济南：齐鲁书社，2017年。

孙湘平：《中国近海及毗邻海域水文概况》，北京：海洋出版社，2016年。

谭其骧主编：《中国历史地图集》，北京：中国地图出版社，1996年。

唐仁粤主编，中国盐业总公司编：《中国盐业史（地方编)》，北京：人民出版社，1997年。

唐振常，沈恒春主编：《上海史研究（二编）》，上海：学林出版社，1988年。

王大学：《明清"江南海塘"的建设与环境》，上海：上海人民出版社，2008年。

王国祥：《盐城沿海湿地——江苏盐城湿地珍禽国家级自然保护区综合科学考察报告》，北京：科学出版社，2017年。

汪家伦：《古代海塘工程》，北京：水利电力出版社，1988年。

汪家伦：《两淮潮灾与古代海堤工程》，华东水利学院水利史研究组（油印稿），1985年。

王建革：《江南环境史研究》，北京：科学出版社，2016年。

王建林：《生态地理学》，北京：科学出版社，2019年。

王利华：《徘徊在人与自然之间—中国生态环境史探索》，天津：天津古籍出版社，2012年。

王慕韩：《江苏盐垦区土地利用问题之研究》，台北成文出版有限公司，1977年。

汪宗鲁：《海盐生产理论知识》，北京：轻工业出版社，1959年。

王晓利，侯西勇：《中国沿海极端气候时空特征》，北京：科学出版社，2019年。

王颖：《黄海陆架辐射沙脊群》，北京：中国环境科学出版社，2002年。

王颖，朱大奎：《海岸地貌学》，北京：高等教育出版社，1994年。

王永红编著：《海岸动力地貌学》，北京：科学出版社，2012年。

王御华，恽才兴：《河口海岸工程导论》，北京：海洋出版社，2004年。

王志坚编著：《淮盐今古》，北京：中国文史出版社，2005年。

吴必虎：《历史时期苏北平原地理系统研究》，上海：华东师范大学出版社，1996年。

参考文献

吴传钧，蔡清泉：《中国海岸带土地利用》，北京：海洋出版社，1993年。

吴仁安：《明清江南望族与社会经济文化》，上海：上海人民出版社，2001年。

夏东兴：《海岸带地貌环境及其演化》，北京：海洋出版社，2009年。

夏东兴，边淑华，丰爱平，等：《海岸带地貌学》，北京：海洋出版社，2014年。

夏明方主编：《历史的生态学解释》，北京：中华书局，2012年。

肖子牛：《气候与气候变化基础知识》，北京：气象出版社，2014年。

徐泓：《清代两淮盐场的研究》，台北：嘉新水泥公司文化基金会，1972年。

徐宏发，赵云龙主编：《上海市崇明东滩鸟类自然保护区科学考察集》，北京：中国林业出版社，2005年。

薛鸿超：《海岸及近海工程》，北京：中国环境科学出版社，2003年。

严恺：《中国海岸工程》，南京：河海大学出版社，1992年。

严恺：《海岸工程》，北京：海洋出版社，2002年。

严钦尚，许世远：《长江三角洲现代沉积研究》，上海：华东师范大学出版社，1987年。

杨达源：《全新世以来长江口潮位的变迁》，国际地质对比计划第200号项目中国工作组编：《中国海平面变化》，北京：海洋出版社，1986年，第124-131页。

杨达源，汪慧慧，潘涛：《全新世以来苏北海陆变迁的遥感研究》，北京：科学出版社，1988年。

杨桂山：《中国海岸环境及其区域响应》，北京：高等教育出版社，2002年。

杨国桢：《东溟水土：东南中国的海洋环境与经济开发》，南昌：江西高校出版社，2003年。

杨世伦：《海岸环境与地貌过程导论》，北京：海洋出版社，2003年。

于福江，董剑希，李涛，等：《风暴潮对我国沿海影响评价》，北京：海洋出版社，2015年。

于运全：《海洋天灾：中国历史时期的海洋灾害与沿海社会经济》，2005年。

恽才兴编著：《图说长江河口演变》，北京：海洋出版社，2010年。

翟光珠：《中国古代标准化》，太原：山西人民出版社，1996年。

张长宽：《江苏省近海海洋环境资源基本现状》，北京：海洋出版社，2013年。

张崇旺：《明清时期江淮地区的自然灾害与社会经济》，福州：福州人民出版社，2006年。

张芳：《中国古代灌溉工程技术史》，太原：山西教育出版社，2009年。

张家诚：《中国气象洪涝海洋灾害》，长沙：湖南人民出版社，1998年。

张謇研究中心，南通市图书馆编：《张謇全集》，南京：江苏古籍出版社，1994年。

章楷：《中国植棉简史》，北京：中国三峡出版社，2009年。

张修桂：《龚江集》，上海：上海人民出版社，2014年。

张文彩：《中国海塘工程简史》，北京：科学出版社，1990年。

赵筱霞：《苏北地区重大水利建设研究（1949—1966)》，合肥：合肥工业出版社，2016年。

中国古代海岛文献地图史料汇编编委会：《中国古代海岛文献地图史料汇编》，香港：蝠池书院出版社，2013年。

中国水利学会围涂开发专业委员会：《中国围海工程》，北京：中国水利水电出版社，2000年。

周振鹤主编：《上海历史地图集》，上海：上海人民出版社，1999年。

朱诚，谢志仁，申洪源，等：《全球变化科学导论（第三版)》，南京：南

参 考 文 献

京大学出版社，2012年。

朱大奎，王颖：《工程海岸学》，北京：科学出版社，2014年。

朱偰：《江浙海塘建筑史》，北京：学习生活出版社，1955年。

朱庭芸，何守成编著：《滨海盐渍土的改良和利用》，北京：农业出版社，1985年。

褚绍唐：《上海历史地理》，上海：华东师范大学出版社，1996年。

邹逸麟主编：《明清以来长江三角洲地区城镇地理与环境研究》，北京：商务印书馆，2013年。

邹逸麟，张修桂，王守春：《中国历史自然地理》，北京：科学出版社，2013年。

左秉坚，郭德恩：《海盐工艺》，北京：轻工业出版社，1989年。

（美）尤金·P. 奥德姆（Eugene P. Odum），（美）盖瑞·W. 巴雷特（Gary W. Barrett）著，陆健健等译：《生态学基础》，北京：高等教育出版社，2022年。

（美）唐纳德·沃斯特（Donald Worster）著，侯文蕙译：《自然的经济体系—生态思想史》，北京：商务印书馆，1999年。

（美）约翰·E. 霍比（John E. Hobbie）主编；孟伟，雷坤，郑丙辉译：《河口科学研究与实践的综合方法》，北京：海洋出版社，2005年。

（美）杰夫·古德尔（Jeff Goodell）著，高抒译：《巨浪来袭 海面上升与文明世界的重建》，上海：上海科学技术出版社，2021年。

（美）奥尔多·利奥波德（Aldo Leopold）著，丁美龄、柳晨曦译：《沙乡年鉴》，重庆：重庆出版社，2019年。

（英）杰拉尔德·G. 马尔腾（Gerald G.Marten）著：《人类生态学—可持续发展的基本概念》，北京：商务印书馆，2012年。

（丹）扬戈逊（S.E.Jorgensen）著；陆健健，周玉丽译：《生态模型法原理》，上海：上海翻译出版公司，1990年。

2. 论文

暴景阳，许军，关海波：《平均大潮高潮面的计算方法与比较》，《海洋测绘》2013年第4期。

鲍俊林：《明清两淮盐场"移亭就卤"与淮盐兴衰研究》，《中国经济史研究》2016年第1期。

鲍俊林：《试论明清苏北"海势东迁"与淮盐兴衰》，《清史研究》2016年第3期。

鲍俊林：《传统技术、生态知识及环境适应——以淮南盐作为例》，《历史地理研究》2020年第2期。

鲍俊林：《中国古代海盐生产技术的发展阶段及地方差异》，《盐业史研究》2021年第3期。

鲍俊林：《近千年江苏海陆变迁与滩涂盐作的动态响应》，《江苏地方志》2023年第6期。

鲍俊林：《灶河与潮沟：明清苏北中部潮滩水系的演变》，《历史地理研究》（第四辑），上海：复旦大学出版社，2023年，第74-89页。

鲍俊林：《河湖交汇与江苏沿海环境的历史演变》，《江苏地方志》2025年第1期。

鲍俊林：《明清长江口南岸滨海水系的结构与功能演变》，《复旦学报（社会科学版）》2025年第2期。

鲍俊林，高抒：《苏北捍海堰与"范公堤"考异》，《中国历史地理论丛》2015年第4期。

鲍俊林，高抒：《13世纪以来中国海洋盐业动态演化及驱动因素》，《地理科学》2019年第4期。

鲍俊林，高抒：《沙岛浮生：明清崇明岛的传统开发与长江口水环境》，《史林》2020年第3期。

鲍俊林，高抒：《1569—1980年长江口盐淡水混合区时空演变特征》，《地理学报》2025年第3期。

曹爱生：《清代两淮盐官制度》，《盐业史研究》2006年第2期。

曹爱生：《清代两淮盐政中的社会救济》，《盐城工学院学报（社会科学版）》2006年第1期。

常军，刘高焕，刘庆生：《黄河口海岸线演变时空特征及其与黄河来水来沙关系》，《地理研究》2004年第5期。

陈才俊：《江苏沿海特大风暴潮灾研究》，《海洋通报》1991年第6期。

陈才俊：《江苏淤长型淤泥质潮滩的剖面发育》，《海洋与湖沼》1991年第4期。

陈才俊：《江苏中部海堤大规模外迁后的潮水沟发育》，《海洋通报》2001年第6期。

陈才俊：《围海造田与淤泥质潮滩的发育》，《海洋通报》1990年第3期。

陈昶儒：《风暴潮对沿海海塘的影响初探》，《浙江水利科技》2017年第3期。

陈方，朱大奎，黄巧华：《江苏潮滩区域可持续发展与海岸带管理研究》，《海洋通报》1998年第1期。

陈吉余，杨世伦，张勇，等：《中国海滨沼泽的初步研究——纪念竺可桢师诞辰一百周年》，《地理科学》1990年第1期。

陈吉余：《长江三角洲江口段的地形发育》，《地理学报》1957年。

陈吉余，恽才兴，徐海根，等：《两千年来长江河口发育的模式》，《海洋学报》1979年第1期。

陈金渊：《南通地区成陆过程的探索》，《历史地理》，上海：上海人民出版社，1983年。

陈可锋，王艳红，陆培东，等：《苏北废黄河三角洲侵蚀后退过程及其对潮流动力的影响研究》，《海洋学报》2013年第3期。

陈晓玲，王腊春，朱大奎：《苏北低地系统及其对海平面上升的复杂响应》,《地理学报》1996 年第 4 期。

陈振楼,王东启,许世远,等：《长江口潮滩沉积物 - 水界面无机氮交换通量》,《地理学报》2005 年第 2 期

邓辉,王洪波：《1368—1911 年苏沪浙地区风暴潮分布的时空特征》,《地理研究》2015 年第 12 期。

丁贤荣,康彦彦,茅志兵,等：《南黄海辐射沙脊群特大潮差分析》,《海洋学报（中文版）》2014 年第 11 期。

丁瑶瑶：《盐城黄海湿地跻身"世遗"》,《环境经济》2019 年第 14 期。

杜景龙,杨世伦,陈广平：《30 多年来人类活动对长江三角洲前缘滩涂冲淤演变的影响》,《海洋通报》2013 年第 3 期。

杜培培,侯西勇：《基于多源数据的中国海岸带地区人口空间化模拟》,《地球信息科学学报》2020 年第 2 期。

段居琦,徐新武,高清竹：《IPCC 第五次评估报告关于适应气候变化与可持续发展的新认知》,气候变化研究进展》2014 年第 3 期。

方明,宗良纲：《论江苏海岸变迁及其对海涂开发的影响》,《中国农史》1989 年第 2 期。

冯贤亮：《清代江南沿海的潮灾与乡村社会》,《史林》2005 年第 1 期。

高抒：《防范未来风暴潮灾害的绿色海堤蓝图》,《科学》2020 年第 4 期。

高抒：《废黄河口海岸侵蚀与对策》,《海岸工程》1989 年第 1 期。

葛剑雄：《全面正确地认识地理环境对历史和文化的影响》,《复旦学报（社会科学版）》1992 年第 6 期。

葛剑雄：《人类文明发展的主线和历史地理学的使命》,《历史地理研究》2024 年第 2 期。

葛全胜,方修琦,郑景云：《中国历史时期气候变化影响及其应对的启示》,《地球科学进展》2014 年第 1 期。

葛全胜,刘浩龙,郑景云,等：《中国过去 2000 年气候变化与社会发

展》,《自然杂志》2013年第1期。

耿秀山,傅命佐:《江苏中南部平原淤泥质岸滩的地貌特征》,《海洋地质与第四纪地质》1988年第2期。

耿秀山,万延森,李善为,等:《苏北海岸带的演变过程及苏北浅滩动态模式的初步探讨》,《海洋学报(中文版)》1983年第11期。

耿秀山:《中国东部晚更新世以来的海水进退》,《海洋学报》1981年第1期。

龚政,耿亮,吕亭豫,等:《开敞式潮滩—潮沟系统发育演变动力机制——Ⅱ.潮汐作用》,《水科学进展》2017年第2期。

龚政,吕亭豫,耿亮,等:《开敞式潮滩—潮沟系统发育演变动力机制——Ⅰ.物理模型设计及潮沟形态》,《水科学进展》2017年第1期。

龚政,严佳伟,耿亮,等:《开敞式潮滩—潮沟系统发育演变动力机制——Ⅲ.海平面上升影响》,《水科学进展》2018年第1期。

顾家裕,严钦尚,虞志英:《苏北中部滨海平原贝壳砂堤》,《沉积学报》1983年第2期。

顾维玮,朱诚:《苏北地区新石器时代考古遗址分布特征及其与环境演变关系的研究》,《地理科学》2005年第2期。

管君阳,谷国传:《废黄河口海岸近期侵蚀特征与机理》,《海岸工程》2011年第2期。

郭瑞祥:《江苏海岸历史演变》,《江苏水利》1980年第1期。

郭瑞祥:《历史时期江苏海岸演变与现代地貌特征》,见:江苏省科学技术委员会,江苏省科学技术协会主编:《江苏省海岸带:海涂资源综合考察及综合开发利用学术论文选编》,1979年。

何峰:《明清淮南盐区盐场大使的设置、职责及其与州县官的关系》,《盐业史研究》2006年第1期。

何泉达:《吴中水利与滨海盐利——兼论明清两代上海盐业衰颓的原因》,

《史林》1991 年第 3 期。

贺晓昶：《江苏海岸外沙洲地名的历史变迁》，《中国历史地理论丛》1991 年第 4 期。

侯甬坚：《"环境破坏论"的生态史评议》，《历史研究》2013 年第 3 期。

侯西勇，徐新良，毋亭，等：《中国沿海湿地变化特征及情景分析》，《湿地科学》2016 年第 5 期。

侯西勇，毋亭，侯婉，等：《20 世纪 40 年代初以来中国大陆海岸线变化特征》，《中国科学：地球科学》2016 年第 8 期。

胡进，陈沈良，胡小雷，等：《气候变化影响下苏北海岸的塑造过程》，《上海国土资源》2013 年第 2 期。

胡忠文，徐月，尹玉蒙，等：《18°N 以北中国滨海滩涂湿地分布数据集（1989—2020）》，《全球变化数据学报》2022 年第 1 期。

黄海军：《南黄海辐射沙洲主要潮沟的变迁》，《海洋地质与第四纪地质》2004 年第 2 期。

贾建军，于谦，高抒：《海岸分类的回顾与展望》，《海洋通报》2023 年第 6 期。

蒋宝麟：《国家土地制度与区域民事习惯——以明清至民国时期的崇明沙田为中心》，《史林》2011 年第 5 期。

康彦彦，丁贤荣，程立刚，等：《基于匀光遥感的 6000 年来盐城海岸演变研究》，《地理学报》2010 年第 9 期。

柯贤坤：《潮滩生态特征及开发利用模式——以江苏大丰潮滩研究为例》，《自然资源学报》1993 年第 2 期。

李加林，杨晓平，童亿勤：《潮滩围垦对海岸环境的影响研究进展》，《地理科学进展》2007 年第 2 期。

李建国，濮励杰，徐彩瑶，等：《1977—2014 年江苏中部滨海湿地演化与围垦空间演变趋势》，《地理学报》2015 年第 1 期。

参考文献

李静，张亚年，梁杏，等：《江苏滨海平原弱透水层封存的古咸水及其运移过程》，《地质科技通报》2022 年第 1 期。

李明亮，杨磊，龚绪龙，等：《围垦工程影响下的淤涨型潮滩演化：以江苏弶港潮滩为例》，《海洋通报》2016 年第 6 期。

李晓敏，张杰，马毅：《1974 年以来长江口北支沙洲演变过程遥感监测》，《人民长江》2014 年第 21 期。

李元芳：《废黄河三角洲的演变》，《地理研究》1991 年第 4 期。

林拓，张修桂：《上海南汇地区环境变迁与经济开发及其政区演变的相关研究》，《地理科学》2001 年第 6 期。

凌申：《江苏滩涂农垦发展史研究》，《中国农史》1991 年第 1 期。

凌申：《历史时期江苏古海塘的修筑及演变》，《中国历史地理论丛》2002 年第 4 期。

凌申：《历史时期射阳湖演变模式研究》，《中国历史地理论丛》2005 年第 3 期。

凌申：《全新世苏北沿海岸线冲淤动态研究》，《黄渤海海洋》2002 年第 2 期。

凌申：《全新世海侵与盐城市西冈古砂堤研究》，《海洋湖沼通报》2006 年第 4 期。

刘佰琼，徐敏，俞亮亮：《苏北浅滩腰沙围填海控制线研究》，《长江流域资源与环境》2014 年第 10 期。

刘苍宇，曹敏：《中国滨海平原的湿地滩脊与 7000 年来的海面变化》，陈吉余，王宝灿，虞志英，等：《中国海岸发育过程和演变规律》，上海：上海科学技术出版社，1989 年，第 65—73 页。

刘苍宇，吴立成，曹敏：《长江三角洲南部古沙堤（冈身）的沉积特征、成因及年代》，《海洋学报（中文版）》1985 年第 1 期。

刘淼：《明代盐业土地关系研究》，《盐业史研究》1990 年第 2 期。

刘淼：《明清沿海荡地屯垦的考察》，《中国农史》1996 年第 1 期。

刘彦随，刘亚群，欧聪：《现代人地系统科学认知与探测方法》，《科学通报》2024 年第 3 期。

鲁西奇：《中古时代滨海地域的"水上人群"》，《历史研究》2015 年第 3 期。

罗锋，蒋冰，董冰洁，等：《潮滩剖面形态特征及演变》，《科技导报》2018 年第 14 期。

卢勇，王思明，郭华：《明清时期黄淮造陆与苏北灾害关系研究》，《南京农业大学学报（社会科学版）》2007 年第 2 期。

满志敏：《典型温暖期东太湖地区水环境演变》，《历史地理》2014 年第 2 期。

满志敏：《两宋时期海平面上升及其环境影响》，《灾害学》1988 年第 2 期。

满志敏，杨煜达：《中世纪温暖期升温影响中国东部地区自然环境的文献证据》，《第四纪研究》2014 年第 6 期。

潘凤英：《历史时期江浙沿海特大风暴潮灾害研究》，《南京师大学报（自然科学版）》1995 年第 1 期。

潘凤英：《历史时期射阳湖的变迁及其成因探讨》，《湖泊科学》1989 年第 1 期。

潘威，满志敏，刘大伟，等：《1644—1911 年中国华东与华南沿海台风入境频率》，《地理研究》2014 年第 11 期。

潘威，王美苏，满志敏，等：《1644—1911 年影响华东沿海的台风发生频率重建》，《长江流域资源与环境》2012 年第 2 期。

潘威，王美苏，满志敏：《清代江浙沿海台风影响时间特征重建及分析》，《灾害学》2011 年第 1 期。

秦大河：《气候变化科学与人类可持续发展》，《地理科学进展》2014 年第

7期。

曲建升，肖仙桃，曾静静：《国际气候变化科学百年研究态势分析》，《地球科学进》2018年第11期。

任美锷：《人类活动对中国北部海岸带地貌和沉积的影响》，《地理科学》1989年第1期。

沈明洁，谢志仁，朱诚：《中国东部全新世以来海面波动特征探讨》，《地球科学进展》2002年第6期。

沈金山，朱珍妹，张新琴：《长江口南槽拦门沙的成因和演变》，《海洋与湖沼》1983年第6期。

沈永明，张忍顺：《滩涂促淤坝田中淤积三角形研究》，《南京师大学报（自然科学版）》2001年第3期。

沈竹士：《上海加快建设崇明世界级生态岛》，《文汇报》，2018年8月11日（001）。

施雅风，朱季文，谢志仁，等：《长江三角洲及毗连地区海平面上升影响预测与防治对策》，《中国科学（D辑：地球科学）》2000年第3期。

石怡，罗冬阳：《利民沙案与清代江苏沙田民事法秩序之构建》，《史学月刊》2016年第6期。

宋志尧，严以新，薛鸿超，等：《南黄海辐射沙洲形成发育水动力机制研究——Ⅱ.潮流运动立面特征》，《中国科学（D辑：地球科学）》1998年第5期。

孙景超：《清代江南感潮区范围与影响》，《清史研究》2005年第4期。

苏大鹏，叶思源，王燕，等：《江苏盐城近岸海域水动力特征》，《海洋地质前沿》2020年第8期。

孙寿成：《黄河夺淮与江苏沿海潮灾》，《灾害学》1991年第4期。

谭其骧：《上海市大陆部分的海陆变迁和开发过程》，《考古》1973年第1期。

同济大学海洋地质系三角洲科研组：《全新世长江三角洲的形成和发育》，《科学通报》1978年第5期。

汪汉忠：《苏北自然经济的历史特点及其对社会转型的影响》，《江海学刊》2003年第4期。

王宝灿，金庆祥，周月琴，等：《黄海中部海岸岸滩演变的趋势》，《华东师范大学学报（自然科学版）》1980年第2期。

王大学：《防潮与引潮：明清以来滨海平原区海塘、水系和水洞的关系》，《历史地理》（第25辑），上海：上海人民出版社，2011年。

王芳，黎刚：《长江北翼古河间台地全新世海岸环境变迁》，《海洋湖沼通报》2016年第5期。

王刚：《沿海滩涂的概念界定》，《中国渔业经济》2013年第1期。

王辉，夏非，张永战，等：《江苏中部海岸西洋潮流通道区域晚更新世古地貌与沉积体系研究》，《海洋学报》2019年第3期。

王建革：《小农与环境——以生态系统的观点透视传统农业生产的历史过程》，《中国农史》1995年第3期。

王建革：《河流和圩田体系的生态变迁与长三角近代文明的成长》，《近代史研究》2022年第2期。

王建革：《来自水域的视角：江南水生态与灾害治理的历史动态考察》，《史学集刊》2025年第1期。

王建革，许思佳：《引清控浊：太湖东部溢流水利体系与潮水动态（10—15世纪）》，《复旦学报（社会科学版）》2023年第3期。

王建革，袁慧：《清代中后期黄、淮、运、湖的水环境与苏北水利体系》，《浙江社会科学》2020年第12期。

王靖泰，郭蓄民，许世远，等：《全新世长江三角洲的发育》，《地质学报》1981年第1期。

王腊春，陈晓玲，储同庆：《黄河、长江泥沙特性对比分析》，《地理研究》1997年第4期。

王骊萌,张福青,鹿化煜:《最近2000年江苏沿海风暴潮灾害的特征》,《灾害学》1997年第4期。

王庆:《黄河夺淮期间淮河入海河口动力,地貌与演变机制》,《海洋与湖沼》1999年第6期。

王庆,高光辰,仲少云,等:《一千年来中国东部平原地区四个主要河口的动力地貌演变机制》,见:中国地理学会历史地理专业委员会,《历史地理》编辑委员会编:《历史地理》,上海:上海人民出版社,2003年,第240-250页。

王日根:《明清时期苏北水灾原因初探》,《中国社会经济史研究》1994年第2期。

王日根:《清代海疆政策与开发研究的回顾与展望》,《华中师范大学学报(人文社会科学版)》2014年第3期。

王日根,叶再兴:《明清东部河海结合区域水灾及官民应对》,《福建论坛(人文社会科学版)》2019年第1期。

王日根,陶仁义:《清代淮安府荡地开垦与政府治理的互动》,《史学集刊》2021年第1期。

王日根,徐枫:《"争沙"案所见明代崇明地方社会秩序》,《苏州大学学报(哲学社会科学版)》2011年第3期。

王绍武,叶瑾琳,龚道溢:《中国小冰期的气候》,《第四纪研究》1998年第1期。

王树槐:《江苏淮南盐垦公司的垦殖事业1901—1937》,《近代史研究所集刊》1985年第14期。

王树槐:《清末民初江苏省的灾害》,《近代史研究所集刊》1981年第10期。

王涛:《近7000年来南通地区环境演变及人类活动影响》,《长江流域资源与环境》2010年第S2期。

王文，谢志仁：《中国历史时期海面变化（I）——塘工兴废与海面波动》，《河海大学学报（自然科学版）》1999年第4期。

王文，谢志仁：《中国历史时期海面变化（II）——潮灾强弱与海面波动》，《河海大学学报（自然科学版）》1999年第5期。

王文，谢志仁：《从史料记载看中国历史时期海面波动》，《地球科学进展》2001年第2期。

王文楚：《上海市大陆地区城镇的形成与发展》，《历史地理》（第3辑），上海：上海人民出版社，1983年，第98-114页。

王文楚，邹逸麟：《关于上海历史地理的几个问题》，《文物》，1982年第2期。

王晓青，刘健，王志远：《过去2000年中国区域温度模拟与重建的对比分析》，《地球科学进展》2015年第12期。

汪亚平，张忍顺：《江苏岸外沙脊群的地貌形态及动力格局》，《海洋科学》1998年第3期。

王艳红，张忍顺，谢志仁：《平均高潮位记录分析淤泥质海岸的相对海面变化——以江苏淤泥质海岸为例》，《海洋通报》2004年第5期。

王颖，傅光翮，张永战：《河海交互作用沉积与平原地貌发育》，《第四纪研究》2007年第5期。

王颖，季小梅：《中国海陆过渡带—海岸海洋环境特征与变化研究》，《地理科学》2011年第2期。

王颖，张振克，朱大奎等：《河海交互作用与苏北平原成因》，《第四纪研究》2006年第3期。

王颖，朱大奎：《中国的潮滩》，《第四纪研究》1990年第4期。

王志明，李秉柏，严海兵，等：《近20年江苏省海岸线和滩涂面积变化的遥感监测》，《江苏农业科学》2011年第6期。

参考文献

魏嵩山:《崇明岛的形成、演变及其开发的历史过程》,《学术月刊》1983年第4期。

魏学琼,张向萍,叶瑜:《长江三角洲地区1644—1949年重大台风灾害年辨识与重建》,《陕西师范大学学报(自然科学版)》2013年第4期。

魏伟,骆蓓菁,丁玲:《近三十年长江口横沙岛潮滩湿地地貌演变对河口工程的响应》,《吉林大学学报(地球科学版)》2021年第4期。

吴春香:《康乾时期淮南盐区的水患与治理》,《长江大学学报(社科版)》2015年第8期。

吴德力,沈永明,方仁建:《江苏中部海岸潮沟的形态变化特征》,《地理学报》2013年第7期。

吴建民:《长江三角洲史前遗址的分布与环境变迁》,《东南文化》1988年第6期。

吴俊范:《明初以来长江口南岸地理环境的变化与人类活动响应》,《学术月刊》2022年第5期。

吴曙亮,蔡则健:《江苏省沿海沙洲及潮汐水道演变的遥感分析》,《海洋地质动态》2002年第6期。

吴滔:《明代浦东荡地归属与盐场管理之争》,《经济社会史评论》2016年第4期。

吴滔:《海外之变体:明清时期崇明盐场兴废与区域发展》,《学术研究》2012年第5期。

毋亭,侯西勇:《1940s以来中国大陆岸线变化的趋势分析》,《生态科学》2017年第1期。

吴小根,王爱军:《人类活动对苏北潮滩发育的影响》,《地理科学》2005年第5期。

夏非,张永战,王瑞发,等:《苏北废黄河水下三角洲沉积范围研究述评》,《地理学报》2015年第1期。

夏非，张永战：《苏北平原龙冈 LG 孔晚第四纪地层与环境演化记录》，《地理究》2018 年第 2 期。

谢行焱，谢宏维：《明代沿海地区的风暴潮灾与国家应对机制》，《鄱阳湖学刊》2012 年第 2 期。

徐枫：《从太通道到海门厅：雍干时期长江口沙务管理机构的变迁》，《史林》2016 年第 1 期。

徐骏，刘羽婷，唐敏炯，等：《长江口滩涂变化及其原因分析》，《人民长江》2019 年第 12 期。

徐雪球，张登明，范迪富，等：《苏中东部第四纪以来海岸带变迁与演化》，南京地质矿产研究所编《华东地区地质调查成果论文集（1999—2005）》，北京：中国大地出版社，2006：47.

薛春汀，刘健，孔祥淮：《1128—1855 年黄河下游河道变迁及其对中国东部海域的影响》，《海洋地质与第四纪地质》2011 年第 5 期。

杨达源，鹿化煜：《江苏中部沿海近 2000 年来的海面变化》，《科学通报》1991 年第 20 期。

杨达源，张建军，李徐生：《黄河南徙、海平面变化与江苏中部的海岸线变迁》，《第四纪研究》1999 年第 3 期。

杨桂山，施雅风，季子修：《江苏淤泥质潮滩对海平面变化的形态响应》，《地理学报》2002 年第 1 期。

杨桂山：《中国沿海风暴潮灾害的历史变化与未来趋势》，《自然灾害学报》2000 年第 3 期。

杨怀仁，谢志仁：《气候变化与海面升降的过程和趋向》，《地理学报》1984 年第 1 期。

杨怀仁，谢志仁：《中国东部近 20000 年来的气候波动与海面升降运动》，《海洋与湖沼》1984 年第 1 期。

杨怀仁，陈西庆：《中国东部第四纪海面升降、海侵海退与岸线变迁》，

《海洋地质与第四纪地质》1985年第4期。

杨守业，李从先，张家强：《苏北滨海平原冰后期古地理演化与沉积物物源研究》，《古地理学报》2000年第2期。

姚振兴，陈庆强，杨钦川：《近60年来崇明岛东部淤涨速率初探》，《长江流域资源与环境》2017年第5期。

佚名：《添筑盐墩》，《益闻录》1897年第1650期。

俞岭柠，郭炯甫，王泽乾，等：《近三十年江苏沿海湿地变化特征及成因分析》，《现代测绘》2022年第5期。

余蔚，张修桂：《自然灾害与上海地区社会发展》，《复旦学报（社会科学版）》2002年第5期。

虞志英，陈德昌，金镠：《江苏北部旧黄河水下三角洲的形成及其侵蚀改造》，《海洋学报》1986年第2期。

袁志伦：《上海海塘的修筑》，《水利史志专志》1987年第2期。

袁志伦：《上海海塘修筑史略》，《上海水务》1986年第2期。

张长宽，陈君，林康，等：《江苏沿海滩涂围垦空间布局研究》，《河海大学学报（自然科学版）》2011年第2期。

张崇旺：《明清时期两淮盐区的潮灾及其防治》，《安徽大学学报（哲学社会科学版）》2019年第3期。

张崇旺：《明清时期江淮地区水利治灾工程述论》，《北大史学》2007年。

张红安：《明清以来苏北水患与水利探析》，《淮阴师范学院学报（哲学社会科学版）》2000年第6期。

张景文，李桂英，赵希涛：《苏北地区全新世海陆变迁的年代学研究》，《海洋科学》1983年第6期。

张军宏、孟翊：《长江口北支的形成和变迁》，《人民长江》2009年第7期。

张忍顺：《江苏沿海古墩台考》，《历史地理》（第3辑），上海：上海人民出版社，1983 年，第 51-62 页。

张忍顺：《苏北黄河三角洲及滨海平原的成陆过程》，《地理学报》1984 年第 2 期。

张忍顺：《辐射沙洲与弶港海岸发育的关系》，《南京大学学报（自然科学版）》1984 年第 2 期。

张忍顺，王雪瑜：《江苏省淤泥质海岸潮沟系统》，《地理学报》1991 年第 2 期。

张忍顺：《滩涂围垦对沿海水闸排水的影响》，《南京师大学报（自然科学版）》1995 年第 2 期。

张强，朱诚，刘春玲，等：《长江三角洲 7000 年来的环境变迁》，《地理学报》2004 年第 4 期。

张晓祥，王伟玮，严长清，等：《南宋以来江苏海岸带历史海岸线时空演变研究》，《地理科学》2014 年第 3 期。

张晓详，严长清，徐盼，等：《近代以来江苏沿海滩涂围垦历史演变研究》，《地理学报》2013 年第 11 期。

张晓祥，唐彦君，严长清，等：《近 30 年来江苏海岸带土地利用/覆被变化研究》，《海洋科学》2014 年第 9 期。

张修桂：《崇明岛形成的历史过程》，《复旦学报》（社会科学版）》2005 年第 3 期。

张修桂：《上海地区成陆过程研究中的几个关键问题》，《历史地理》（第 14 辑），上海：上海人民出版社，1998 年。

张修桂：《上海浦东地区成陆过程辨析》，《地理学报》1998 年第 3 期。

张修桂：《上海地区成陆过程概述》，《复旦学报（社会科学版）》1997 年第 1 期。

张云峰，张振克，张华兵，等：《长江口启东嘴潮滩沉积特征及对人类活动的响应》，《海洋湖沼通报》2021 年第 3 期。

参考文献

赵李博，胡兵，薛玲玲：《江苏大丰丁溪村遗址范公堤发掘简报》，《东方博物》2018年第4期。

赵清，林仲秋：《江苏北部古代海堤与海陆变迁》，《徐州师范学院学报（自然科学版）》1995年第2期。

赵庆英，杨世伦，刘守祺：《长江三角洲的形成和演变》，《上海地质》，2002年第4期。

赵希涛，耿秀山，张景文：《中国东部20000年来的海平面变化》，《海洋学报（中文版）》1979年第2期。

赵赟：《清代苏北沿海的潮灾与风险防范》，《中国农史》2009年第40期。

郑景云，刘洋，郝志新，等：《过去2000年气候变化的全球集成研究进展与展望》，《第四纪研究》2021年第2期。

郑肇经，查一民：《江浙潮灾与海塘结构技术的演变》，《农业考古》1984年第2期。

朱诚，程鹏，卢春成，等：《长江三角洲及苏北沿海地区7000年以来海岸线演变规律分析》，《地理科学》1996年第3期。

朱诚，郑朝贵，马春梅，等：《对长江三角洲和宁绍平原一万年来高海面问题的新认识》，《科学通报》2003年第23期。

朱大奎，柯贤坤，高抒：《江苏海岸潮滩沉积的研究》，《海洋科学进展》1986年第3期。

朱玉荣：《苏北中部滨海平原成陆机制研究》，《海洋科学》2000年第12期。

褚绍唐：《崇明岛的变迁》，《地理研究》1987年第3期。

祝鹏：《上海市陆地的形成和历代海塘》，《上海社会科学院学术季刊》1985年第3期。

邹德森：《长江口北支的演变过程及今后趋势》，《泥沙研究》1987年第1期。

3. 学位论文

孙宝兵:《明清时期江苏沿海地区的风暴潮灾与社会反应》,桂林:广西师范大学硕士学位论文,2007年。

孙玮玮:《长江口南岸滨岸带底泥中重金属的生物有效性及其再悬浮》,上海:华东师范大学硕士学位论文,2009年。

徐成:《苏北水环境的历史变迁与社会经济发展关系研究(1128—1855)》,江苏:南京师范大学博士学位论文,2010年。

赵赟:《苏皖土地利用方式与驱动力机制(1500—1937)》,上海:复旦大学博士学位论文,2005年。

4. 英文论著

Adger, W.N., Arnell, N.W., Tompkins, E.L. Successful adaptation to climate change across scales. *Global Environmental Change*, 2005, 15:77-86.

Agnew, T., Berry, M., Chernyak, S., et al. Chapter 6: World oceans and coastal zones. In: Tegart, W. J. M., Sheldon, G. W., Griffiths, D. C. (eds.) *FAR Climate Change: Impacts Assessment of Climate* Change. Report prepared for IPCC by Working Group II. 1990, pp. 1-28. https://www.ipcc.ch/report/ar1/wg2/.

Altieri, M.A., Nicholls, C.I. The adaptation and mitigation potential of traditional agriculture in a changing climate. *Climatic Change*, 2017, 140: 33-45.

Bao, G., Huang, H., Gao, Y.W.D. Study on driving mechanisms of land use change in the coastal area of Jiangsu. China. *Journal of Coastal Research*, 2017, (SI79) :104-108.

Bao, J.L., Gao, S. Wetland utilization and adaptation practice of a coastal megacity: a case study of Chongming Island, Shanghai, China. *Frontiers in Environment Science*, 2021, 9: 627963.

Bao, J.L., Gao, S. Long-term reclamation of tidal flats of Chongming Island and ecological security of Yangtze estuary, China. *Regional Environmental Change* 2024, 24:74.

Bao, J.L., Gao, S. Environmental characteristics and land use pattern changes of the

Old Huanghe River delta, eastern China, in the sixteenth to twentieth centuries. *Sustainability Science*, 2016,11:695-709.

Bao, J.L., Gao, S. Traditional coastal management practices and land use changes during the 16-20th centuries, Jiangsu Province, China. *Ocean & Coastal Management*, 2016, 124:10-21.

Bao, J.L., Gao, S., Ge, J.X. Coastal engineering evolution in low-lying areas and adaptation practice since the eleventh century, Jiangsu Province, China. *Climatic Change*, 2020, 162:799-817.

Bao, J.L., Gao, S., Ge, J.X. Centralization and decentralization: coastal management pattern changes since the late 19th century, Jiangsu Province, China. *Marine Policy*, 2019, 109:103705.

Bao, J.L., Gao, S., Ge, J.X. Salt and wetland: traditional development landscape, land use changes and environmental adaptation on the Central Jiangsu Coast, China, 1450-1900. *Wetlands*, 2019, 39:1089-1102.

Bao, J.L., Gao, S., Ge, J.X. Dynamic land use and its policy in response to environmental and social-economic changes in China: A case study of the Jiangsu coast (1750-2015). *Land Use Policy*, 2019, 82:169-180.

Barbier, E.B. A global strategy for protecting vulnerable coastal populations. *Science*, 2014, 345(6202):1250-1251.

Barnett, R.L., Charman, D.J., Johns, C. et al. Nonlinear landscape and cultural response to sea-level rise. *Science Advance*, 2020, 6(45):eabb6376.

Behre, K. E. Coastal development, sea-level change and settlement history during the later Holocene in the Clay District of Lower Saxony (Niedersachsen), northern Germany. *Quaternary International*, 2004, 112: 37-53.

Berrang-Ford, L., Ford, J. D., Paterson, J. Are we adapting to climate change? *Global Environmental Change*, 2011, 21:25-33.

Blankespoor, B., Dasgupta, S., Laplante, B. Sea-level rise and coastal wetlands. *AMBIO*, 2014, 43:996-1005.

Chen, L., Ren, C., Zhang, B., et al. Spatiotemporal dynamics of coastal wetlands and reclamation in the Yangtze Estuary during the past 50 years (1960s-2015). *Chinese Geographical Science*, 2018, 28(3):386-399.

Cheong, S., Silliman, B., Wong, P. P., et al. Coastal adaptation with ecological engineering. *Nature Climate Change*, 2013, (3):787-791.

Church, J. A., Clark, P. U., Cazenave, A., et al. Sea level change. In: Stocker, T., Qin, D., Plattner, G., et al. (eds.) *Climate change 2013: the physical science basis*. Contribution of Working Group I to the Fifth Assessment Report of the Intergovernmental Panel on Climate Change. Cambridge University Press, Cambridge, United Kingdom and New York, USA, 2013, pp. 1137-1216.

Colten, C. E. Environmental management in coastal Louisiana: a historical review. *Journal of Coastal Research*, 2017, 33:699-671.

Colten, C. E. Adaptive Transitions: The long-term perspective on humans in changing coastal settings. *Geographical Review*, 2019, 109(3):416-435.

Comber, A. J., Davies, H., Pinder, D., et al. Mapping coastal land use changes 1965-2014: methods for handling historical the-matic data. *Transactions of the Institute of British Geographers*, 2016, 41:442-459.

Cui, B., He, Q., Gu, B., et al. China's coastal wetlands: understanding environmental changes and human impacts for management and conservation. *Wetlands*, 2016, 36(Suppl 1):S1-S9.

Darby, H. C. *The Changing Fenland*. Cambridge University Press, Cambridge, 1983.

Davidson, N. C. How much wetland has the world lost? long-term and recent trends in global wetland area. *Mar. Freshw. Res*.2014, 65:934.

Diaz, D. B. Estimating global damages from sea level rise with the coastal impact and adaptation model (CIAM). *Climatic Change*, 2016, 137:143-156.

Du, S., Scussolini, P., Ward, P. J., et al. Hard or soft flood adaptation? Advantages of a hybrid strategy for Shanghai. *Global Environmental Change-Human and Policy Dimensions*, 2020, 61:102037.

Fan, D.D., Wu, Y.J., Zhang, Y., et al. South flank of the Yangtze delta: Past, present, and future. *Marine Geology*, 2017(392):78-93.

Farmer, G. T., Cook, J. *Climate Change Science: A Modern Synthesis*. Springer, Dordrecht, 2013.

Firth, L. B., Thompson, R. C., Bohn, K., et al. Between a rock and a hard place: environmental and engineering considerations when designing coastal defence structures. *Coastal Engineering*, 2013, 87:122-135.

Ford, J. D., Cameron, L., Rubis, J., et al. Including indigenous knowledge and experience in IPCC assessment reports. *Nature Climate Change*, 2016, (6):349-353.

Gao, S. Geomorphology and sedimentology of tidal flats. In: Perillo, G. M. E., Wolanski, E., Cahoon, D., et al. (eds.) *Coastal wetlands: an ecosystem integrated approach* (2nd edition). Elsevier, Amsterdam, 2018, pp.359-381.

Gao, S. Human utilization of mega-deltas: the importance of tidally modulated ground surface elevation. *Anthropocene Coasts*, 2022, 5:2.

Gao, S., Du, Y., Xie, W., et al. Environment-ecosystem dynamic processes of Spartina Alterniflora Salt-Marshes along the Eastern China Coastlines. *Science China Earth Sciences*. 2014, 57 (11), 2567–2586.

Martinez, G., Bizikova, L., Blobel, D., et al. Emerging climate change coastal adaptation strategies and case studies around the world. In: Schernewski, G., Hofstede, J., Neumann, T.(eds.) *Global Change and Baltic Coastal Zones*, Springer Netherlands, 2011, pp. 249-273.

Gómez-Baggethun, E., Reyes-García, V., Olsson, P., et al. Traditional ecological knowledge and community resilience to environmental extremes: a case study in Doñana, SW

Spain. *Global Environmental Change-Human and Policy Dimensions*, 2012, 22:640-650.

Goodwin, P., Mehta, A. J., Zedler, J. B. Coastal wetland restoration: an introduction. *J. Coastal Res*. 2001, 27, 1-6.

Graf, M. T., Chmura, G. L. Reinterpretation of past sea-level variation of the Bay of Fundy. *Holocene*, 2010, 20(1):7-11.

Granderson, A. A. The role of traditional knowledge in building adaptive capacity for climate change: perspectives from Vanuatu. *Weather Climate and Society*, 2017, 9(3): 545-561.

Haasnoot, M., Lawrence, J., Magnan, A.K. Pathways to coastal retreat. *Science*, 2021, 372(6548): 1287-1290.

Hallam, H., E. The new lands of Elloe. *Geography*, 1955, 40 (4)：292.

Hauer, M.E., Fussell, E., Mueller, V., et al. Sea-level rise and human migration. *Nature Reviews Earth & Environment*, 2020, (1):28-39.

Hosen, N., Nakamura, H., Hamzah, A. Adaptation to climate change: does traditional ecological knowledge hold the key? *Sustainability*, 2020, 12 (2): 676.

Hou, X., Xu, X. Spatial patterns of land use in coastal zones of China in the early 21st century. *Geographical Research*, 2011, 30: 1370-1379.

Huntington, H.P. Using traditional ecological knowledge in science: methods and applications. *Ecological Application*, 2000, 10:1270-1274.

Huu Nguyen, H., Dargusch, P., Moss, P., et al. A review of the drivers of 200 years of wetland degradation in the Mekong Delta of Vietnam. *Regional Environmental Change*, 2016, 16 (8), 2303–2315.

IOC/UNESCO and FAO. *A blueprint for Ocean and coastal sustainability*. An Inter-Agency Paper Towards the Preparation of the UN Conference on Sustainable Development, 2011.

Jia, M., Wang, Z., Mao, D., et al. Rapid, robust, and automated mapping of tidal flats in China using time series Sentinel-2 images and Google Earth Engine. *Remote Sensing of Environment*, 2021, 255: 112285.

Jiang, T., Pan, J., Pu, X., et al. Current status of coastal wetlands in China: degradation, restoration, and future management. *Estuarine, coastal and Shelf Science*, 2015, 164:265-275.

Jones, H.P., Hole, D.G., Zavaleta, E.S. Harnessing nature to help people adapt to climate change. *Nature Climate Change*, 2012, (2):504-509.

Juliá, R., Duchin, F. Land use change and global adaptations to climate change. *Sustainability*, 2013, (5):5442-5459.

Ke, C., Zhang, D., Wang, F., et al. Analyzing coastal wetland change in the Yancheng National Nature Reserve, China. *Regional Environmental Change*, 2011, 11(1):161-173.

Kihila, J.M. Indigenous coping and adaptation strategies to climate change of local communities in Tanzania: a review. *Climate and Development*, 2018, 10(5): 406-416.

Kirwan, M.L., Megonigal, J.P. Tidal Wetland Stability in the Face of Human Impacts and Sea-Level Rise. *Nature*, 2013, 504, 53–60.

Kleppel, G. S., Becker, R. H., Allen, J. S., et al. Trends in Land use policy and development in the coastal Southeast. In: Kleppel, G.S., DeVoe, M.R., Rawson, M.V. (eds.) *Changing Land Use Patterns in the Coastal Zone*. Springer Series on Environmental Management, Springer, New York, 2006, pp.23-45.

Larson, C. China's vanishing coastal wetlands are nearing critical red line. *Science*, 2015, 350(6260):489.

Lebel, L. Local knowledge and adaptation to climate change in natural resource-based societies of the Asia-Pacific. *Mitigation and Adaptation Strategies for Global Change*, 2013, 18:1057-1076.

Leonard, S., Parsons, M., Olawsky, K., et al. The role of culture and traditional knowledge in climate change adaptation: insights from East Kimberley Australia. *Global*

Environmental Change-Human and Policy Dimensions, 2013, 23 (3) :623-632.

Lin, G.C.S., Ho, S.P.S. China's land resources and land-use change: insights from the 1996 land survey. Land Use Policy, 2003, 20 (2):87-107.

Lin, Q., Yu, S. Losses of natural coastal wetlands by land conversion and ecological degradation in the urbanizing Chinese coast. Scientific Reports, 2018, (8):15046.

Liu, X., Wang, Y., Costanza, R., et al. Is China's coastal engineered defences valuable for storm protection? . Science of the Total Environment, 2019, 657:103-107.

Liu, Y., Fang, F., Li, Y. Key issues of land use in China and implications for policy making. Land Use Policy, 2014, 40 :6-12.

Li, Y., Shi, Y., Zhu, X., et al. Coastal wetland loss and environmental change due to rapid urban expansion in Lianyungang, Jiangsu, China. Regional Environmental Change, 2014, 14(3):1175-1188.

Liu, J., Wen, J., Huang, Y., et al. Human settlement and regional development in the context of climate change: a spatial analysis of low elevation coastal zones in China. Mitigiation and Adaptation Strategies for Global Change, 2015, 20:527-546.

Ma, T., Li, X., Bai, J., et al. Impacts of Coastal Reclamation on Natural Wetlands in Large River Deltas in China. Chinese Geographical Science. 2019,29 (4), 640-651.

Ma, X., Du, J., Liang, Y., et al. Changes of coastal wetlands in the Yangtze River delta for 6 Periods since 1960s and their driving factors. Wetland Science, 2018, 16 (3), 304-312.

Ma, Z., Melville, D.S., Liu, J., et al. Rethinking China's new great wall. Science, 2014, 346(6212):912-914.

Magnan, A.K., Ribera, T. Global adaptation after Paris. Science, 2016, 352(6291):1280-1282.

Makondo, C.C., Thomas, D.S.G. Climate change adaptation: linking indigenous knowledge with western science for effective adaptation. Environmental Science & Policy, 2018, 88: 83-91.

McGranahan, G., Balk, D., Anderson, B. The rising tide: assessing the risks of climate change and human settlements in low elevation coastal zones. *Environment and Urbanization*, 2007,19(1):17-37.

McLeman, R., Smit, B. Migration as an adaptation to climate change. *Climatic Change*, 2006, 76:31-53.

McMillen, H., Ticktin, T., Springer, H. K. The future is behind us: Traditional ecological knowledge and resilience over time on Hawaii Island. *Regional Environmental Change*, 2016, 17: 579-592.

Merrell, W. J., Reynolds, L. G., Cardenas, A., et al. The Ike dike: a coastal barrier protecting the Houston / Galveston region from hurricane storm surge. In: Badescu, V., Cathcart, R. B. (eds.) *Environmental Science and Engineering*. Springer-Verlag, Berlin Heidelberg, 2011, pp. 691-716.

Mestanza, C., Piccardi, M., Pranzini, E. Coastal erosion management at callao (Peru) in the 17th and 18th centuries: the first groin field in south America? *Water*, 2018, (7): 1-13.

Morris, R. L., Boxshall, A., Swearer, S. E. Climate-resilient coasts require diverse defence solutions. *Nature Climate Change*, 2020, 10: 485-487.

Moomaw, W.R., Chmura, G.L., Davies, G.T., et al. Wetlands in a changing climate: science, policy and management. *Wetlands*, 2018, 38 (2):183-205.

Murray., N.J., Phinn, S.R., DeWitt., M., et al.The global distribution and trajectory of tidal flats. *Nature*, 2019, 565:222-225.

Naess., L.O. The role of local knowledge in adaptation to climate change. *WIREs Climate Change*, 2013, (4):99-106.

Nakashima, D., Galloway, M. K., Thulstrup, H., et al. *Weathering Uncertainty: Traditional Knowledge for Climate Change Assessment and Adaptation.* United Nations Educational, Scientific and Cultural Organization, 2012.

Nalau, J., Becken, S., Schliephack, J., et al. The role of indigenous and traditional knowledge in Ecosystem-Based Adaptation: A review of the literature and case studies from the Pacific Islands. *Weather Climate and Society*, 2018, 10(4): 851-865.

Neumann, B., Vafeidis, A.T., Zimmermann, J., et al. Future coastal population growth and exposure to sea-level rise and coastal flooding-A global assessment. *PLoS ONE*, 2015, 10 (3): e0118571.

Newton, A., Icely, J., Cristina, S., et al. Anthropogenic, direct pressures on coastal wetlands. *Frontiers in Ecology and Evolution*. 2020,(8):144.

Nguyen, H.H., Dargusch, P., Moss, P., et al. Land-use Change and Socio-Ecological Drivers of Wetland Conversion in Ha Tien Plain, Mekong Delta, Vietnam. *Land Use Policy*, 2017, 64:101-113.

Nicholls, R. J., Wong, P. P., Burkett, V. R., et al. Coastal systems and low-lying areas. Parry, M. L., Canziani, O. F., Palutikof, J. P. et al. (eds.).*Climate Change 2007: Impacts, Adaptation and Vulnerability*. Contribution of Working Group Ⅱ to the Fourth Assessment Report of the Intergovernmental Panel on Climate Change. Cambridge University Press, Cambridge, UK, 2007, pp. 315-356.

Nunn, P. D., Runman, J., Falanruw, M., et al. Culturally grounded responses to coastal change on islands in the Federated States of Micronesia, northwest Pacific Ocean. *Regional Environmental Change*, 2017, 17:959-971

Phillips, C., W. *The Fenland in Roman times*. The Royal Geographical Society, London, 1970.

Ramsar Convention on Wetlands. Global *Wetland Outlook: State of the World's Wetlands and their Services to People*. Gland, Switzerland: Ramsar Convention Secretariat, 2018. https://www.global-wetland-outlook.ramsar.org/outlook

Rick, T. C., Sandweiss, D. H. Archaeology, climate, and global change in the Age of Humans. *Proceedings of the National Academy of Sciences of the United States of America*, 2020, 117 (15): 8250-8253.

参考文献

Rippon, S. *The Transformation of Coastal Wetlands: Exploitation and Management of Marshland Landscape in North West Europe During the Roman and Medieval Periods*. Oxford University Press, Oxford, 2000.

Salick, J., Ross, N. Traditional peoples and climate change. *Global Environmental Change*, 2009, 19:137-139.

Schuerch, M., Spencer, T., Temmerman, S., et al. Future response of global coastal wetlands to sea-level rise. *Nature*, 2018, 561:231-234.

Shtienberg, G., Zviely, D., Sivan, D., et al. Two centuries of coastal change at Caesarea, Israel: natural processes vs. human intervention. *Geo-Marine Letters*, 2014, 34:365-379.

Siders, A. R., Hino, M., Mach, K. J. The case for strategic and managed climate retreat. *Science*, 2019, 365(6455):761-763.

Smajgl, A., Toan, T. Q., Nhan, D. K., et al. Responding to rising sea levels in the Mekong delta. *Nature Climate Change*, 2015, (2):167-174.

Smit, B., Wandel, J. Adaptation, adaptive capacity and vulnerability. *Global Environmental Change*, 2006, 16:282-292

Stanley, D. J., Warne, A. G. Nile Delta: recent geological evolution and human impact. *Science*, 1993, 260(5108):628-634.

Sun, Z.G., Sun, W.G., Tong, C., et al. China's coastal wetlands: conservation history, implementation efforts, existing issues and strategies for future improvement. *Environment International*, 2015, 79:25-41.

Syvitski, J. P. M., Kettner, A. J., Overeem, I., et al. Sinking deltas due to human activities. *Nature Geoscience*, 2009, 2(10):681-686.

Szabo, S., Brondizio, E., Renaud, F. G., et al. Population dynamics, delta vulnerability and environmental change: comparison of the Mekong, Ganges-Brahmaputra and Amazon Delta regions. *Sustainability Science*, 2016, 11:539-554.

Temmerman, S., Kirwan, M. L. Building land with a rising sea. *Science*, 2015, 349

(6248), 588-589.

Temmerman, S., Meire, P., Bouma, T. J., et al. Ecosystem-based coastal defence in the face of global change. *Nature*, 2013, 504:79-83.

The World Bank. Climate risks and adaptation in Asian Coastal Megacities, 2010. https://onlinelibrary.wiley.com/doi/10.1111/j.1728-4457.2012.00543.x.

UNDESA. *World Urbanization Prospects: The 2014 Revision* (ST/ESA/SER.A/366), 2015.

Vafeidis, A., Neumann, B., Zimmermann, J., et al. *MR9: Analysis of Land Area and Population in the Low-Elevation Coastal Zone (LECZ)*. UK Government's Foresight Project, Migration and Global Environmental Change, Government Office for Science, London, UK, 2011, pp.171.

van Loon-Steensma, J. M., Schelfhout, H. A. Wide green dikes: a sustainable adaptation option with benefits for both nature and landscape values? *Land Use Policy*, 2017, 63:528-538.

Vermeer, M., Rahmstorf, S. Global Sea level linked to global temperature. *Proceedings of the National Academy of Sciences of the United States of America*, 2009, 106:21527-21532.

van Eerden, M. R., Lenselink, G., Zijlstra, M. Long-term changes in wetland area and composition in The Netherlands affecting the carrying capacity for wintering waterbirds. *Ardea*, 2010, 98(3):265-282.

van Tielhof, M. Forced solidarity: maintenance of coastal defences along the North Sea coast in the early modern period. *Environment and History*, 2015, 21:319-350.

Vos, P. C., Knol, E. Holocene landscape reconstruction of the Wadden Sea area between Marsdiep and Weser. *Netherlands Journal of Geosciences-Geologie en Mijnbouw*, 2015, 94(2):157-183.

Wang, J., Chen, Y., Shao, X., et al. Land-use changes and policy dimension driving forces in China: present, trend and future. *Land Use Policy*, 2012, 29 (4):737-749.

Wang, J., Lin, Y., Glendinning, A., et al. Land-use changes and land policies evolution in China's urbanization processes. Land Use Policy, 2018, 75:375-387.

Wang, X.X., Xiao, X.M., Zou, Z.H., et al. Tracking annual changes of coastal tidal flats in China during 1986-2016 through analyses of Landsat images with Google Earth Engine. *Remote Sensing of Environment*, 2020, 238: 110987.

Wang, X.X., Xiao, X.M., Zhang, X., et al. Rapid and large changes in coastal wetland structure in China's four major river deltas. *Global Change Biol*, 2023, 29(8):2286-2300.

Wang, X.Y., Ke, X.K. Grain-size characteristics of the extant tidal flat sediments along the Jiangsu coast, China. *Sedimentary Geology*, 1997,112(1-2):105-122.

Wei, W., Tang, Z., Dai, Z., et al. Variations in tidal flats of the Changjiang (Yangtze) Estuary during 1950s-2010s: future crisis and policy implication. *Ocean & Coastal Management*, 2015, 108: 89-96.

Wong, P. P., Losada, I. J., Gattuso, J. P., et al. Coastal systems and low-lying areas. In: Field, C. B., Barros, V. R., Dokken, D. J., et al. (eds.) *Climate Change 2014: Impacts, Adaptation, and Vulnerability. Part A: Global and Sectoral Aspects.* Contribution of Working Group II to the Fifth Assessment Report of the Intergovernmental Panel on Climate Change. Cambridge University Press, Cambridge, United Kingdom and New York, NY, USA. 2014, pp. 361-409.

Woodruff, J. D. The future of tidal wetlands is in our hands. *Nature*, 2018, 561(7722):183-185.

Woodroffe, C.D. *Coasts: Form, Process and Evolution*.Cambridge: Cambridge University Press，2003.

Wu, W., Yang, Z., Tian, B., et al. Impacts of coastal reclamation on wetlands: loss, resilience, and sustainable management. *Estuarine Coastal and Shelf Science*, 2018, 210:153-161.

Xu, Y., Lin, M., Zheng, Q., et al. A study of long-term sea level variability in the East China Sea. *Acta Oceanologica Sinica*, 2015, 34:109-117.

Yang, S., Ding, P., Chen, S. Changes in progradation rate of the tidal flats at the mouth of the Changjiang (Yangtze) River, China. *Geomorphology*, 2001, 38 (1-2):167-180.

Yang, S. L., Zhang, J., Zhu, J., et al. Impact of dams on Yangtze River sediment supply to the sea and delta intertidal wetland response. *Journal of Geophysical Research*, 2005, 110:F03006.

Yang, S. L., Milliman, J. D., Li, P., et al. 50,000 Dams later: erosion of the Yangtze River and its delta. *Global and Planetary Change*, 2011, 75:14-20.

Yin, J., Yin, Z., Xu, S. Composite risk assessment of typhoon-induced disaster for China's coastal area. *Natural Hazards*, 2013, 69:1423-1434.

Zhang, L., Yuan, L., and Huang, H. Coastal wetlands in the Changjiang estuary. Zhang, J. *Ecological Continuum from the Changjiang (Yangtze River) Watersheds to the East China Sea Continental Margin*. Springer International Publishing Switzerland, 2015, pp. 137-159.

Zhang, Y., Chen, R., Wang, Y. Tendency of Land Reclamation in Coastal Areas of Shanghai from 1998 to 2015. *Land Use Policy*, 2020, 91:104370.

Zhu, S.B., Gao, S., Li, M.L., et al. Evolution Modeling and Protection Scheme for Tidal Flats Under Natural Change and Human Pressure, Central Jiangsu Coast. *Earths Future*, 2024, 4:e2023EF003913.

Zia, A. Land use adaptation to climate change: economic damages from land-falling hurricanes in the Atlantic and Gulf States of the USA, 1900-2005. *Sustainability*, 2012, (4): 917-932.

Zuo, J., Yang, Y., Zhang, J. et al. Prediction of China's submerged coastal areas by sea level rise due to climate change. *Journal of Ocean University of China*, 2013, 12(3):327-334

后 记

这本书是在2018年申请的国家社科基金项目的结项著作，也是我第一本课题结项专著。在2022年夏申请结题时，外审专家对书稿给予了肯定与好评，同时也提供了进一步修改与完善的建议。后经过两年多的修改，现在终于出版。

近十年来，全球环境变化研究持续关注高脆弱性区域。沿海地区人口与经济密度显著高于其他地区，在全球地理格局上具有特殊性，成为国际上全球变化及其多学科研究的重点地域。其中，潮滩湿地是观察沿海环境变迁的重要切入点。围绕苏沪沿海地区，近几年该项目的研究结果在国内外重要期刊陆续发表论文十余篇，同时进一步申请获批了上海市教委科创计划人文社科重大项目、国家自然科学基金面上项目，继续围绕海岸生态与人类适应深入研究。借助这些积累，我希望对苏沪沿海的研究有一个比较系统的、全面的总结，讲清楚苏沪沿海环境的历史演变过程，即自然状态的环境如何转变为人类化的环境，以及它的演替性、可持续性。

为此，在书稿修改中，我一方面充分结合专家建议进行完善，包括增补一些史料分析，更新综述等内容；另一方面，思考如何形成更为总体的认识，努力做到从揭示环境演变、再到揭示生态关系与格局的历史动态，也就是自己一直坚持的环境变迁研究不仅要复原环境要素的演变，更要据此分析人类如何适应环境变化，以便探讨可持续的适应方式。但清晰地讲出这里的"故事"，系统、科学地揭示这一典型地域的人地互动历史并不容易。这不仅要对自然史、生态史或环境史有全面的认识，还要据此讲清楚地理格局与演变机制，总结规律。显然，这需要大量历史事实的考证，也需要结合不同程度的定量分析及归纳整理，以期在宏观上有新的认识，并让读者更容易理解，要做到这些难度很大。书稿断断续续修改近一年，加上其他工作需要，修改停滞了一段时间。

直到2023年的秋天，在一次讨论中，听了我的汇报后，葛老师鼓励我要在前期研究积累的基础上，争取有一定的理论提升与方法总结，并建议我结合相关学科的理论方法，例如不妨用生态地理或历史生态地理进行概括，这样也有一个总体的概念。葛老师的及时指点令我茅塞顿开，这可能对我的研究是非常适合的。生态地理是地理学的分支，但历史生态地理这一概念以往似乎没有听说过。后来进一步查阅文献时发现，"历史生态地理"确实是一个新概念，尚未出现在现有的学术研究之中。

在葛老师的启发下，我对书稿内容及思路进行了重新梳理，包括提出问题、界定概念、充分论证及解决问题。力图清晰地揭示潮滩人地互动的地理格局、过程与机制，突出景观格局转化的定量分析，揭示从自然状态的潮滩环境不断向人类环境转变的过程及机理。依靠这一新的视角，或许可以对沿海人类与潮滩环境相互作用过程提供更强的解释力。同时，一些基本概念在本书中也需要重新明确。例如书中会出现"环境""生态""地理"等相关概念。它们在不同学科或文献中含义及范围实际上存在较大差异，甚至经常混用，因此需要进行必要的界定。本书中明确了"环境"主要指自然地理环境，强调的是自然地理区域、要素分布特征，"生态"是人地相互作用的关系，"地理"则是地理要素的空间分异规律或时空特征，再加上"历史"，即强调长时段、动态的过程。此外，在2024年秋书稿修改进入最后阶段，我利用参加国内外学术会议的机会，包括在芬兰奥卢大学召开的第四届世界环境史大会，以及国内的中国地理学年会、第二届气候变化科学大会等，报告了本书部分内容，并与同行进行了交流，也获得不少新的认识。

经过前后两年多的努力，虽然本书基本实现了自己的研究设想，但人地系

后 记

统是一个高度复杂的适应系统，在沿海生态或环境史、土地开发史研究基础上，推进到历史生态地理研究，揭示历史时期人类活动与地理环境要素相互作用关系的时空特征和演变机制，还需要更多的量化分析、区域比较、多尺度多因子综合研究以及模型推演等。本书仅是对苏沪沿海的分析，这一新的思路是否有用，更需要后续研究进一步积累与验证。因此，本书只是迈出了第一步尝试，其中必定存在很多不成熟、以及粗涩之处，也恳请读者多批评指正，以期未来完善。

感谢十多年来有幸在史地所浓厚的学术氛围中成长、学习、工作，感谢各位领导与老师的长期帮助与大力支持。无论在人文还是自然方向，这里都有很多优秀且专业的老师在各自领域长期深耕、扎实研究，为自己时时请教、提升人文与自然相结合的研究提供了丰富的灵感与学术支撑。

感谢葛老师一直关注自己的研究进展、分享学术思考，遇到有趣的新书也推荐给我学习领会。尤其是本书修改的关键阶段，正是在葛老师的指导与启发下，才取得突破、完成研究目标。拙作成书之际，恰逢先生八十寿庆，我又想起2005年春天第一次来复旦参加博士考试的情景。如今已二十年过去，我想，这本小书的出版正是对这个特殊日子的最好纪念。

特别感谢几名研究生的帮忙，李明、李关雨扬、裴浩然、许思佳认真校对了书稿，纠正了错别字、核对了引文及页码。在书稿图片的审校过程中，不少图片也请李明同学及时协助修订，最终顺利通过了审图。同时，也特别感谢爱人尚来彬的帮助，作为本书的责任编辑，她与同济社各位审校、设计老师以及外审专家，高效、认真、专业地完成了编校工作。

最后，再次感谢国家社科基金的资助，以及评审专家给予的鼓励与中肯建议，这对本书的充实、完善起到了重要作用。

鲍俊林
2025年春，复旦光华楼